Gianfranco Malagola • Aldo Ponterio

LA METROLOGIA DIMENSIONALE: TEORIA E PROCEDURE DI TARATURA

Edizione rivista ed ampliata del libro
"La metrologia dimensionale per l'industria meccanica"

"Con la misura con
la quale misurate,
sarà misurato a voi"

Gesù di Nazaret
(vangelo di Matteo 7:2)

Società Editrice
ESCULAPIO

ISBN 978-88-7488-607-4

Società Editrice Esculapio s.r.l.
Via Terracini, 30 – 40131 Bologna
www.editrice-esculapio.com – info@editrice-esculapio.it

Impaginazione: Gabriella Gatti, Giancarla Panigali e Carlotta Lenzi

Società Editrice
ESCULAPIO

Ringraziamenti

Il primo ringraziamento va a tutti coloro che credono nel valore delle misure e desiderano coltivare "l'arte di misurare".

Un particolare ringraziamento va poi all'ALESAMONTI (www.alesamonti.com) di Barasso (VA) ed in particolare a Fabio Monti che in questi anni ha creduto negli investimenti in ricerca e sviluppo nel settore della metrologia. Progetti di ricerca quali SOMMACT ed IFaCOM hanno consentito numerosi approfondimenti nel settore specifico della metrologia di produzione innalzando le conoscenze e portando soluzioni utili per migliorare il controllo dei pezzi lavorati. Si è così dimostrato come la ricerca, se guidata dalla concretezza e dalla operosità tipica delle piccole imprese, può sicuramente collegare il mondo delle università e dei centri di ricerca con il mondo delle industrie, realizzando quei legami tra le persone che portano alla crescita ed allo sviluppo della nostra società.

Un grande e sincero ringraziamento va a Sandro Balsamo e Renato Ottone per tutto quanto ci hanno insegnato.

SOMMARIO

PRESENTAZIONE

di Alessandro Balsamo
(Dirigente di ricerca dell'INRIM - Istituto Nazionale di Ricerca Metrologica)

Scrivere un libro è una sfida; non solo per l'enorme lavoro richiesto nella scrittura, nella revisione, e nell'aggiustamento finale, ma anche e soprattutto per la scelta dei contenuti e delle forme. Al giorno zero, di fronte a moltissimi fogli ancora bianchi, o ad uno schermo ancor vuoto, e a nulla di già scritto, da che parte incominciare?

Se questo è vero per tutti i libri, lo è in particolare per quelli ad argomento tecnico. Si pensa talvolta, a mio parere a torto, che nella scrittura tecnica non trovino posto la creatività e l'inventiva, o almeno che ne trovino poco; e invece la sfida creativa si traduce e condensa, piuttosto che nello svolazzo letterario, nell'impostazione, nella sequenza logica e nella descrizione dei contenuti. Che cosa occorre dire, con quale ordine, e con quali esempi ed illustrazioni, per guidare nella materia chi vi s'affacci per la prima volta, oppure chi, già esperto, voglia approfondire, ricordare, trovare riferimento? E come raccontare i contenuti in modo non noioso, ma anzi che invogli e faccia amare soprattutto chi è alle prime armi?

Quando poi l'argomento tecnico è la metrologia, cioè la scienza e la tecnica della misura, la sfida si complica ancor più. Per ragioni che non comprendo completamente nonostante una carriera intera svolta in prima linea sull'argomento, la misurazione è percepita dal grande pubblico come qualcosa da un lato di naturale e ordinario (chi non effettua quotidianamente semplici misurazioni nella sua vita privata e professionale?), ma dall'altro di astruso e impenetrabile, dominio di una cerchia ristretta ed esclusiva di super-esperti. E, quel che è peggio, non solo dal grande pubblico, ma anche da chi in qualche modo opera nel settore o intende farlo, cioè proprio dai potenziali destinatari di un libro sull'argomento. Per chi si ponga l'obiettivo di far conoscere, e soprattutto amare, la materia, questo è il primo e fondamentale ostacolo da superare: come abbattere la barriera iniziale misteriosamente percepita, e svelare che dietro di essa si dispiega invece una materia fertile, utile in pratica, ed anche appassionante cui dedicarsi?

Dunque, scrivere di metrologia, in particolare dimensionale (cioè con oggetto la forma e dimensione geometriche), come fa questo libro, è una grande e coraggiosa sfida; per di più caparbiamente reiterata, trattandosi di una seconda edizione rivista, corretta ed aggiornata. Coraggio e caparbietà si comprendono osservando i *curricula* degli autori. Per entrambi, una vita spesa nel settore, nella trincea quotidiana del laboratorio, della consulenza e della formazione, sempre al servizio del cliente della misurazione.

Per posizione ed appartenenza degli autori, questo libro non proviene dal fronte accademico, bensì da quello industriale, a contatto da un lato con i problemi e le frustrazioni, e dall'altro con i successi e le soluzioni che funzionano, che quotidianamente il modo industriale e della produzione propongono o impongono. Forse anche per questo, il libro non è l'ultimo giunto di una lunga serie degli stessi autori; è invece un *unicum*, una *summa* dell'esperienza diretta maturata in tanti e tanti anni. E come tutti i distillati, ha un sapore particolare. È benvenuto chi voglia leggerlo tutto d'un fiato, soprattutto chi ricerchi un primo contatto con la materia; ma chi, magari più esperto, lo legga a piccoli sorsi, potrà assaporarne la profondità.

Si sentiva la necessità di questo libro. Non è questa prefazione la sede per snocciolare dati e statistiche, che pure sono documentati; ma chiunque rifletta per un momento, non potrà che convenire sull'importanza essenziale del misurare: nella vita quotidiana, nella società, nelle attività produttive. I Paesi avanzati e ad economia forte, fra cui l'Italia, devono la loro posizione a molti fattori; fra questi, il settore manifatturiero costituisce un traino insostituibile. E soprattutto lo è nei segmenti ad alta specializzazione e ad elevato contenuto tecnologico, dove il tessuto di conoscenze, capacità produttive e di processo, e di assistenza e accompagnamento, non s'inventano dall'oggi al domani, ma costituiscono un reale patrimonio competitivo a sostegno dell'economia. E quale produzione o processo o servizio nel settore manifatturiero non ha bisogno essenziale di potenti radici di misura? Che sia integrata direttamente nel processo produttivo, o utilizzata per il controllo della qualità in proprio o di parte terza, la misurazione corretta contribuisce significativamente al successo, e talvolta lo determina direttamente. In ultima analisi, misurare serve a decidere: se una fornitura è conforme alle specifiche concordate, se un processo è sotto controllo, se si devono apportare correzioni a qualche parametro, se infine un prodotto è idoneo ad andare sul mercato senza incorrere in guasti, sanzioni, contenziosi. Appoggiare tali decisioni su misurazioni tecnicamente valide è essenziale; al contrario, farlo su dati di misura inadeguati allo scopo, può avere conseguenze anche disastrose.

Eppure, nonostante l'evidente e comprovata centralità e rilevanza economica delle misurazioni dimensionali nel settore manifatturiero, la letteratura sull'argomento è costituita principalmente da articoli su riviste, scientifiche e non, e da brevi monografie. Si fa fatica a trovare un trattato completo ed organico, che affronti l'argomento dall'A alla Z; e che lo faccia, come dicevo più sopra, con l'intento di guidare e far scoprire e amare la materia. Inoltre, le tecnologie disponibili per le misurazioni dimensionali sono in continuo rinnovamento; particolarmente negli ultimi anni si è assistito ad un grande progresso innovativo, con l'introduzione di nuovi principi di misura e il raffinamento ed ottimizzazione di quelli già in uso. Di riflesso, la normativa internazione di settore, in particolare quella del sistema GPS (*Geometrical Product Specification*), così importante in un mondo ed in un settore sempre più globalizzati, s'è sviluppata enormemente. V'è dunque un problema di aggiornamento continuo della letteratura, ad inseguire lo sviluppo tecnologico che ruota intorno ai fondamenti pur immutati della metrologia dimensionale.

Ecco dunque la buona notizia di questo libro, che esce rivisto, a diversi anni dalla prima edizione. Un libro in italiano, nonostante la globalizzazione del settore. Una scelta, ancora un volta, coraggiosa: il medesimo libro, in inglese, si sarebbe aperto ad un pubblico ben più vasto. Eppure il settore è in Italia sufficientemente esteso da giustificare un'edizione in italiano, rimuovendo così ogni possibile ostacolo linguistico di chi, per formazione o percorso di vita, non sia avvezzo alla lingua d'oltre Manica.

Non mi resta a questo punto che augurare una buona e proficua lettura nella speranza, e con l'augurio, che il lettore s'appassioni alla materia, come appassionati sono gli autori, e pure chi scrive.

INTRODUZIONE

di Gianfranco Malagola e Aldo Ponterio

L'idea di pubblicare un'edizione rivista ed ampliata del libro "La metrologia dimensionale per l'industria meccanica" nasce dalla consapevolezza che ancora oggi, nell'industria metalmeccanica, il tema delle misure sui prodotti è spesso sottovalutato; inoltre, anche quando si dà al processo di misurazione la giusta importanza, lo stesso non sempre avviene per quanto riguarda il processo di taratura degli strumenti.

A tale constatazione siamo giunti dopo innumerevoli corsi di metrologia dimensionale tenuti agli operatori dell'industria metalmeccanica; occorre quindi colmare questo abisso tra chi deve misurare quotidianamente nell'ambiente di officina e chi ha la possibilità di approfondire le problematiche di misura nell'ambito dei laboratori di taratura.

Per raggiungere questo obiettivo abbiamo cercato di scrivere un libro che, pur nel rigore scientifico della trattazione, seguisse il percorso logico dell'operatore d'officina, che ha la necessità oggi di avere buone basi teoriche finalizzate alla comprensione degli strumenti di misura, delle strategie di misura e delle procedure di taratura che meglio risolvono il suo problema metrologico.

Riferibilità, taratura, incertezza di misura sono termini di grande importanza ma scarsamente conosciuti e compresi nel mondo della piccola e media industria italiana; conoscerli meglio può spesso significare produrre in modo più consapevole e controllare quanto prodotto in modo più adeguato. Tutto ciò può anche significare risparmi economici e migliore soddisfazione del cliente.

Certo non è facile effettuare accurate misure di lunghezza nell'ambiente di officina; l'importante è riconoscere i limiti di tale ambiente ed evitare di misurare gli effetti della variabilità dell'ambiente pensando di attribuirli unicamente al pezzo. Ci riferiamo in particolare al settore delle macchine utensili ove le tolleranze sulle caratteristiche dei pezzi sono così critiche da richiedere una vera e propria progettazione del processo di misurazione in termini di strumenti e metodi di misura.

Grande aiuto nel comprendere la metrologia dimensionale ci è venuto dal lavoro in laboratorio; esso è stato per noi come una palestra ove provare e riprovare teorie e metodologie per meglio comprendere alcuni punti dolenti della metrologia dimensionale come ad esempio le dilatazioni termiche.

In questi ultimi decenni i Sistemi Qualità hanno dato alle misure ed alla gestione della strumentazione un ruolo sempre più rilevante enfatizzando l'importanza di un consapevole utilizzo degli strumenti e dei risultati da loro forniti. In tale ottica il processo di taratura è sempre più considerato all'interno delle aziende che, valutandone l'importanza, cercano di eseguirlo internamente per ridurre i costi ed aumentare l'autonomia operativa.

Abbiamo quindi voluto dare, nel libro, maggiore spazio al processo di taratura, spiegandone i principi generali, le modalità di gestione dei risultati, i criteri per redigere correttamente una procedura ed un rapporto di taratura.

Inoltre abbiamo voluto arricchire il volume con esempi di procedure di taratura per gli strumenti più comunemente utilizzati dell'industria meccanica; tali procedure possono essere facilmente adattate al proprio contesto operativo.

Questo testo può essere utile anche per la didattica nelle scuole con particolare riferimento agli studenti di Ingegneria che affrontano i problemi delle misure meccaniche.

Concludiamo chiedendo benevolenza ai nostri lettori per qualche mancanza che sicuramente sarà presente nel testo e ringraziando tutti per i consigli che vorranno darci per capire meglio quanto non siamo riusciti a spiegare in questo libro.

Consigli e correzioni possono essere inviati tramite e-mail ai seguenti indirizzi di posta elettronica:

gianfranco.malagola@alice.it
aldo.ponterio@gmail.com

1. LA GRANDEZZA "LUNGHEZZA" E LA RIFERIBILITÀ AI CAMPIONI

1.1. CHE COS'È UNA LUNGHEZZA?

Quante volte nel linguaggio comune sentiamo parlare di lunghezza ovvero della grandezza fisica "lunghezza". Ma se proviamo a chiederci che cos'è una lunghezza ci rendiamo subito conto della difficoltà a fornirne una definizione univoca; meglio dire che tutti lo sanno.

Non riuscendo a trovare le parole esatte per definire la lunghezza possiamo ricorrere ad un concetto importante nelle scienze fisiche e cioè: una grandezza può essere definita dal modo con cui la si misura. Nasce così la definizione operativa di una grandezza fisica: "ogni grandezza fisica è definita dalle operazioni che si devono compiere per misurarla".

Non si riesce quindi a spiegare che cos'è una lunghezza ma si riesce facilmente ad insegnare a prendere una riga graduata (che chiameremo unità di misura) ed a riportarla tante volte in successione sulla distanza che voglio misurare, fino a coprirla tutta.

Nasce però a questo punto un problema e cioè che una determinata grandezza può essere misurata con metodi diversi: una grandezza che si misura con un calibro a corsoio è una grandezza fisica diversa dalla grandezza che si misura tramite triangolazione, entrambe diverse dalla grandezza che si misura tramite l'interferenza luminosa.

Pur essendo grandezze differenti, possono essere messe in rapporto tra loro poiché sono espresse con la stessa unità di misura; perciò si dice che sono omogenee tra loro o che formano un'unica specie fisica, la specie lunghezza. Nel seguito si parlerà di grandezza fisica "lunghezza" intendendo la specie fisica lunghezza.

Ma torniamo alla misura di una lunghezza; lo scopo del misurare una lunghezza è quello di fornire un'informazione su una caratteristica dimensionale di un oggetto in modo che essa possa essere utilizzata in un secondo tempo da altri.

In particolare ogni oggetto fisico è caratterizzato da opportune dimensioni e forme. Quando misuriamo una dimensione o una forma di un oggetto, misuriamo una lunghezza o un angolo o comunque un parametro funzione di una o più misure di lunghezza, generalmente intesa come distanza tra due punti dell'oggetto. La misura di lunghezze e angoli serve proprio per descrivere gli oggetti mediante un modello geometrico e questo è il campo di attività della ***metrologia dimensionale***.

Misurare significa determinare il valore di una grandezza incognita (misurando) e cioè il valore numerico del rapporto tra la grandezza incognita e quella omogenea scelta come unità di misura. Nasce quindi evidente il bisogno di avere unità di misura convenzionalmente accettate in ambiti sempre più estesi in modo che una misura, supporto importante ed indispensabile per molte attività economiche inerenti lo scambio di prodotti e servizi, sia universalmente riconosciuta ed accettata. La Storia ci ricorda come nel passato le unità di misura erano numerosissime ed avevano una validità locale.

La necessità di avere unità di misura universalmente riconosciute ha portato ad un lavoro di armonizzazione volto alla scelta di un certo numero di grandezze di base o fondamentali, delle relative unità di misura ed alla realizzazione dei vari campioni che riproducono tali unità ai quali fare riferimento in ogni settore delle attività umane.

Poiché il concetto di competitività ha senso solo se le "regole del gioco" sono le più uguali possibili nell'ambito dello stesso contesto socio-economico, da tempo operano attivamente Organizzazioni internazionali e nazionali di normazione allo scopo di definire e unificare processi e prodotti, prestazioni e modalità di controllo, prova e collaudo; a queste Organizzazioni spetta il compito di armonizzare le unità di misura.

NOTA STORICA SULLE UNITÀ DI MISURA NEL PIEMONTE

Si riporta la tavola delle equivalenze tra le antiche unità di misura della lunghezza adottate da undici province del Piemonte (Torino, Biella, Ivrea, Susa, Pinerolo, Saluzzo, Cuneo, Mondovì, Alba, Asti,Vercelli) ed il sistema metrico decimale.

	ante et post 1818	**post 1818**
Unità di base:		
Piede liprando da 12 once	0,5137 m	
Piede piemontese da 12 once		0,5144 m
Sottomultipli:		
Oncia da 12 punti	4,2808 cm	4,2866 cm
Punto da 12 atomi	0,3567 cm	0,3572 cm
Multipli:		
Trabucco da 6 piedi liprandi	3,0825 m	
Trabucco da 6 piedi piemontesi	3,0864 m	
Miglio di 800 trabucchi	2,466 km	2,469 km
Varianti:		
Piede manuale da 8 once	0,3425 m	0,3429 m
Tesa da 5 piedi manuali	1,7125 m	1,7145 m
Piede legale da 6 once del piede librando	0,2925 m	0,2929 m
Oncia da 10 punti	4,8750 cm	4,8816 cm
Raso	0,5993 m	0,6001 m
Brazzo o braccio da Crevacuore (per panni,nel Biellese)		0,6858 m
Braccetto (per stoffe in seta, nel Biellese)		0,5144 m

1.2. UN PO' DI STORIA

Gli eventi che maggiormente hanno contribuito a questo lavoro di armonizzazione sono stati la firma della Convenzione del Metro e l'adozione del Sistema Internazionale di unità (SI).

Con la firma nel 1875 della Convenzione del Metro a Parigi, 17 paesi riconoscevano il sistema metrico decimale. Il sistema metrico decimale si sviluppò e fu adottato non solo nelle transazioni commerciali ma anche nei settori tecnici e scientifici. A causa dello sviluppo di questi settori, alle grandezze fondamentali del sistema metrico decimale furono aggiunte altre grandezze fondamentali con altri campioni ed unità di misura. L'esistenza di sistemi di misura diversi nei vari settori tornava ad essere una causa di disordine e di dispendio di mezzi e ciò diede luogo ad un lungo processo di razionalizzazione che si concluse nel 1960 quando la XI^a Conferenza Generale dei Pesi e delle Misure (CGPM) decise di adottare un unico sistema di unità, il Sistema Internazionale di unità, detto più brevemente SI.

Nel sistema SI le unità fondamentali sono sette e precisamente: metro, kilogrammo, secondo, ampere, kelvin, mole e candela; la tabella 1.1 riporta le grandezze fondamentali e le relative unità. Queste unità fondamentali sono state scelte per poter rappresentare in modo non ambiguo qualunque grandezza fisica che si voglia misurare. Il loro numero tuttavia rappresenta un compromesso tra l'esigenza di semplicità, per cui il numero di unità fondamentali dovrebbe essere il minore possibile, e l'esigenza di chiarezza e di praticità, per cui forse sarebbe utile un numero maggiore. La scelta è stata dettata principalmente da ragioni storiche e dal modello fisico matematico con il quale si rappresentano i fenomeni naturali.

LA STORIA DEL METRO

1793: il metro è la decimilionesima parte dell'arco meridiano che collega il Polo Nord all'equatore passando per Parigi

1799: il metro è la distanza fra le facce terminali del metro degli Archivi a 0 °C, misurata in direzione ortogonale al piano delle facce

1889: il metro è la distanza a 0 °C degli assi dei due tratti mediani tracciati sulla barra in platino iridio depositata presso il BIPM e dichiarata prototipo del metro dalla 1^a CGPM

1960: il metro è la lunghezza uguale a 1 650 763,63 lunghezze d'onda, nel vuoto, della radiazione corrispondente alla transizione tra due livelli dell'atomo di kripto 86

1983: il metro è la lunghezza del tragitto compiuto dalla luce nel vuoto in un intervallo di tempo di 1/299 792 458 di secondo

Tabella 1.1: grandezze fondamentali, derivate e loro unità

Grandezza	**Unità di misura**		
	Nome	**Simbolo**	**Definizione**
			Fondamentali
lunghezza	metro	m	lunghezza del tragitto compiuto dalla luce nel vuoto in un intervallo di tempo di 1/299 792 458 di secondo
massa	kilogrammo	kg	massa del prototipo conservato al Pavillon de Breteuil (Sèvres-Parigi)
tempo	secondo	s	intervallo di tempo che contiene 9 192 631 770 periodi della radiazione corrispondente alla transizione fra i due livelli iperfini dello stato fondamentale dell'atomo di cesio 133
corrente elettrica	ampere	A	intensità di corrente elettrica che, mantenuta costante in due conduttori paralleli rettilinei, di lunghezza infinita, di sezione circolare trascurabile e posti alla distanza di 1 m l'uno dall'altro nel vuoto, produrrebbe tra i conduttori la forza di $2 \cdot 10^{-7}$ N su ogni metro di lunghezza
temperatura termodinamica	kelvin	K	frazione 1/273,16 della temperatura termodinamica del punto triplo dell'acqua
quantità di sostanza	mole	mol	quantità di sostanza di un sistema che contiene tante entità elementari quanti sono gli atomi in 0,012 kg di carbonio 12. Le entità elementari devono essere specificate e possono essere atomi, molecole, ioni, elettroni ecc. ovvero gruppi specificati di tali particelle
intensità luminosa	candela	cd	intensità luminosa in una data direzione di una sorgente che emette una radiazione monocromatica di frequenza $540 \cdot 10^{12}$ Hz e la cui intensità energetica in quella direzione è 1/683 W/sr
	Unità derivate adimensionali di interesse per le specifiche geometrie dei prodotti		
angolo piano	radiante	rad	angolo piano al centro che su una circonferenza intercetta un arco di lunghezza uguale a quella del raggio
angolo solido	steradiante	sr	angolo solido al centro che su una sfera intercetta una calotta di area uguale a quella del quadrato il cui lato ha la lunghezza del raggio

1.3. Le unità fondamentali del SI

Le unità fondamentali sono dimensionalmente indipendenti, nel senso che nessuna di esse si può esprimere come funzione delle altre, anche se poi la definizione di una unità fa riferimento ad altre unità come nei casi del metro, dell'ampere, della candela e della mole. Inoltre sono scelte e definite in modo da poter essere realizzate con la miglior stabilità possibile allo stato attuale della tecnologia; è questo il motivo per cui le definizioni sono soggette a modifiche anche sostanziali, senza peraltro che vari il nome ed il valore dell'unità.

I nomi delle unità sono considerati nomi comuni e pertanto si scrivono con l'iniziale minuscola, anche se alcuni di essi derivano da nomi di scienziati (ampere, kelvin). In questo caso però sono invariabili al plurale ed hanno come simbolo una lettera maiuscola (per esempio A per ampere e K per kelvin).

Occorre notare che lo stesso vale per le unità derivate che hanno un nome proprio di persona. Inoltre il simbolo delle unità si deve usare solo quando l'unità è accompagnata dal valore numerico; esso deve essere scritto in carattere non corsivo (A e non *A*), dopo il valore numerico e non deve essere seguito da un punto (a meno che si tratti del punto di fine periodo). Quando l'unità non è accompagnata dal valore numerico, deve essere scritta per esteso e non con il simbolo. Queste ed altre regole di scrittura, previste dal sistema SI, sono riportate nell'Appendice 1.

Il SI è stato recepito in Italia dalla norma UNI CEI ISO 80000 (parte 1):2010 "Grandezze e unità di misura". Questa norma riporta l'attuale definizione dell'unità di misura della lunghezza, il metro, secondo le decisioni prese dalla XVII^{a} Conferenza generale dei Pesi e delle Misure nel 1983 e cioè: "***il metro è la lunghezza del tragitto compiuto dalla luce nel vuoto in un intervallo di tempo di 1/299 792 458 di secondo***".

Anche per gli angoli il sistema SI introduce due unità derivate adimensionali con nome speciale e cioè il radiante che è l'angolo piano al centro di una circonferenza che sulla circonferenza intercetta un arco di lunghezza uguale a quella del raggio e lo steradiante che è l'angolo solido al centro di una sfera che sulla superficie sferica intercetta una calotta di area uguale a quella del quadrato il cui lato ha la lunghezza del raggio (tabella 1.1).

Al momento della loro introduzione nel SI, la XI^{a} CGPM nel 1960 creò per esse la classe delle unità supplementari, ma nel 1980 il Comitato Internazionale dei Pesi e delle Misure (CIPM) specificò che, per mantenere la coerenza interna del Sistema Internazionale basato su sette unità fondamentali, le unità supplementari radiante e steradiante sono unità derivate prive di dimensione. Infatti l'angolo piano si ottiene come rapporto tra due lunghezze legate tra loro da un relazione matematica (arco di circonferenza/raggio) e l'angolo solido come rapporto tra un'area ed il quadrato di una lunghezza. Quindi la misura di un angolo è sempre riconducibile ad una misura di lunghezza; nel seguito quando si parlerà di metrologia dimensionale, si farà perciò riferimento alle sole misure di lunghezza.

1.4. Il metro oggi

Torniamo alla definizione del metro: se la esprimiamo in termini matematici possiamo scrivere:

$$1\ \text{m} = c - t$$

ove:

m : metro;
c : velocità della luce in m/s;
t : tempo in secondi.

Ponendo t = 1/299 792 458 s, si ottiene che c = 299 792 458 m/s. Infatti, la definizione del metro assegna un valore esatto alla velocità della luce. In questo modo l'unità di misura della lunghezza dipende dall'unità di misura del tempo ovvero il secondo.

Un campione che realizza fisicamente la definizione del metro è costituito da un laser con frequenza misurata (conteggio di periodi in un secondo) e stabilizzata (laser stabilizzati). Infatti, nota la frequenza ν e la velocità della luce c, la lunghezza d'onda λ del laser stabilizzato può essere calcolata dalla nota relazione:

$$\lambda = c/\nu$$

Questo consente di paragonare direttamente una dimensione con il campione del metro; infatti con l'aiuto di un interferometro, le lunghezza d'onda del laser possono essere contate lungo un percorso che rappresenta la lunghezza di un campione materiale, ad esempio un blocchetto pianparallelo, che in questo modo può essere confrontato direttamente con l'unità di misura della lunghezza.

I campioni primari ovvero quei campioni mediante i quali, in un determinato ambito geografico, viene materializzata, conservata e resa disponibile l'unità di misura, sono realizzati dagli Istituti Metrologici Primari (IMP); in Italia l'Istituto Metrologico Primario che ha il compito di realizzare e conservare il campione dell'unità di lunghezza è l'Istituto Nazionale di Ricerca Metrologica (INRIM) di Torino. Il campione primario nazionale del metro è realizzato con un laser a gas elio-neon (He-Ne) con lunghezza d'onda di circa 633 nm, stabilizzato per riferimento ad una determinata transizione dello iodio; con questo laser si riescono ad avere variazioni della lunghezza generata inferiori a $2{,}5 \cdot 10^{-11}$.

Gli Istituti Metrologici Primari (IMP) si occupano anche della disseminazione del campione del metro sul territorio nazionale.

1.5. Riferibilità delle misure

Poiché misurare una dimensione significa determinare il rapporto tra la dimensione incognita e l'unità di misura della lunghezza, appare evidente come sia indispensabile, per avere la libera circolazione dei risultati di misura, riferire tutte le nostre misure ad opportuni campioni dell'unità di misura della lunghezza. Quando diciamo infatti che la misura di una lunghezza è pari a 3 m, intendiamo dire che quella lunghezza è tre volte la lunghezza rappresentata dal metro e quindi quella individuata dal campione primario del metro.

Questo concetto, che prende il nome di ***riferibilità***, implica che vi sia una gerarchia di campioni che, partendo dai campioni primari, arrivi fino agli strumenti di misura che ci forniscono il rapporto tra la dimensione incognita ed il campione del metro.

La riferibilità ai campioni nazionali è quindi l'indispensabile base metrologica per la garanzia della qualità nella produzione industriale e per il riconoscimento internazionale della certificazione di sistema, a loro volta garantiti dalla possibilità di effettuare misurazioni affidabili.

Questa esigenza implica che tutta la strumentazione industriale sia sottoposta ad un ***confronto metrologico (taratura)*** direttamente o indirettamente, attraverso una catena ininterrotta di confronti, con i campioni nazionali.

La norma UNI EN ISO 9001 indica chiaramente questo requisito, ribadito in modo ancora più evidente nella norma ISO/IEC 17025 che riguarda l'attività e la gestione dei Laboratori di prova e di taratura.

A livello esecutivo la riferibilità si traduce nell'effettuazione di una catena di tarature (confronti) che inizia dai campioni nazionali conservati presso un Istituto Metrologico Primario e, attraverso successive tarature (effettuate da laboratori accreditati o comunque da laboratori dotati di riconosciute competenze), passa attraverso i campioni di riferimento aziendali (che vengono poi utilizzati, come previsto dalla norma UNI EN ISO 9001, per le tarature interne della strumentazione) e termina con le misure effettuate in produzione e collaudo.

La figura 1.1 illustra la catena che lega il campione primario del metro con gli strumenti di misura della lunghezza adottati dalle aziende.

LABORATORIO ACCREDITATO O CERTIFICATO?

Il servizio di taratura viene offerto alle aziende da laboratori accreditati in conformità alla ISO/IEC 17025 o da laboratori certificati in conformità alle ISO 9000. Occorre però chiarire bene la differenza tra accreditamento e certificazione. La UNI CEI EN 45020 al temine accreditamento attribuisce la seguente definizione: "procedimento con cui un organismo riconosciuto attesta formalmente la competenza di un organismo o persona a svolgere funzioni specifiche". Nel caso specifico dei laboratori di taratura, per accreditamento si intende quella procedura con cui l'ente accreditante (in Italia ACCREDIA) conferisce al laboratorio il riconoscimento formale che esso è competente per svolgere le tarature per l'industria. L'accreditamento viene effettuato in riferimento alla norma ISO/IEC 17025 che prevede oltre ai requisiti gestionali tipici delle ISO 9000 anche i requisiti di competenza tecnica inerenti le prove/tarature eseguite dal laboratorio. Sempre la norma UNI CEI EN 45020 al termine certificazione fornisce la seguente definizione: "procedura con cui una parte terza dà assicurazione scritta che un prodotto, processo o servizio è conforme a requisiti specificati". Nel caso dei laboratori di taratura, la certificazione ISO 9000 assicura che l'organizzazione del laboratorio è tale da garantire la costanza nel tempo delle caratteristiche dei servizi offerti e cioè delle tarature, ma nulla ci dice sulla qualità di tali tarature. In altre parole la certificazione ISO 9000 di un laboratorio non dimostra da sé la competenza del laboratorio a produrre dati e risultati tecnicamente validi essendo una certificazione di sistema e non di prodotto/servizio.

Quindi se un'azienda adotta un laboratorio certificato ISO 9001 per il servizio di taratura della strumentazione, non dà a terzi alcuna garanzia sui risultati delle misure effettuate se non all'interno di qualificazioni di parte seconda (valide solo all'interno del rapporto cliente fornitore purché adeguatamente verificate e registrate).

1.6. ORGANIZZAZIONE PER LA RIFERIBILITÀ

Al fine di assicurare la riferibilità delle misure al Sistema Internazionale delle unità, nel 1979 è stato creato da parte dei tre Istituti Metrologici Primari italiani (l'Istituto di Metrologia G. Colonnetti, l'Istituto Elettrotecnico Nazionale G. Ferraris e l'Istituto Nazionale di Metrologia delle radiazioni ionizzanti dell'ENEA), il Servizio di Taratura in Italia (SIT), per il riconoscimento dei laboratori metrologici secondari (Laboratori accreditati di taratura) realizzando in questo modo un organismo preposto al loro accreditamento. Successivamente, la legge 273 dell'11 Agosto 1991 ha istituito il Sistema Nazionale di Taratura (SNT): "***esso è costituito dai tre Istituti Metrologici Primari e dai Centri di Taratura ed ha il compito di assicurare la riferibilità ai campioni nazionali dei risultati delle misurazioni***".

Dal 1° gennaio 2006, dalla fusione dell'Istituto Elettrotecnico Nazionale "Galileo Ferraris" (IEN) e dell'Istituto di Metrologia "Gustavo Colonnetti" (IMGC), nasce l'Istituto Nazionale di Ricerca Metrologica (INRIM) che svolge le funzioni di istituto metrologico primario già di competenza IMGC e IEN.

Nel 2009 nasce ACCREDIA (associazione senza scopo di lucro riconosciuta dallo Stato con il decreto del 22 dicembre 2009 come Ente unico nazionale di accreditamento) dalla fusione di SINAL (Sistema Nazionale per l'Accreditamento dei Laboratori di prova), SINCERT (Sistema Nazionale per l'Accreditamento degli Organismi di Certificazione) e con il contributo di SIT, INRIM, ENEA e ISS (Istituto Superiore di Sanità). ACCREDIA subentra alle precedenti associazioni nel ruolo di firmatario degli accordi di mutuo riconoscimento per gli schemi nei quali operavano i suddetti enti costituendo l'interfaccia nei confronti degli Enti di cooperazione internazionale.

CURIOSITÀ SUI BLOCCHETTI PIANPARALLELI

È convinzione comune credere che i blocchetti pianparalleli in ceramica abbiano dilatazioni termiche decisamente inferiori a quelli in acciaio. Ciò è però falso in quanto il coefficiente di dilatazione termica di un blocchetto in ceramica (ceramica al zirconio) è pari a $(10 \pm 1)\cdot 10^{-6}\ K^{-1}$ e cioè un valore molto prossimo a quelli in acciaio che è pari a $(11,5 \pm 1)\cdot 10^{-6}\ K^{-1}$.

In realtà i blocchetti in ceramica hanno altri vantaggi rispetto a quelli in acciaio e cioè:

- avendo una resistenza alla abrasione da 5 a 10 volte più elevata di quelli in acciaio, si usurano molto meno;
- presentano una migliore stabilità dimensionale nel tempo;
- hanno una resistenza alla corrosione decisamente superiore ai blocchetti in acciaio e quindi nelle normali condizioni di utilizzo non è necessario prendere alcuna particolare precauzione di prevenzione alla ruggine;
- hanno una elevata capacità di entrare in adesione;
- hanno una elevata resistenza meccanica che, in caso di caduta del blocchetto, determina rottura o scheggiatura del blocchetto e non la deformazione dello stesso.

Occorre però osservare che la ceramica ha una conducibilità termica molto bassa e quindi il blocchetto in ceramica richiede un tempo circa doppio del blocchetto in acciaio per raggiungere la temperatura ambiente; ciò va tenuto in considerazione se si effettuano confronti in ambienti con elevate variazioni di temperatura.

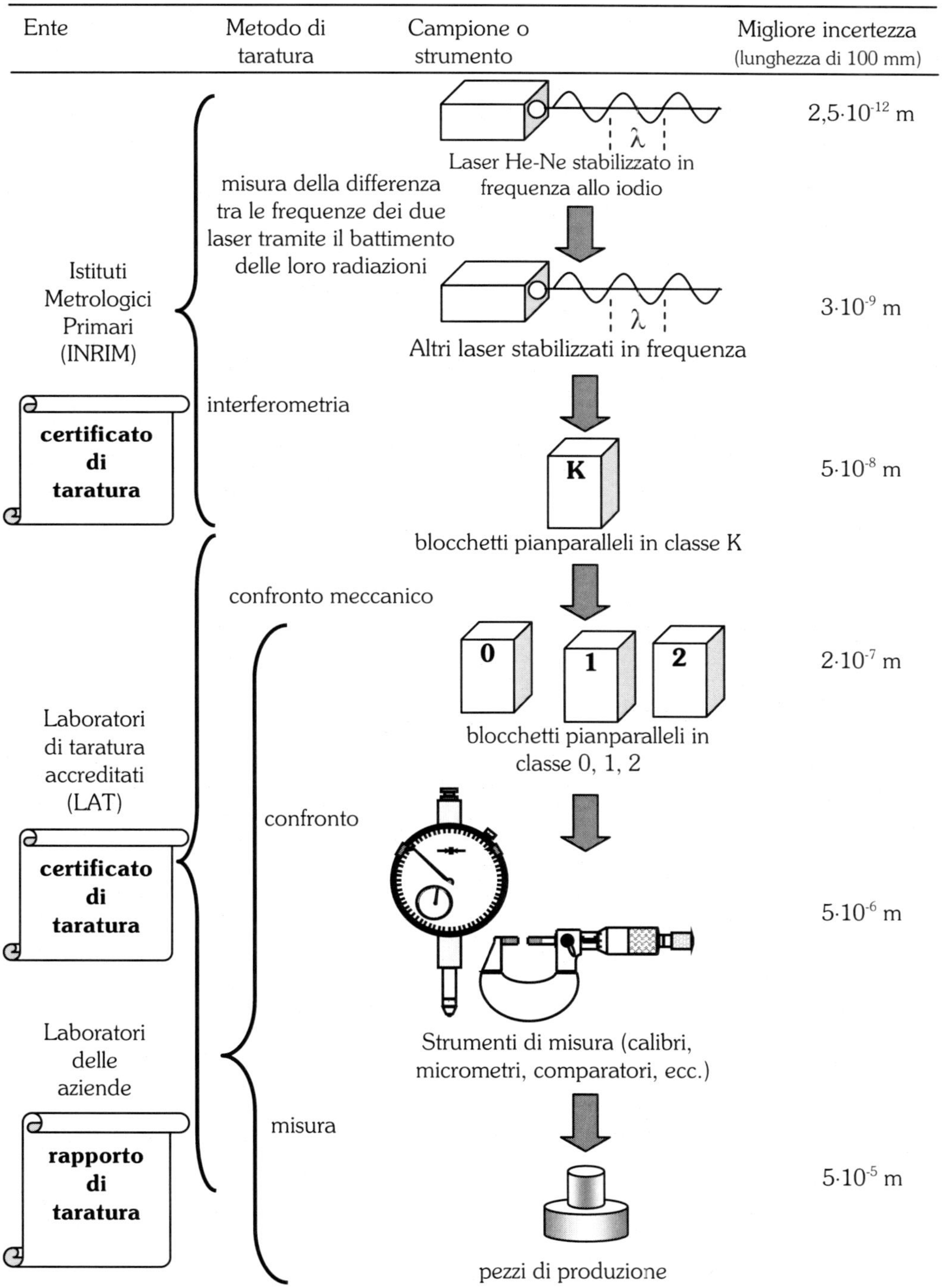

Figura 1.1: organizzazione della riferibilità

BIBLIOGRAFIA

UNI CEI ISO 80000-1:2010 Grandezze e unità di misura
E. Arri, S. Sartori, "Le misure di grandezze fisiche", Paravia, Torino, 1984
S. Sartori, "Le misure nella scienza, nella tecnica, nella società", Paravia, Torino, 1979
A. Calcatelli, "Il Sistema Internazionale di unità di misura (SI)", CNR-IMGC, Marzo, 1994
F. Cascetta, P. Vigo, "Introduzione alla metrologia", Liguori Editore, Napoli, 1989
S. Sartori, "La grammatica nel linguaggio delle misure", Tutto_Misure, 3/00

2. ERRORI ED INCERTEZZE

2.1 ERRORI CONOSCIUTI E NON CONOSCIUTI

Nessuno è perfetto! Su questo siamo "quasi tutti" d'accordo e quindi ognuno di noi, avendo sbagliato almeno una volta nella vita, conosce bene il concetto di errore.

Qualcuno potrebbe dire che l'errore è rappresentato dalla differenza fra il nostro comportamento o fra l'esito del nostro comportamento e l'esito ideale che ci aspettavamo di ottenere. In metrologia non è molto diverso: l'errore è sempre rappresentato dalla ***differenza*** fra il valore di lettura (esito del processo di misurazione) ed il valore conosciuto di una grandezza fisica sottoposta a misurazione (misurando).

Nella definizione di errore si fa quindi riferimento ad un "valore conosciuto" ovvero un valore noto (chiamato "valore convenzionalmente vero" nella norma UNI 4546 e "valore convenzionale" dalla traduzione in italiano del Vocabolario Internazionale di Metrologia - UNI CEI 70099:2008) ma con un errore molto piccolo rispetto all'errore commesso nel processo di misurazione che stiamo analizzando.

Nella misurazione di un blocchetto pianparallelo con un calibro a corsoio, per esempio, l'errore (chiamato errore di indicazione) è rappresentato dalla differenza fra il valore di lettura sul calibro ed il valore "noto" del campione.

L'errore che si commette in un processo di misurazione è ovviamente il risultato di tanti errori aventi origine ed entità diverse, che intervengono singolarmente o contemporaneamente nel processo di misurazione.

NOTA STORICA

Qualcuno potrebbe giustamente obiettare che non esiste niente di perfettamente conosciuto poiché ogni grandezza, per essere conosciuta, deve essere sottoposta a misurazione ed ogni processo di misurazione è inesorabilmente affetto da errori. Per il principio di indeterminazione di Heisemberg, infatti, l'azione stessa della misura perturba la grandezza misurata e quindi impedisce di conoscere il valore vero del misurando.
All'azione della misura è sempre connesso uno scambio di energia fra misurando e misuratore che modifica il processo in atto; pensiamo per esempio all'azione di deformazione causata da un tastatore meccanico che tocca la superficie di misura. Accogliendo questa giusta obiezione, non si potrebbe neanche definire l'errore e si rientrerebbe nei meandri di una teoria che avrebbe a che fare più con la filosofia che con la pragmatica scienza metrologica.

Prendiamo in considerazione ora l'errore dovuto ad un determinato effetto che interviene in un processo di misurazione; questo può essere:

- ***conosciuto*** quantitativamente e quindi, se del caso, eliminato (almeno parzialmente) attraverso una correzione sul valore di lettura che darà luogo ad un valore di misura corretto;
- ***non conosciuto*** o comunque che non si vuole investigare per ragioni economiche o per semplicità gestionale e quindi non cambia il valore di misura anche se ne determina in qualche modo la sua qualità.

Il valore di misura corretto, se esiste, sostituirà a tutti gli effetti il valore di lettura ma non riuscirà mai ad essere esente da ogni tipo di errore. In conclusione quindi, il risultato di una misurazione è solamente un'approssimazione o una stima del valore del misurando.

Sorge quindi la necessità di quantificare il grado di approssimazione di questa stima altrimenti la misura della lunghezza di un blocchetto fatta con un righello graduato e quella fatta con un micrometro millesimale avrebbero la stessa valenza se in entrambi i casi si avesse una lettura di 20 mm.

Il risultato di una misurazione, essendo come già detto una stima, è pertanto completo solamente quando è accompagnato da un parametro che quantifica il grado di approssimazione di questa stima; a questo parametro viene dato il nome di ***incertezza di misura***.

Così alla stima della lunghezza di un blocchetto effettuata tramite la misurazione con il righello graduato, anche se pari a 20 mm, dovrebbe essere associato un grado di approssimazione (e quindi un'incertezza) molto più grande di quello associato alla stima fatta tramite la misurazione con il micrometro millesimale.

Questo grado di approssimazione non può essere quantificato dall'errore poiché l'errore in un processo di misurazione è, almeno in parte, inconoscibile. Per precisare meglio questo concetto possiamo dire che alcuni errori possono essere identificati e quantificati e, se conveniente, eliminati, ma altri rimarranno inevitabilmente ed influenzeranno il risultato del processo di misurazione.

Il risultato di una misurazione (figura 2.1) quindi, pur dopo essere stato corretto dagli errori generati da effetti identificati, è ancora solamente una stima del valore del misurando per i seguenti motivi:

- presenza di effetti casuali non noti, non modellizzabili e quindi non correggibili;
- non perfetta correzione del risultato della misurazione per gli effetti individuati.

Occorre comunque ribadire che l'errore è sempre ***una differenza fra un valore di lettura ed un valore atteso*** ed è necessario quantificare tale differenza quando si vuole ***correggere il valore di lettura*** e quindi eliminare l'influenza di tale errore.

Il singolo errore, ad esempio l'errore dovuto al non perfetto allineamento del pezzo, se non lo si corregge, non può essere combinato con altri errori per valutare l'errore complessivo sulla stima del misurando, poiché non esiste una metodologia di propagazione degli errori che sia riconosciuta da una norma.

Occorre quindi associare all'errore un intervallo di valori possibili, ipotizzare una distribuzione di probabilità all'interno di tale intervallo e trasformare l'errore dovuto a questo effetto in uno scarto tipo che, sotto opportune ipotesi, può essere combinato con gli scarti tipo associati ad altri effetti come descritto nel capitolo 3 sulla valutazione dell'incertezza di misura.

Riassumendo, ***si parla di errore di una misura quando si misura un valore noto***; ***quando invece si misura una grandezza incognita non ha senso parla-***

re di errore ma occorre parlare solo di incertezza di misura associata al risultato della misurazione.

L'errore, quindi, essendo la differenza tra un valore di lettura ed un valore noto, si determina; l'incertezza di misura, invece, si stima.

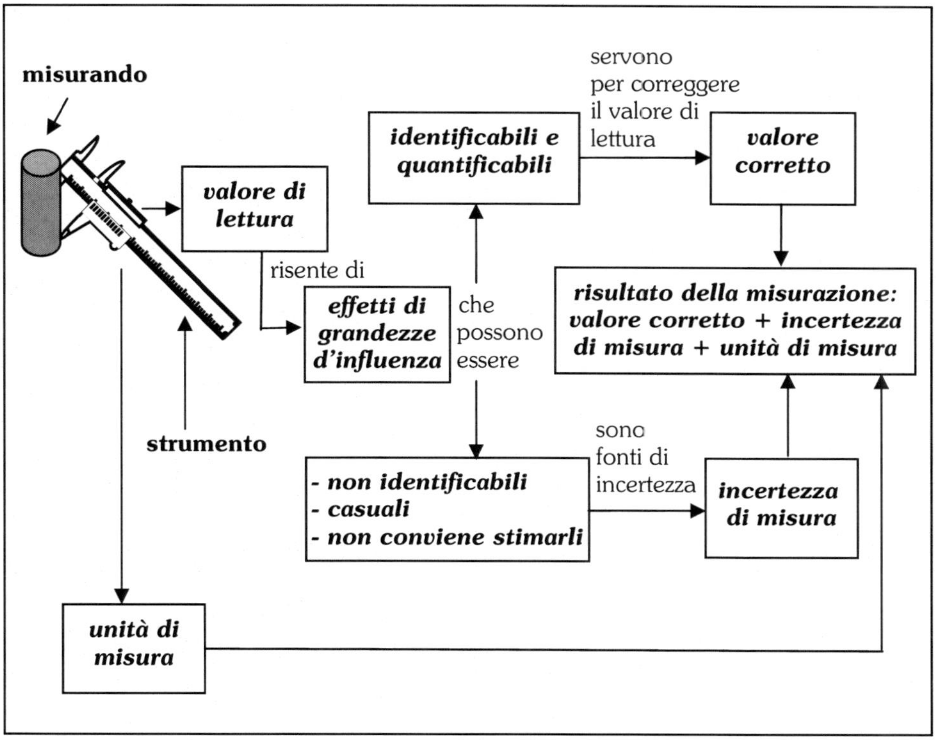

Figura 2.1: risultato di una misurazione

2.2 L'INCERTEZZA DI MISURA: LIVELLO DI FIDUCIA

L'incertezza associata al risultato di una misurazione rappresenta quindi una fascia di valori (un intorno della stima effettuata) che rispecchia, con la sua ampiezza, la mancanza di conoscenza esatta del valore del misurando.

Se non ci fossero effetti di grandezze d'influenza che generano errori, non ci sarebbe neanche incertezza associata al risultato di una misurazione. Purtroppo invece l'esito di un processo di misura è il risultato di tanti effetti alcuni conoscibili, altri inconoscibili, altri variabili in maniera casuale il cui effetto complessivo può essere stimato con una fascia di valori definita dall'incertezza di misura.

Cerchiamo di fare un esempio concreto per spiegare il concetto di incertezza; questo esempio è una notevole semplificazione della realtà ma può essere utile per la comprensione del concetto.

Consideriamo una serie di misure effettuate con uno strumento, sullo stesso misurando (stesso pezzo), facendo in modo che tutte le possibili influenze sul risultato della misurazione diano il loro effetto; riportiamo i valori letti sullo strumento in un grafico che ha l'asse delle ascisse suddiviso in intervalli uguali alla risoluzione dello strumento di misura e l'asse delle ordinate suddiviso in numero di volte che il valore letto è all'interno di un intervallo.

Otterremo un istogramma a barre verticali: esse indicano la frequenza con la quale ogni singolo valore si è ripetuto nelle misure (distribuzione di frequenza).

Aumentando il numero delle misure otterremo una distribuzione sempre più regolare e simmetrica (figura 2.2).

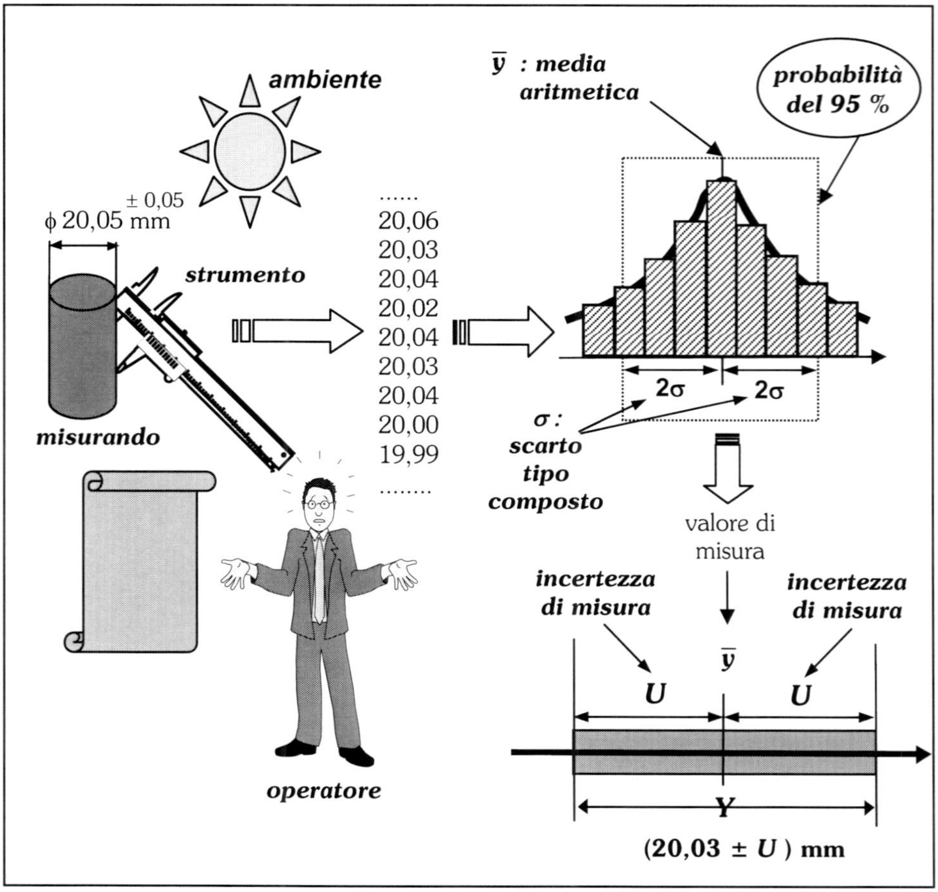

Figura 2.2: il processo di misurazione

Se facessimo l'ipotesi di aumentare in modo indefinito (numero di misure tendente all'infinito) il numero delle misure effettuate, possiamo immaginare di passare dal caso discreto al caso continuo in cui ogni possibile valore di lettura è rappresentato da un punto sull'asse delle ascisse.

Sostituendo nel grafico la frequenza delle misure con la probabilità delle stesse, possiamo normalizzare il grafico ricordando che l'insieme dei dati di misura rappresenta il 100% delle probabilità.

Si ottiene quindi un grafico chiamato "distribuzione di probabilità"; da questa distribuzione si possono ricavare due parametri importanti per il risultato della misurazione e cioè:

- la ***media aritmetica*** $\overline{y}$: parametro che può essere utilizzato come miglior stima del valore di misura;
- lo ***scarto tipo*** σ : parametro che può caratterizzare la dispersione dei valori di misura chiamato anche ***incertezza tipo*** (con simbolo u); quando questo scarto tipo comprende tutte le fonti di incertezza del processo di misura prende il nome di ***scarto tipo composto*** chiamato anche ***incertezza tipo composta*** (con simbolo u_c).

Nella metrologia si utilizza un multiplo dello scarto tipo come mezzo per esprimere l'incertezza di misura (chiamata ***incertezza estesa*** con simbolo U); a questo intervallo di valori, funzione dello scarto tipo, può essere associata una probabilità che definisce quantitativamente il ***livello di fiducia*** che il valore del misurando sia all'interno dell'intervallo sopra definito.

Queste semplici considerazioni ci servono per comprendere meglio il significato delle informazioni quantitative che definiscono in modo completo il misurando e cioè:

- il valore numerico da assegnare al misurando (migliore stima effettuata);
- l'unità di misura nella quale tale valore è espresso;
- l'incertezza da attribuire al valore numerico;
- il livello di fiducia che caratterizza l'incertezza stimata.

Il risultato di una misurazione, che chiameremo Y, deve pertanto essere espresso nel seguente modo:

$$Y = \left(\overline{y} \pm U\right) \quad \text{[unità di misura]}$$

dove:

Y : risultato della misurazione;
$\overline{y}$: valore di misura;
U : incertezza estesa.

2.3 L'INCERTEZZA DI MISURA NELLA NORMATIVA

Il VIM (Vocabolario Internazionale di Metrologia) fornisce la seguente definizione di incertezza di misura: **"parametro non negativo che caratterizza la dispersione dei valori che sono attribuiti a un misurando, sulla base delle informazioni utilizzate"**.

In termini pratici è possibile dire che l'incertezza di misura esprime il dubbio che rimane sul risultato di misura, quantificabile attraverso la stima sull'ampiezza dell'intervallo entro il quale si trova, con una determinata probabilità, il valore del misurando.

L'ampiezza di tale intervallo è uguale a $k \cdot u$ (ovvero $U = k \cdot u$) dove k è il ***fattore di copertura*** che, per un livello di fiducia di circa il 95 % (figura 2.2), è pari a 2. A volte è usato un fattore di copertura pari a 3 per avere un livello di fiducia di oltre il 99%.

Questa corrispondenza fra fattore di copertura e livello di fiducia vale solo se si può ipotizzare che il risultato della misurazione abbia una distribuzione di probabilità gaussiana (vedi paragrafo 3.2.3).

Il livello di fiducia (tipicamente circa il 95 % nelle misure industriali) ***deve essere stabilito dall'utilizzatore della misura e non dal metrologo***; se la misura per esempio coinvolge fattori inerenti la sicurezza o l'impatto ambientale, è necessario avere livelli di fiducia molto elevati.

Spesso anche l'incertezza di misura che si vuole ottenere dal processo di misurazione implementato è il frutto di valutazioni fatte al di fuori dall'ambito puramente metrologico; l'incertezza richiesta (***incertezza target***) dipende infatti da valutazioni economiche o, a volte, da valutazioni comparative con gli indici di capacità del processo produttivo ovvero la dispersione dei pezzi prodotti in rapporto alle tolleranze di fabbricazione (vedi paragrafo 8.2).

La conoscenza dell'incertezza di misura è inoltre fondamentale, come vedremo nel seguito, per esprimere una decisione oggettiva circa la conformità di una caratteristica misurabile in relazione ad una determinata specifica.

2.4 I PRINCIPALI ERRORI NELLA METROLOGIA DIMENSIONALE

2.4.1 Generalità

Prendiamo ora in esame alcuni fra i più comuni errori nell'ambito della metrologia dimensionale, analizzandone la genesi e quantificandone l'effetto.

2.4.2 Errore dovuto al non rispetto della condizione di Abbe

La condizione di Abbe prevede che l'asse del misurando coincida con l'asse di misura: ogni qual volta tale condizione non è rispettata, può nascere un errore comunemente chiamato ***errore di Abbe***.

Esso è legato alla distanza fra l'asse di misura dello strumento e l'asse del misurando (***braccio di Abbe***) e praticamente si presenta tutte le volte che si misura una distanza riportandola su un asse di misura (scala graduata) che non coincide con l'asse del misurando.

Questo effetto si verifica quando i cursori che riportano la distanza da misurare sulla scala graduata non sono perfettamente paralleli fra loro e perpendicolari all'asse di misura.

Ovviamente quando l'asse di misura e l'asse del misurando sono perfettamente coincidenti non esiste alcun errore di Abbe.

Se l'asse di misura è distante da quello del misurando di una distanza *b* (nel caso del calibro a corsoio, per esempio, *b* può assumere un valore massimo pari alla lunghezza del becco) tale effetto assume proporzioni significative e può essere quantificato con la seguente formula:

$$\Delta L = b \cdot \alpha$$

dove:

ΔL : errore commesso per effetto del non rispetto della condizione di Abbe (errore di Abbe);

b : distanza (braccio di Abbe) fra asse del misurando e asse di misura (misurata sul punto di contatto fra strumento e misurando);

α : angolo fra la superficie di misura e la perpendicolare all'asse di misura.

Nel caso del calibro a corsoio tale effetto può aversi a causa di una rotazione del becco mobile (imbardata rispetto al suo asse di scorrimento) per effetto di giochi del corsoio o di deformazioni elastiche dell'asta graduata (figura 2.3).

Anche una superficie di scorrimento piegata per shock meccanici o uso improprio, così come l'eventuale usura della superficie di scorrimento, possono dar luogo all'errore di Abbe. La misurazione con calibri di grandi dimensioni o con becchi lunghi enfatizza l'effetto dell'errore di Abbe e richiede quindi una maggiore cura come per esempio la predisposizione di un supporto.

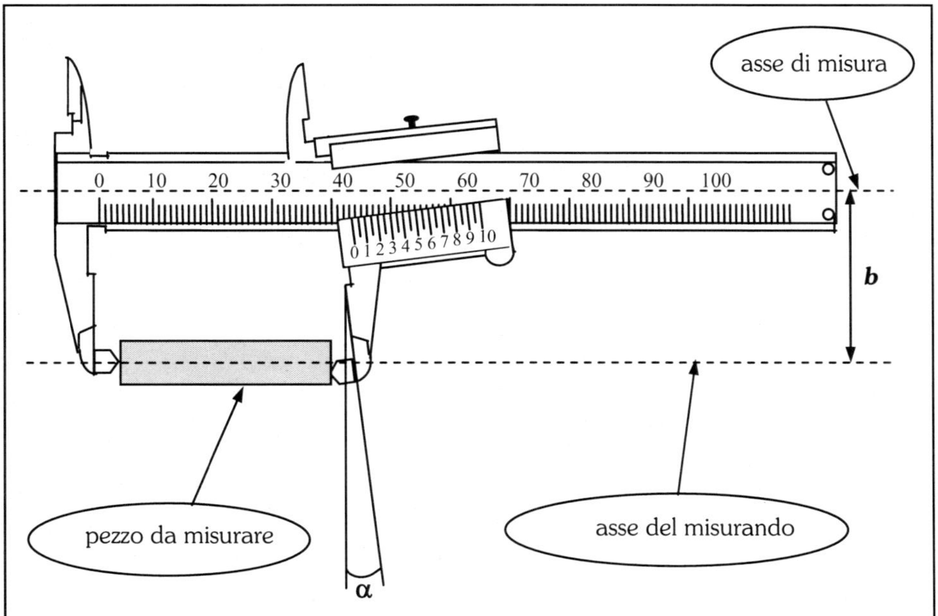

Figura 2.3: errore di Abbe

2.4.3 Errore dovuto al non perfetto allineamento del pezzo

In presenza di un disallineamento fra la distanza da misurare e l'asse della scala, si commette un errore che dipende ovviamente dall'angolo di disallineamento (***errore di allineamento***); nell'esempio in figura 2.4 si misura la distanza A-B invece della distanza A-C per effetto di un disallineamento fra l'asse di misura e quello del misurando.

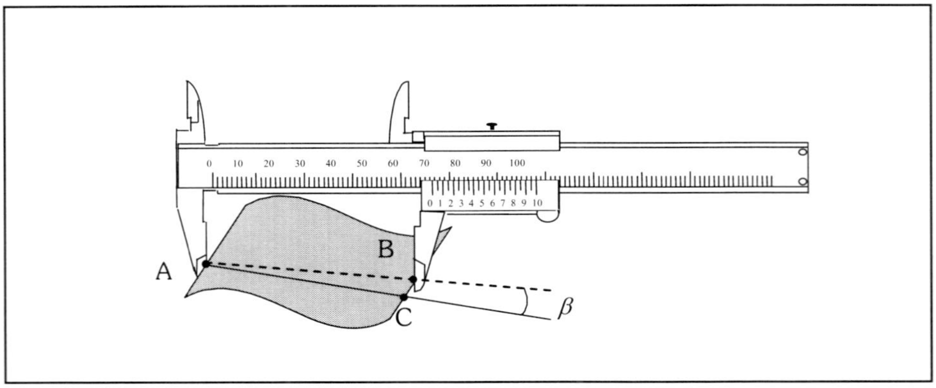

Figura 2.4: errore di allineamento

Questo errore, nel caso di un angolo di disallineamento pari a β (espresso in radianti), è dato dalla seguente formula:

$$\Delta L \cong \frac{1}{2} \cdot L_{nom} \cdot \beta^2$$

Spesso questo errore è chiamato "***errore del coseno***" poiché, come si vede dalla figura 2.5, indicando con L il misurando e con L' il valore realmente misurato si ha che:

$$L' \cdot \cos\beta = L$$

Sviluppando poi in serie il coseno si ottiene:

$$L' \cdot \left(1 - \frac{\beta^2}{2}\right) \cong L$$

da cui, approssimando L' con il valore nominale della lunghezza misurata L_{nom} nel prodotto $L' \cdot \frac{\beta^2}{2}$, si ha:

$$L' \cong L + L_{nom} \cdot \frac{\beta^2}{2}$$

e quindi :

$$L' - L = \Delta L \cong \frac{1}{2} \cdot L_{nom} \cdot \beta^2$$

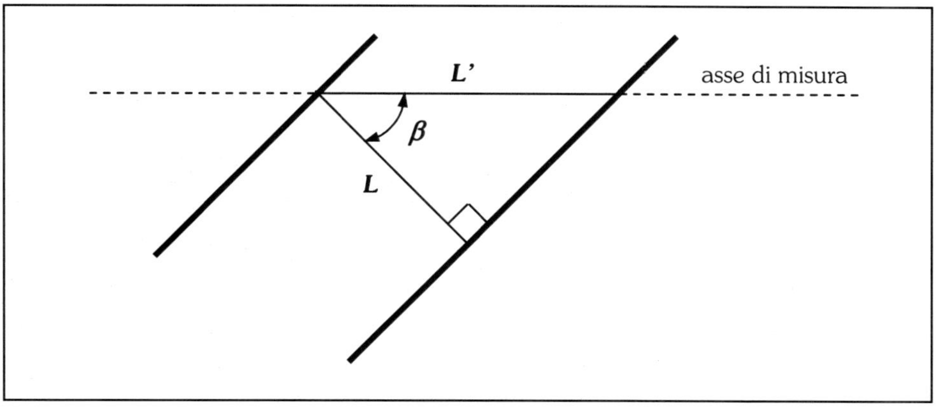

Figura 2.5: errore del coseno

2.4.4 Errore dovuto all'effetto di parallasse

Questo errore, comunemente chiamato ***errore di parallasse***, è la variazione dell'apparente allineamento fra due oggetti, vicini ma non sovrapposti, quando vengono visti da posizioni diverse ed è tipico degli strumenti a lettura analogica.

Per esempio, nel calibro a corsoio, l'errore di parallasse è dovuto alla distanza fra la graduazione sul nonio e la graduazione sulla asta principale, nel comparatore analogico è dovuto alla distanza fra la lancetta ed il quadrante graduato, nel micrometro analogico è dovuto alla distanza fra la graduazione sulla superficie del tamburo e la linea di fede sulla superficie della bussola.

Tale distanza rende difficile fare un allineamento accurato delle tacche poiché tale allineamento è funzione del punto di vista dell'operatore ovvero varia al variare dell'angolo formato dalla retta congiungente l'occhio con la tacca, rispetto alla perpendicolare al piano sul quale è riportata la tacca stessa (figura 2.6).

L'errore di parallasse dipende quindi anche dalla prevalenza dell'acuità visiva di un occhio rispetto all'altro che comporta una diversa inclinazione della congiungente occhio - graduazione.

Facendo riferimento alla figura 2.6, che illustra l'errore di parallasse nel caso del calibro a corsoio, tale errore può essere quantificato come segue:

$$\Delta L = h \cdot b \,/\, a$$

dove:

ΔL : errore di parallasse (spostamento del punto di lettura sulla scala graduata);

h : distanza fra il bordo graduato del nonio e la superficie graduata della scala principale;

b : distanza, presa sul piano parallelo al piano della scala graduata, del punto di vista dell'operatore rispetto al punto che non presenta errori di parallasse;

a : distanza fra la scala graduata ed il punto di vista dell'operatore.

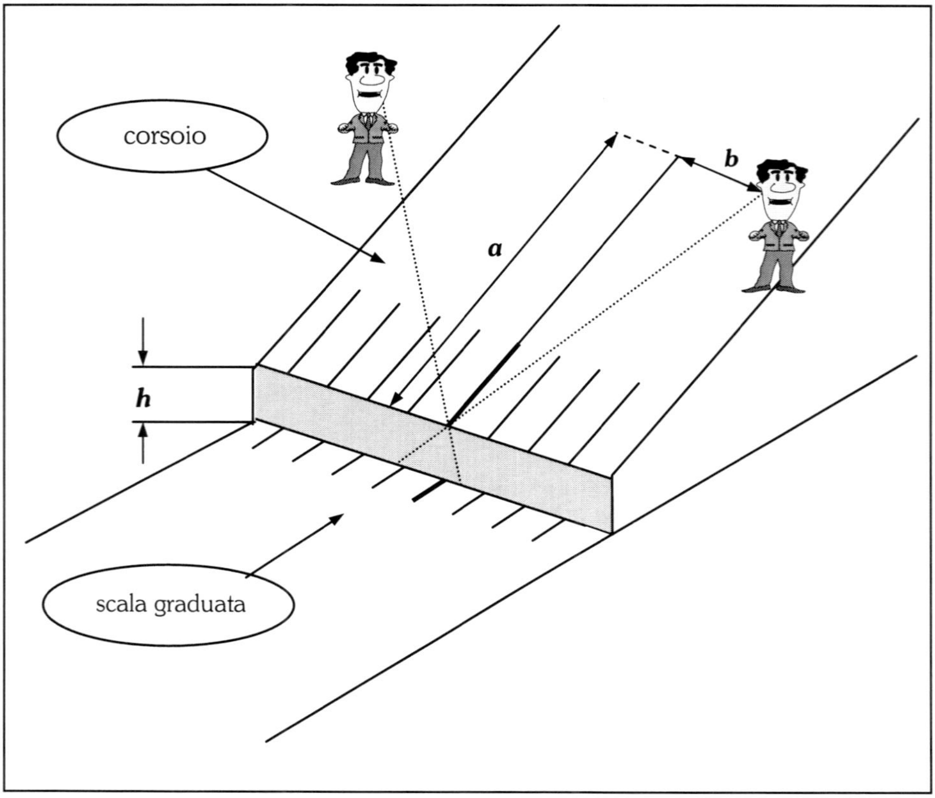

Figura 2.6: errore di parallasse nel calibro a corsoio

Dalla formula sopra riportata si evince che l'errore di parallasse è direttamente proporzionale al valore h che è un parametro di tipo costruttivo.

Occorre però considerare che in genere si guardano le scale graduate da una distanza che consente una visione distinta (circa 250 mm) e che la distanza media fra occhio destro e occhio sinistro è pari a circa 60 mm. A titolo di esempio si può osservare che se a = 250 mm, h = 0,35 mm e b = 130 mm (corrispondente ad una osservazione con un angolo di circa 30°), il valore di ΔL, calcolato con la formula sopra riportata, è pari a:

$$\Delta L = 130 \times 0{,}35 / 250 = 0{,}182 \text{ mm}$$

Tale valore però è solo uno spostamento sulla scala graduata; per calcolare quindi l'errore di misura si deve dividere ΔL per il rapporto fra lo spazio fisico tra due tacche successive e la corrispondente variazione della grandezza misurata (unità di formato).

Nel caso di un micrometro analogico centesimale il cui diametro esterno del tamburo è di 14,5 mm e la circonferenza del tamburo è divisa in 50 parti uguali, lo spazio di una graduazione è dato da:

$$14{,}5\,\pi / 50 = 0{,}911 \text{ mm}$$

L'errore sopra calcolato, trasformato nell'unità di misura della grandezza misurata è pari a:

$$0{,}182 / (0{,}911 / 0{,}01) = 0{,}002 \text{ mm}$$

2.4.5 Errore dovuto alle deformazioni secondo la legge di Hooke

La legge di Hooke determina la relazione tra la sollecitazione assiale (forza di misura applicata) e la deformazione (variazione di lunghezza del misurando) provocata in campo elastico (in campo elastico la deformazione del solido è direttamente proporzionale alla sollecitazione applicata ad esso).

Quando un carico è applicato longitudinalmente ad una trave, è possibile calcolare la deformazione della trave stessa; infatti ponendo:
A : sezione della trave (mm^2); per una barra avente diametro d, $A = (\pi / 4) \cdot d^2$;
L : lunghezza (mm);
E : modulo di elasticità longitudinale (modulo di Young in MPa);
F : forza (N),
la deformazione ΔL vale:

$$\Delta L = \frac{F \cdot L}{E \cdot A}$$

Supponendo che un'asta campione (d = 8 mm, L = 100 mm) sia misurata usando un micrometro per esterni con una forza di misura F = 10 N, e ponendo E = 210 000 MPa (nel caso dell'acciaio), il valore di ΔL è pari a:

$$\Delta L = 0{,}0001 \text{ mm}$$

Ovviamente, se si utilizzano materiali come l'alluminio (E = 70 000 MPa), con forze di misura più alte si possono avere effetti non trascurabili sul risultato della misurazione.

2.4.6 Errore dovuto alle deformazioni di Hertz

La formula di Hertz è una formula empirica che dà il totale della deformazione superficiale nel limite elastico quando due superfici (sferiche, cilindriche o piane) sono spinte da una forza, una contro l'altra.

La formula si applica alle seguenti specifiche combinazioni di superfici: una superficie sferica contro una piana, una superficie cilindrica contro una piana e due superfici cilindriche (i cui assi sono ortogonali).

È una formula molto utile per determinare la deformazione del pezzo causata, ad esempio, dalla forza di misura esercitata da un micrometro, da un comparatore o da una macchina di misura monoassiale.

Quando due superfici, supposte entrambe in acciaio, sono in contatto in un punto o lungo una linea (figura 2.7) e sono spinte l'una contro l'altra per effetto della forza di misura F, il totale della deformazione nei vari casi è dato da:

a) ***superficie sferica su superficie piana*** (un punto di contatto):

$$\delta_a = \frac{\delta_a}{2} + \frac{\delta_a}{2} \qquad \text{con} \qquad \frac{\delta_a}{2} \cong 0{,}4 \cdot \sqrt[3]{\frac{F^2}{D}}$$

b) ***superficie cilindrica su superficie piana*** (una linea di contatto):

$$\delta_b = \frac{\delta_b}{2} + \frac{\delta_b}{2} \qquad \text{con} \qquad \frac{\delta_b}{2} \cong 0{,}092 \cdot \frac{F}{L} \cdot \sqrt[3]{\frac{1}{D}}$$

dove:

δ : deformazione totale (μm);
D : diametro della sfera/cilindro (mm);
L : lunghezza del cilindro (mm);
F : carico (N);
d : diametro delle incudini (mm).

Supponendo che una sfera con diametro $D = 1$ mm ed un cilindro con diametro $D = 1$ mm e lunghezza L maggiore del diametro delle incudini ($d = 8$ mm), abbiano lo stesso modulo di elasticità delle incudini in acciaio ($E = 210\,000$ MPa) e siano misurati con una forza $F = 10$ N, la deformazione totale vale:

$$\delta_a \cong 3{,}7\ \mu\text{m} \qquad \delta_b \cong 0{,}2\ \mu\text{m}$$

La deformazione di Hertz deve quindi essere presa maggiormente in considerazione quando si misurano sfere di piccole dimensioni che hanno un punto di contatto con la testa di misura.

È comunque difficile determinare la deformazione totale di Hertz; un metodo pratico è il metodo del confronto o di compensazione dell'errore.

Esso consiste nell'utilizzo di un campione di valore noto, dello stesso materiale, forma e stato superficiale del pezzo da misurare sul quale si esegue l'azzeramento dello strumento.

Tale azzeramento risente dell'effetto delle deformazioni di Hertz reali che saranno automaticamente riproposte quando si esegue la misura sul pezzo e quindi l'errore viene in gran parte automaticamente compensato.

Esistono ancora diversi altri errori che intervengono nelle misure dimensionali; tra questi il più importante è sicuramente quello dovuto agli effetti termici che è oggetto del capitolo 4.

Infine sono da ricordare tutti gli errori dovuti alle caratteristiche metrologiche dello strumento utilizzato che sono trattate nel capitolo 6.

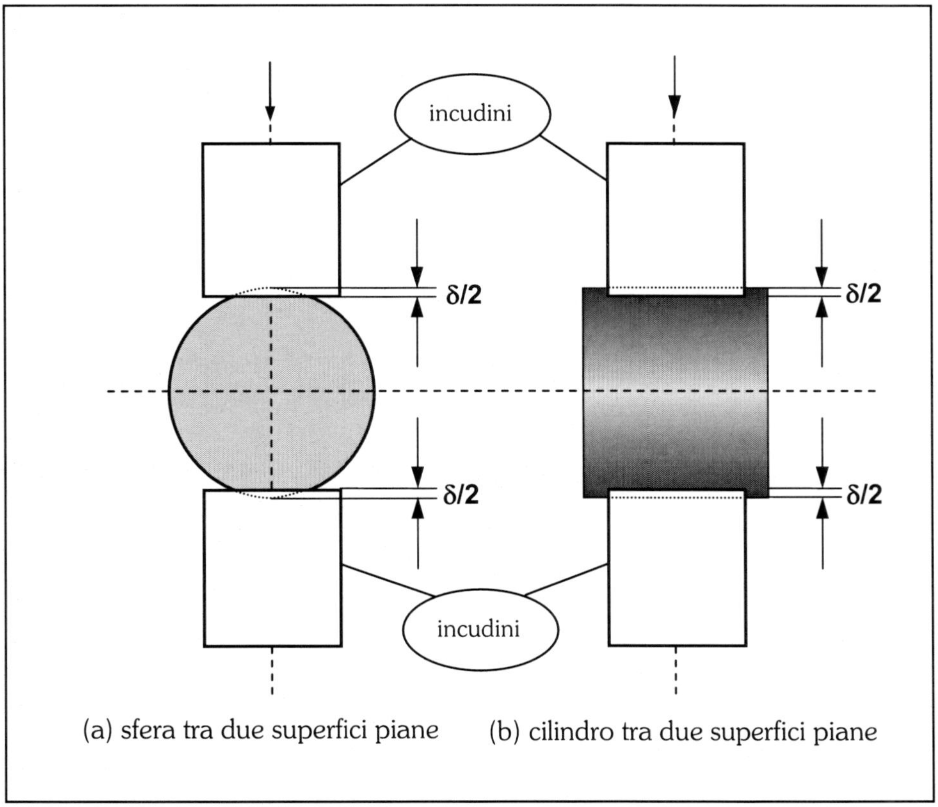

Figura 2.7: errore dovuto alla deformazione di Hertz

BIBLIOGRAFIA

M. Caporaloni, S. Caporaloni, R. Ambrosini, "La misura e la valutazione della sua incertezza nella fisica sperimentale", Bologna, 1987

R. S. Figliola, D. E. Beasley, "Theory and design for mechanical measurements", Wiley & Sons, USA, 1995

S. Sartori, "La stima dell'incertezza nelle misurazioni: un esempio ragionato", TUTTO_MISURE, 02/99

G. Barbato, "L'uso efficiente della UNI CEI ENV 13005 (ex UNI CEI 9) nella gestione di misure e prove in un sistema qualità", TUTTO_MISURE, 01/2001

3. LA VALUTAZIONE DELL'INCERTEZZA DI MISURA

3.1 IPOTESI FONDAMENTALI

L'obiettivo di una misurazione è quello di determinare il valore del misurando ossia il valore della particolare grandezza da misurare; il risultato di una misurazione però, come già detto al capitolo 2, è solo un'approssimazione o una stima del valore del misurando ed è pertanto completo soltanto quando sia accompagnato da un parametro che quantifica il grado di approssimazione di quella stima: l'incertezza di misura.

L'incertezza associata al risultato di una misurazione rispecchia quindi la mancanza di conoscenza esatta del valore del misurando.

La valutazione dell'incertezza, secondo la norma UNI CEI ENV 13005, implica una profonda conoscenza del processo di misurazione e quindi degli elementi che concorrono al risultato del processo stesso che possono considerarsi quindi sorgenti di incertezza. Questi elementi possono essere così riassunti:

- l'apparecchio per misurazione;
- l'ambiente;
- l'operatore;
- il metodo di misura;
- il misurando.

Ognuna di queste sorgenti di incertezza può a sua volta essere differenziata in diversi contributi specifici il cui effetto, se non è calcolato e corretto, va a confluire nell'incertezza di misura. Questi contributi (incogniti o trattati come incogniti per ragioni di semplicità e/o economia) sono considerati grandezze di influenza sul risultato della misurazione a valor medio nullo ossia si valuta che la media aritmetica dei valori assunti da queste grandezze d'influenza abbia valore nullo.

Si ipotizza quindi di lavorare sul valor medio di tali grandezze di influenza in modo tale che gli effetti di tali grandezze di influenza sul risultato della misurazione abbiano valor medio nullo.

Nel caso in cui l'effetto delle grandezze di influenza abbia valor medio non nullo, il risultato della misurazione dovrebbe essere corretto a meno che questo valore possa considerarsi trascurabile rispetto alla dispersione calcolata e quindi rispetto all'incertezza stimata.

Si ipotizza infine che tutte le grandezze siano descrivibili mediante una distribuzione di probabilità e che ogni distribuzione sia caratterizzata da uno scarto tipo. La statistica insegna che gli scarti tipo si combinano (propagano) con legge quadratica e che il risultato è ancora uno scarto tipo, caratterizzante una distribuzione e quindi una grandezza.

3.2 La stima dei contributi di incertezza

3.2.1 Generalità

Essendo l'incertezza di un processo di misurazione il frutto della variabilità introdotta da diverse grandezze d'influenza, per calcolare lo scarto tipo dei risultati di tale processo occorrerebbe ripetere la misurazione tante volte in modo da includere l'effetto di tutte le diverse influenze, ognuna con la sua propria dispersione ed i suoi limiti di variabilità.

Questa prova risulta però molto difficoltosa e dispendiosa e spesso impossibile da realizzare (almeno in ambito industriale) ma fornirebbe un insieme di risultati, che sono gli esiti del processo di misurazione, dai quali si potrebbe direttamente calcolare lo scarto tipo ovvero ***l'incertezza tipo*** (espressa in termini di una volta lo scarto tipo) con la seguente formula:

$$u = \sqrt{\frac{\sum_{i=1}^{n} \left(x_i - \bar{x} \right)^2}{n-1}} \qquad [3.1]$$

da cui ricavare ***l'incertezza estesa U*** del processo di misurazione dopo aver scelto un determinato ***livello di fiducia*** (tipicamente 95 %); tale incertezza può essere associata al risultato delle misurazioni eseguite con il processo di cui si è osservata la variabilità totale.

Nella maggior parte dei casi però è più semplice analizzare la dispersione del risultato della misurazione introdotta da ogni singola grandezza di influenza, associare quindi a tale dispersione uno scarto tipo e poi combinare opportunamente gli scarti tipo individuati per determinare lo scarto tipo associato al risultato dell'intero processo di misurazione.

Il primo passo per la valutazione dell'incertezza di misura è quindi quello di ***individuare le grandezze d'influenza*** (grandezze d'ingresso) che possono produrre una variazione sul risultato della misurazione.

Alcune di queste grandezze producono un effetto ben definito sul risultato della misurazione, che può essere calcolato; in tal caso bisogna decidere se è economicamente conveniente correggerlo per ridurre l'incertezza associata al risultato finale o se è più comodo considerarlo incognito, evitare la correzione del valore di lettura ma aumentare la valutazione finale dell'incertezza di misura.

È importante ricordare che, anche qualora si decida di apportare una correzione al valore di lettura, tale correzione non è mai perfetta (in una correzione termica, per esempio, non si conosce mai perfettamente la distribuzione di temperatura o l'esatto coefficiente di dilatazione termica del materiale) per cui a valle delle correzioni rimane sempre un'influenza residua il cui effetto non può essere valutato e costituisce quindi un contributo all'incertezza del processo di misurazione.

Esistono inoltre grandezze di influenza i cui effetti presentano un carattere tipicamente casuale e quindi non modellizzabile (come l'effetto delle vibrazioni, degli attriti, di onde elettromagnetiche ed altri ancora); questi effetti non possono essere corretti e possono essere esaminati unicamente con metodi statistici ovvero attraverso l'analisi della variabilità dei risultati di misure ripetute che risentono di tale effetto (e possibilmente solo di questo effetto).

Questi contributi di incertezza e comunque tutti quelli valutati con metodi statistici sono definiti ***incertezze di categoria A***.

In una misura dimensionale per esempio, il contributo di incertezza dovuto alla variazione di temperatura del misurando in un determinato intervallo, può essere stimato eseguendo misure ripetute ad una temperatura variabile entro tali limiti, mantenendo il sistema di misura il più possibile nelle stesse condizioni. L'effetto della variazione di temperatura sarà reso evidente dalla dispersione dei risultati delle misurazioni ripetute, che potrà essere valutata tramite lo scarto tipo calcolato con la formula sopra riportata; questo scarto tipo sarà poi utilizzato nella valutazione del contributo di incertezza associato alla variazione di temperatura.

È importante ricordare che i contributi di incertezza di categoria A tengono conto solo di quelle grandezze di influenza che sono realmente variate durante le ripetizioni delle misurazioni eseguite nel corso dell'analisi sperimentale. Per esempio se la forza di misura esercitata dall'asta di un micrometro durante le ripetizioni della misura non varia poiché viene utilizzato un dispositivo limitatore di coppia (frizione), lo scarto tipo stimato attraverso i risultati delle misure non tiene conto di tale effetto che potrà invece essere presente qualora si utilizzi lo stesso strumento senza utilizzare la frizione.

I contributi di categoria A, inoltre, tengono conto solo dell'effettiva ampiezza di variazione delle grandezze che sono sorgenti di incertezza, avutasi durante le ripetizioni delle misurazioni eseguite. Per esempio la forza di misura esercitata sul becco mobile di un calibro a corsoio durante le ripetizioni varia in modo molto limitato se le prove vengono fatte da un operatore esperto; di conseguenza l'incertezza tipo dovuta a questo effetto risulterà sottostimata rispetto a quella che si avrebbe se le misurazioni fossero state eseguite da tutti gli operatori abilitati a quel tipo di misura.

Bisogna porre quindi molta attenzione poiché se le prove ripetute per la valutazione dei contributi di incertezza di categoria A non contengono alcuni fattori presenti poi nel processo di misura che si sta studiando oppure li contengono ma con ampiezze di variazione sensibilmente inferiori, la valutazione dell'incertezza risulta errata o meglio sottostimata.

Per certe grandezze di influenza esiste invece una base statistica molto limitata perché non si può o non si vuole per ragioni di convenienza raccogliere i risultati di misure ripetute le cui variazioni sono state prodotte dalle grandezze considerate. Questi contributi di incertezza sono definiti ***incertezze di categoria B***.

Supponiamo per esempio di voler stimare il contributo di incertezza dovuto allo scostamento del valore del coefficiente di dilatazione termica di un blocchetto pianparallelo in acciaio rispetto al valore nominale ($11{,}5 \cdot 10^{-6}\ K^{-1}$) dichiarato dal costruttore, pur restando nell'intervallo di variabilità stabilito dalle specifiche ($\pm\ 1 \cdot 10^{-6}\ K^{-1}$).

In questo caso risulterebbe molto difficile o comunque molto costoso, eseguire una serie di misure ripetute effettuate con diversi campioni, dello stesso valore nominale, forniti dallo stesso costruttore ma con coefficiente di dilatazione termica fra loro diversi entro la variabilità a specifica, mantenendo costanti tutte le altre cause di variazione del risultato della misurazione.

Per tenere conto quindi di tutte le grandezze d'influenza che non sono variate (o non si sono fatte variare) durante le ripetizioni delle misurazioni bisogna valutare i loro contributi di incertezza come incertezze di categoria B. Anche questi contributi di incertezza verranno stimati attraverso uno scarto tipo in modo da poterli combinare statisticamente con i contributi di incertezza di categoria A nella valutazione dell'incertezza di misura.

È per esempio di categoria B il contributo di incertezza associato al valore di misura di un campione riportato sul certificato di taratura del campione stesso, oppure il caso in cui per un determinato contributo di incertezza si conoscono solo i limiti di variazione della grandezza di influenza (per esempio ± a) e da tali limiti si ricava uno scarto tipo facendo una opportuna ipotesi sulla forma della distribuzione dei valori assunti entro i suddetti limiti di variazione.

Risulta quindi evidente che un contributo all'incertezza di misura può essere di categoria A o B in funzione di come viene valutato. Il contributo di incertezza associato alla variazione di temperatura è di categoria A se viene stimato osservando la variabilità dei risultati di misure ripetute effettuate a diverse temperature; è invece un contributo di categoria B se si considera la massima variazione di lunghezza dovuta agli effetti termici ottenuta in corrispondenza delle temperature ai limiti del campo di variazione ammesso per le condizioni dell'ambiente di misura e poi, ipotizzando una determinata distribuzione di probabilità della temperatura entro tale intervallo, si ricava uno scarto tipo associato agli effetti termici.

Conoscendo infatti l'intervallo di valori che può assumere una determinata grandezza di influenza ed il tipo di distribuzione di probabilità di tale grandezza nell'intervallo suddetto, si può determinare lo scarto tipo (σ) e quindi il contributo di incertezza di categoria B associato.

Di seguito analizziamo le distribuzioni di probabilità più utilizzate nella valutazione delle incertezze di misura nella metrologia dimensionale ed i relativi scarti tipo associati.

3.2.2 La distribuzione rettangolare (o uniforme)

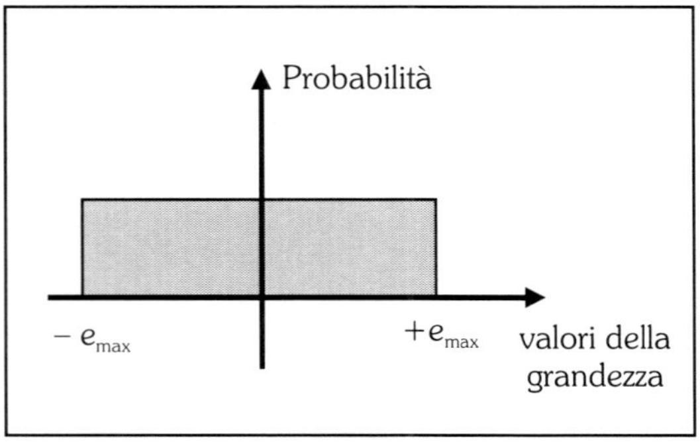

Figura 3.1: distribuzione di probabilità rettangolare o uniforme

Si assume una distribuzione di probabilità rettangolare (uniforme) per una determinata grandezza nell'intervallo [$-e_{max}$, $+e_{max}$] quando si può ipotizzare che tutti i valori della grandezza nel suddetto intervallo abbiano la stessa probabilità di verificarsi (figura 3.1).

In tal caso l'incertezza (u) da associare a tale distribuzione risulta:

$$u = e_{max} \cdot \left(\frac{1}{\sqrt{3}} \right) \qquad [3.2]$$

dove $\left(\frac{1}{\sqrt{3}}\right)$ è un coefficiente relativo alla distribuzione rettangolare di probabilità.

Si ipotizza la distribuzione rettangolare quando non si hanno informazioni sufficienti per ritenere che alcuni valori siano più probabili rispetto ad altri. È questo il caso dell'incertezza dovuta alla risoluzione R dello strumento, che risulta comunque compresa nell'intervallo $[-R/2; +R/2]$ ma ogni valore ha la stessa probabilità di verificarsi poiché dipende dalla differenza fra il valore vero del misurando ed il livello di quantizzazione più vicino che può essere letto sul dispositivo di lettura dello strumento (vedi paragrafo 6.4). La distribuzione rettangolare è quella utilizzata quando occorre stimare il contributo di incertezza associato ad uno strumento di cui si conosce l'errore massimo ammesso o quello associato ad un coefficiente di dilatazione termica di cui si conosce l'intervallo di variabilità.

3.2.3 La distribuzione gaussiana (o normale)

La distribuzione gaussiana è una funzione continua a forma di campana, simmetrica rispetto alla media aritmetica; per valori che si allontanano rispetto alla media la variabile assume valori che si avvicinano asintoticamente allo zero (vedi figura 3.2).

La funzione matematica che la individua è la seguente:

$$Z = \frac{1}{\sigma\sqrt{2\pi}} e^{-\frac{(x-\mu)^2}{2\sigma^2}} \qquad [3.3]$$

dove:

x : variabile;
Z : probabilità di assumere il valore x;
μ : media aritmetica;
σ : scarto tipo.

L'asse di simmetria di questa curva gaussiana individua la media aritmetica e corrisponde alla migliore stima della variabile; la sua forma determina la dispersione dei valori e quindi lo scarto tipo ovvero l'incertezza tipo.

Una curva gaussiana è univocamente determinata quando sono noti la media aritmetica e lo scarto tipo.

La distribuzione gaussiana è la distribuzione con cui si presentano molti fenomeni naturali ed è anche fre-

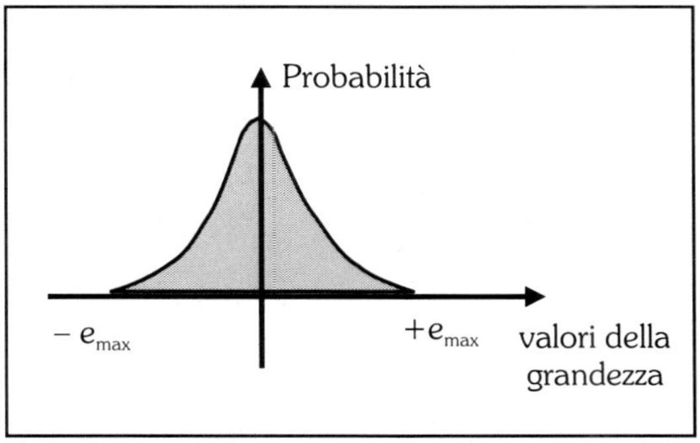

Figura 3.2: distribuzione di probabilità gaussiana o normale

quente in molti contesti metrologici in virtù di un noto teorema statistico noto sotto il nome di teorema del limite centrale.

Il "teorema del limite centrale" ha infatti un ruolo molto importante nel determinare la distribuzione di probabilità di una variabile Y in funzione delle distribuzioni di probabilità delle grandezze di influenza X_i. Questo teorema afferma infatti che una variabile Y, data dalla combinazione (tipicamente la somma) di più variabili X_i, ha una distribuzione che converge ad una distribuzione normale al crescere del numero delle grandezze X_i che contribuiscono a generare la σ_Y e che tale convergenza è tanto più rapida quanto più prossime alla distribuzione normale sono le distribuzioni delle grandezze di influenza X_i.

Sono quindi distribuite in modo gaussiano le medie aritmetiche (funzione di più misure) e tutti le variabili che rappresentano l'effetto cumulativo di diverse sorgenti di variabilità qualunque sia la distribuzione dei singoli effetti che intervengono; questo è il caso tipico del risultato in molti processi di misurazione. Sono inoltre normali le distribuzioni il cui scarto tipo è dovuto agli effetti di ripetibilità e riproducibilità del processo di misurazione e quelle il cui scarto tipo è ricavato dall'incertezza di taratura dichiarata sui certificati di taratura.

Si può inoltre verificare l'ipotesi di distribuzione normale di una grandezza tramite l'utilizzo di test statistici per la verifica di tale ipotesi o, in prima approssimazione, verificando la forma della curva di distribuzione di frequenza sui valori osservati.

Nel caso di ipotesi di distribuzione normale si può dividere il limite massimo dell'intervallo simmetrico dei valori, entro cui consideriamo compresi quasi tutti i valori della grandezza in esame (almeno il 95 %), per un fattore 2 ed avere una stima dello scarto tipo (incertezza tipo u) da associare a tale grandezza pari a:

$$u = e_{max} \cdot \left(\frac{1}{2}\right) \qquad [3.4]$$

dove $\left(\frac{1}{2}\right)$ è un coefficiente relativo alla distribuzione di probabilità gaussiana.

Si prende il fattore 2 perché in una distribuzione gaussiana, nell'intorno di $\pm 2\sigma$ rispetto alla media aritmetica, sono contenuti oltre il 95 % dei possibili risultati.

La distribuzione gaussiana gode infatti delle seguenti proprietà:

- la probabilità che un valore cada nell'intervallo $\pm 1\sigma$ nell'intorno di μ è pari al 68,27%;
- la probabilità che un valore cada nell'intervallo $\pm 2\sigma$ nell'intorno di μ è pari al 95,45%;
- la probabilità che un valore cada nell'intervallo $\pm 3\sigma$ nell'intorno di μ è pari al 99,73%.
- la probabilità che un valore cada nell'intervallo $\pm 4\sigma$ nell'intorno di μ è pari al 99,99%.

3.2.4 La distribuzione a U

La distribuzione ad U è una distribuzione in cui la grandezza assume con maggiore probabilità i valori estremi dell'intervallo che ne individua il campo di variabilità come indicato in figura 3.3.

Lo scarto tipo da associare a tale grandezza risulta pari a:

$$u = e_{max} \cdot \left(\frac{1}{\sqrt{2}} \right) \qquad [3.5]$$

dove $\left(\frac{1}{\sqrt{2}} \right)$ è un coefficiente relativo alla distribuzione di probabilità a U.

Questa distribuzione si adotta, ad esempio, nel caso di una lunghezza proporzionale ad un parametro che varia con andamento sinusoidale rispetto al tempo o rispetto ad una variabile distribuita uniformemente.

Prendiamo in considerazione il caso della dilatazione termica di un blocchetto pianparallelo, posto in un laboratorio dotato di un impianto di climatizzazione che fa variare la temperatura ambiente nel tempo con andamento sinusoidale nell'intervallo (20 °C ± ΔT); supponendo che il tempo in cui viene eseguita la misura è una variabile uniformemente distribuita, l'effetto della dilatazione termica sarà distribuito con distribuzione ad U.

Questa distribuzione si ottiene anche ***quando i limiti di un errore sono determinati in base alla appartenenza ad una classe di precisione***.

L'esempio tipico di questo caso è rappresentato dai blocchetti pianparalleli appartenenti ad una data classe di precisione.

Supponendo infatti di avere un certo numero di blocchetti pianparalleli in classe di precisione 2 ed aventi valore nominale di lunghezza pari a 10,00 mm, lo scostamento rispetto al valore nominale ha una maggiore probabilità di assumere i valori limite corrispondenti alla sua classe di precisione; infatti è presumibile che, se la lunghezza del blocchetto fosse distribuita concentrandosi in un intervallo più ristretto nell'intorno del valore nominale, molti blocchetti avrebbero avuto una classe di precisione più accurata (ad esempio la classe di precisione 1).

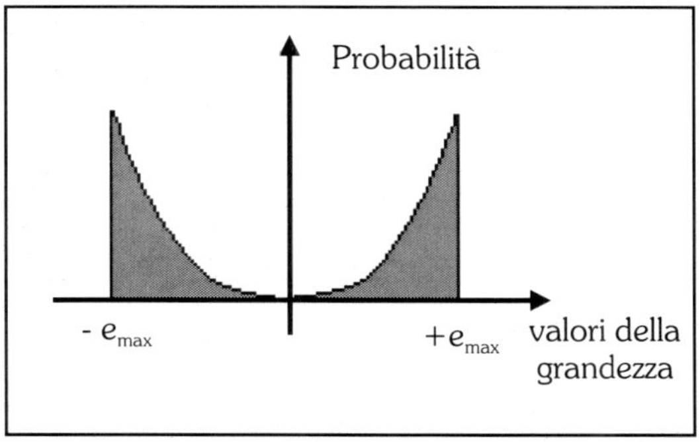

Figura 3.3: distribuzione di probabilità ad U

ALTRE DISTRIBUZIONI: TRIANGOLARE E BINARIA

Le seguenti distribuzioni sono poco usate in ambito metrologico ma sono state inserite per dovere di completezza.

La distribuzione di probabilità di tipo triangolare, nell'intervallo [$- e_{max}, + e_{max}$] come indicato in figura 3.4, si ipotizza quando esiste una relazione lineare tra i valori della variabile e la corrispondente probabilità di verificarsi e quando la distribuzione di probabilità di tale variabile ha un andamento simmetrico assumendo valore nullo agli estremi dell'intervallo. In questo caso l'incertezza (u) da associare risulta:

$$u = e_{max} \cdot \left(\frac{1}{\sqrt{6}} \right) \qquad [3.6]$$

dove $\left(\frac{1}{\sqrt{6}} \right)$ è un coefficiente relativo alla distribuzione di probabilità triangolare.

È questo il caso di una variabile, somma di due variabili con distribuzione di probabilità rettangolare, come ad esempio la lunghezza di due blocchetti pianparalleli in adesione se la lunghezza di ogni blocchetto è distribuita uniformemente nell'intorno del suo valore nominale.

La distribuzione binaria è in assoluto la distribuzione più conservativa ovvero quella a cui è associato lo scarto tipo maggiore a parità dell'intervallo di variabilità attribuito ai valori della grandezza in esame; questa distribuzione è quella di una variabile binaria che assume sempre e solo i valori estremi dell'intervallo individuato (figura 3.5); in tal caso si ha:

$$u = e_{max} \qquad [3.7]$$

È questo, per esempio, il caso di un processo di misurazione in cui si utilizzano indifferentemente due campioni che hanno due valori di taratura diversi (con incertezza di taratura trascurabile) e si assume come valore del campione il valore della media aritmetica dei due valori di taratura.

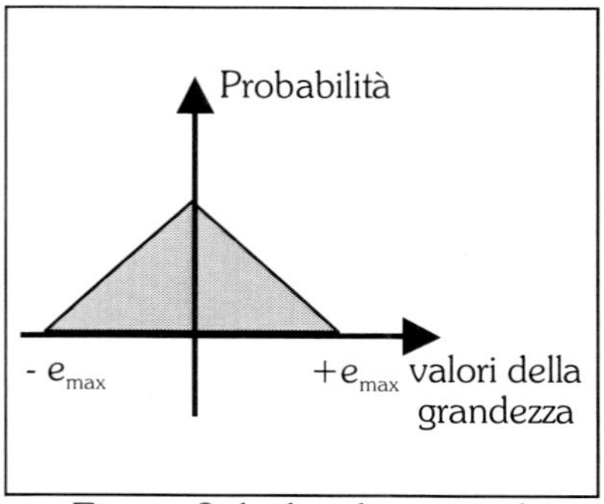

Figura 3.4: distribuzione di probabilità triangolare

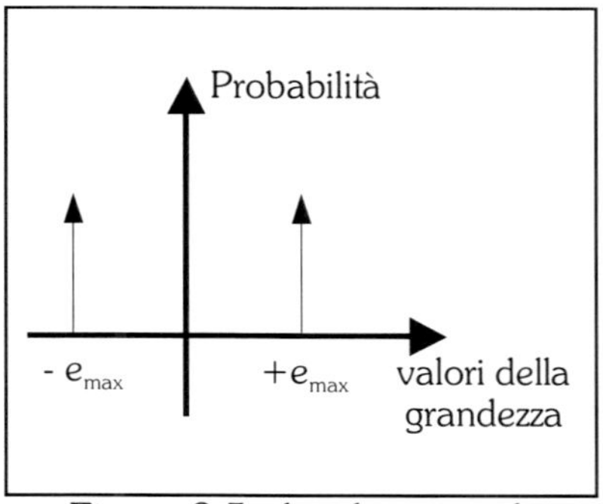

Figura 3.5: distribuzione di probabilità di una variabile binaria

Tutte le distribuzioni descritte in questo paragrafo sono state considerate simmetriche nell'intorno dello zero ovvero a valor medio nullo. Qualora si avessero distribuzioni a valor medio non nullo, per esempio grandezze distribuite nell'intervallo [0, e_{max}], è opportuno correggere il valore di lettura di una quantità pari all'effetto corrispondente al valor medio della grandezza di influenza (nell'esempio fatto e_{max} / 2) rendendo quindi simmetrica la distribuzione dell'effetto residuo e permettendo quindi la propagazione con altri contributi di incertezza.

Qualora non si voglia fare la correzione del valore di lettura, è comunque necessario, se si vuole esprimere l'incertezza in modo che sia propagabile, assumere l'ipotesi fortemente cautelativa di una grandezza distribuita nell'intervallo [$- e_{max}$, $+ e_{max}$].

È evidente che queste considerazioni si basano su ipotesi probabilistiche che sono valide in contesti industriali laddove il rischio di un errore superiore ai limiti attesi è di tipo puramente economico e quindi tale rischio viene, entro certi limiti, accettato.

Queste metodologie non si possono estendere a contesti riguardanti la sicurezza o l'impatto ambientale per i quali il rischio residuo deve tendere a zero.

3.3 La propagazione dell'incertezza di misura

Nel paragrafo precedente abbiamo visto come stimare l'incertezza tipo, ovvero come quantificare lo scarto tipo che caratterizza la distribuzione di una grandezza incognita e/o variabile (grandezza di ingresso) che ha influenza sul risultato della misurazione e genera quindi un contributo di incertezza.

Rimane ora il problema di individuare l'effetto cumulativo di tutte queste grandezze di ingresso e individuare quindi lo scarto tipo complessivo che rappresenta un parametro idoneo a fornire una stima della approssimazione fatta durante la misurazione e quindi a calcolare l'incertezza del risultato della misurazione ossia della grandezza d'uscita del processo di misurazione.

A questo scopo il primo passo è senza dubbio quello di esprimere matematicamente la relazione (***modello matematico della misura***) fra il misurando e tutte le grandezze che influenzano il risultato della misurazione comprese le correzioni apportate.

Questo primo passo richiede due importanti operazioni:

- l'individuazione di tutte le grandezze di ingresso al modello matematico;
- la definizione della relazione matematica che lega le grandezze di ingresso individuate con il misurando.

L'individuazione di tutte le grandezze di ingresso richiede una conoscenza approfondita del processo o sistema su cui si effettua la misurazione; infatti nella maggior parte dei casi una sottostima dell'incertezza di misura è dovuta all'aver trascurato l'effetto di una o più grandezze di ingresso (esempio: la dilatazione termica del pezzo misurato ad una temperatura diversa dai 20 °C).

La definizione del modello matematico della misura è particolarmente importante quando si ha a che fare con misurazioni indirette ovvero quando si misurano grandezze di ingresso e con i risultati di tali misurazioni si calcola il valore della grandezza di interesse conoscendo la relazione che la lega alle grandezze di ingresso misurate (ad esempio misura di un angolo α come arcotangente del rapporto fra due cateti di un triangolo rettangolo: $\alpha = arctg\ (d_1/d_2)$ dove d_1 e d_2 sono misurati).

Il modello matematico serve quindi a:

- ***calcolare il risultato*** a partire dai valori misurati ed eventualmente corretti;
- ***stimare l'incertezza*** della grandezza di uscita (nell'esempio l'angolo α) a partire dall'incertezza delle grandezze di ingresso (nell'esempio le lunghezze d_1 e d_2).

Di fronte a sistemi di misura molto complessi, in cui difficilmente si riesce a descrivere con un modello matematico la dipendenza del risultato di misura dalle varie grandezze di ingresso, si può fare ricorso ad una relazione di modello di tipo semplificato. Questo modello semplificato è applicabile quando si ha a che fare con misure dirette in cui il valore proposto dallo strumento P rappresenta, a meno degli errori effettuati, la miglior stima del misurando M.

In un sistema di misura così fatto il modello matematico è rappresentato dall'equazione $M = P$ e l'incertezza associata alla stima del misurando è esclusivamente il contributo di incertezza introdotto dallo strumento di misura; ciò significa ipotizzare che il misurando abbia una dipendenza trascurabile dalle grandezze di ingresso (grandezze di influenza), le quali intervengono quindi solo come sorgenti di incertezza ma non vengono utilizzate per determinare la correzione del valore di lettura. Tale ipotesi rappresenta sicuramente un caso molto particolare.

Si può poi affinare il modello matematico individuando tutte le possibili influenze e raggrupparle in categorie trattabili separatamente, ipotizzando che ognuna di queste introduca una correzione di tipo additivo che si somma inevitabilmente al valore proposto dallo strumento P nel processo di stima del misurando M.

In questo caso il modello matematico che descrive il processo di misura è rappresentato dalla seguente equazione che lega la stima del misurando M al valore proposto dallo strumento P e tiene conto delle correzioni individuate:

$$M = P + C_1 + C_2 + C_3 + C_4 + \ldots \qquad [3.8]$$

dove:

C_1, C_2, C_3, C_4: rappresentano le correzioni da apportare al valore proposto dallo strumento a motivo delle cause di errore identificate (effetti termici, approssimazioni del modello, ecc.).

Molte di queste correzioni possono anche essere considerate nulle ***ma non lo sono mai le incertezze ad esse associate che devono essere stimate*** (incertezza dell'ipotesi di uguaglianza a zero del valore stimato per una grandezza di ingresso).

Se C_1, per esempio, rappresenta la correzione dovuta agli effetti termici, si ha (considerando per ora solo questa grandezza di ingresso):

$$M = P\,(1 + \alpha \cdot \Delta T) = P + P \cdot \alpha \cdot \Delta T = P + C_1$$

dove $C_1 = P \cdot \alpha \cdot \Delta T$.

La relazione che lega il valore proposto dallo strumento con il valore delle grandezze di ingresso per individuare la migliore stima del misurando può poi svilupparsi fino a scrivere modelli molto complessi con relazioni di ordine superiore al primo.

Ogni correzione identificata, e quindi rappresentata nel modello matematico, porterà un contributo di incertezza al risultato della misurazione. Se le incertezze associate alle correzioni individuate risultano troppo elevate per le esigenze di misurazione, è possibile esaminare più dettagliatamente tali correzioni e trasformarle in ulteriori termini che si aggiungono al modello, generando altre correzioni ma con incertezze associate molto più piccole.

Una volta definito il modello matematico al livello di dettaglio necessario, occorre stimare il valore per ogni grandezza d'ingresso del modello. Ciò significa, a titolo di esempio, inserire il valore medio della temperatura del pezzo e del suo coefficiente di dilatazione se è stata inserita la correzione dovuta agli effetti termici sul misurando oppure il valore del modulo di elasticità se si è inserita la correzione dovuta alle deformazioni elastiche. Le correzioni calcolate in base a tali valori possono essere anche pari a zero come nel caso di un angolo di disallineamento che, pur influenzando il risultato della misurazione e quindi rappresentando una grandezza di ingresso al modello, ha il suo valor medio nullo in quanto l'operatore cercherà di allineare il pezzo in modo di avere un disallineamento nullo.

Questi valori possono essere definiti attraverso misurazioni (come per esempio la temperatura del pezzo) o attraverso altri metodi fra cui si citano: valori ottenuti da precedenti esperienze, da cataloghi e manuali tecnici.

A questo punto è possibile calcolare il risultato della misurazione, ovvero la migliore stima del misurando, dal modello matematico definito, usando per le grandezze di ingresso le corrispondenti stime già ricavate. Per esempio, nel caso in cui la relazione di modello sia del tipo rappresentato dalla equazione [3.8], è possibile determinare la stima del misurando M dopo aver letto il valore proposto dallo strumento P e dopo aver assegnato i valori alle variabili di ingresso C_1, C_2, C_3 e C_4.

Per stimare l'incertezza assegnata al valore di M così calcolato è necessario tenere conto della legge di propagazione delle incertezze descritta nella norma UNI CEI ENV 13005. La legge si basa sul principio che le grandezze di ingresso sono considerate variabili casuali (trattabili quindi statisticamente) anche se sono solo incognite (ad esempio il coefficiente di dilatazione termica) o sono comunque stime inesatte (ad esempio le specifiche del costruttore); la riproducibilità del fenomeno o della grandezza non è quindi un requisito per parlare di variabili casuali.

Perché il modello sia utilizzabile è necessario, come già detto, che le grandezze di ingresso X_i siano variabili "indistorte" ovvero che gli errori rispetto alla stima di quella variabile abbiano media nulla; si ipotizza quindi di correggere il valore di ogni grandezza di ingresso, apportando una correzione pari al valore medio della grandezza.

Sia quindi M funzione di n grandezze di ingresso X_i secondo la relazione generica:

$$M = F(X_1, X_2, \dots, X_n) \quad [3.9]$$

La relazione che consente di calcolare l'incertezza tipo sul valore di M in funzione degli scarti tipo sulle variabili di ingresso X_i, nel caso di grandezze X_i scorrelate, risulta:

$$u(M) = \sqrt{\sum_{i=1}^{n} c_i^2 \cdot u^2(x_i)} \quad [3.10]$$

dove:

c_i: sono chiamati "***coefficienti di sensibilità***" delle variabili X_i perché rappresentano il peso per il quale moltiplicare ciascuna componente $u(x_i)$ prima di combinare tra loro le diverse componenti con la relazione sopra citata (Nota:

rappresentano la derivata parziale della funzione F rispetto alla grandezza di ingresso X_i); nel modello lineare della equazione 3.8 tutti i c_i sono pari a uno;

$u(x_i)$: rappresenta l'incertezza tipo della grandezza di ingresso X_i.

Nel caso più generale, seppur molto raro in ambito industriale, in cui le grandezze X_i risultano correlate, la formula 3.10 assume la forma:

$$u(M) = \sqrt{\sum_{i=1}^{n} c_i^2 \cdot u^2(x_i) + 2\sum_{i=1}^{n-1} \sum_{j=i+1}^{n} c_i \cdot c_j \cdot u(x_i) \cdot u(x_j) \cdot r(x_i, x_j)} \qquad [3.11]$$

dove:

$r(x_i,x_j)$: rappresenta il ***coefficiente di correlazione*** fra le grandezze di ingresso X_i e X_j; tale coefficiente varia da -1 a $+1$ ed è zero nel caso in cui le due grandezze sono statisticamente indipendenti (o ipotizzate tali).

Se la funzione F (X_1, X_2, ..., X_n) è una relazione matematica molto complessa o non è nota, i coefficienti di sensibilità si possono calcolare sperimentalmente attraverso un rapporto di differenze finite, approssimando $c_i \approx (\Delta F / \Delta x_i)$. Per far ciò e necessario valutare le differenze di M a seguito di piccole variazioni note di una sola grandezza di ingresso X_i mentre le altre grandezze rimangono fisse (queste prove sono difficili da realizzare e portano spesso ad una sovrastima dei coefficienti di sensibilità).

Il passo successivo è quello di valutare l'incertezza tipo di ciascuna stima delle grandezze di ingresso presenti nel modello matematico. Se la stima dell'incertezza tipo viene fatta sulla base dell'analisi statistica di una serie di osservazioni, l'incertezza tipo corrisponde allo scarto tipo sperimentale (incertezza di categoria A); se viene fatta per mezzo delle informazioni disponibili sulla grandezza di ingresso considerata (incertezza di categoria B) occorre conoscere, come già visto, l'intervallo di variabilità e la distribuzione di probabilità di tale grandezza. Nella valutazione dell'intervallo di variabilità e della distribuzione della grandezza di ingresso è importante comunque fare riferimento allo specifico processo di misurazione o comunque alla metodologia operativa utilizzata per produrre il risultato di cui si vuol calcolare l'incertezza.

Per esempio, la temperatura di un ambiente di misura potrebbe avere un intervallo di variabilità pari a (20 ± 2) °C (considerando gradienti termici spaziali riferiti a tutto il volume di misura e gradienti termici temporali riferiti ad intervalli molto lunghi); tuttavia, nell'ambito di una specifica misura eseguita in un tempo molto breve e nell'ambito di un volume estremamente ridotto, tale intervallo di variabilità potrebbe essere sostanzialmente più stretto e quindi la valutazione dell'incertezza associata potrebbe essere inferiore.

Oltre a valutare l'incertezza tipo associata ad ogni grandezza di ingresso, è necessario però valutare (se esistono) i coefficienti di correlazione fra le grandezze di ingresso eventualmente correlate. Ignorare la correlazione statistica fra le grandezze di ingresso del modello, può portare a sensibili errori sulla valutazione dell'incertezza di misura.

Un esempio tipico è il caso della differenza fra due letture consecutive eseguite con lo stesso strumento sullo stesso misurando e nelle stesse condizioni del sistema di misura per misurare l'effetto di deriva nel tempo (scopo della misurazione). Se si ignora l'effetto delle correlazioni, in questo caso con coefficienti di correlazione molto vicini a 1, si commettono errori macroscopici nella valutazione dell'incertezza di misura.

Nell'esempio sopra riportato (misure eseguite con lo stesso strumento sullo stesso misurando) si può considerare che la componente sistematica (componente che rimane fissa al variare delle condizioni operative) dell'incertezza associata allo strumento è correlata fra le due misurazioni (grandezze di ingresso) mentre la componente aleatoria non è correlata. Il coefficiente di correlazione si può quindi stimare, almeno in prima approssimazione, facendo il rapporto fra la componente sistematica rispetto alla incertezza totale; il suo segno va dedotto dall'analisi degli effetti che la presenza di correlazioni porta sull'incertezza di misura: se la migliora il segno è negativo; se la peggiora il segno è positivo. Sovente il segno corretto è già suggerito dai segni dei coefficienti di sensibilità.

I coefficienti di correlazione possono essere calcolati matematicamente calcolando la covarianza $u(x_i,x_j)$ fra le grandezze X_i ed X_j; si ha infatti che:

$$r(x_i,x_j) = u(x_i,x_j)/\ u(x_i)\cdot u(x_j)$$

Ai fini della valutazione numerica, una stima sperimentale della covarianza fra le grandezze d'ingresso X_i ed X_j effettuando n osservazioni simultanee della coppia di variabili considerate, è rappresentata dalla seguente formula:

$$u\left(x_i,x_j\right)=\frac{1}{(n-1)}\sum_{K=1}^{n}\left(x_{i,k}-\overline{x_i}\right)\left(x_{j,k}-\overline{x_j}\right) \quad [3.12]$$

che corrisponde (per n tendente ad infinito) al valor medio del prodotto delle due variabili sottratto del prodotto dei singoli valori medi e cioè:

$$u\left(x_i,x_j\right)=\overline{x_i\cdot x_j}-\overline{x_i}\cdot\overline{x_j} \quad [3.13]$$

A questo punto, si calcola l'incertezza associata al risultato della misurazione, utilizzando la formula [3.11] ricavata dal modello matematico definito, usando per le grandezze di ingresso le corrispondenti stime già ricavate. Per fare ciò risulta molto utile, come è indicato nella norma UNI CEI ENV 13005, ordinare i dati nella modalità indicata nella tabella 3.1.

Tabella 3.1: dati associati alle grandezze di ingresso

1	2	3	4	5	6	7	8
Grandezza di ingresso	Stima del valore	Incertezza tipo	Distribuz. di probabilità	Coeffic. di sensibilità	Contributo di incertezza	Contributo al quadrato	Gradi di libertà
X_i	x_i	$u(x_i)$	tipo	c_i	$c_i\cdot u(x_i)$	$[c_i\cdot u(x_i)]^2$	ν
X_1	x_1						
X_n	X_n						

È importante osservare che per ciascuna grandezza della tabella 3.1, la stima del suo valore (colonna 2) e la sua incertezza tipo associata (colonna 3) devono avere la stessa unità di misura e che i vari contributi di incertezza (valori nella colonna 6 per ogni riga) devono avere la stessa unità di misura. Dai valori della colonna 7 si può ricavare il valore di incertezza tipo associato alla stima del misurando M (grandezza di uscita) chiamato ***incertezza tipo composta*** (poiché frutto del contributo di tutte le grandezze di ingresso presenti nel modello); l'incertezza tipo composta è infatti la radice quadrata positiva della sommatoria del quadrato del contributo di tutte le grandezze d'ingresso. Tale valore deve essere moltiplicato, in prima approssimazione, per una fattore k (detto fattore di copertura e tipicamente pari a 2 per avere un livello di fiducia del 95 %) per ottenere ***l'incertezza estesa U*** ovvero un intervallo entro cui cade il misurando, con una determinata probabilità.

Finché ci si limita a dichiarare l'incertezza tipo composta della misura, l'unico problema inerente l'approssimazione consiste nel fatto che essa non sia sottostimata. Quando però si richiede l'incertezza estesa della misura (l'EA ha prescritto che nei certificati di taratura si dichiarino incertezze estese che corrispondano a livelli di fiducia del 95%) si pongono due problemi:

- il primo consiste nel fatto che per stabilire il fattore di copertura esatto, è necessario conoscere la distribuzione di probabilità della variabile di uscita M; infatti il fattore di copertura pari a 2 (a rigore 1,96), come già detto, corrisponde ad un livello di fiducia del 95% nell'ipotesi di distribuzione normale del risultato della misura. Tale ipotesi però è quasi sempre vicina alla realtà per il teorema del limite centrale per il quale, già con tre variabili di ingresso (a meno che fra queste ne esista una con distribuzione non gaussiana il cui peso sul risultato di misura è predominante rispetto alle altre) si ha per la variabile d'uscita una buona approssimazione della distribuzione normale. Esempio: nel caso in cui il risultato della misura avesse una distribuzione uniforme (ovvero un contributo prevalente è distribuito uniformemente) il fattore di copertura è minore di 2.
- il secondo problema è invece connesso alla natura approssimata dell'incertezza tipo composta e consiste nel fatto che la bontà della stima fatta per l'incertezza tipo composta influenza l'ampiezza dell'incertezza estesa, nel senso che quanto più scadente è l'approssimazione, tanto più grande sarà il fattore di copertura k e quindi l'incertezza estesa (a parità di incertezza tipo composta e di livello di fiducia desiderato). Il fattore di copertura pari a 2 fornisce un livello di fiducia del 95% solo se applicato a scarti tipo "esatti" (ottenuti con ottima approssimazione).

Il punto importante nella determinazione dell'incertezza estesa è proprio il livello di fiducia che si ha sulla stima dello scarto tipo della variabile di uscita M.

La classica misura della attendibilità di uno scarto tipo stimato è il numero di ***gradi di libertà*** ν (colonna 8 nella tabella 3.1) ovvero un parametro legato al numero di dati da cui la stima deriva (in teoria applicabile solo alle incertezze di categoria A) e che indica quindi la rappresentatività statistica della stima stessa.

Qualora le incertezze associate alle grandezze di ingresso siano di categoria B, il numero dei gradi di libertà associato è infinito e così pure il numero dei gradi di libertà associato alla incertezza tipo composta della grandezza di uscita.

Se invece esiste qualche grandezza di ingresso la cui incertezza associata è di categoria A ed è stimata con un numero ripetizioni non elevato (inferiore a 20), può essere utile sovrastimare di circa il 10% tale contributo oppure, se si vuole una stima molto accurata dell'incertezza di misura, valutare il numero dei gradi di libertà effettivo dell'incertezza tipo composta secondo la metodologia descritta nel riquadro successivo ad uso dei lettori più esperti. Esempi di modelli matematici utilizzati nelle misure dimensionali e del relativo calcolo delle incertezze sono riportati nel capitolo 5.

I GRADI DI LIBERTA'

Ogni stima di incertezza (che è uno scarto tipo e quindi di una varianza statistica), ha i suoi gradi di libertà (ν) che, come già detto, rappresentano una stima dell'incertezza sull'incertezza che si è determinata; maggiore è il numero di gradi di libertà, più accurata è l'approssimazione dello scarto tipo (per $\nu > 100$ si ha già un'ottima approssimazione dello scarto tipo). È buona abitudine quindi attribuire ad ogni scarto tipo il numero di gradi di libertà da cui è generato. Per un'incertezza di categoria A, per la quale lo scarto tipo è stato ottenuto da una serie di n misurazioni indipendenti (vedi equazione [3.1]), il numero dei gradi di libertà è pari a $(n - 1)$; risulta quindi possibile migliorare la stima dello scarto tipo aumentando il numero delle osservazioni.

Anche per le incertezze di categoria B è necessario stimare il numero di gradi di libertà tenendo conto che, se i limiti dell'intervallo da cui si ricava lo scarto tipo con opportune ipotesi sulla distribuzione, contengono realmente il 100% dei possibili valori assunti dalla variabile in esame, il numero dei gradi di libertà associati a quello scarto tipo può assumersi pari a infinito e quindi lo scarto tipo stimato è un'ottima approssimazione dello scarto tipo della variabile in esame.

I gradi di libertà ν_M dello scarto tipo associato ad una grandezza M, funzione di n grandezze di ingresso X_i, ciascuna di esse avente scarto tipo $u(x_i)$ stimato con ν_i gradi di libertà, si può approssimare mediante la formula di Welch-Satterthwaite:

$$\frac{u^4(M)}{\nu_M} = \sum_{i-1}^{n} \frac{u^4(x)}{\nu_i} \qquad [3.14]$$

Di conseguenza se tutti i ν_i sono infiniti il secondo membro dell'equazione suddetta è pari a zero e quindi ν_M tenderà all'infinito. Se alcuni degli ν_i sono infiniti, le corrispondenti incertezze tipo non danno alcun contributo alla sommatoria nella equazione [3.14]; se invece uno solo degli ν_i non è infinito (per esempio ν_3) risulta:

$$\frac{u^4(M)}{\nu_m} = \frac{u^4(x_3)}{\nu_3} \qquad \nu_M = \nu_3 \left[\frac{u\,(M)}{u(x_3)} \right]^4 \qquad [3.15]$$

Bisogna quindi in questo caso tenere conto del rapporto fra lo scarto tipo di M, ovvero l'incertezza tipo composta, e lo scarto tipo della variabile di ingresso con pochi gradi di libertà. È comunque necessario usare la formula sopraccitata quando uno o più contributi dominanti di incertezza hanno pochi gradi di libertà.

Stimato il numero dei gradi di libertà per la variabile di uscita M (chiamato numero di gradi di libertà effettivi ν_{eff}) occorre infine passare ad un intervallo di fiducia tenendo conto che, se ν_M non è infinito, il fattore di copertura k sarà maggiore di 2 se si vuole mantenere un livello di fiducia pari al 95%.

Allo scopo si può usare la tabella della distribuzione t di Student (tabella 3.2) in cui sono tabulati i valori di t per differenti livelli di fiducia (p) e per differenti gradi di libertà (ν), tali che il valore del misurando M sia compreso, in un intervallo simmetrico avente semiampiezza pari a $t_p(\nu)\cdot u(M)$ con probabilità p. Usando il valore tabulato di $t_{95}\%(\nu_{eff})$ come fattore di copertura (invece di 2), si può individuare l'intervallo di fiducia che corrisponde ad un livello di fiducia del 95%. Si dovrà quindi cercare nella tabella del t di Student, il valore corrispondente al livello di fiducia richiesto (95%) ed al numero dei gradi di libertà effettivi con cui si è calcolata l'incertezza tipo composta.

Ecco quindi che l'incertezza estesa U, ovvero l'incertezza associata al risultato della misura potrà essere espressa come:

$$U = t_p(\nu_{eff})\cdot u\,(M)$$

Tabella 3.2: valori tabulati della variabile *t* di Student

gradi di libertà [ν]	**livello di fiducia (*p*) 95 %**	**livello di fiducia (*p*) 99 %**	**gradi di libertà** [ν]	**livello di fiducia (*p*) 95 %**	**livello di fiducia (*p*) 99 %**
1	12,706	31,821	18	2,101	2,552
2	4,303	6,965	19	2,093	2,539
3	3,182	4,541	20	2,086	2,528
4	2,776	3,747	21	2,080	2,518
5	2,571	3,365	22	2,074	2,508
6	2,447	3,143	23	2,069	2,500
7	2,365	2,998	24	2,064	2,492
8	2,306	2,896	25	2,060	2,485
9	2,262	2,821	26	2,056	2,479
10	2,288	2,764	27	2,052	2,473
11	2,201	2,718	28	2,048	2,467
12	2,179	2,681	29	2,045	2,462
13	2,160	2,650	30	2,042	2,457
14	2,145	2,624	40	2,021	2,423
15	2,131	2,602	60	2,000	2,390
16	2,120	2,593	120	1,980	2,358
17	2,110	2,567	∞	1,960	2,326

BIBLIOGRAFIA

G. Iuculano, "Introduzione a probabilità, statistica e processi stocastici", Pitagora, Bologna, 1996

EA-4/02, Expressions of the Uncertainty of Measurements in calibration, 12/99

A. De Marchi, L. Lo Presti, "Incertezze di misura", CLUT, Torino, 1993

S. Sartori, "La stima dell'incertezza nelle misurazioni: procedura e concetti fondamentali, TUTTO_MISURE, 01/1999

S. Sartori, "La stima dell'incertezza nelle misurazioni: un esempio ragionato, TUTTO_MISURE, 02/1999

4. GLI EFFETTI DELLA TEMPERATURA SULLA LUNGHEZZA

4.1 Introduzione

La temperatura di riferimento per le specifiche geometriche dei prodotti è fissata a 20 °C dalla norma UNI EN ISO 1:2003. La norma specifica che non è necessario che tutte le tarature, le misure per le verifiche di accettazione dei pezzi e le lavorazioni meccaniche in produzione siano effettuate alla temperatura di riferimento; ricorda però che nelle misure dimensionali, una temperatura di misura diversa dalla temperatura di riferimento può:

- condurre alla necessità di correggere il risultato della misurazione;
- contribuire ad aumentare l'incertezza di misura.

Anche se si lavora ad una temperatura di 20 °C si ha una comunque un'incertezza dovuta all'incertezza con cui è nota la temperatura.

L'applicazione della UNI EN ISO 1 fa sì che tutte le quote che noi leggiamo, ad esempio su di un disegno meccanico, siano riferite alla temperatura di 20 °C anche se non è espressamente dichiarato sul disegno stesso. Analogamente quando andiamo a misurare una caratteristica dell'oggetto, rappresentato sul disegno, dobbiamo fare in modo che il risultato della misurazione, indipendentemente dal valore della temperatura dell'oggetto e dell'ambiente di misura, sia riferito ai 20 °C affinché sia confrontabile con l'indicazione riportata sul disegno.

Le misure dimensionali sono influenzate dalla temperatura in quanto tutti i materiali (in misura maggiore o minore) si dilatano e si contraggono in relazione alla variazione della loro temperatura. Se la temperatura alla quale vengono effettuate le misure dimensionali (t_M) coincide con la temperatura di riferimento, la variazione dimensionale rispetto ai 20 °C e quindi l'eventuale correzione (da apportare al risultato) dovuta all'effetto termico è nulla, ma l'incertezza con cui abbiamo valutato la temperatura di misura (incertezza dell'ipotesi $t_M = 20$ °C) rappresenta comunque un contributo di incertezza al risultato della misura. Se viceversa la misura dimensionale viene effettuata ad una temperatura diversa dalla temperatura di riferimento, avremo una dilatazione termica a carico del misurando e dello strumento di misura e quindi avremo un effetto dovuto alla variazione termica differenziale tra il misurando e lo strumento di misura. Questo effetto causa un errore sistematico che, se non corretto, influenza il risultato della misura. La decisione se correggere o non correggere il risultato della misura dagli effetti termici (quando $t_M \neq 20$ °C) dipende, come vedremo, da valutazioni gestionali in termini di costi e rischi. Ma, indipendentemente dall'applicare o meno la correzione, è opportuno ricordare che gli effetti termici forniscono sempre dei contributi d'incertezza che è necessario considerare nel bilancio dell'incertezza di misura di una caratteristica geometrica del prodotto.

Infatti, anche nel caso di correzione dell'errore sistematico dovuto agli effetti termici, avremo sempre un'incertezza su tale correzione dovuta alla non perfetta conoscenza delle temperature e del comportamento termico dei materiali; tale incertezza deve essere considerata nella valutazione dell'incertezza di misura. Nel seguito cercheremo di calcolare, in modo semplice, le correzioni da apportare al valore di misura ed i contributi d'incertezza che si hanno, sia nel caso in cui si decida di correggere, sia di non correggere; si rimanda comunque alla norma ISO/TR 16015 per un utile approfondimento.

Al fine di migliorare la comprensione della trattazione degli effetti termici, si introducono le seguenti definizioni:

t_m :	temperatura media del misurando;
θ_m: t_m - 20 °C	differenza tra la temperatura media del misurando ed i 20 °C;
t_s :	temperatura media della scala dello strumento;
θ_s: t_s - 20 °C	differenza tra la temperatura media della scala dello strumento ed i 20 °C;
t_M :	temperatura media dell'ambiente di misura;
θ_M: t_M - 20 °C	differenza tra la temperatura media dell'ambiente di misura ed i 20 °C;
$u(t_m) = u(\theta_m)$:	incertezza tipo della temperatura media del misurando;
$u(t_s) = u(\theta_s)$:	incertezza tipo della temperatura media della scala dello strumento;
$u(t_M) = u(\theta_M)$:	incertezza tipo della temperatura media dell'ambiente di misura;
α_m :	coefficiente di dilatazione termica (*CDT*) del misurando;
α_s :	coefficiente di dilatazione termica (*CDT*) della scala dello strumento;
$u(\alpha_m)$:	incertezza tipo del coefficiente di dilatazione termica del misurando;
$u(\alpha_s)$:	incertezza tipo del coefficiente di dilatazione termica della scala dello strumento.

NOTA SULLA MISURA DELLA TEMPERATURA

La definizione della temperatura termodinamica, basata sul teorema di Carnot o sulla legge dei gas perfetti, consente al metrologo di definire l'unità di temperatura indipendentemente da qualsiasi sostanza termodinamica (anche dal gas perfetto) a patto però che si stabilisca un valore di riferimento della temperatura.

Nel 1954, la X CGPM decise di scegliere, come stato termico di riferimento, il punto triplo dell'acqua, a cui si attribuì il valore di temperatura pari a 273,16 K (K è il simbolo dell'unità SI kelvin). La XII CGPM nel 1967 stabilì quindi la seguente definizione: "il kelvin, unità di temperatura termodinamica, è la frazione 1/273,16 della temperatura termodinamica del punto triplo dell'acqua". Il punto triplo dell'acqua, caratterizzato dalla coesistenza in equilibrio delle tre fasi solida, liquida e vapore, si ottiene in celle di vetro sigillate contenenti acqua di grande purezza; la riproducibilità del punto triplo dell'acqua è migliore di 0,1 mK.

Per il SI la temperatura termodinamica, oltre che in kelvin, può essere espressa anche ricorrendo all'unità grado Celsius (simbolo °C). La relazione tra la temperatura espressa in gradi Celsius (simbolo *t*) e la temperatura espressa in kelvin (simbolo *T*) è:

$$t\,/\,°\mathrm{C} = T\,/\,K - 273{,}15$$

L'unità grado Celsius è uguale all'unità kelvin e quindi 1 °C = 1 K. Alcuni, erroneamente, scambiano il grado Celsius con il grado centigrado; quest'ultimo è una unità che appartiene alla storia, non più alla scienza ed alla pratica delle misure.

4.2 L'EFFETTO DELLA TEMPERATURA SULLA LUNGHEZZA

Il parametro che caratterizza l'influenza della temperatura sulla dimensione di un oggetto è chiamato ***coefficiente di dilatazione termica*** (CDT con simbolo α); esso, in prima approssimazione, rappresenta il rapporto tra la variazione relativa di lunghezza e la variazione di temperatura che l'ha provocata ed è dato dalla seguente formula:

$$\alpha(20,t_m) = \frac{L_t - L_{20}}{L_{20}\left(t_m - 20\right)}$$

ove :

L_t : lunghezza dell'oggetto alla temperatura t_m;

L_{20} : lunghezza dell'oggetto alla temperatura di 20 °C;

Il coefficiente α può essere determinato tramite prove sperimentali ed è inoltre noto, con una opportuna incertezza, per la maggior parte dei materiali (vedi Appendice 2). Tramite il coefficiente α possiamo quindi esprimere la lunghezza di un oggetto (che chiameremo nel seguito misurando caratterizzandolo con il pendice m : $L_{mt} \equiv L_t$; $L_{m20} \equiv L_{20}$) in relazione alla sua temperatura con il seguente modello:

$$L_{mt} = L_{m20} + \Delta_E = L_{m20} + L_{m20} \cdot \alpha_m \cdot (t_m - 20) \qquad [4.1]$$

avendo indicato con Δ_E la variazione termica del misurando rispetto ai 20 °C (corrisponde al vecchio parametro *NE*, acronimo dell'inglese Nominal Expansion) data da:

$$\Delta_E = L_{m20} \cdot \alpha_m \cdot (t_m - 20)$$

Risulta evidente che se la temperatura t_m dell'oggetto è maggiore dei 20 °C e $\alpha_m > 0$, Δ_E ha un valore positivo e quindi l'oggetto si dilata (figura 4.1) mentre se la temperatura t_m dell'oggetto è minore dei 20 °C, Δ_E ha un valore negativo e quindi l'oggetto si contrae. Il termine Δ_E rappresenta quindi l'***errore termico*** nella misura della

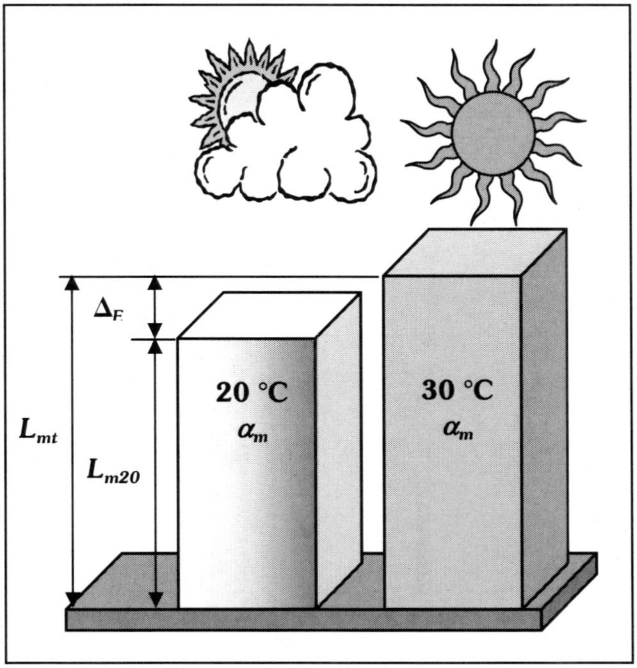

Figura 4.1: la dilatazione termica

lunghezza del misurando, trascurando, per ora, ogni effetto termico a carico dello strumento. Se si utilizza il termine Δ_E per correggere il valore letto sullo strumento (correzione termica) occorre ricordarsi che va cambiato di segno.

Dimensionalmente il coefficiente di dilatazione termica viene spesso espresso in 10^{-6} K^{-1} ovvero in parti per milione (ppm) per una variazione unitaria della temperatura. Ciò significa che se abbiamo un oggetto in ferro avente lunghezza pari a 1 m e conosciamo il suo coefficiente di dilatazione termica pari a $11{,}5 \cdot 10^{-6}$ K^{-1}, esso si dilata di 11,5 parti per milione e quindi 11,5 μm per ogni grado di temperatura in più rispetto ai 20 °C.

L'effetto della temperatura però non si ha solo sull'oggetto che si sta misurando, ma si manifesta anche sulla scala dello strumento utilizzato per la misura. Infatti anche per la scala di lettura dello strumento possiamo scrivere la seguente relazione:

$$L_{st} = L_{s20} + L_{s20} \cdot \alpha_s \cdot (t_s - 20) \qquad [4.2]$$

ove :

L_{st} : lunghezza della scala di lettura alla temperatura t_s;

L_{s20} : lunghezza della scala di lettura alla temperatura di 20 °C.

Occorre ricordare che la scala di lettura dello strumento è stata tarata alla temperatura di riferimento (20 °C) e quindi fornisce un valore corretto, nei limiti di incertezza calcolati, solo se posta alla temperatura di 20 °C; se la scala è posta ad una temperatura diversa dai 20 °C, è necessario considerare la sua variazione di lunghezza come indicato dall'equazione [4.2].

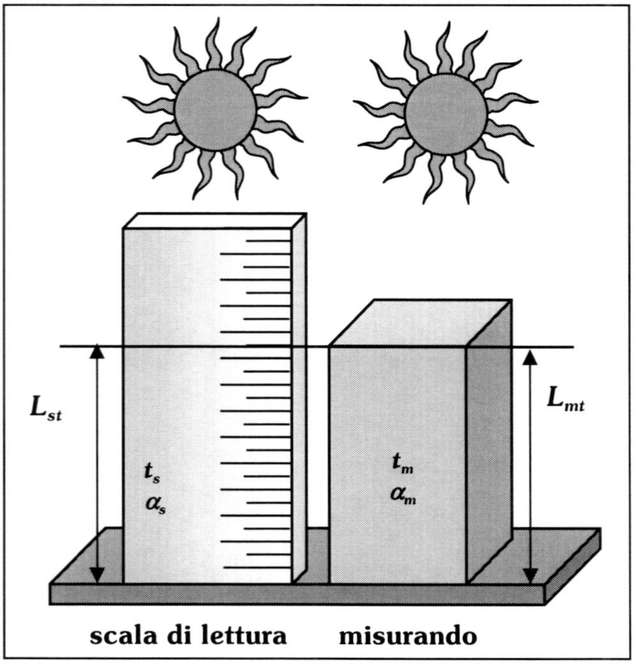

Figura 4.2: strumento e misurando

Nel valutare quindi il risultato di una misurazione in relazione agli effetti termici ed apportare le giuste correzioni, è necessario considerare sia la variazione di lunghezza del misurando sia la variazione di lunghezza della scala dello strumento.

Per modellizzare gli effetti termici dovremo uguagliare (figura 4.2) la lunghezza dell'oggetto alla temperatura del misurando t_m con la lettura della scala dello strumento alla temperatura della scala t_s e quindi:

$$L_{mt} = L_{st} \qquad [4.3]$$

Facendo le opportune sostituzioni (equazione [4.1] e [4.2] nella equazione [4.3]) e ponendo $L_{s20} = L_{m20} = L$ (lunghezza nominale a 20 °C) quando moltiplicati per α, possiamo scrivere:

$$L_{m20} = L_{s20} + L \cdot [\alpha_s \cdot (t_s - 20) - \alpha_m \cdot (t_m - 20)] = L_{s20} + \Delta_{DE} \quad [4.4]$$

avendo indicato con Δ_{DE} la variazione termica differenziale tra strumento e misurando data da:

$$\Delta_{DE} = L \cdot [\alpha_s \cdot \theta_s - \alpha_m \cdot \theta_m] \quad [4.5]$$

Il termine Δ_{DE} rappresenta quindi l'***errore termico*** nella misura del misurando.

Si ricorda che la relazione [4.4] serve sia per calcolare la correzione da apportare al misurando sia per stimarne l'incertezza come descritto nel riquadro sotto riportato.

VALUTAZIONE DEL CONTRIBUTO TERMICO ALL'INCERTEZZA DI MISURA

Per i lettori più interessati calcoliamo il contributo all'incertezza di misura dato dal termine Δ_{DE} (contributo termico u_{ct}) posto che si effettua una correzione pari a - Δ_{DE}, ovvero che, dalla equazione [4.4], si considera come risultato di misura $L_{m20} = L_{s20} + (-\Delta_{DE})$, facendo le seguenti ipotesi:

- le misure di temperatura effettuate sul misurando e sulla scala dello strumento sono fra loro non correlate;
- i coefficienti di dilatazione termica del misurando e della scala dello strumento sono fra loro non correlati;
- le temperature del misurando e della scala dello strumento sono uniformi (stessa temperatura in tutti i punti) e sono costanti nel tempo.

Come detto nel capitolo 3, consideriamo le seguenti grandezze d'ingresso: α_s, θ_s, α_m e θ_m relative al termine Δ_{DE}. Per ciascuna di esse calcoliamo i coefficienti di sensibilità ovvero le derivate parziali di L_{m20} rispetto alle grandezze d'ingresso; avremo:

$(\partial L_{m20} / \partial \alpha_s) = L \cdot \theta_s$;
$(\partial L_{m20} / \partial \theta_s) = L \cdot \alpha_s$;
$(\partial L_{m20} / \partial \alpha_m) = - L \cdot \theta_m$;
$(\partial L_{m20} / \partial \theta_m) = - L \cdot \alpha_m$.

Chiamando $u(\alpha_s)$, $u(t_s)$, $u(\alpha_m)$ e $u(t_m)$ le incertezze tipo delle grandezze d'ingresso, per il contributo termico u_{ct} si può scrivere:

$$u_{ct}^2(L_{m20}) = L^2 \cdot \theta_s^2 \cdot u^2(\alpha_s) + L^2 \cdot \alpha_s^2 \cdot u^2(t_s) + L^2 \cdot \theta_m^2 \cdot u^2(\alpha_m) + L^2 \cdot \alpha_m^2 \cdot u^2(t_m) \quad [4.6]$$

4.3 Consigli pratici per ridurre gli effetti della temperatura sulla lunghezza

Per una prima comprensione di quali provvedimenti è opportuno prendere per minimizzare gli effetti della temperatura sulla misura di un pezzo è necessario osservare i *CDT* del pezzo e dello strumento; possiamo ipotizzare due situazioni:

1) ***CDT del pezzo e dello strumento molto simili tra di loro***; si può ipotizzare la loro uguaglianza ($\alpha_s = \alpha_m$);
2) ***CDT del pezzo e dello strumento molto diversi tra di loro*** ($\alpha_s \neq \alpha_m$).

Nel primo caso (ad esempio la misura della lunghezza di un'asta in acciaio con un calibro a corsoio in acciaio), osservando l'equazione [4.5], possiamo affermare che se la temperatura media della scala dello strumento è uguale alla temperatura media del pezzo, l'errore termico nella misura del pezzo è nullo ($\Delta_{DE} = 0$), ***qualunque sia la temperatura*** alla quale si compie la misurazione.

In questo caso quindi non dobbiamo effettuare nessuna correzione termica ma dobbiamo essere sicuri di aver raggiunto l'equilibrio termico tra pezzo e strumento; sono quindi importantissimi i tempi di assestamento (vedi le figure 4.3 e 4.4). Ovviamente non è nulla l'incertezza associata alle ipotesi fatte.

Se il pezzo, supposto di materiale ferroso e di lunghezza nominale pari ad un metro, non è alla stessa temperatura della scala dello strumento, allora si commette un errore termico che è pari a circa 11,5 μm per ogni grado di differenza tra le due temperature.

Nel secondo caso, in presenza di una notevole differenza tra il *CDT* del pezzo e quello dello strumento come nel caso di un pezzo in alluminio ($\alpha_m = 24 \cdot 10^{-6}\ K^{-1}$) e di una scala in acciaio ($\alpha_s = 11{,}5 \cdot 10^{-6}\ K^{-1}$), osservando l'equazione [4.5] si può affermate che per minimizzare l'errore termico occorre avere ***le temperature del pezzo e della scala il più vicino possibile ai 20 °C***; in tal caso l'errore e quindi la correzione dovuta agli effetti termici nella misura del pezzo è nulla ($\Delta_{DE} = 0$) perché sia θ_s sia θ_m sono prossime a zero. Anche in questo caso, pur con correzione pari a zero, non è nulla l'incertezza associata a tale correzione. Se il pezzo, supposto in alluminio e di lunghezza nominale pari ad un metro, e la scala dello strumento, supposta in acciaio, sono alla stessa temperatura ma non a 20 °C, si ha un errore termico pari a circa 12,5 μm per ogni grado di differenza rispetto ai 20 °C.

La trattazione completa di questi due casi e di tutte le altre condizioni termiche che si possono verificare, è riportata, per i lettori più esperti, nei riquadri seguenti ove, per ogni condizione, viene fornita la formula per il calcolo dell'errore termico (quindi della correzione del valore proposto dallo strumento) e della incertezza di misura che tale correzione comporta; nel paragrafo 4.5 sono riportati degli esempi applicativi.

Nelle formule di calcolo compaiono i valori di misura delle temperature del pezzo, della scala dello strumento e dell'ambiente; tali temperature vanno misurate con idonei termometri. E quindi importante dare qualche consiglio per la scelta di questo strumento. Per la temperatura dell'ambiente è opportuno utilizzare uno strumento registratore in quanto non è sufficiente assicurare che questa sia mantenuta entro i limiti imposti solamente durante la misurazione; occorre infatti considerare anche le variazioni nel tempo della temperatura ambiente in quanto i materiali hanno una loro inerzia termica e quindi se l'ambiente di misura è rimasto per lungo tempo ad una temperatura diversa dai 20 °C e poi viene portato a 20 °C, i materiali impiegheranno un certo tempo per portarsi anch'essi a 20 °C (per avere un'idea di quanto tempo serve si vedano le figure 4.3 e 4.4). La risoluzione del termometro registratore deve essere compatibile con l'ampiezza della massima variazione di temperatura ammessa; generalmente si adotta una risoluzione pari ad almeno il 20% della variazione di temperatura.

Per le misure di temperatura del pezzo e della scala dello strumento vengono comunemente utilizzati termometri digitali portatili che utilizzano due tipi di sonde e cioè:

- sonde a termocoppia: in questo caso la misura della temperatura è basata sull'effetto termoelettrico: due metalli (o leghe metalliche) diversi, a contatto tra loro, generano una tensione (dell'ordine dei mV) che, a parità di altre grandezze di influenza, è unicamente funzione della temperatura del punto di contatto tra i metalli stessi (il cosiddetto "giunto caldo"). È forse questo il metodo attualmente più diffuso, per la semplicità, la flessibilità, il campo molto esteso delle possibili applicazioni, la rapidità di risposta, la possibilità di avere sensori di dimensioni molto piccole e di costo ridotto; è comunque adatto a misure poco accurate. La termocoppia più utilizzata è quella al NiCr-Ni (tipo K);
- sonde a termoresistenza: le termoresistenze sono sensori costituiti da un filamento di un unico metallo (tipicamente platino o nichel), la cui resistenza elettrica è, a parità di altre grandezze di influenza, unicamente funzione della temperatura a cui si trova il filamento stesso. La termoresistenza normalmente adottata è al platino (PT100). Rispetto alle termocoppie, le sonde a termoresistenza sono meno rapide come risposta e hanno dimensioni limite al disotto delle quali è normalmente impossibile scendere; hanno però il vantaggio di essere molto pratiche, di facile utilizzo e principalmente di raggiungere accuratezze maggiori delle termocoppie.

Nella tabella 4.1 si riportano le caratteristiche metrologiche delle sonde più utilizzate. È importante ricordare che l'errore della sonda (trasduttore) va aggiunto all'errore dello strumento indicatore; occorre quindi fare attenzione se l'errore massimo definito nelle specifiche riguarda solo il trasduttore o l'intera catena di misura. Inoltre quando si valutano i risultati di una taratura è importante identificare lo strumento indicatore utilizzato per leggere l'uscita del trasduttore di temperatura durante la taratura; lo stesso trasduttore, infatti, utilizzato con strumenti indicatori diversi, costituisce catene di misura diverse, e quindi può dare risultati diversi.

Tabella 4.1 caratteristiche metrologiche delle sonde (t : temperatura in °C)

Sonda	**campo di misura**	**classe**	**Errore massimo Ammesso**	**Norma di riferimento**
termocoppia tipo K	(-40 ÷ +1200) °C	2	± 2,5 °C o ± 0,0075 t	EN 60584-1
termocoppia tipo K	(-40 ÷ +1000) °C	1	± 1,5 °C o ± 0,004 t	EN 60584-1
termocoppia tipo T	(-40 ÷ +350) °C	1	± 0,5 °C o ± 0,001 t	EN 60584-1
termocoppia tipo J	(-40 ÷ +750) °C	1	± 1,5 °C o ± 0,004 t	EN 60584-1
termoresist. PT100	(-100 ÷ +200) °C	B	± (0,3 + 0,005 t) °C	EN 60751
termoresist. PT100	(-200 ÷ +600) °C	A	± (0,15 + 0,002 t) °C	EN 60751

CONDIZIONI TERMICHE NELLE MISURE DI LUNGHEZZA

Per i lettori più esperti riportiamo nel seguito la trattazione analitica di tutte le condizioni termiche che si possono verificare nelle misure di lunghezza; si ricorda che quando si misura la temperatura del pezzo (t_m) in realtà si misura la temperatura superficiale dello stesso. Inoltre si rimanda alla ISO/TR 16015 per ogni ulteriore approfondimento delle casistiche trattate.

a) Caso ideale: $t_s = t_m = t_M = 20$ °C e $\alpha_s \neq \alpha_m$

Partiamo dal caso ideale in cui la temperatura del misurando t_m è uguale alla temperatura della scala dello strumento t_s ed entrambe sono uguali alla temperatura ambiente t_M pari a 20 °C; il coefficiente di dilatazione termica della scala di lettura α_s però è diverso da quello del misurando α_m. Quindi avremo:

$$t_s = t_m = t_M = 20\ °\text{C} \quad \text{e} \quad \alpha_s \neq \alpha_m$$

In questo caso la lettura sulla scala L_{s20} è riferita ai 20 °C e coincide con la lunghezza del misurando L_{m20} che è a 20 °C; quindi nessuna correzione deve essere effettuata sulla lettura dello strumento. Possiamo quindi scrivere che:

$$L_{m20} = L_{s20}$$

Pur non avendo correzioni da apportare al valore di misura della lunghezza, dobbiamo considerare un contributo d'incertezza dovuto alla misura della temperatura sul misurando e sullo strumento; l'equazione [4.6], essendo $\theta_s = \theta_m = 0$ si riduce alla seguente:

$$u_{ct}^2(L_{m20}) = L^2 \cdot \alpha_s^2 \cdot u^2(t_s) + L^2 \cdot \alpha_m^2 \cdot u^2(t_m)$$

Supponendo che le incertezze di misura delle due temperature siano uguali e pari a $u(t_M)$ possiamo scrivere:

$$u_{ct}^2(L_{m20}) = L^2 \cdot u^2(t_M) \cdot (\alpha_s^2 + \alpha_m^2)$$

Rimandiamo ulteriori considerazioni ai casi reali che seguono.

b) Caso reale con $t_m \neq t_s = 20$ °C e $\alpha_s \neq \alpha_m$

Passiamo ora ad un caso più reale ovvero quando la temperatura della scala dello strumento t_s è pari a 20 °C e la temperatura del misurando t_m è diversa dai 20 °C; il coefficiente di dilatazione termica della scala α_s è diverso da quello del misurando α_m. Quindi avremo:

$$t_m \neq t_s = 20\ °\text{C} \quad \text{e} \quad \alpha_s \neq \alpha_m$$

È questo il tipico caso in cui si ha la necessità di verificare la conformità alle specifiche di un pezzo lavorato su di una macchina utensile in officina ad una temperatura diversa dai 20 °C e di massa notevole tale da avere una grande inerzia termica.

Il pezzo viene portato in un laboratorio ad una temperatura di 20 °C e misurato ad esempio con un altimetro senza attendere che si stabilizzi a 20 °C. In questo caso avremo:

$$L_{s20} = L_{mt} = L_{m20} + \Delta_E = L_{m20} + L_{m20} \cdot \alpha_m \cdot (t_m - 20)$$

e quindi :

$$L_{m20} = L_{s20} + (-\Delta_E)$$

Questo significa che nelle condizioni assegnate, il valore letto sullo strumento L_{s20} deve essere corretto di una quantità pari a $(-\Delta_E)$ per ottenere la lunghezza del misurando riferita ai 20 °C. Occorre notare che, poiché la misura della temperatura del misurando serve per stimare la correzione, il termometro con cui si effettua la misura deve essere tarato al fine di garantire la riferibilità delle misure. Il termometro che misura la temperatura della scala dello strumento (potrebbe essere anche quello che misura la temperatura ambiente se si può ipotizzare l'uniformità di temperatura fra scala dello strumento ed ambiente di misura) può non essere tarato (ma solo sottoposto a prove di caratterizzazione) in quanto contribuisce solo alla stima dell'incertezza.

La correzione applicata è affetta da un'incertezza che dipende dalla conoscenza del coefficiente di dilatazione termica del misurando e dalla misura di temperatura della scala e del misurando. L'equazione [4.6], essendo $\theta_s = 0$ diventa:

$$u_{ct}^2(L_{m20}) = L_m^2 \cdot \theta_m^2 \cdot u^2(\alpha_m) + L_s^2 \cdot \alpha_s^2 \cdot u^2(t_s) + L_m^2 \cdot \alpha_m^2 \cdot u^2(t_m)$$

Supponendo che le incertezze di misura delle due temperature siano uguali e pari a $u(t_M)$ e che $L_s = L_m = L$ (quando moltiplicate per un'incertezza) possiamo scrivere:

$$u_{ct}^2(L_{m20}) = L^2 \cdot [\theta_m^2 \cdot u^2(\alpha_m) + (\alpha_s^2 + \alpha_m^2) \cdot u^2(t_M)]$$

c) Caso reale: $t_m \neq t_s \neq 20$ °C e $\alpha_s \neq \alpha_m$

Analizziamo ora il caso reale in cui la temperatura della scala dello strumento t_s è diversa dalla temperatura del misurando t_m ed entrambe sono diverse dai 20 °C; il coefficiente di dilatazione termica della scala dello strumento α_s è diverso da quello del misurando α_m. Quindi avremo:

$$t_m \neq t_s \neq 20 \text{ °C} \quad \text{e} \quad \alpha_s \neq \alpha_m$$

Ovviamente per sostenere che le due temperature sono diverse tra di loro e poter stimare le correzioni, è necessario misurarle con due termometri tarati.

È questo ad esempio il caso delle macchine di misura a coordinate compensate termicamente che sono in grado di effettuare automaticamente la correzione termica rilevando le temperature delle proprie scale di lettura e del pezzo ed avendo informazioni precise sui coefficienti di dilatazione termica delle scale e del misurando. In questo caso avremo:

$$L_{st} = L_{s20} + \Delta_{Es} = L_{s20} + L_{s20} \cdot \alpha_s \cdot (t_s - 20)$$
$$L_{mt} = L_{m20} + \Delta_{Em} = L_{m20} + L_{m20} \cdot \alpha_m \cdot (t_m - 20)$$

ove per L_{s20} si intende la lettura della scala dello strumento (conteggio delle tacche) come se la scala fosse a 20 °C anche se in realtà è ad una temperatura diversa dai 20 °C; per questo infatti alla lettura va aggiunta la parte dovuta alla dilatazione termica che è pari a Δ_{Es}. Dovendo essere:

$$L_{st} = L_{mt}$$

possiamo scrivere:

$$L_{s20} + L_{s20} \cdot \alpha_s \cdot (t_s - 20) = L_{m20} + L_{m20} \cdot \alpha_m \cdot (t_m - 20)$$

e ponendo $L_{s20} = L_{m20} = L$ (lunghezza nominale a 20 °C) quando moltiplicati per α, possiamo scrivere:

$$L_{m20} = L_{s20} + \underbrace{L \cdot [\alpha_s \cdot (t_s - 20) - \alpha_m \cdot (t_m - 20)]}_{\text{correzione termica}} = L_{s20} + \Delta_{DE}$$

avendo indicato con Δ_{DE} la variazione termica differenziale tra strumento e misurando (cambiata di segno affinché sia già intesa come correzione termica per evitare confusioni sui segni) data da:

$$\Delta_{DE} = L \cdot [\alpha_s \cdot (t_s - 20) - \alpha_m \cdot (t_m - 20)]$$

Quindi, in questo caso, il valore letto sullo strumento deve essere corretto di una quantità pari a Δ_{DE} (corrispondente al parametro *NDE,* acronimo del termine inglese Nominal Differential Expansion) per ottenere la lunghezza del misurando riferita ai 20 °C.

La correzione applicata è ovviamente affetta da un'incertezza che dipende dall'incertezza sulla conoscenza dei coefficienti di dilatazione termica e dall'incertezza sulla misura di temperatura della scala e del misurando. Questa volta sono diversi da zero tutti i termini della equazione [4.6] e quindi:

$$u_{ct}^2(L_{m20}) = L_s^2 \cdot \theta_s^2 \cdot u^2(\alpha_s) + L_m^2 \cdot \theta_m^2 \cdot u^2(\alpha_m) + L_s^2 \cdot \alpha_s^2 \cdot u^2(t_s) + L_m^2 \cdot \alpha_m^2 \cdot u^2(t_m)$$

ed approssimando $L_s = L_m = L$ (lunghezza nominale), quando moltiplicati per un'incertezza, si ottiene:

$$u_{ct}^2(L_{m20}) = L^2[\theta_s^2 \cdot u^2(\alpha_s) + \theta_m^2 \cdot u^2(\alpha_m) + \alpha_s^2 \cdot u^2(t_s) + \alpha_m^2 \cdot u^2(t_m)]$$

È questo ovviamente il caso più generale da cui si possono derivare alcuni casi importanti nella metrologia operativa di officina operando alcune semplificazioni e ciò ipotizzando dapprima che $\alpha_s = \alpha_m$ e quindi che $t_m = t_s$.

d) Caso reale: $t_m \neq t_s \neq 20$ °C e $\alpha_s = \alpha_m = \alpha$

Partendo dalla espressione che ci fornisce la correzione termica Δ_{DE} da apportare al valore letto sullo strumento nel caso più generale (caso c), facciamo l'ipotesi che il coefficiente di dilatazione termica della scala dello strumento sia uguale a quello del misurando pur essendo scala e misurando a temperature diverse tra di loro e diverse dai 20 °C. Quindi avremo:

$$t_m \neq t_s \neq 20\ °\text{C} \quad \text{e} \quad \alpha_s = \alpha_m = \alpha$$

In questo caso la correzione termica Δ_{DE} si semplifica in:

$$\Delta_{DE} = L \cdot [\alpha \cdot (t_s - t_m)]$$

e per l'incertezza dovuta all'effetto termico, in relazione alla equazione [4.6], si ha:

$$u_{ct}^2(L_{m20}) = L^2[\theta_s^2 \cdot u^2(\alpha) + \theta_m^2 \cdot u^2(\alpha) + \alpha^2 \cdot u^2(t_s) + \alpha^2 \cdot u^2(t_m)]$$

ovvero:

$$u_{ct}^2(L_{m20}) = L^2[(\theta_s^2 + \theta_m^2) \cdot u^2(\alpha) + \alpha^2 \cdot (u^2(t_s) + u^2(t_m))]$$

Questo caso può essere ulteriormente semplificato adottando l'ipotesi che $t_m = t_s$.

e) Caso reale: $t_m = t_s = t_M \neq 20$ °C e $\alpha_s = \alpha_m = \alpha$

Al caso precedente aggiungiamo l'ipotesi che la temperatura della scala dello strumento e del misurando siano uguali e pari alla temperatura ambiente ovvero:

$$t_s = t_m = t_M \quad \text{ovvero} \quad \theta_s = \theta_m = \theta_M$$

L'ipotesi di uguaglianza della temperatura è la più ragionevole da sostenere se si può attendere, prima della misurazione, un tempo sufficiente per portare il sistema di misura in equilibrio termico; in questo caso non è necessario disporre di termometri posti sul misurando e sullo strumento ma solo di un termometro che misura la temperatura ambiente.

Inoltre quando le misure sono effettuate su materiali ferrosi e la scala dello strumento è anch'essa di materiale ferroso, anche l'ipotesi di uguaglianza dei coefficienti di dilatazione termica è ragionevole in assenza di informazioni più dettagliate.

Con queste considerazioni la correzione termica è nulla e quindi:

$$\Delta_{DE} = 0$$

È questa una situazione comune ad esempio in officina ove però la condizione di uguaglianza della temperatura tra misurando e strumento va correttamente gestita con le seguenti semplici precauzioni:

- evitare che sorgenti di calore (radiatori, macchine, porte e finestre che vengono aperte) influenzino la zona di misura; anche le mani dell'operatore sono una sorgente di calore e quindi maneggiare il pezzo, pulirlo o semplicemente staffarlo significa scaldarlo;
- dare il tempo al misurando, quando questo proviene da una zona a temperatura diversa, di raggiungere la condizione di equilibrio termico con lo strumento. Il tempo necessario al raggiungimento della condizione di equilibrio termico è un parametro estremamente difficile da valutare in quanto dipende dal tipo di materiale, dalla massa del pezzo, dalla sua superficie, dalla forma geometrica e dalle condizioni termiche. Se indichiamo con Δt la differenza tra la temperatura iniziale del pezzo e la temperatura finale di equilibrio termico con lo strumento, ricordando che il fenomeno della dissipazione termica ha un andamento esponenziale, possiamo introdurre il concetto di costante di tempo τ ovvero il tempo necessario affinché si abbia una riduzione del Δt pari al 63,2 %. Fatte queste premesse le figure 4.3 e 4.4 ci forniscono l'andamento di τ in funzione della massa del pezzo rispettivamente per un pezzo in acciaio ed un pezzo in alluminio per tre diverse forme dello stesso.
  Quindi dato il materiale del pezzo, la sua massa e la sua forma geometrica, dalle figure possiamo ricavare in quante ore il suo Δt si riduce del 63,2%; data la funzione esponenziale possiamo anche affermare che per un tempo pari a due volte la costante di tempo τ avremo una riduzione del 86,5 % e per tre volte una riduzione del 95 % del Δt (quindi per raggiungere l'equilibrio termico a meno del 5 % della differenza di temperatura iniziale è necessario attendere almeno 3τ).

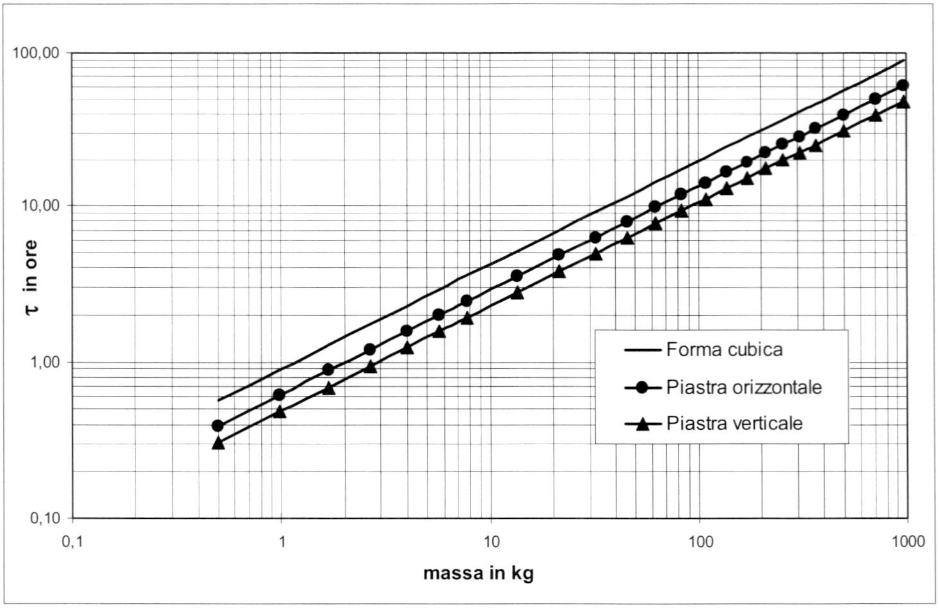

Figura 4.3: stima della costante di tempo τ in funzione della massa di un pezzo in acciaio dolce

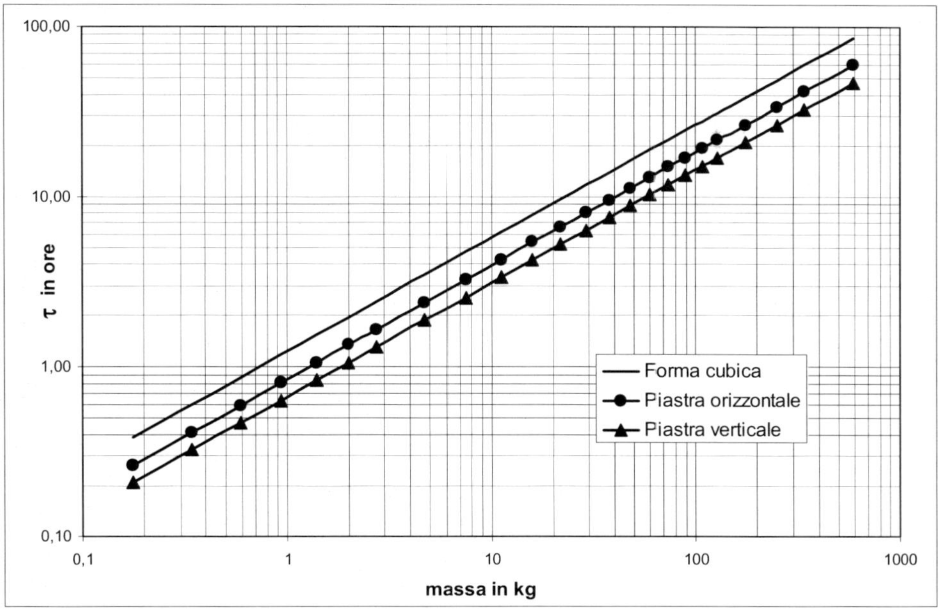

Figura 4.4: stima della costante di tempo τ in funzione della massa di un pezzo in alluminio

Occorre inoltre ricordare che l'inerzia termica degli oggetti provoca effetti anche quando, in un ambiente, si è in presenza di variazioni di temperatura nel tempo intorno alle condizioni medie; infatti misurando e strumento possono avere inerzie termiche diverse e quindi reagire alle variazioni termiche con ritardi diversi, creando una differenza della temperatura istantanea fra pezzo e strumento e quindi provocando incertezza di misura.

Poiché in questo caso l'informazione fornita dal termometro non serve per fare correzioni, non è necessario che esso sia tarato. Basta che funzioni e che stia entro un determinato errore massimo, per esempio pari a $\pm$ 1 °C (a cui corrisponde una incertezza tipo di circa 0,6 °C che metteremo nel contributo all'incertezza di misura della lunghezza relativo agli effetti termici).

Quindi nel caso in cui la scala dello strumento avesse lo stesso coefficiente di dilatazione termica del misurando, basta lasciare stabilizzare alla stessa temperatura strumento e misurando per avere annullato l'errore sistematico dovuto alla temperatura. Dovremo considerare solo il contributo di incertezza dovuto all'effetto termico. In base alle ipotesi fatte nel paragrafo 4.2 non è nulla infatti l'incertezza dovuta all'effetto termico che vale:

$$u_{ct}^2(L_{m20}) = L^2[2 \cdot \theta_M^2 \cdot u^2(\alpha) + 2 \cdot \alpha^2 \cdot u^2(t_M)]$$

Questo è il motivo per cui alcuni costruttori di strumenti reclamizzano il fatto di avere scale di lettura dello strumento ad esempio in acciaio; in questo modo la correzione termica si annulla quando si misurano oggetti in acciaio.

Si noti inoltre che nel caso in cui $\theta_M = 0$, ovvero la temperatura media dell'ambiente è uguale alla temperatura di riferimento, l'incertezza dovuta all'effetto termico diventa:

$$u_{ct}^2(L_{m20}) = 2 \cdot L^2 \cdot \alpha^2 \cdot u^2(t_M)$$

che è indipendente dall'incertezza dei coefficienti di dilatazione termica coerentemente con quanto esposto nel caso ideale a).

f) Caso reale: $t_m = t_s = t_M \neq 20$ °C e $\alpha_s \neq \alpha_m$

Partendo sempre dalla espressione che ci fornisce la correzione termica Δ_{DE} da apportare al valore letto sullo strumento (caso c) facciamo l'ipotesi che la scala dello strumento ed il misurando abbiano diverso coefficiente di dilatazione termica ma uguale temperatura pari alla temperatura ambiente t_M comunque diversa dai 20 °C. Quindi:

$$t_m = t_s = t_M \neq 20\ °C \quad \text{ovvero} \quad \theta_s = \theta_m = \theta_M \ \text{e} \ \alpha_s \neq \alpha_m$$

Per quanto riguarda la condizione di uguaglianza delle temperature del misurando e dello strumento si possono fare le stesse considerazioni del caso e) mentre quando le misure dimensionali sono effettuate su materiali non ferrosi utilizzando strumenti con scale in materiale ferroso, l'ipotesi di uguaglianza dei coefficienti di dilatazione termica non è più sostenibile.

In questo caso la correzione termica Δ_{DE} può essere stimata con la seguente relazione:

$$\Delta_{DE} = L \cdot [(\alpha_s - \alpha_m) \cdot (t_M - 20)]$$

Se si effettua quindi la correzione sul valore di misura della lunghezza è necessario che il termometro che misura la temperatura ambiente sia tarato al fine di garantire la riferibilità delle misure. In base alle ipotesi fatte nel paragrafo 4.2 l'incertezza dovuta all'effetto termico ha la seguente espressione:

$$u_{ct}^2(L_{m20}) = L^2 \cdot [\theta_M^2 \cdot (u^2(\alpha_s) + u^2(\alpha_m)) + u^2(t_M) \cdot (\alpha_s^2 + \alpha_m^2)]$$

Anche in questo caso se la temperatura t_M diventa uguale a 20 °C la correzione termica è nulla e quindi:

$$\Delta_{DE} = 0$$

e l'incertezza dovuta all'effetto termico vale:

$$u_{ct}^2(L_{m20}) = L^2 \cdot u^2(t_M) \cdot (\alpha_s^2 + \alpha_m^2)$$

che è indipendente dall'incertezza dei coefficienti di dilatazione termica coerentemente con quanto esposto nel caso ideale a). Quindi se strumento e misurando sono posti alla temperatura di riferimento di 20 °C, pur avendo differenti coefficienti di dilatazione termica, l'errore sistematico dovuto alla temperatura si annulla.

4.4 CONSIDERAZIONI SULLA DECISIONE DI NON CORREGGERE L'EFFETTO SISTEMATICO DELLA TEMPERATURA

Trattiamo il caso in cui si è in presenza di un errore termico e quindi di una correzione termica da applicare al valore del misurando, ma per ragioni organizzative o economiche (troppo costoso), si decide che è preferibile non effettuare la correzione termica. In pratica si è in presenza di un errore sistematico identificato ma non si vuole utilizzarlo per la correzione; la norma UNI CEI ENV 13005 precisa esplicitamente che questa situazione deve essere evitata in quanto se si è a conoscenza dell'esistenza di un errore sistematico e si sa stimarne il valore, si deve procedere alla sua correzione prima di valutare l'incertezza di misura.

A volte invece, pur avendo temperature del pezzo e dello strumento sensibilmente diverse, quindi pur in presenza di effetti termici a media non nulla, si tende a considerare la temperatura del pezzo e dello strumento pari a 20 °C e poi allargare l'incertezza $u(t_m)$ e $u(t_s)$ ovvero l'incertezza dell'ipotesi $t_m = t_s = 20$ °C. Questo modo di procedere rappresenta comunque una non corretta applicazione della norma UNI CEI ENV 13005 e può portare a sottostime dell'incertezza associata agli effetti termici.

La situazione è simile a quanto avviene nelle applicazioni industriali quando si utilizzano strumenti di misura per la verifica di conformità dei pezzi alle specifiche: ciò che più conta per l'utente è avere la sicurezza che l'errore massimo commesso dallo strumento sia adeguatamente minore della tolleranza da verificare. Applicando lo stesso principio agli effetti termici è possibile stimare (utilizzando come linea guida il documento ISO/TR 16015) ***un errore termico TE*** dato da:

$$TE = \left|\Delta_{DE}\right| + 2 \cdot u_{ct}(L_{m20})$$

TE è in sostanza il massimo errore che ci si potrebbe ragionevolmente attendere sulla misura della lunghezza se non viene effettuata la correzione termica (errore massimo prevedibile). L'errore termico *TE* serve per valutare ***l'indice di errore termico TEI*** dato dalla seguente espressione:

$$TEI = 2 \cdot \frac{TE}{TOL}$$

ove:

TOL : tolleranza sulla caratteristica oggetto della misura, intesa come differenza tra il limite superiore ed il limite inferiore di tolleranza.

Nel caso sia stata determinata una incertezza target U_T per il processo di misurazione, occorre sostituire nella espressione sopra riportata il parametro *TOL* con $2 \cdot U_T$.

Se *TEI* risulta adeguatamente minore di 0,5, la scelta di non correggere è stata ragionevole e sostenibile; se *TEI* è maggiore di 0,5 e si avvicina a 1 o addirittura lo supera, la scelta di non correggere è stata penalizzante. In altre parole, se si utilizza *TE* come massimo errore prevedibile si rischia di prendere decisioni sbagliate nel confronto con la tolleranza, scartando pezzi che in realtà sono in tolleranza perché si commette un errore termico eccessivo solo per non aver effettuato una importante correzione termica calcolabile.

4.5 Esempi applicativi degli effetti della temperatura

Nel presente paragrafo si discutono alcuni esempi applicativi al fine di evidenziare le possibili scelte che si possono adottare mettendo in pratica le formule ricavate nei capitoli precedenti.

1- Consideriamo il caso in cui il *CDT* della scala dello strumento sia uguale al *CDT* del pezzo ($\alpha_s = \alpha_m$)

Esempio: si misura con un altimetro con scala in acciaio un pezzo in acciaio avente lunghezza nominale pari a 0,5 m con un limite di tolleranza di ± 0,05 mm.
Incertezza tipo del termometro per temperatura ambiente: 0,5 °C
Incertezza tipo del termometro per strumento/misurando: 0,1 °C
Coefficiente di dilatazione termica della scala dell'altimetro: $11 \cdot 10^{-6}$ K^{-1}
Coefficiente di dilatazione termica del pezzo: $11 \cdot 10^{-6}$ K^{-1}
Incertezza tipo del coefficiente di dilatazione termica della scala/misurando: $1 \cdot 10^{-6}$ K^{-1}.

Ipotesi	**correggo**		**non correggo**		**Note**
	Δ_{DE} (μm)	u_{ct} (μm)	*TE* (μm)	*TEI*	
$t_s = t_m = t_M = 20°C$	0,0	3,9	7,8	0,16	Si ipotizza di misurare solo la temperatura ambiente (u=0,5 °C) e di attendere un opportuno tempo di assestamento per avere l'uguaglianza delle temperature. L'errore massimo prevedibile è inferiore a 0,01 mm fino a 24 °C; avendo un limite di tolleranza pari a ± 0,05 mm la situazione termica si può ritenere idonea alla misurazione.
$t_s = t_m = t_M = 22°C$	0,0	4,1	8,3	0,17	
$t_s = t_m = t_M = 24°C$	0,0	4,8	9,6	0,19	
$t_s = 20$ °C $t_m = 20{,}5°C$	– 2,7	0,8	4,4	0,08	Si effettua la misura della temperatura dello strumento e del pezzo (u=0,1 °C) e non si misura la temperatura ambiente. Se non si effettua la correzione l'errore massimo prevedibile è di circa 13,5 μm fino a 2 °C di differenza tra temperatura dello strumento e misurando; avendo un limite di tolleranza pari a ± 0,05 mm la situazione termica è ampiamente idonea alla misurazione. Si può anzi affermare che nelle condizioni di questo esempio è inutile e costoso effettuare le due misurazioni di temperatura come del resto si evince dal parametro *TEI* quasi sempre inferiore a 0,5.
$t_s = 20$ °C $t_m = 21°C$	– 5,5	0,9	7,3	0,15	
$t_s = 20$ °C $t_m = 21{,}5°C$	– 8,2	1,1	10,4	0,20	
$t_s = 20$ °C $t_m = 22°C$	– 11	1,26	13,5	0,27	

2- Consideriamo il caso in cui il *CDT* della scala dello strumento sia diverso dal *CDT* del pezzo ($\alpha_s \neq \alpha_m$)

Esempio: si misura con un altimetro con scala in acciaio un pezzo in alluminio avente lunghezza nominale pari a 0,5 m con limiti di tolleranza di ± 0,05 mm.
Incertezza tipo del termometro per temperatura ambiente: 0,5 °C
Incertezza tipo del termometro per strumento/misurando: 0,1 °C
Coefficiente di dilatazione termica della scala dell'altimetro: $12{\cdot}10^{-6}\ K^{-1}$
Coefficiente di dilatazione termica del pezzo: $24{\cdot}10^{-6}\ K^{-1}$
Incertezza tipo del coefficiente di dilatazione termica della scala: $1{\cdot}10^{-6}\ K^{-1}$
Incertezza tipo del coefficiente di dilatazione termica del misurando: $2{\cdot}10^{-6}\ K^{-1}$

Ipotesi	**correggo**		**non correggo**		**Note**
	Δ_{DE} (μm)	u_{ct} (μm)	*TE* (μm)	*TEI*	
$t_s = t_m = t_M = 20$°C	0,0	6,7	13,4	0,27	La situazione termica si può ritenere idonea alla misurazione. Occorre un opportuno tempo di assestamento.
$t_s = t_m = t_M = 22$°C	- 12	7,0	26,1	0,52	La correzione è opportuna; se non correggo il valore di misura potrebbe essere affetto da un errore massimo prevedibile di 40 μm che riduce drammaticamente la zona di sicura conformità. L'ipotesi di uguaglianza delle temperature necessita di un opportuno tempo di assestamento.
$t_s = t_m = t_M = 24$°C	- 24	8,0	40,1	0,80	
$t_s = 20$ °C $t_m = 22$°C	- 24	2,4	28,8	0,57	Misurando le due temperature con idonei strumenti, la correzione è doverosa. Si noti come la correzione cambia di segno e di entità pur rimanendo costante la differenza tra le due temperature. In questi casi è difficile prevedere il segno e l'entità della correzione poiché dipende dalla differenza delle temperature e dalla differenza dei due coefficienti di dilatazione termica. Effettuata la correzione l'incertezza dovuta agli effetti termici, a livello del 95 %, risulta dell'ordine di 3-5 μm che messo in relazione ai limiti di tolleranza di ± 0,05 mm ci fa capire come la situazione termica sia largamente favorevole. Si può anzi affermare che nelle condizioni di questo esempio è inutile e costoso effettuare le due misurazioni di temperatura come del resto si evince dal parametro *TEI* quasi sempre inferiore a 0,5
$t_s = 22$ °C $t_m = 20$°C	+12	1,7	15,3	0,30	
$t_s = 19$ °C $t_m = 21$°C	- 18	1,7	21,4	0,42	
$t_s = 21$ °C $t_m = 19$°C	+18	1,7	21,4	0,42	

4.6 Considerazioni finali

Possiamo così riassumere gli effetti della temperatura nelle misure dimensionali facendo le seguenti considerazioni:

1. in presenza di coefficienti di dilatazione termica dello strumento e del misurando uguali ($\alpha_s = \alpha_m$) si può affermare che:
   a. se si ipotizzano uguali le temperature dello strumento e del pezzo (misura della temperatura ambiente e condizioni raggiunte di equilibrio termico) non si effettua nessuna correzione termica. L'incertezza estesa è contenuta e non supera i 20 μm per un campo di temperatura tra 15 °C e 25 °C e per un misurando da 1 m in materiale ferroso;
   b. se si misurano le temperature dello strumento e del misurando si può calcolare ed effettuare la correzione termica migliorando l'incertezza di misura. La correzione termica è dell'ordine di circa 11 μm per ogni grado Celsius di differenza tra le due temperature per un misurando da 1 m in materiale ferroso; l'incertezza tipo è contenuta in pochi micrometri al metro se si adottano idonei termometri.
2. in presenza di coefficienti di dilatazione termica dello strumento e del misurando diversi ($\alpha_s \neq \alpha_m$) si può affermare che:
   a. se si ipotizzano uguali le temperature dello strumento e del pezzo (misura della temperatura ambiente e condizioni di equilibrio termico) è opportuno effettuare la correzione termica e quindi è necessario almeno un termometro tarato per la misura della temperatura ambiente. La correzione è proporzionale alla differenza della temperatura di misura dalla temperatura di riferimento e dalla differenza dei coefficienti di dilatazione termica. L'incertezza tipo è generalmente elevata in relazione al tipo di termometro utilizzato;
   b. se si misurano le temperature dello strumento e del misurando in modo adeguato si può calcolare ed effettuare la correzione termica migliorando l'incertezza di misura. La correzione termica può avere entità e segno diversi al variare delle condizioni operative; l'incertezza tipo è contenuta in pochi micrometri al metro se si adottano idonei termometri.

Bibliografia

ISO/TR 16015:2003, Geometrical Product Specification (GPS) – Systematic errors and uncertainty of dimensional measurement results due to termal influences

UNI EN ISO 1:2003, Geometrical Product Specification (GPS) – Standard reference temperature for geometrical product speficification and verification

S. Sartori, Guida alla stima dell'incertezza nelle misure di caratteristiche geometriche – Parte I: gli effetti termici, TUTTO_MISURE, 02/2000

R. Ottone, Consigli pratici per gli utilizzatori delle CMM, Probing 01/1999, Notiziario dell'Associazione CMM Club Italia (www.cmmclub.it)

G. Malagola, A. Ponterio, "Tecniche di risparmio energetico applicate al condizionamento di un laboratorio di taratura", TUTTO_MISURE, 04/2001

5. I MODELLI MATEMATICI DELLE MISURE DIMENSIONALI

5.1 Introduzione

Un modello matematico è una equazione che, in base all'analisi del processo di misura, mette in relazione la migliore stima del misurando M (lunghezza misurata ovvero variabile in uscita), con i valori P_i (valori di lettura) proposti dagli strumenti e tutte le altre grandezze che influenzano il risultato della misurazione (valibili di ingresso).

La definizione del modello matematico non è finalizzata solo al calcolo dell'incertezza di misura; infatti il primo scopo del modello matematico è quello di esplicitare la relazione matematica che viene utilizzata per apportare tutte le correzioni necessarie alla stima corretta del valore da attribuire al misurando M.

La stima dell'incertezza, che viene successivamente effettuata in base al modello matematico così definito, sarà infatti l'incertezza da associare al risultato della misurazione dove per risultato si intende il valore di M calcolato tramite l'equazione che rappresenta il modello sopraccitato.

Il modello descrive quindi in modo analitico il processo di misura con le grandezze di influenza che intervengono nella determinazione del valore del misurando; se si misura lo stesso misurando cambiando metodologia di misura, cambia ragionevolmente anche il modello e cambia di conseguenza sia l'incertezza associata al risultato sia il risultato stesso ovvero il valore attribuito al misurando.

Il modello tiene conto anche di quelle grandezze che potrebbero non servire per la correzione del valore di lettura (caso di correzione pari a zero) ma che, in relazione alla loro variabilità, generano un contributo all'incertezza di misura. Per esempio, la correzione da apportare per effetto della dilatazione termica di un pezzo, la cui temperatura viene appositamente rilevata durante la misura della sua lunghezza, è ovviamente nulla se la lettura del termometro è pari a 20 °C; lo stesso non si può dire per il contributo di incertezza associato alla correzione che dipenderà anche dall'incertezza con cui si è stimata la temperatura di 20 °C e quindi dall'incertezza dell'ipotesi $\Delta T = 0$.

5.2 Modello matematico della misurazione di un pezzo

5.2.1 Generalità

Come primo modello trattiamo il modello matematico della misurazione di un pezzo; possiamo partire dalla forma più semplice (chiamato modello "ingenuo") e cioè:

$$M = P \qquad [5.1]$$

ovvero la stima del misurando M corrisponde esattamente al valore indicato dallo strumento di misura utilizzato; ciò sta a significare che il segmento fisico che costituisce il misurando (per esempio il segmento che unisce i centri delle diagonali delle facce di misura di un blocchetto pianparallelo) coincide esattamente con il corrispondente segmento fisico sulla scala di misura dello strumento utilizzato durante la misurazione (per esempio la distanza fra la posizione di azzeramento e la posizione di misura del rilevatore della riga ottica di una macchina di misura monoassiale).

Partendo da questo modello semplificato si può arrivare al modello definitivo per approssimazioni successive introducendo di volta in volta, tramite opportune trasformazioni della relazione sopra riportata, le altre grandezze di influenza e le eventuali correzioni da apportare al risultato della misurazione.

Se per esempio si suppone di commettere un errore di lettura per effetto della risoluzione/ripetibilità dello strumento e dell'effetto di parallasse, si può sostituire il valore P di uscita dello strumento (valore proposto) con un valore di lettura L a cui si sommano i due termini di correzione C_{ri} e C_{pa} che rappresentano i due errori di lettura (cambiati di segno) sopraccitati. L'equazione di partenza assume quindi la forma:

$$M = L + C_{ri} + C_{pa} \qquad [5.2]$$

I due termini introdotti non portano alcuna correzione al risultato della misurazione perché le correzioni vengono calcolate con i valori medi delle grandezze introdotte ed ovviamente gli errori di lettura sopraccitati hanno valor medio nullo (o almeno così può essere ipotizzato) pertanto $C_{ri} = C_{pa} = 0$.

Molte volte, per semplicità di trattazione, tutti gli errori legati allo strumento, (fra cui a volte anche la risoluzione) vengono cumulati in un'unica grandezza di influenza che indichiamo con C_{st} per cui l'equazione [5.2] diventa:

$$M = L + C_{ri} + C_{pa} + C_{st} \qquad [5.3]$$

La grandezza C_{st} solitamente è limitata da un intervallo di valori che rappresenta le specifiche dello strumento. Tale intervallo, individuato dall'errore massimo ammesso stabilito dall'utilizzatore (solitamente indicato con *MPE*), deve essere verificato attraverso un processo di conferma metrologica e può essere utilizzato per calcolare l'incertezza associata alla grandezza C_{st}, supposta a valor medio nullo.

Supponendo dunque che l'errore dello strumento sia compreso nell'intervallo [$-MPE$; $+MPE$] ed ipotizzando una distribuzione di probabilità rettangolare all'interno del suddetto intervallo, si può associare alla grandezza C_{st} un'incertezza tipo pari a ($MPE / \sqrt{3}$).

A volte, nella stima dell'incertezza della grandezza L si fanno convergere anche i contributi degli errori di lettura (esempio: ripetibilità, risoluzione, parallasse, ecc.). Nella equazione [5.3] tali contributi sono stati esplicitati da L; di conseguenza la lettura L dello strumento può essere considerata una grandezza priva di incertezza ed anche se compare fra le grandezze di ingresso, il suo contributo all'incertezza di misura è nullo. In ogni caso, indipendentemente dalla impostazione adottata, l'importante è considerare tutte le grandezze di influenza, tenendo conto che alcune grandezze possono essere raggruppate in altre.

Supponiamo ora che il pezzo da misurare non si trovi alla temperatura di 20 °C ma alla temperatura di (20 + ΔT) °C; in questo caso la stima del misurando M (considerata a 20 °C) può essere sostituita con la stima alla reale temperatura del misurando che indichiamo con $M_{20+\Delta T}$.

Considerando che $M_{20+\Delta T} = M\,(1+ \alpha \cdot \Delta T)$, il modello della misura può essere ulteriormente trasformato nella forma seguente:

$$M\,(1+ \alpha \cdot \Delta T) = L + C_{ri} + C_{pa} + C_{st} \qquad [5.4]$$

Il contributo introdotto tiene conto delle dilatazioni termiche del pezzo sul risultato della misurazione. In questo caso si può procedere con le seguenti due modalità:

- si misura la temperatura del pezzo (stima di ΔT) e si corregge il risultato della misura in funzione della temperatura del misurando e del suo coefficiente di dilatazione termica; in pratica vuol dire calcolare M dall'equazione [5.4], introducendo le stime di ΔT e di α.
  In questo caso, quando si valuteranno i diversi contributi di incertezza, l'incertezza da attribuire alla grandezza ΔT è data dall'incertezza con cui si è stata misurata la temperatura stessa e quella da attribuire alla grandezza α è data dall'incertezza con cui si conosce tale parametro;
- non si esegue la misura puntuale della temperatura del pezzo durante la misurazione (applicabile se si può ipotizzare l'equilibrio termico del pezzo con l'ambiente di misura); nel modello matematico si calcola M ipotizzando $\Delta T = 0$ (di fatto non si apporta alcuna correzione) e si verifica soltanto che questa grandezza di influenza rimanga, durante la misura, entro limiti stabiliti a priori (possono corrispondere ai limiti di variazione termica dell'ambiente se il pezzo può considerarsi in equilibrio termico con l'ambiente di misura).
  In questo caso l'incertezza da attribuire alla grandezza ΔT corrisponde all'incertezza sull'ipotesi $\Delta T = 0$; assegnando dei limiti a ΔT e facendo opportune ipotesi sulla distribuzione di probabilità di ΔT, si può calcolare l'incertezza tipo associata a questa grandezza. Tale metodologia prevede ovviamente il monitoraggio delle condizioni ambientali per la valutazione dei limiti assunti da ΔT, tenendo conto anche dell'incertezza di misura nella verifica dei limiti di temperatura.

Supponiamo infine di avere fatto la misura del pezzo dopo un azzeramento dello strumento con un campione tarato (ad esempio la lettura di un comparatore azzerato su un blocchetto pianparallelo); l'equazione [5.4] diventa:

$$M\,(1+ \alpha \cdot \Delta T) = V_{BPP} + L + C_{ri} + C_{pa} + C_{st} \qquad [5.5]$$

dove V_{BPP} rappresenta il valore noto del campione di azzeramento.

Anche in questo caso esistono i seguenti due modi di procedere:

- si stima V_{BPP} utilizzando il valore di taratura del campione utilizzato riportato sul certificato di taratura valido; ciò significa calcolare M dalla formula [5.5] sostituendo a V_{BPP} il valore suddetto.

In questo caso l'incertezza tipo da attribuire alla variabile V_{BPP} corrisponde all'incertezza di taratura del campione, ricavabile dal certificato di taratura, oltre ad un eventuale contributo di deriva nel tempo del campione (solitamente trascurabile); di solito sul certificato di taratura viene riportata l'incertezza estesa U associata alla stima del valore del campione con un intervallo di fiducia del 95% e quindi per ottenere l'incertezza tipo occorre dividere per un fattore due l'incertezza riportata sul certificato stesso.
A volte, per non rendere il calcolo dell'incertezza funzione dei dati riportati sul certificato di taratura del campione, si sceglie un limite superiore di incertezza per tale valore e si verifica soltanto che l'incertezza riportata sul certificato di taratura valido del campione non sia superiore al limite definito.

– si stima V_{BPP} utilizzando il valore nominale del campione utilizzato; quindi se si utilizza un blocchetto pianparallelo da 100 mm si pone nella relazione [5.5] $V_{BPP} = 100$ mm.
In questo caso l'incertezza da attribuire alla variabile V_{BPP} è determinata in base all'errore massimo ammesso dei blocchetti pianparalleli rispetto ai valori nominali facendo opportune ipotesi sulla distribuzione di probabilità di tale errore. Tale errore può essere definito sia in base alla classe di precisione del campione sia in funzione dell'accuratezza richiesta ma deve essere, in ogni caso, periodicamente verificato attraverso un processo di conferma metrologica in funzione dei risultati riportati sul certificato di taratura e della corrispondente incertezza di taratura.

A questo punto il modello rappresentato dall'equazione [5.5] potrebbe essere ulteriormente affinato, per esempio, introducendo anche per V_{BPP} la correzione dovuta agli effetti termici così come è stato fatto per la grandezza M oppure introducendo gli effetti termici sullo strumento (se non sono già inclusi in C_{st}) o ancora aggiungendo ulteriori grandezze che si ritiene abbiano influenza sul risultato della misura. Tuttavia, si può considerare che il modello matematico della misura rappresenti già con buona approssimazione il sistema di misura adottato (e quindi può essere ritenuto idoneo), quando il calcolo della grandezza d'uscita del modello, ovvero il valore del misurando M, cambia in modo trascurabile rispetto alle incertezze attese con l'aggiunta di una ulteriore correzione dovuta all'effetto di altre grandezze di influenza (avendone massimizzato l'effetto).

Ovviamente, ritenere sufficiente l'approssimazione fatta ed accettare quindi il modello matematico definito, è una fase molto delicata nella valutazione delle incertezze di misura; **i problemi maggiori nella valutazione delle incertezze non sono infatti quelli legati al calcolo o alla metodologia ma quelli che scaturiscono dal non aver incluso nel modello matematico delle grandezze che producono invece un effetto non trascurabile sul risultato della misura**. In tal caso l'incertezza stimata, pur nella correttezza del calcolo e del procedimento, risulta sottostimata rispetto alla variabilità a cui possono essere soggetti i risultati della misura. Per questo motivo, un modello matematico corretto si fonda sulla individuazione di tutte le grandezze di ingresso al modello, ovvero di tutte le grandezze che hanno influenza sul risultato della misura e non solo su quelle che si utilizzano per apportare delle correzioni.

Ritenendo quindi l'equazione [5.5] sufficientemente rappresentativa del processo di misura adottato, possiamo ora passare alla valutazione dell'incertezza di misura.

Tale incertezza rappresenta l'incertezza da associare alla variabile di uscita del modello e non alla lettura dello strumento; dalla equazione [5.5], esplicitando la variabile M, per facilitare il calcolo della incertezza, si ottiene:

$$M = \frac{V_{BPP} + L + C_{ri} + C_{pa} + C_{st}}{1 + \alpha \cdot \Delta T} \qquad [5.6]$$

A questo punto, in relazione a quanto descritto nel capitolo 3, occorre procedere con la seguenti operazioni:

1. calcolare le derivate parziali di M rispetto alle grandezze di influenza individuate (coefficienti di sensibilità c_i), ovvero:
   $(\partial M / \partial V_{BPP})$; $(\partial M / \partial L)$; $(\partial M / \partial C_{ri})$; $(\partial M / \partial C_{pa})$; $(\partial M / \partial C_{st})$; $(\partial M / \partial \alpha)$; $(\partial M / \partial \Delta T)$
   Nel caso specifico, tenendo conto delle regole di derivazione riportate nella tabella 5.1, si ha:
   $(\partial M / \partial V_{BPP}) = (\partial M / \partial L) = (\partial M / \partial C_{ri}) = (\partial M / \partial C_{pa}) = (\partial M / \partial C_{st}) = 1/(1 + \alpha \cdot \Delta T) \cong 1$

$$(\partial M / \partial \alpha) = \frac{-(V_{BPP} + L + C_{ri} + C_{pa} + C_{st}) \cdot \Delta T}{(1 + \alpha \cdot \Delta T)^2}$$

$$(\partial M / \partial \Delta T) = \frac{-(V_{BPP} + L + C_{ri} + C_{pa} + C_{st}) \cdot \alpha}{(1 + \alpha \cdot \Delta T)^2}$$

2. stimare lo scarto tipo delle grandezze di influenza individuate ovvero:
   $u(V_{BPP})$; $u(L)$; $u(C_{ri})$; $u(C_{pa})$; $u(C_{st})$; $u(\alpha)$; $u(\Delta T)$.

A questo punto si è in grado di determinare l'incertezza tipo composta $u_c(M)$ da associare alla stima del misurando M con l'equazione indicata al capitolo 3 che assume, nel caso specifico, la seguente forma (avendo considerato scorrelate le grandezze di influenza):

$$u_c(M) = \sqrt{\left(\frac{\partial M}{\partial V_{BPP}}\right)^2 u^2(V_{BPP}) + \left(\frac{\partial M}{\partial L}\right)^2 u^2(L) + \left(\frac{\partial M}{\partial C_{rip}}\right)^2 u^2(C_{rip}) + \left(\frac{\partial M}{\partial C_{par}}\right)^2 u^2(C_{par}) + \left(\frac{\partial M}{\partial C_{str}}\right)^2 u^2(C_{str}) + \left(\frac{\partial M}{\partial \alpha}\right)^2 u^2(\alpha) + \left(\frac{\partial M}{\partial \Delta T}\right)^2 u^2(\Delta T)} \qquad [5.7]$$

È importante ricordare che, nello sviluppo dell'equazione per individuare l'incertezza tipo composta, quando si calcolano i coefficienti di sensibilità c_i, è lecito fare approssimazioni poiché questi coefficienti sono fattori moltiplicativi di contributi di incertezza e quindi un loro valore approssimato (per esempio del 1%) andrebbe a modificare il corrispondente contributo di incertezza di una quantità sicuramente trascurabile come risulta dal seguente esempio:

$$(1{,}01 \cdot c_i)^2 \cdot u^2(x) = 1{,}02 \cdot c_i^2 \cdot u^2(x)$$

5.2.2 Applicazione del modello matematico alla misurazione di un pezzo con un calibro a corsoio (misura per confronto)

Supponiamo di applicare il modello descritto al paragrafo precedente alla misurazione di un pezzo in alluminio avente valore nominale pari a 100 mm; si utilizza un calibro a corsoio con comparatore avente unità di formato pari a 0,01 mm, azzerato su un blocchetto pianparallelo di classe 2 dello stesso valore nominale del misurando.

Si fanno inoltre le seguenti ipotesi:

1. l'errore massimo ammesso del calibro a corsoio è pari a 0,03 mm ma, utilizzando lo strumento in un campo di misura molto ristretto ovvero nell'intorno del punto di azzeramento, possiamo ipotizzare un errore massimo di 0,01 mm sugli incrementi rispetto alla condizione di azzeramento. Ovviamente tale ipotesi dovrebbe essere verificata con delle prove di caratterizzazione periodiche;
2. la temperatura dell'ambiente di misura varia in un intervallo pari a (20 ± 1) °C;
3. si rileva la temperatura del pezzo (che risulta pari a 40 °C) durante la misura dimensionale con un termometro avente un errore massimo ammesso pari a ± 2 °C;
4. da prove di ripetibilità eseguite in precedenza su analoghi sistemi di misura si ricava uno scarto tipo $u(C_{ri})$ pari a 0,015 mm;
5. il coefficiente di dilatazione del pezzo è pari a $(24 \pm 1)\cdot 10^{-6}\ K^{-1}$;
6. l'errore di parallasse calcolato in base alla relazione descritta nel paragrafo 2.4.4 risulta trascurabile;
7. la risoluzione dell'operatore nella lettura del quadrante è pari a metà dell'unità di formato.

Si può a priori affermare che i contributi significativi, ai fini della valutazione dell'incertezza di misura, sono i contributi legati alla lettura (ripetibilità e risoluzione) ed il contributo associato all'errore dello strumento. Valutiamo tuttavia lo scarto tipo di tutte le variabili di ingresso del modello sopra definito e cioè: $u(V_{BPP})$; $u(C_{ri})$; $u(C_{st})$; $u(\alpha)$; $u(\Delta T)$ premettendo, però, le più significative.

- ***Incertezza associata alla ripetibilità/risoluzione $u(C_{ri})$***

  Stante le ipotesi fatte, considerando un intervallo di variabilità associato all'effetto della risoluzione pari a ± 2,5 μm ed ipotizzando una distribuzione uniforme all'interno dell'intervallo individuato, si ottiene uno scarto tipo pari a 1,44 μm che risulta circa 10 volte inferiore rispetto a quello dovuto alla ripetibilità per cui si trascura. Il contributo dovuto alla ripetibilità infatti, già stimato attraverso prove sperimentali, risulta:

$$u(C_{ri}) = 15\ \mu\text{m}$$

- ***Incertezza associata all'errore dello strumento $u(C_{st})$***

  Avendo ipotizzato un errore massimo ammesso nelle misure di confronto pari a ± 0,01 mm ed ipotizzando una distribuzione rettangolare dell'errore in tale intervallo si ottiene:

$$u(C_{st}) = \frac{0{,}01\ mm}{\sqrt{3}} \cong 5{,}8\ \mu\text{m}$$

- ***Incertezza associata al valore del BPP di azzeramento $u(V_{BPP})$***
  Considerando che la classe di precisione 2 di un *BPP* da 100 mm prevede uno scostamento massimo pari a ± 1,2 μm ed ipotizzando una distribuzione ad U di tale errore si ottiene:

$$u(V_{BPP}) = \frac{1,2\ \mu m}{\sqrt{2}} \cong 0,85\ \mu\text{m}$$

- ***Incertezza associata al coefficiente di dilatazione termica del pezzo $u(\alpha)$***
  Dalle ipotesi fatte, il coefficiente di dilatazione termica del pezzo è compreso nei limiti di $(24 \pm 1)\cdot 10^{-6}\ K^{-1}$; di conseguenza, ipotizzando una distribuzione di probabilità rettangolare in tale intervallo si ottiene:

$$u(\alpha) = \frac{1 \cdot 10^{-6} K^{-1}}{\sqrt{3}} \cong 0,58\cdot 10^{-6}\ K^{-1}$$

- ***Incertezza associata alla variazione di temperatura $u(\Delta T)$***
  La correzione termica ΔT viene stimata con un termometro avente un errore massimo ammesso di ± 2 °C per cui, supponendo una distribuzione rettangolare dell'errore del termometro all'interno di tali limiti, si ottiene:

$$u(\Delta T) = \frac{2\ °C}{\sqrt{3}} \cong 1,16\ °C$$

Per quanto riguarda i coefficienti di sensibilità, come detto nel paragrafo precedente, possono essere tutti approssimati ad 1 tranne per $(\partial M / \partial \alpha)$ e $(\partial M / \partial \Delta T)$ che, in base alle ipotesi fatte, assumono i seguenti valori:

$$(\partial M / \partial \alpha) = \frac{-(V_{BPP} + L + C_{ri} + C_{pa} + C_{st}) \cdot \Delta T}{(1 + \alpha \cdot \Delta T)^2} \cong -2\cdot 10^5\ \mu\text{m}\cdot °C$$

$$(\partial M / \partial \Delta T) = \frac{-(V_{BPP} + L + C_{ri} + C_{pa} + C_{st}) \cdot \alpha}{(1 + \alpha \cdot \Delta T)^2} \cong -2,4\ \mu\text{m}\cdot °C^{-1}$$

Di conseguenza l'equazione [5.7], che fornisce l'incertezza tipo composta associata al risultato della misurazione ottenuto applicando la correzione descritta dalla equazione [5.6], assume la seguente forma:

$$u_c(M) = \sqrt{15^2 + 5,8^2 + 0,85^2 + \left(-2 \cdot 10^5\right)^2 \cdot \left(0,58 \cdot 10^{-6}\right)^2 + (-2,4)^2 \cdot 1,16^2} = 16,3\ \mu\text{m}$$

Tabella 5.1: derivate di alcune funzioni elementari e regole di derivazione

Funzione y	**Derivata y'**	**Funzione y**	**Derivata y'**
$y = k$	$y' = 0$	$y = Log\, x$	$y' = 1/x \cdot Log\, e$
$y = x$	$y' = 1$	$y = sen\, x$	$y' = cos\, x$
$y = ax + b$	$y' = a$	$y = cos\, x$	$y' = - sen\, x$
$y = x^n$	$y' = n \cdot x^{n-1}$	$y = tg\, x$	$y' = 1 + tg^2\, x$
$y = a^x$	$y' = a^x \cdot ln\, a$	$y = arcsen\, x$	$y' = 1 / \sqrt{1-x^2}$
$y = e^x$	$y' = e^x$	$y = arccos\, x$	$y' = -1 / \sqrt{1-x^2}$
$y = log_a\, x$	$y' = 1/x \cdot log_a\, e$	$y = arctg\, x$	$y' = 1 / \sqrt{1+x^2}$
$y = ln\, x$	$y' = 1/x$		
Regole di derivazione		**Esempi di derivate di funzioni di funzione**	
$y = [f(x) \pm g(x)]$	$y' = [f'(x) \pm g'(x)]$	$y = [f(x)]^n$	$n \cdot [f(x)]^{n-1} \cdot f'(x)$
$y = [f(x) \cdot g(x)]$	$y' = [f'(x) \cdot g(x) + f(x) \cdot g'(x)]$	$y = a^{f(x)}$	$a^{f(x)} \cdot ln\, a \cdot f'(x)$
$y = [f(x) / g(x)]$	$y' = \dfrac{f'(x) \cdot g(x) - f(x) \cdot g'(x)}{[g(x)]^2}$	$y = e^{f(x)}$	$e^{f(x)} \cdot f'(x)$
		$y = ln\, \lvert f(x) \rvert$	$1/f(x) \cdot f'(x)$
		$y = sen\, f(x)$	$cos\, f(x) \cdot f'(x)$
		$y = cos\, f(x)$	$- sen\, f(x) \cdot f'(x)$
		$y = tg\, f(x)$	$f'(x)/cos^2\, f(x)$

5.3 Modello matematico di misura per l'errore di indicazione (taratura di uno strumento)

5.3.1 Generalità

Sviluppiamo in questo paragrafo il modello matematico del processo di taratura di un micrometro per esterni con campo di misura (0 - 25) mm.

Lo scopo della misurazione in questo caso, trattandosi della taratura di uno strumento, è individuare l'errore di indicazione E_m del micrometro, ovvero la differenza fra il valore l_m indicato dal micrometro ed il valore l_r del campione di riferimento alla temperatura di 20 °C, ricavato dal certificato di taratura.

Il modello parte quindi dall'equazione più semplice (modello "ingenuo") e cioè:

$$E_m = l_m - l_r \qquad [5.8]$$

Introduciamo ora la correzione dovuta agli effetti termici. In relazione a quanto trattato nel 4.3, la correzione ΔL da aggiungere all'equazione [5.8] è pari alla differenza fra la dilatazione del campione e quella dello strumento ovvero:

$$\Delta L = l_r \cdot (\alpha_m \cdot \delta t_m - \alpha_r \cdot \delta t_r) \qquad [5.9]$$

dove:

α_m = coefficiente di dilatazione termica del micrometro;
δt_m = differenza fra la temperatura del micrometro ed i 20 °C;
α_r = coefficiente di dilatazione termica del campione;
δt_r = differenza fra la temperatura del campione ed i 20 °C.

La [5.8] assume pertanto la seguente forma:

$$E_m = l_m - l_r + l_r \cdot (\alpha_m \cdot \delta t_m - \alpha_r \cdot \delta t_r) \qquad [5.10]$$

Aggiungiamo infine, in modo additivo, tutte le grandezze che modellizzano errori di lettura o errori dovuti al processo o errori come quello dovuto alla non planarità e non parallelismo delle facce di misura che, durante il processo di taratura, non si presentano sempre in modo identico rispetto al processo di misura che utilizza il micrometro. L'equazione [5.10] diventa pertanto:

$$E_m = l_m - l_r + l_r \cdot (\alpha_m \cdot \delta t_m - \alpha_r \cdot \delta t_r) + \delta l_{res} + \delta l_{par} + \delta l_{plan} + \delta l_{pax} + \delta l_{all} + \delta l_{rip} \qquad [5.11]$$

dove:

δl_{res} = effetto della risoluzione;
δl_{par} = errore dovuto al non parallelismo delle facce di misura del micrometro;
δl_{plan} = errore dovuto alla non planarità delle facce di misura del micrometro;
δl_{pax} = errore dovuto all'effetto di parallasse;
δl_{all} = errore di allineamento;
δl_{rip} = ripetibilità della misura durante la taratura.

Non vengono in questo caso analizzati, e quindi modellizzati, tutti gli errori con un comportamento sistematico che dipendono dal micrometro in taratura, poiché sono essi stessi l'oggetto della misurazione e devono considerarsi tutti inclusi nel termine E_m.

5.3.2 Valutazione delle incertezze di misura

5.3.2.1 Contributo di incertezza dovuto al campione (l_r)

Supponendo di utilizzare per l_r il valore nominale del blocchetto, l'incertezza tipo associata a tale valore viene valutata partendo dall'errore massimo ammesso relativo alla classe di precisione del blocchetto, dividendolo per $\sqrt{2}$. Tale fattore dipende (vedi capitolo 3) dall'aver ipotizzato una distribuzione ad U dell'errore, in quanto i limiti di tale errore sono stati ricavati dalla appartenenza ad una classe di precisione. Infine occorre ricordare che tali limiti devono essere verificati da un processo di conferma metrologica. Stante queste considerazioni, supponendo di utilizzare un blocchetto da 25 mm in classe 1, si ottiene un'incertezza tipo pari a:

$$u(l_r) = \frac{0,4}{\sqrt{2}} \cong 0,29 \quad \mu m$$

dove $\pm$ 0,4 μm rappresenta, secondo la norma ISO 3650, il limite massimo dello scostamento in ogni punto della faccia di misura rispetto al valore nominale per un blocchetto da 25 mm in classe 1.

È importante ricordare che in questo caso si trascura la deriva nel tempo del *BPP* (ovvero la variazione di lunghezza che può essere sopraggiunta dall'ultima taratura del campione) e l'effetto della non planarità e non parallelismo delle sue facce di misura (la misura con il micrometro interessa solo un piccola superficie al centro della faccia del *BPP*).

5.3.2.2 Contributo di incertezza dovuto agli effetti termici (α_m ,δt_m ,α_r ,δt_r)

Per quantificare il contributo legato agli effetti termici bisogna considerare innanzi tutto i gradienti termici nel tempo e nello spazio dell'ambiente di misura oltre al fatto che la procedura di taratura dovrebbe garantire un periodo di assestamento, prima della taratura, sufficiente a raggiungere le condizioni di regime termico fra pezzo, strumento ed eventuali altri elementi del sistema (piano di riscontro in granito, supporto del micrometro, ecc.).

Nel caso della taratura di un micrometro però, dove il volume di misura (spazio nel quale sono contenuti tutti gli elementi del sistema di misura escluso l'operatore) è abbastanza ristretto, il gradiente termico nello spazio è solitamente trascurabile per la determinazione del contributo di incertezza dovuto agli effetti termici.

Il contributo dovuto agli effetti termici si può modellizzare con il seguente termine che rappresenta la differenza fra la dilatazione del campione e quella dello strumento:

$$l_r \cdot (\alpha_m \cdot \delta t_m - \alpha_r \cdot \delta t_r) \quad [5.12]$$

Considerando ora che:

$$\delta t_m = \delta t_r + \delta t$$
$$\alpha_m = \alpha_r + \delta\alpha$$

dove:
δt : differenza fra la temperatura del micrometro e quella del campione;
$\delta\alpha$: differenza fra il coefficiente di dilatazione termica del micrometro e del campione,
il termine rappresentato dalla [5.12] può essere elaborato come di seguito descritto:

$$\begin{aligned} l_r \cdot (\alpha_m \cdot \delta t_m - \alpha_r \cdot \delta t_r) &= l_r \cdot (\alpha_m \cdot (\delta t_r + \delta t) - (\alpha_m - \delta\alpha) \cdot \delta t_r) = \\ &= l_r \cdot (\alpha_m \cdot \delta t_r + \alpha_m \cdot \delta t - \alpha_m \cdot \delta t_r + \delta\alpha \cdot \delta t_r) = \\ &= l_r \cdot (\alpha_m \cdot \delta t + \delta\alpha \cdot \delta t_r) \end{aligned}$$

e quindi l'equazione [5.11] può essere scritta anche nella seguente forma:

$$E_m = l_m - l_r + l_r \cdot (\alpha_m \cdot \delta t + \delta\alpha \cdot \delta t_r) + \delta l_{res} + \delta l_{par} + \delta l_{plan} + \delta l_{pax} + \delta l_{all} + \delta l_{rip} \quad [5.13]$$

L'operatore che esegue la misura è l'unico elemento del sistema di misura che non può raggiungere l'equilibrio termico a 20 °C; si cerca perciò di limitarne l'effetto termico, sia verso lo strumento sia verso il campione, mediante l'utilizzo di guanti atermici e posizionando il micrometro su appositi supporti che evitano la presa diretta dell'operatore. In alcuni casi, dove è necessaria un'accuratezza più elevata, si possono utilizzare anche schermi o altri accorgimenti ma, in ogni caso, è una buona regola eseguire la taratura nel minor tempo possibile.

Il calore emesso dall'operatore può, quindi, innalzare la temperatura del micrometro o del campione durante le operazioni di taratura anche dopo il raggiungimento dell'equilibrio termico. Assumendo una differenza massima di temperatura δt fra micrometro e blocchetti pianparalleli pari a ± 0,5 °C ed assumendo una distribuzione rettangolare di δt in questo intervallo, si ottiene una incertezza tipo pari a:

$$u(\delta t) = \frac{0,5}{\sqrt{3}} = 0,29\ ^\circ\text{C} \quad [5.14]$$

Se la temperatura nel laboratorio di misura garantisce un gradiente termico temporale (riferito al tempo necessario per eseguire la misura) e spaziale (riferito al volume nel quale può considerarsi circoscritto tutto il sistema di misura) pari a (20 ± 1) °C si può assumere che la temperatura dei blocchetti pianparalleli sia compresa in questo intervallo e quindi che $\delta t_r \leq 1$ °C. Ipotizzando per δt_r una distribuzione rettangolare si può stimare il relativo contributo di incertezza pari a:

$$u(\delta t_r) = \frac{1}{\sqrt{3}} = 0,58\ ^\circ\text{C} \quad [5.15]$$

Se le specifiche di variabilità del coefficiente di dilatazione termica del micrometro sono pari a $\pm 1 \cdot 10^{-6}$ °C^{-1}, assumendo tali limiti come intervallo di variabilità di α_m ed ipotizzando una distribuzione rettangolare in tale intervallo, il contributo di incertezza $u(\alpha_m)$, espresso in termini di incertezza tipo risulta pari a:

$$u(\alpha_m) = \frac{1}{\sqrt{3}} = 0{,}58 \cdot 10^{-6} \quad {}^{\circ}\mathrm{C}^{-1} \qquad [5.16]$$

Analoghe considerazioni possono essere fatte per α_r per cui $u(\alpha_r) = 0{,}58 \cdot 10^{-6}$ °C^{-1}.

L'incertezza $u(\delta\alpha)$ dovuta alla differenza dei due coefficienti di dilatazione termica (α_m - α_r) può essere stimata come segue:

$$u(\delta\alpha) = \sqrt{\left(u(\alpha_m)^2 + u(\alpha_r)^2\right)} = \sqrt{\left(0{,}58^2 + 0{,}58^2\right)} = 0{,}82 \cdot 10^{-6} \quad {}^{\circ}\mathrm{C}^{-1} \qquad [5.17]$$

È importante osservare che il contributo $u(\delta\alpha)$ sopra calcolato è riferito al valore di $\delta\alpha$ calcolato in base ai valori nominali di α_m e α_r. Se quindi il micrometro ed i blocchetti pianparalleli hanno lo stesso coefficiente di dilatazione termica (in termini di valore nominale), $\delta\alpha$ sarà ipotizzato pari a zero ma $u(\delta\alpha)$ assume sempre il valore calcolato nella [5.17].

Se invece i due coefficienti di dilatazione termica hanno valori nominali diversi (è il caso per esempio in cui si utilizzano blocchetti pianparalleli in ceramica o il caso in cui il micrometro ed i blocchetti sono costruiti con acciai diversi), il valore di $\delta\alpha$ da utilizzare nella equazione [5.13] sarà pari alla differenza dei valori nominali di α_m e α_r, ma $u(\delta\alpha)$ assume ancora il valore calcolato nella [5.17] purché i limiti di variazione di entrambi rimangono pari a $\pm 1 \cdot 10^{-6}$ °C^{-1}.

5.3.2.3 Contributo di incertezza dovuto alla risoluzione (δl_{res})

La risoluzione R (vedi capitolo 6) può assumere valori diversi se il micrometro in taratura è analogico o digitale e, nel caso sia analogico il valore di R dipende dalla acuità visiva e dalla esperienza dell'operatore.

Se R rappresenta la più piccola differenza apprezzabile con il micrometro, l'intervallo di variabilità δl_{res} dovuto all'effetto della risoluzione dello strumento può considerarsi compreso fra [$-R/2$; $+R/2$] e distribuito in modo uniforme.

L'incertezza associata a δl_{res}, nel caso di un micrometro millesimale digitale, risulta pertanto:

$$u(\delta l_{res}) = \frac{R}{2\sqrt{3}} = 0{,}29 \ \mu\mathrm{m}$$

Nel caso di un micrometro analogico con unità di formato pari a 0,01 mm, ipotizzando di riuscire ad avere una risoluzione pari ad 1/5 dell'unità di formato (R = 0,2 · 0,01 mm), l'incertezza tipo associata a δl_{res} vale:

$$u\left(\delta l_{res}\right)=\frac{0,002}{2\sqrt{3}}=0,58\ \mu\text{m}$$

Questo contributo dovrebbe essere considerato due volte a causa dell'operazione di azzeramento che comporta un analogo effetto dovuto alla risoluzione come nella lettura del valore di misura; di conseguenza:

$$u\left(\delta l_{res}\right)=\sqrt{0,58^2+0,58^2}=0,82\ \mu\text{m}$$

5.3.2.4 Contributo di incertezza dovuto al non parallelismo delle facce di misura (δl_{par})

Lo scostamento dal parallelismo delle facce di misura dovrebbe essere verificato durante i controlli preliminari (prima della taratura), utilizzando opportuni dischi ottici ed una lampada spettrale monocromatica; occorre verificare che esso sia inferiore ad un limite assegnato, limite che viene poi utilizzato nella valutazione delle incertezze di taratura.

Per un micrometro in buono stato di conservazione, tale limite può essere posto pari a 2 μm; ciò significa una variazione del valore di misura per effetto del non parallelismo (ipotizzata a valor medio nullo) compresa nell'intervallo di ± 1 μm.

Ipotizzando una distribuzione rettangolare, il contributo di incertezza $u(\delta l_{par})$ risulta:

$$u\left(\delta l_{par}\right)=\frac{1}{\sqrt{3}}=0,58\ \mu\text{m}$$

Nella verifica del valore limite sopraccitato, bisogna tener conto anche del non parallelismo dei dischi ottici utilizzati e, se non si usa una lampada spettrale monocromatica, anche della variazione della lunghezza d'onda della sorgente utilizzata; questi contributi dovrebbero sommarsi quadraticamente a quello già calcolato per $u(\delta l_{par})$ oppure possono andare a ridurre il valore limite prefissato (2 μm) durante la verifica di tale effetto.

5.3.2.5 Contributo di incertezza dovuto alla non planarità delle facce di misura (δl_{plan})

Anche lo scostamento dalla planarità delle facce di misura dovrebbe essere verificato con dei dischi ottici e una lampada spettrale monocromatica nella fase dei controlli preliminari prima di eseguire le operazioni di taratura; occorre verificare che esso sia inferiore ad un limite assegnato, limite che viene poi utilizzato nella valutazione delle incertezze di taratura.

Per un micrometro in buono stato di conservazione, tale limite può essere posto pari a $0{,}6\ \mu$m; questo limite però non rappresenta la semiampiezza di un intervallo di valori a valor medio nullo e simmetrico rispetto allo zero.

Per semplicità di trattazione tuttavia, si estende la variazione del valore di misura per effetto della non planarità delle facce di misura all'intervallo di $\pm\ 0{,}6\ \mu$m ed ipotizzando una distribuzione rettangolare a valor medio nullo, il contributo di incertezza $u(\delta l_{1plan})$ dovuto ad una sola faccia di misura risulta:

$$u\left(\delta l_{1plan}\right) = \frac{0{,}6}{\sqrt{3}} = 0{,}35\ \mu\text{m}$$

Questo termine deve essere considerato due volte per considerare l'effetto di entrambe le facce di misura del micrometro (incudine ed asta); quindi si ottiene:

$$u\left(\delta l_{plan}\right) = \sqrt{0{,}35^2 + 0{,}35^2} = 0{,}49\ \mu\text{m}$$

5.3.2.6 Contributo di incertezza dovuto all'effetto di parallasse (δl_{pax})

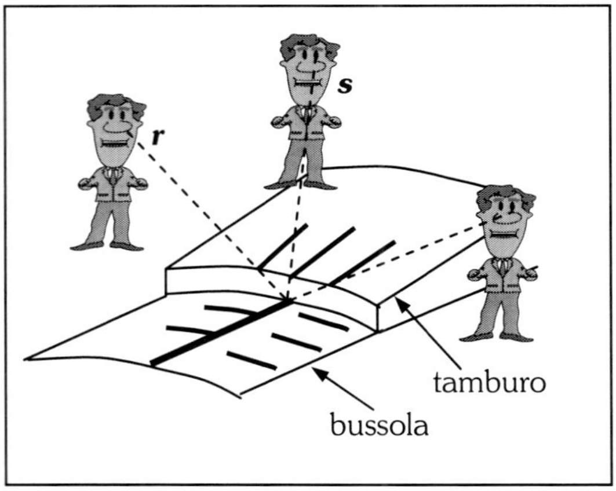

Figura 5.1: contributo di incertezza dovuto all'effetto di parallasse

L'errore di parallasse (vedi paragrafo 2.4.4) è uno degli errori di lettura che si possono avere nella taratura di un micrometro analogico e dipende dalla distanza fra la superficie graduata sul tamburo e la superficie graduata sulla bussola. Questa distanza causa un errore che dipende dall'angolo che la retta congiungente l'occhio dell'operatore con la linea di fede (indicata con *r* nella figura 5.1) forma rispetto alla perpendicolare alla superficie di misura (indicata con s nella figura 5.1).

Se la scala viene letta ad una distanza *a* di 250 mm da un punto sulla perpendicolare alla scala stessa, considerando una distanza media *b* fra occhio destro ed occhio sinistro di 60 mm ed una distanza *h* di 0,35 mm fra le due scale graduate sul tamburo e sulla bussola, si può avere un errore di lettura sulla scala ΔL pari a $h \cdot b/a = 0{,}042$ mm.

Nel caso di un micrometro analogico centesimale (unità di formato pari a 0,01 mm), il cui diametro esterno del tamburo è di 14,5 mm e la circonferenza del tamburo è divisa in 50 parti uguali, la distanza tra due tacche è data da:

$$14{,}5 \cdot \pi / 50 = 0{,}911 \text{ mm}$$

Si ha quindi che l'errore massimo di parallasse è pari a:

$$0{,}042 / (0{,}911 / 0{,}01) = 0{,}46\ \mu\text{m}$$

Assumendo una distribuzione di probabilità rettangolare si ottiene:

$$u\left(\delta l_{pax}\right) = \frac{0{,}46}{\sqrt{3}} = 0{,}26\ \mu\text{m}$$

5.3.2.7 Contributo di incertezza dovuto all'allineamento (δl_{all})

L'errore di allineamento (vedi paragrafo 2.4.3) ovvero la differenza fra la lunghezza misurata nella direzione dell'asse del misurando e la lunghezza misurata in una direzione inclinata di un angolo θ, è ovviamente funzione dell'angolo di disallineamento e risulta (vedi figura 5.2):

$$\delta l_{all} \cong \frac{1}{2} \cdot L_m \cdot \theta^2$$

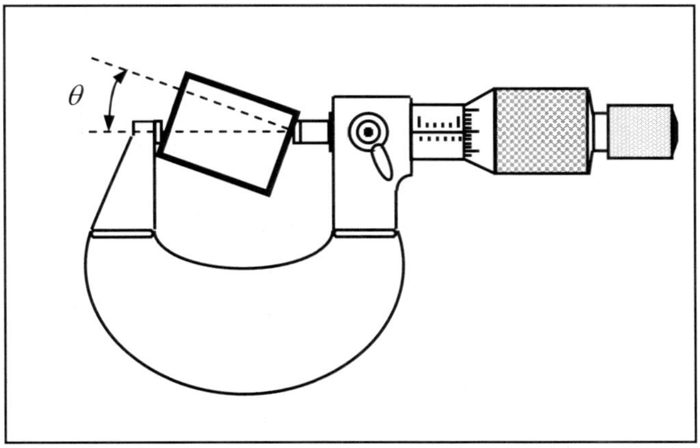

Figura 5.2: contributo di incertezza dovuto all'allineamento

Tale effetto, per micrometri con campo di misura (0 - 25) mm assume un valore trascurabile già con angoli di disallineamento inferiori a 1/1000 rad che risulta un limite ampiamente verificato da un micrometro in buono stato di funzionamento.

5.3.2.8 Contributo di incertezza dovuto alla ripetibilità (δl_{rip})

La dispersione dei valori di lettura in misure ripetute dello stesso misurando è dovuta principalmente alla variazione della forza di misura che provoca deformazioni elastiche differenti. Nonostante il micrometro sia dotato di dispositivo limitatore di coppia (frizione), questo effetto dipende in parte anche dalla velocità con cui l'operatore fa avanzare l'asta mobile prima del contatto con la superficie del blocchetto e quindi risulta variabile anche in letture dello stesso misurando eseguite in condizioni di misura identiche. Influiscono inoltre, in questa variabilità a breve termine, anche eventuali disturbi elettromagnetici o altre variabilità.

Questo contributo può essere stimato come incertezza di categoria A, effettuando una prova di ripetibilità nell'ambito del processo di taratura e calcolando lo scarto tipo di *n* misure ripetute dello stesso blocchetto pianparallelo. Una buona prova di ripetibilità dovrebbe essere eseguita in più punti di misura (solitamente tre punti: il primo vicino l'inizio della scala, il secondo in prossimità del centro scala il terzo vicino al fondo scala dello strumento) e dovrebbe essere eseguita con circa 25 ripetizioni.

Il termine $u(\delta l_{rip})$ da utilizzare nella valutazione delle incertezze potrebbe, in modo cautelativo, corrispondere al maggiore degli scarti tipo ottenuti o addirittura ad un estremo superiore prefissato, utilizzato per verificare la condizione di limite superiore rispetto agli scarti tipo ottenuti nelle prove di ripetibilità; supponendo di aver fissato tale valore pari a 0,3 μm e di averlo verificato nelle prove eseguite prima della taratura, si ha $u(\delta l_{rip}) = 0{,}3\ \mu$m.

5.3.2.9 Calcolo dell'incertezza tipo composta

Applichiamo ora alla equazione [5.13] la legge di propagazione delle incertezze di misura, introdotta dalla norma UNI CEI ENV 13005 e descritta al capitolo 3; avendo supposto che le variabili di ingresso al modello siano grandezze scorrelate fra loro, si ottiene:

$$\begin{aligned} u^2(E_m) = {} & u^2(l_m) + (\alpha_m \cdot \delta t + \delta\alpha \cdot \delta t_r - 1)^2 \cdot u^2(l_r) + (l_r \cdot \alpha_m)^2 \cdot u^2(\delta t) + \\ & + (l_r \cdot \delta\alpha)^2 \cdot u^2(\delta t_r) + (l_r \cdot \delta t)^2 \cdot u^2(\alpha_m) + (l_r \cdot \delta t_r)^2 \cdot u^2(\delta\alpha) + u^2(\delta l_{res}) + u^2(\delta l_{par}) + \\ & + u^2(\delta l_{plan}) + u^2(\delta l_{pax}) + u^2(\delta l_{all}) + u^2(\delta l_{rip}) \end{aligned} \quad [5.18]$$

I dati ricavati dalla equazione [5.18] possono essere riassunti in una tabella che, come descritto al capitolo 3, consente di valutare più facilmente l'incertezza tipo composta a partire dai singoli contributi di incertezza e dai coefficienti di sensibilità di ogni contributo.

Riportiamo di seguito la tabella 5.2 riferita alla taratura di un micrometro centesimale analogico nel punto di misura a 25 mm che massimizza l'incertezza negli altri punti di misura. Ricordiamo che nella tabella 5.2 sono stati omessi i gradi di libertà poiché tutti i contributi sono di categoria B, che corrisponde ad un numero di gradi di libertà infinito e quindi ad un fattore di copertura *k* pari a 2 per avere un'incertezza estesa con un livello di fiducia del 95%.

Come si può notare dall'ultima colonna (dalla quale sommando tutti i termini ed estraendo la radice quadrata della somma si ottiene l'incertezza tipo composta), solo i termini dovuti alla risoluzione, al parallelismo ed alla planarità risultano significativi per la valutazione dell'incertezza di misura.

Tabella 5.2: calcolo dell'incertezza tipo composta

Grandezza (x_i)	**Simbolo**	**Stima**	**Incertezza tipo** $u(x_i)$	**Distribuz. di probabilità**	**Coefficiente di sensibilità** c_i	**Contributo di incertezza** $c_i^2 \times u^2(x_i)$
Lunghezza del campione	l_r	25 mm	0,29 μm	**U**	− 1	0,0841 μm^2
Coefficiente di dilatazione termica del micrometro	α_m	$11{,}5 \cdot 10^{-6}$ °C^{-1}	$0{,}58 \cdot 10^{-6}$ °C^{-1}	Rettangolare	$12{,}5 \cdot 10^3$ μm·°C	$52{,}6 \cdot 10^{-6}$ μm^2
Differenza di temperatura fra BPP e micrometro	δt	0 °C	0,29 °C	Rettangolare	0,29 μm·°C^{-1}	0,007 μm^2
Differenza dei coefficienti di dilatazione termica	$\delta\alpha$	0 °C^{-1}	$0{,}82 \cdot 10^{-6}$ °C^{-1}	Triangolare	$25 \cdot 10^3$ μm·°C	$420 \cdot 10^{-6}$ μm^2
Differenza fra la temperatura del BPP ed i 20 °C	δt_r	0 °C	0,58 °C	Rettangolare	0,05 μm·°C^{-1}	0,029 μm^2
Errore dovuto alla risoluzione	δl_{ris}	0,0 μm	0,82 μm	Rettangolare	1	0,672 μm^2
Errore di non parallelismo	δl_{par}	0,0 μm	0,58 μm	Rettangolare	1	0,336 μm^2
Errore di non planarità	δl_{plan}	0,0 μm	0,49 μm	Rettangolare	1	0,24 μm^2
Errore di parallasse	δl_{pax}	0,0 μm	0,26 μm	Rettangolare	1	0,0676 μm^2
Errore di allineamento	δl_{all}	0,0 μm	trascurabile	Rettangolare	1	-
Errore dovuto alla ripetibilità	δl_{rip}	0,0 μm	0,3 μm	Gaussiano	1	0,09 μm^2
Incertezza tipo composta	$u_c(E_m)$					1,24 μm

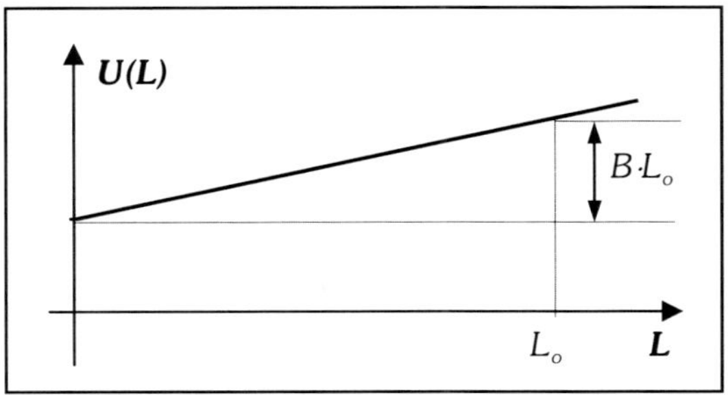

Figura 5.3: incertezza in forma binomiale

Spesso alcuni contributi di incertezza sono espressi con due termini, nella forma binomiale del tipo *(A + B · L)*, dove *A* rappresenta un termine fisso indipendente dalla lunghezza misurata *L* e *B* rappresenta un fattore di proporzionalità fra la lunghezza misurata ed il contributo di incertezza ad essa associata; *B* individua il coefficiente angolare della retta che rappresenta graficamente l'incertezza associata al misurando in funzione del misurando stesso (vedi figura 5.3).

Nella valutazione dell'incertezza composta è opportuno valutare ogni contributo in modo assoluto considerando il valore nominale del punto di misura; infine, se risulta comodo o semplificativo, si può individuare una retta che massimizza i valori di incertezza al variare di *L* ed esprimere quindi l'incertezza composta nella forma *(A + B · L)*.

5.4 Modello matematico della misurazione di un'asta con un calibro a corsoio

5.4.1 Generalità

In questo paragrafo si affronta il modello matematico della misura della lunghezza di un'asta cilindrica avente due emisfere poste alle estremità; tramite un calibro a corsoio si vuol misurare quindi la distanza, nella direzione dell'asse del cilindro, fra i punti estremi delle due emisfere, sapendo che tale distanza ha un valore nominale (L_{nom}) pari a 100 mm (vedi figura 5.4).

Per determinare il modello matematico della misura si parte con il modello "ingenuo" della misura che consiste nell'eguagliare il segmento fisico L_m (misurando: asta cilindrica) con il segmento fisico L'_s individuato dallo spostamento del corsoio sull'asta graduata del calibro. Pertanto si può scrivere:

$$L_m = L'_s$$

dove :

L_m : valore del misurando (asta cilindrica) alla temperatura del misurando;

L'_s : lunghezza del segmento fisico individuato dallo spostamento del corsoio sull'asta graduata del calibro, alla temperatura dello strumento.

Il segmento L_m può essere meglio modellizzato introducendo l'effetto termico; quindi potremo scrivere:

$$L_m = L_{m,20}\left(1 + \alpha_m \theta_m\right)$$

ove :

$L_{m,20}$: valore del misurando (asta cilindrica) riferito alla temperatura di 20 °C;

α_m : coefficiente di dilatazione termica del misurando;

θ_m : scostamento della temperatura del misurando da quella di riferimento di 20 °C durante la sua misura;

Cerchiamo ora di modellizzare meglio il segmento L'_s. Esso corrisponde al segmento L_s letto sul calibro a corsoio a cui occorre aggiungere gli errori di allineamento, di deformazione e di Abbe. Possiamo quindi scrivere:

$$L'_s = L_s + e_{all} + \varepsilon_1 + \varepsilon_2$$

dove:

L_s : valore di lettura sul calibro riferito alla temperatura del calibro;

e_{all} : errore dovuto al disallineamento tra l'asse di misura del calibro e l'asse dell'asta del misurando;

ε_1 : errore dovuto alla deformazione elastica;

ε_2 : errore di Abbe.

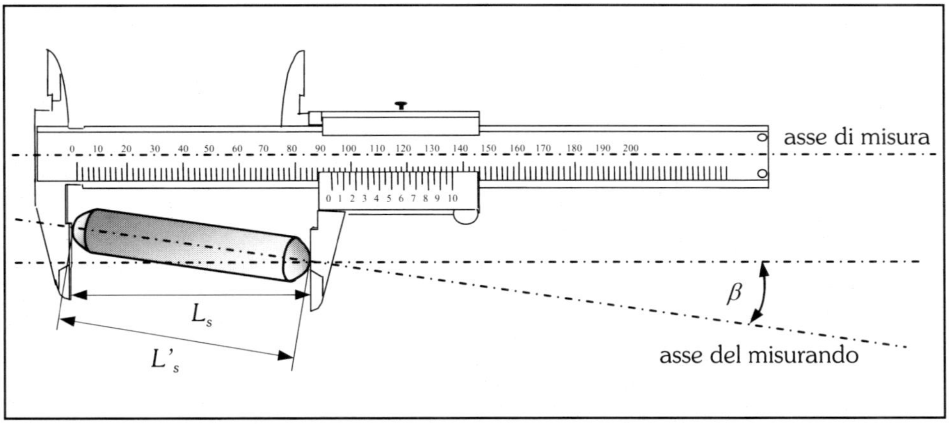

Figura 5.4: misurazione di un'asta cilindrica con un calibro a corsoio

Per trovare il modello di e_{all}, considerando la figura 5.4, possiamo scrivere:

$$e_{all} = L'_s - L_s$$
$$L_s = L'_s \cdot \cos\beta$$

dove:

β : angolo di disallineamento del misurando.

Sviluppando in serie il coseno si ottiene:

$$e_{all} = L'_s - L'_s \cdot \cos\beta \cong L'_s - L'_s \cdot \left(1 - \frac{\beta^2}{2}\right)$$

e quindi :

$$e_{all} \cong L'_2 \cdot \frac{\beta^2}{2} \cong L_{nom} \cdot \frac{\beta^2}{2}$$

Indicando quindi con β_1 l'angolo nella direzione perpendicolare al piano della scala di misura (beccheggio rispetto alla direzione di scorrimento del corsoio) e con β_2 l'angolo sul piano della scala di misura (imbardata rispetto alla direzione di scorrimento del corsoio) si ottiene :

$$e_{all} = L_{nom} \cdot \frac{\beta_1^2 + \beta_2^2}{2}$$

Consideriamo ora il modello di ε_1 ovvero dell'errore dovuto alla deformazione delle superfici di contatto fra superfici di misura del calibro e del pezzo da misurare durante la misura. La valutazione analitica di tale effetto dipende, oltre che dai moduli di elasticità del calibro e del misurando, dalla geometria e dalla forza che il becco del calibro esercita sull'oggetto durante la misura e, in linea di principio, dalla geometria del misurando che nel nostro caso si considera sferica. Supponendo che l'estremità sferica del pezzo abbia diametro d (in mm) e che l'operatore eserciti una forza P (in N), in base a quanto riportato nel paragrafo 2.4.6, ogni estremità subisce una deformazione pari a:

$$\varepsilon_1 = 0,4 \cdot \sqrt[3]{\frac{P^2}{d}} \qquad [5.19]$$

avendo assunto un modulo di elasticità medio per i materiali pari a $2,1 \cdot 10^5$ MPa.

Consideriamo infine il modello di ε_2 relativo all'errore di Abbe (vedi paragrafo 2.4.2); esso dipende principalmente dalla lunghezza dei becchi del calibro o meglio dalla distanza b fra la scala graduata e l'asta cilindrica da misurare e dall'angolo α fra la perpendicolare all'asse di misura e la superficie di misura del becco mobile del calibro. L'angolo α può a sua volta dipendere dalla qualità del calibro (durezza dell'acciaio e rettilineità della superficie di scorrimento del corsoio) e dal gioco meccanico del corsoio (che spesso dipende dall'usura). Si può quindi scrivere:

$$\varepsilon_2 \cong b \cdot \alpha$$

Introducendo anche gli effetti termici sulla scala di misura del calibro, per il segmento L'_s si può scrivere:

$$L'_s = L_{s,20}\left(1+\alpha_s\theta_s\right) + L_{nom}\cdot\frac{\beta_1^2+\beta_2^2}{2} + \varepsilon_1 + \varepsilon_2$$

dove :

$L_{s,20}$: valore di lettura del calibro riferito alla temperatura di 20 °C, temperatura alla quale si suppone tarato lo strumento;

α_s : coefficiente di dilatazione termica della scala del calibro;

θ_s : scostamento della temperatura della scala del calibro dai 20 °C durante la sua misura.

Il modello matematico della misura, dopo aver modellizzato L_m e L'_s, è quindi il seguente:

$$L_{m,20}\left(1+\alpha_m\theta_m\right) = \left(L_{s,20}\left(1+\alpha_s\theta_s\right) + L_{nom}\cdot\frac{\beta_1^2+\beta_2^2}{2} + \varepsilon_1 + \varepsilon_2\right) \quad [5.20]$$

In base a quanto finora scritto, possiamo riscrivere l'equazione [5.20] nel seguente modo, che rappresenta il modello completo per la misura dell'asta:

$$L_{m,20} + L_{m,20}\alpha_m\theta_m = L_{s,20} + L_{s,20}\alpha_s\theta_s + L_{nom}\cdot\frac{\beta_1^2+\beta_2^2}{2} + \varepsilon_1 + \varepsilon_2$$

e quindi:

$$L_{m,20} = \frac{L_{s,20} + L_{s,20}\alpha_s\theta_s + L_{nom}\cdot\dfrac{\beta_1^2+\beta_2^2}{2} + \varepsilon_1 + \varepsilon_2}{1+\alpha_m\theta_m} \quad [5.21]$$

Applichiamo ora alla equazione [5.21] la legge di propagazione delle incertezze introdotta dalla norma UNI CEI ENV 13005 e descritta al capitolo precedente; avendo supposto che le variabili di ingresso al modello siano grandezze scorrelate fra loro, si ottiene:

$$u_C^2(L_{m,20}) = \left(\frac{\partial L_{m,20}}{\partial L_{s,20}}\right)^2 u^2(L_{s,20}) + \left(\frac{\partial L_{m,20}}{\partial \alpha_m}\right)^2 u^2(\alpha_m) + \left(\frac{\partial L_{m,20}}{\partial \theta_m}\right)^2 u^2(\theta_m) +$$
$$+ \left(\frac{\partial L_{m,20}}{\partial \alpha_S}\right)^2 u^2(\alpha_S) + \left(\frac{\partial L_{m,20}}{\partial \theta_S}\right)^2 u^2(\theta_S) + \left(\frac{\partial L_{m,20}}{\partial \beta_1}\right)^2 u^2(\beta_1) +$$
$$+ \left(\frac{\partial L_{m,20}}{\partial \beta_2}\right)^2 u^2(\beta_2) + \left(\frac{\partial L_{m,20}}{\partial \varepsilon_1}\right)^2 u^2(\varepsilon_1) + \left(\frac{\partial L_{m,20}}{\partial \varepsilon_2}\right)^2 u^2(\varepsilon_2)$$

da cui calcolando i vari coefficienti di sensibilità e stimando le incertezze tipo delle grandezze d'ingresso, come descritto nel paragrafo successivo, è possibile determinare l'incertezza tipo composta e quindi l'incertezza estesa U da associare alla stima della lunghezza dell'asta cilindrica a 20 °C.

5.4.2 Valutazione delle incertezze di misura

Le incertezze tipo delle grandezze d'ingresso sono date da:

$u(L_{s,20})$: questo termine rappresenta il contributo del calibro a corsoio ed è chiamato "incertezza strumentale". Tale contributo dipende, oltre che dalla risoluzione u_{ris} e dalla ripetibilità del processo di misura u_{rip}, anche dagli errori introdotti dalle imperfezioni della scala di misura del calibro. Quindi indicando con *MPE* l'errore massimo ammesso del calibro, si ottiene:

$$u\,(L_{s,20}) = \sqrt{\left(\frac{MPE}{\sqrt{3}}\right)^2 + u_{rip}^2 + u_{ris}^2}$$

Il termine sopra calcolato risulta sicuramente cautelativo poiché il contributo dovuto alla ripetibilità include spesso anche l'effetto della risoluzione; per questo motivo generalmente si considera un solo contributo pari al maggiore fra u_{ris} e u_{rip}. Lo stesso vale nel caso in cui l'*MPE* comprenda anche l'effetto della risoluzione.

$u(\alpha_m);u(\alpha_s)$: Contributi di incertezza relativi alla conoscenza del coefficiente di dilatazione termica dell'asta cilindrica e della scala graduata del calibro a corsoio. Il valore del coefficiente di dilatazione termica dell'asta e dello strumento è pari a $11{,}5\cdot 10^{-6}$ °C^{-1}. La probabile variazione, non nota, da tale valore viene considerata pari a $\pm\ 1\cdot 10^{-6}$ °C^{-1}; ipotizzando una distribuzione rettangolare di tale variazione, l'incertezza tipo relativa al coefficiente di dilatazione termica dell'asta cilindrica vale:

$$u(\alpha_m) = \frac{1\cdot 10^{-6}}{\sqrt{3}} = 0{,}58\cdot 10^{-6}\ °\mathrm{C}^{-1}$$

Per la scala di misura del calibro il contributo $u(\alpha_s)$ non viene considerato in quanto il suo effetto è già incluso nel contributo relativo all'incertezza strumentale.

$u(\theta_m)$; $u(\theta_s)$: Contributi di incertezza relativi allo scostamento dai 20 °C della temperatura dell'asta e della scala di lettura.

Lo scostamento dai 20 °C della temperatura dell'asta si considera a media nulla e quindi non si effettua la correzione termica sul valore di lettura del misurando. Si controlla che la temperatura dell'asta cilindrica abbia una escursione massima nell'intorno dei 20 °C pari a ± 2 °C; quindi l'incertezza tipo associata a tale variazione vale:

$$u(\theta_m) = \frac{2}{\sqrt{3}} = 1{,}15 \ \text{°C}$$

Per quanto riguarda il contributo $u(\theta_s)$ relativo allo scostamento dai 20 °C della temperatura della scala di lettura, occorre ricordare che esso è già incluso nel contributo relativo all'incertezza strumentale.

$u(\beta_1)$; $u(\beta_2)$: Contributo relativo al disallineamento tra l'asse del misurando e l'asse di misura ovvero relativo all'angolo di beccheggio β_1 ed all'angolo di imbardata β_2 considerati a media nulla. Questo contributo si può stimare in base a semplici considerazioni sulle cause che lo generano.

Nella procedura di misura, il cilindro viene allineato sia nella direzione di beccheggio che nella direzione di imbardata. L'allineamento viene però fatto "a occhio" rispetto all'asta graduata del calibro, senza l'ausilio di sistemi di misura; si suppone quindi di avere un disallineamento massimo di 1 mm su 100 mm. Quindi possiamo definire un angolo massimo di disallineamento pari a:

$$\beta_{\max} = \arctan\left(\frac{1}{100}\right) = 0{,}01 \ rad$$

L'incertezza associata a questo contributo si ricava assumendo che il valore appena scritto sia l'ampiezza totale di una distribuzione rettangolare simmetrica rispetto allo zero, pertanto:

$$u(\beta) = \frac{\beta_{\max}}{2 \cdot \sqrt{3}} = 0{,}0029 \ rad$$

Questo contributo vale tanto per l'angolo di imbardata che per l'angolo di beccheggio.

$u(\varepsilon_1)$: Contributo legato alla deformazione elastica; si considera a media nulla. In base alla formula [5.15], avendo un valore di P pari a 30 N ed un diametro d delle emisfere all'estremità dell'asta pari a 3 mm, si calcola la deformazione elastica subita in occasione del contatto; si stima che l'errore massimo ammesso per la differenza delle deformazioni elastiche, nella condizione di azzeramento e nella condizione di misura, non superi il 10 % del valore di ciascuna deformazione. Si ottiene quindi:

$$\varepsilon_{1\max} = \left(0,4 \cdot \sqrt[3]{\frac{P^2}{d}}\right) \cdot 0,1 = 0,27\ \mu m$$

A questo punto si ipotizza che tale valore sia la semiampiezza di una distribuzione rettangolare; pertanto il contributo all'incertezza è dato da:

$$u(\varepsilon_1) = \frac{\varepsilon_{1\max}}{\sqrt{3}} = 0,16\ \mu m$$

che può considerarsi trascurabile.

$u(\varepsilon_2)$: contributo dovuto all'errore di Abbe; considerando la lunghezza dei becchi del calibro (50 mm) ed un angolo massimo fra la superficie di misura e la perpendicolare all'asta graduata di 1/3000 *rad*, ipotizzando una distribuzione rettangolare di tale errore risulta:

$$u(\varepsilon_2) = \frac{50/3000}{\sqrt{3}} \cong 9,6\ \mu m$$

5.5 Modello matematico di misura per confronto

In questo paragrafo si analizza il modello matematico della taratura di un blocchetto pianparallelo con il metodo del confronto con un altro blocchetto tarato; il modello descritto può comunque applicarsi a qualsiasi misura di pezzi per confronto con un campione tarato di pari valore nominale e pari forma.

Il risultato della misura è rappresentato dalla differenza *d* fra la lunghezza del BPP in taratura e quella del campione; questa differenza, introducendo gli effetti termici, è data dalla seguente equazione:

$$d = L \cdot (1 + \alpha\theta) - L_R \cdot (1 + \alpha_R\theta_R) \qquad [5.22]$$

dove:

L : lunghezza del BPP in taratura a 20 °C ;

L_R : lunghezza del BPP campione a 20 °C secondo quanto riportato sul proprio certificato di taratura;

α, α_R : coefficienti di dilatazione termica rispettivamente del BPP in taratura e del BPP campione;

θ, θ_R : scostamenti dai 20 °C della temperatura rispettivamente del BPP in taratura ($\theta = t - 20$ °C) e del BPP campione ($\theta_R = t_R - 20$ °C).

Dalla equazione [5.22] si ricava per il misurando il seguente modello:

$$L = \frac{d + L_R(1 + \alpha_R \theta_R)}{1 + \alpha\theta} \qquad [5.23]$$

Introducendo la seguente approssimazione (sviluppo in serie di Taylor troncato al primo ordine):

$$\frac{1}{1 + \alpha\theta} \cong 1 - \alpha\theta$$

l'equazione [5.23] può essere scritta nel seguente modo :

$$L = \left[d + L_R(1 + \alpha_R\theta_R)\right] \cdot \left(1 - \alpha\theta\right) = L_R + d + L_R\left(\alpha_R\theta_R - \alpha\theta\right) - d\alpha\theta - L_R\alpha_R\theta_R\alpha\theta \qquad [5.24]$$

L'equazione [5.24], considerando trascurabili gli ultimi due termini perché di ordine superiore a 10^{-12}, può essere approssimata alla seguente equazione:

$$L = L_R + d + L_R\left(\alpha_R\theta_R - \alpha\theta\right) \qquad [5.25]$$

Se si indicano con:

$\delta\alpha = \alpha - \alpha_R$: differenza tra i coefficienti di dilatazione termica del BPP in taratura e BPP campione;

$\delta\theta = \theta - \theta_R$: differenza tra le temperature del BPP in taratura e del BPP campione $(t - 20 - t_R + 20) = t - t_R$

si ha: $\alpha = \alpha_R + \delta\alpha$ e $\theta_R = \theta - \delta\theta$ e quindi la [5.25] può essere così scritta:

$$L = L_R + d - L_R\left(\theta\delta\alpha + \alpha_R\delta\theta\right) \qquad [5.26]$$

che rappresenta il modello di misura definitivo della taratura di un blocchetto pianparallelo.

Applichiamo ora alla equazione [5.26] la legge di propagazione delle incertezze introdotta dalla norma UNI CEI ENV 13005 e descritta al capitolo 3; avendo supposto che le variabili di ingresso al modello siano grandezze scorrelate fra loro, si ottiene:

$$u_C^2(L) = \left(\frac{\partial L}{\partial L_R}\right)^2 u^2(L_R) + \left(\frac{\partial L}{\partial d}\right)^2 u^2(d) + \left(\frac{\partial L}{\partial \delta\alpha}\right)^2 u^2(\delta\alpha) + \left(\frac{\partial L}{\partial \theta}\right)^2 u^2(\theta) + \left(\frac{\partial L}{\partial \alpha_R}\right)^2 u^2(\alpha_R) + \left(\frac{\partial L}{\partial \delta\theta}\right)^2 u^2(\delta\theta) \qquad [5.27]$$

e calcolando le derivate parziali si ottiene:

$$
\begin{aligned}
u_C^2(L) = & \left[1-\left(\theta\delta\alpha+\alpha_R\delta\theta\right)\right]^2 u^2(L_R)+u^2(d)+\left(-L_R\theta\right)^2 u^2(\delta\alpha)+ \\
& +\left(-L_R\delta\alpha\right)^2 u^2(\theta)+\left(-L_R\delta\theta\right)^2 u^2(\alpha_R)+\left(-L_R\alpha_R\right)^2 u^2(\delta\theta)
\end{aligned}
\quad [5.28]
$$

I singoli contributi devono essere stimati come descritto nei precedenti esempi, con particolare attenzione al termine $u^2(d)$ che dipende sicuramente dallo strumento utilizzato per effettuare il confronto (in particolare dalla sua linearità in un piccolo intorno del punto di azzeramento) ma sul quale influiscono tutti i fenomeni aleatori che intervengono a determinare la ripetibilità del processo di misura che deve perciò essere accuratamente stimata.

BIBLIOGRAFIA

S. Sartori, "La stima dell'incertezza nelle misurazioni: procedura e concetti fondamentali, TUTTO_MISURE, 01/1999

S. Sartori, "La stima dell'incertezza nelle misurazioni: un esempio ragionato, TUTTO_MISURE, 02/1999

A. Foti, C. Gianino, "Elementi di analisi dei dati sperimentali", Liguori editore, Napoli, 1999

C. Malafronte, N. Polese, "Diagrammi normalizzati per l'analisi dell'incertezza nelle misurazioni per il controllo dei processi", TUTTO_MISURE, 02/2001

6. LE CARATTERISTICHE METROLOGICHE DEGLI APPARECCHI PER MISURAZIONE

6.1 INTRODUZIONE

In questo capitolo si descrivono le caratteristiche metrologiche degli apparecchi per misurazione utilizzati per la verifica delle specifiche geometriche dei prodotti. La conoscenza delle caratteristiche metrologiche degli apparecchi per misurazione è fondamentale per le aziende al fine della corretta scelta degli apparecchi in relazione alle esigenze di misurazione.

Prima di introdurre il concetto di caratteristica metrologica, è opportuno definire che cosa si intende per apparecchio per misurazione. La UNI EN ISO 10012 al termine apparecchio per misurazione fornisce la seguente definizione: "strumento per misurazione, software, campione di misura, materiale di riferimento o apparecchiatura ausiliaria o loro combinazione, necessarie per attuare un processo di misurazione".

Un apparecchio per misurazione posto in interazione con un sistema misurato (sistema fisico che s'identifica con un misurando dal quale proviene una informazione sotto forma di segnale di ingresso) fornisce un risultato al sistema utilizzatore, sotto forma di segnale di uscita, che rappresenta un'informazione quantitativa del misurando (figura 6.1).

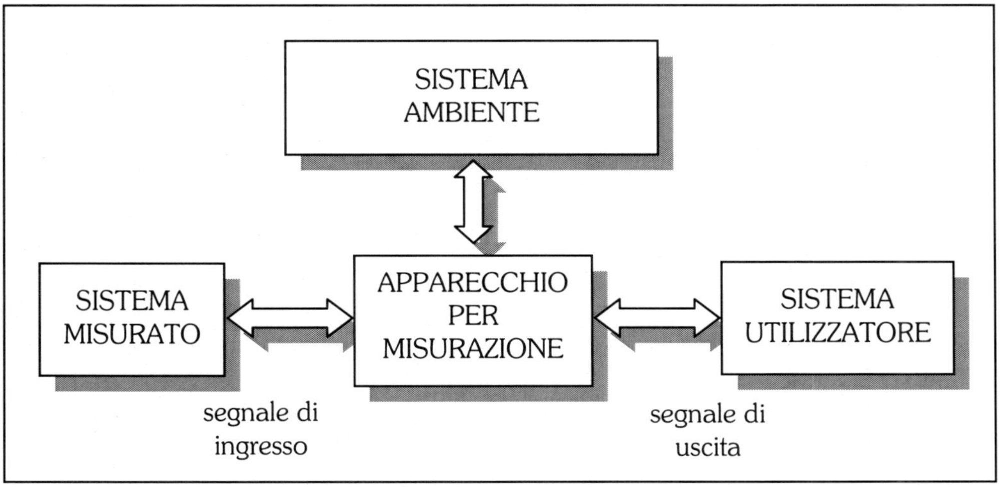

Figura 6.1: interazioni con un apparecchio per misurazione

Gli apparecchi per misurazione sono classificabili in relazione alle seguenti due funzioni (figura 6.2):

a) se rendono disponibile una grandezza di uscita identificata dal suo valore nominale (unico o selezionato tra un insieme di valori discreto o continuo), l'apparecchio per misurazione è chiamato ***campione di misura***;
b) se forniscono un segnale di uscita dipendente dalla grandezza applicata al suo ingresso, l'apparecchio per misurazione è chiamato ***strumento per misurazione.***

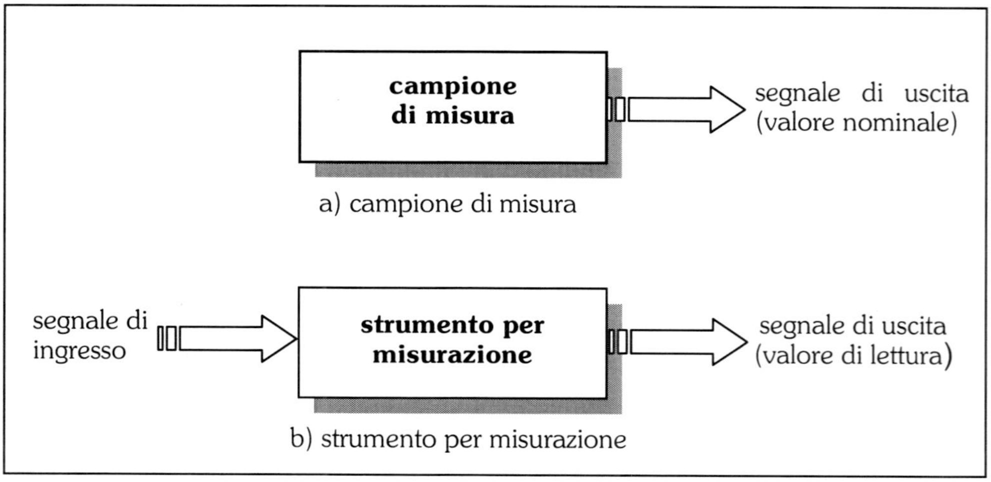

Figura 6.2: classificazione degli apparecchi per misurazione

Uno strumento per misurazione è schematizzabile con tre differenti componenti o stadi che costituiscono la catena di misura (figura 6.3); essi sono:

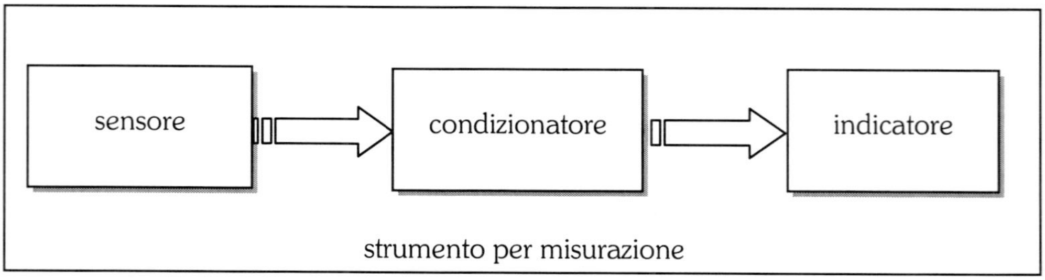

Figura 6.3: componenti di uno strumento per misurazione

1° stadio: il sensore: elemento sensibile alla grandezza oggetto della misurazione (misurando) il cui ruolo è quello di trasformarla in un'altra grandezza fisica, segnale di misura, più idonea alle successive elaborazioni. Il termine sensore è sinonimo di trasduttore.

2° stadio: il condizionatore: elemento il cui ruolo è quello di elaborare il segnale di misura e di trasmetterlo all'elemento successivo eventualmente amplificandolo. Il condizionatore può essere di tipo meccanico, ottico o elettronico e talvolta richiede una somministrazione di energia dall'esterno per il suo funzionamento (in tal caso si dice attivo).

3° stadio: l'indicatore (o dispositivo di lettura): elemento che ha il compito di fornire all'utilizzatore il valore numerico della misura effettuata espresso nell'opportuna unità di misura.

Da un punto di vista metrologico interessa conoscere le modalità di trasmissione dell'informazione dall'ingresso all'uscita dello strumento per misurazione; le relazioni esistenti tra l'ingresso e l'uscita di un apparecchio per misurazione prendono il nome di ***caratteristiche metrologiche***.

Le caratteristiche metrologiche, a differenza delle caratteristiche costruttive, hanno una immediata influenza sul risultato della misurazione; sono di fondamentale importanza per la verifica degli errori dello strumento e per la valutazione del contributo dell'apparecchio per misurazione all'incertezza di misura.

L'influenza di ogni singola caratteristica metrologica sull'incertezza di misura dipende dal processo di misurazione adottato; la conoscenza delle reali caratteristiche metrologiche degli apparecchi e del loro valore può rappresentare la base per la progettazione del processo di misurazione e la scelta dell'apparecchio più idoneo.

Generalmente gli apparecchi per misurazione utilizzati per la verifica delle specifiche geometriche dei prodotti hanno parecchie caratteristiche metrologiche.

Per ogni caratteristica metrologica devono essere definiti opportuni requisiti che possono derivare dai requisiti sulle caratteristiche dei prodotti oggetto della misura o possono essere stabiliti in base a regole generali. Generalmente il requisito su una caratteristica metrologica viene espresso in termini di ***errore massimo ammesso*** (denominato *MPE*, acronimo del termine inglese "Maximum Permissible Error").

La caratterizzazione di una caratteristica metrologica (relazione ingresso-uscita) è detta statica quando il segnale di ingresso nel sistema di misura si suppone costante nel tempo o soggetto a variazioni molto lente rispetto al tempo necessario allo strumento per eseguire la misurazione; in questo caso il sistema è in regime stazionario.

La stessa caratterizzazione si assume valida anche per ingressi che variano nel tempo purché la variazione sia sufficientemente lenta da non alterare in modo significativo la relazione ingresso-uscita rispetto a quella che si avrebbe ad ingresso costante; questa situazione è talvolta definita come regime quasi-stazionario.

Al contrario, se le variazioni del segnale in ingresso sono così rapide da non poterne trascurare l'effetto, si parla di regime dinamico ed è necessario conoscere la relativa caratterizzazione dinamica ovvero la relazione che lega l'uscita con il segnale in ingresso variabile nel tempo.

Nei paragrafi successivi sono analizzate le principali caratteristiche metrologiche in regime stazionario.

6.2 CAMPO DI MISURA DI UNO STRUMENTO PER MISURAZIONE

La UNI 4546 fornisce la seguente definizione di campo di misura di uno strumento per misurazione: "intervallo comprendente i valori di misura che si possono assegnare mediante un dispositivo per misurazione e/o regolazione".

Il VIM (4.7) definisce più propriamente il campo di misura come insieme dei valori di grandezze della stessa specie che possono essere misurate da un determinato strumento di misura o sistema di misura con una incertezza strumentale specificata, in condizioni d'uso definite; analoga definizione viene data dalla UNI EN ISO 14978.

I limiti superiore ed inferiore del campo di misura sono talvolta chiamati portata massima e minima. Il limite inferiore del campo di misura, come è descritto in una nota del VIM, non dovrebbe essere confuso con il limite di rivelabilità dello strumento di misura.

Il campo di misura è una caratteristica di fondamentale importanza quando si sceglie uno strumento; occorre sempre verificare che i valori delle caratteristiche che lo strumento dovrà misurare siano compresi nel campo di misura.

In riferimento alla figura 6.4 il campo di misura è il segmento dell'asse delle misure per cui è definita la curva di taratura. Il corrispondente segmento definito dalla curva di taratura sull'asse delle letture si chiama campo di lettura utile.

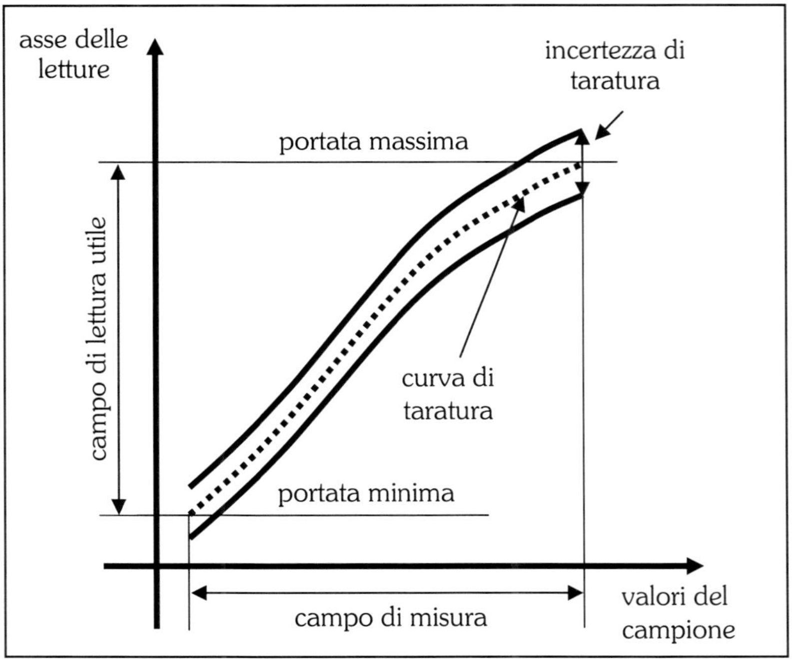

Figura 6.4: campo di misura di uno strumento

Ciò che definisce il campo di misura di uno strumento in modo insindacabile è quindi la taratura dello stesso; pertanto prima di eseguirla, occorre riflettere sull'uso dello strumento e definire accuratamente il campo in cui effettuarla anche per ragioni di costo.

Non è corretto ad esempio prevedere una taratura di una termocoppia nel campo (20 ÷ 150) °C ed utilizzarla per misurare 10 °C così come è perfettamente inutile tarare una termocoppia nel campo (10 ÷ 150) °C e utilizzarla solo per misurare 20 °C.

Quando si dice "un calibro a corsoio da 150 mm" si intende che lo strumento ha un campo di misura da 0 mm a 150 mm e quindi lo strumento può essere utilizzato per misurare anche una lastra avente uno spessore di 2 mm.

Questo non deve far pensare che il limite inferiore è sempre zero; ad esempio i micrometri per esterni possono avere campi di misura da 25 a 50 mm o da 75 a 100 mm avendo una corsa dell'asta sempre di 25 mm.

6.3 Unità di formato

La UNI 4546 fornisce la seguente definizione di unità di formato: "termine di riferimento di un formato d'uscita analogico o digitale". In sostanza l'unità di formato per gli strumenti analogici dotati di scala graduata è la minima divisione riportata sulla scala (distanza tra due tratti o tacche consecutive della graduazione) mentre per gli strumenti digitali è il minimo incremento numerico della cifra meno significativa (ultima cifra a destra del display).

Il modo di presentazione del segnale di uscita di un apparecchio per misurazione prende il nome di formato d'uscita. Il formato d'uscita può avere le seguenti tre diverse forme :

- analogico: quando l'indicazione è presentata in forma continua;
- digitale: quando l'indicazione è rappresentata in forma discreta;
- a codice: quando l'indicazione è presentata in configurazioni alternative in dipendenza da classi di valori assunti dal misurando.

L'unità di formato è una caratteristica metrologica stabilita dal costruttore e che non cambia nel tempo, salvo che intervengano modifiche dello strumento stesso.

La figura 6.5 illustra l'unità di formato di un comparatore analogico; sugli strumenti di misura spesso è riportata l'unità di formato con l'apposito simbolo come si può notare nella figura stessa.

Nella norma UNI EN ISO 14978 il concetto di unità di formato è indicato con il termine "divisione" ovvero quella parte di una scala (spazio) tra due successive tacche di una scala e si introduce il termine "intervallo di scala" ovvero la distanza tra i valori corrispondenti a due successive tacche di scala (linee di marcatura sulla faccia di lettura), nelle unità di misura marcate sulla scala stessa.

L'unità di formato è basilare per introdurre un'altra importante caratteristica metrologica ad essa direttamente connessa: la risoluzione.

6.4 Risoluzione

La UNI 4546 fornisce la seguente definizione di risoluzione: "attitudine di un dispositivo per misurazione e/o regolazione a risolvere stati diversi del misurando durante la misurazione". La risoluzione dello strumento è definita dal VIM come "il più piccolo cambiamento della grandezza sottoposta a misurazione che provoca un cambiamento rilevabile nell'indicazione corrispondente".

Il VIM parla anche di risoluzione di un dispositivo visualizzatore come la più piccola differenza tra indicazioni visualizzate che può essere percepita in modo significativo; in uno strumento analogico quindi essa può essere inferiore all'intervallo di scala. Anche per questo termine la definizione del VIM è analoga alla UNI EN ISO 14978.

Un altro concetto molto simile è quello di soglia di discriminazione ovvero la più grande variazione del valore di una grandezza sottoposta a misurazione che non produce una variazione rilevabile dell'indicazione corrispondente. Infine il VIM introduce il concetto di sensibilità ovvero il rapporto tra il cambiamento dell'indicazione di un sistema di misura e il corrispondente cambiamento del valore di una grandezza sottoposta a misurazione.

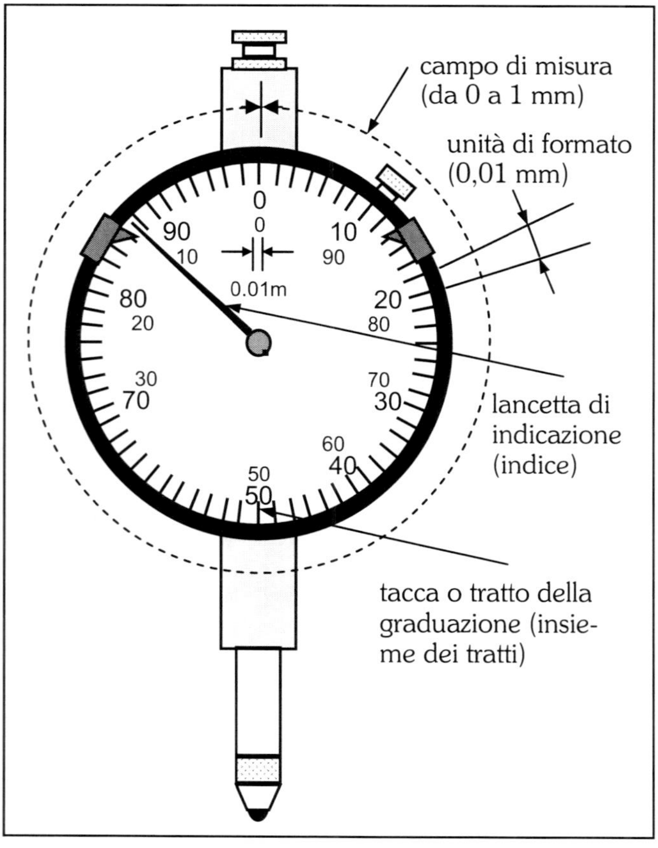

Figura 6.5: comparatore analogico

In sostanza la risoluzione dello strumento è la più piccola variazione apprezzabile dallo strumento, durante la misura, a cui è possibile attribuire un valore definito.

Per gli strumenti digitali la risoluzione è facilmente individuabile in quanto è il minimo incremento numerico dell'ultima cifra a destra del display (cifra meno significativa) non esistendo possibilità di interpolazione; quindi per questi strumenti la risoluzione coincide con l'unità di formato.

Per gli strumenti analogici la risoluzione può essere migliore dell'unità di formato; infatti per tali strumenti si possono adottare due tecniche di lettura e cioè:

- lettura senza interpolazione di frazioni di unità di formato: in questo caso la risoluzione coincide con l'unità di formato;
- lettura con interpolazione dell'unità di formato: in questo caso il limite massimo di suddivisione dell'unità di formato è funzione dell'ampiezza dell'intervallo stesso ed in generale esso non dovrebbe essere minore di 0,2 unità di formato. Questo secondo metodo di lettura consente una risoluzione più piccola ma richiede un buon addestramento dell'operatore.

Una unità di formato è divisibile in un numero di parti pari al rapporto tra la distanza dei tratti della graduazione della scala e lo spessore del tratto dell'indice, generalmente uguale allo spessore del tratto della graduazione.

La figura 6.6 illustra un metodo di lettura per risolvere anche 2 μm con un micrometro avente unità di formato centesimale. Questo metodo si basa sul fatto che lo spessore dei tratti della graduazione eseguita sul tamburo, peraltro uguale allo spessore della linea di fede della bussola, equivale ad 1/5 della divisione del tamburo; ciò consente di risolvere 0,2 volte l'unita di formato e quindi 2 μm.

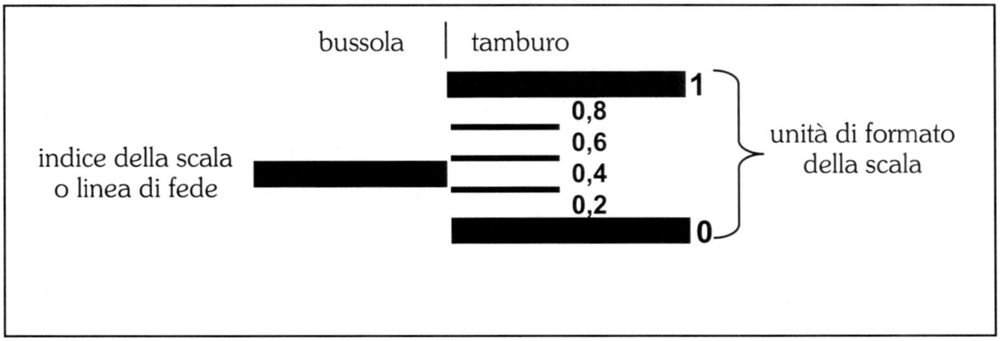

Figura 6.6: suddivisione dell'unità di formato

La risoluzione è una caratteristica metrologica dello strumento che fornisce un contributo all'incertezza di misura. Infatti quand'anche le letture ripetute fossero identiche, l'incertezza di misura attribuibile alla risoluzione non sarebbe mai uguale a zero in quanto vi è un campo di variazione del segnale d'ingresso, dipendente dalla risoluzione, che non produce alcuna variazione dell'indicazione di uscita.

Per uno strumento digitale, se la risoluzione del display è δ (ad esempio per un calibro a corsoio digitale δ = 0,01 mm), il valore del segnale in ingresso potrebbe variare di $+\delta/2$ (+0,005 mm) oppure di $-\delta/2$ (-0,005 mm) senza produrre alcuna variazione dell'indicazione dello strumento, causando quindi un'incertezza nella misurazione.

Come è illustrato nella figura 6.7, tutti i valori del segnale di ingresso compresi fra $X_4 - \delta/2$ ed $X_4 + \delta/2$ generano come valore di lettura sempre X_4; ipotizzando quindi che il segnale di ingresso ha la stessa probabilità di assumere i valori entro tale intervallo (distribuzione di probabilità di tipo rettangolare) il contributo di incertezza dovuto alla risoluzione dello strumento è calcolabile come:

$$u_{ris} = \frac{\delta}{2\sqrt{3}}$$

Per uno strumento analogico avente unità di formato pari a F, se non si fanno interpolazioni di frazioni della unità di formato, si può assumere un intervallo pari a 0,5 volte l'unità di formato (pari a $F/2$) come semiampiezza di una distribuzione di probabilità rettangolare e quindi:

$$u_{ris} = \frac{F}{2\sqrt{3}}$$

Con interpolazioni di unità di formato, assumendo un limite massimo di suddivisione pari a 0,2 volte l'unità di formato, la stima dell'incertezza può essere calcolata su un intervallo pari a 0,1 volte l'unità di formato e quindi:

$$u_{ris} = \frac{0,2 \cdot F}{2\sqrt{3}} = \frac{0,1 \cdot F}{\sqrt{3}}$$

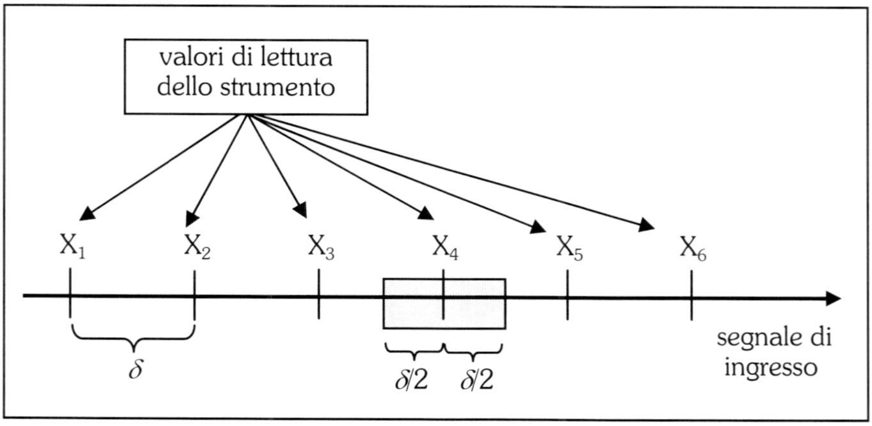

Figura 6.7: incertezza dovuta alla risoluzione di uno strumento digitale

6.5 Errore di indicazione o errore di misura

Il VIM definisce l'errore di misura come "valore misurato di una grandezza meno un valore di riferimento della grandezza"; la norma UNI EN ISO 14978 definisce l'errore di indicazione come "l'indicazione di un'apparecchiatura per misurazione meno il valor vero della corrispondente grandezza d'ingresso".

L'errore di indicazione o di misura di uno strumento si ottiene quindi tarando lo strumento con un campione di cui si conosce il valore con la più piccola incertezza possibile o con incertezza trascurabile per lo scopo della misura; la differenza tra l'indicazione dello strumento ed il valore di taratura del campione rappresenta l'errore di indicazione.

Quindi l'errore di indicazione descrive lo scostamento tra i valori letti dallo strumento ed i valori noti del campione. L'errore di indicazione, rappresentato da un diagramma degli errori o da una tabella, è rilevabile dal certificato o rapporto di taratura.

Il VIM introduce inoltre il concetto di errore di misura sistematico ovvero la componente dell'errore di misura che in presenza di misurazioni ripetute rimane costante o varia in maniera prevedibile ed errore di misura casuale ovvero la componente dell'errore di misura che in presenza di misurazioni ripetute varia in maniera non prevedibile. Occorre ricordare che l'errore di misura può essere corretto solo se ha un comportamento sistematico.

Nella dichiarazione dell'errore di indicazione è importante specificare le condizioni di utilizzo come ad esempio:

- strumento utilizzato a zero fisso o zero mobile;
- una direzione di spostamento o entrambe le direzioni (isteresi esclusa o compresa).

6.6 Ripetibilità, Riproducibilità e Precisione

La UNI 4546 fornisce la seguente definizione di ripetibilità: "attitudine di uno strumento a fornire valori di lettura poco differenti tra di loro, in letture consecutive sullo stesso misurando, con procedimento unificato, dallo stesso operatore, nelle stesse condizioni per le grandezze d'influenza".

Il VIM associa questo concetto a quello di "precisione di misura" definita come il grado di concordanza tra indicazioni o valori misurati ottenuti da un certo numero di misurazioni ripetute dello stesso oggetto o di oggetti similari, eseguite in condizioni specificate.

Se tali condizioni specificate sono le condizioni di ripetibilità (la medesima procedura di misura, gli stessi operatori, lo stesso sistema di misura, le medesime condizioni operative e lo stesso luogo, nonché l'esecuzione di misurazioni ripetute dello stesso oggetto, o di oggetti simili, in un intervallo di tempo breve) allora la precisione diventa la ripetibilità.

Se le condizioni di misura sono le condizioni di riproducibilità (condizione di una misurazione che assicura: differenti luoghi, operatori e sistemi di misura, e l'esecuzione di misurazioni ripetute dello stesso oggetto, o di oggetti simili) allora la precisione diventa la riproducibilità.

La riproducibilità è quindi una caratteristica più legata al processo di misurazione di quanto non lo sia la ripetibilità che dipende più dal singolo strumento e dal singolo operatore mentre la riproducibilità tiene conto anche della variabilità introdotta da più operatori o da più sistemi di misura.

In ogni caso, indipendentemente dal termine utilizzato, è importante essere consapevoli di quali sorgenti di variabilità sono realmente intervenute nelle misure ripetute affinché non si commetta uno dei due seguenti errori:
- considerare un contributo di incertezza due volte: una volta valutato a se stante, un'altra volta includendo il suo effetto nella prova di ripetibilità;
- trascurare fonti di variabilità difficilmente modellizzabili, quindi aleatorie, ma che intervengono solo in certe condizioni del sistema di misura (per esempio l'effetto di allineamento di un alesametro in un foro se ripeto le misure utilizzando una gola).

Per verificare sperimentalmente la ripetibilità o la riproducibilità occorre quindi fare una serie di misurazioni consecutive limitando il più possibile le sorgenti di variabilità che fanno parte delle condizioni specificate; per stimare la ripetibilità di misura occorre quindi ripetere le misure garantendo:
- l'utilizzo della stessa procedura di misura;
- l'utilizzo dello stesso operatore;
- l'utilizzo degli stessi apparecchi per misurazione nelle stesse condizioni;
- l'impiego nello stesso luogo;
- la ripetizione su un breve periodo di tempo.

La ripetibilità, così come la riproducibilità, può essere espressa quantitativamente in termini di dispersione dei risultati delle misure (figura 6.8), calcolando in entrambi i casi lo scarto tipo sperimentale dei valori di lettura ottenuti con la nota formula:

$$s = \sqrt{\frac{\sum_{i=1}^{n} (x_i - \bar{x})^2}{n-1}}$$

ove :

n : numero delle misure effettuate;
$\bar{x}$: media aritmetica delle n misure;
i : numero progressivo della misura;
x_i : valore della i-esima misura.

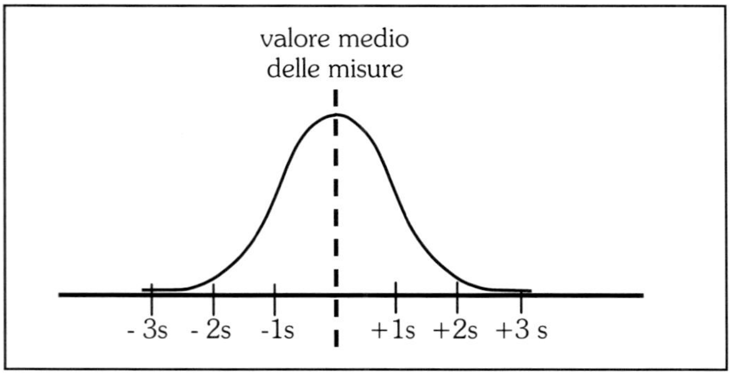

Figura 6.8: prova di ripetibilità

Per determinare il valore di *s* con buona approssimazione occorrono almeno 25 misure ma è molto diffuso l'utilizzo di 10 misure. Il valore della ripetibilità, essendo uno scarto tipo, individua sempre un intervallo simmetrico. Quanto più alto è il numero delle misure, tanto più accurata è la stima del valore di ripetibilità ma tanto più difficile risulterà mantenere costanti tutte le condizioni di misura. Il contributo di incertezza associato alla ripetibilità è infatti un valore difficilmente scorrelabile da altri fattori di incertezza che intervengono nella misurazione.

È ragionevole pensare che tutti gli apparecchi per misurazione abbiano un'incertezza di ripetibilità; se però l'incertezza di ripetibilità è inferiore all'incertezza di risoluzione dello strumento ovvero la risoluzione dello strumento non è sufficiente ad evidenziare la ripetibilità dello stesso (tutte le misurazioni ripetute presentano lo stesso valore di lettura), l'incertezza di ripetibilità può considerarsi nulla o trascurabile rispetto a quella dovuta alla risoluzione. Viceversa, se l'incertezza dovuta alla ripetibilità è molto più grande di quella dovuta alla risoluzione, l'effetto di quest'ultima potrebbe essere trascurato e comunque, anche se calcolato, il suo effetto è già stato valutato nelle prove di ripetibilità. La formula per il calcolo dell'incertezza di ripetibilità è la seguente:

$$u_{rip} = s$$

ove *s* è lo scarto tipo sperimentale calcolato su *n* misure.

Ipotizzando, o meglio verificando, che la distribuzione di probabilità dei valori di lettura ottenuti nelle misurazioni ripetute sia di tipo gaussiano, si può stimare un'incertezza estesa pari a $\pm 2s$ con un livello di fiducia del 95% (vedi paragrafo 2.2).

NOTA SULLO SCARTO TIPO DELLA MEDIA

Per il parametro statistico scarto tipo è importante ricordare la relazione che lega lo scarto tipo di una determinata misurazione e lo scarto tipo della media di *n* misurazioni $\left(s_{\bar{x}} = \frac{s_x}{\sqrt{n}} \right)$; tale relazione trova applicazione nei processi di misurazione dove lo scarto tipo di *n* misure ripetute è rilevante rispetto agli altri contributi di incertezza. In questi casi se si vuole ridurre l'incertezza complessiva della misurazione occorre ridurre l'incertezza di ripetibilità.

La soluzione consiste nel ripetere la misura *n* volte e prendere come valore di misura la media aritmetica dei valori ottenuti nelle *n* misurazioni. Il valore di misura generato da una media aritmetica di *n* misure è caratterizzato infatti da una dispersione minore di quanto non lo sia il singolo valore di lettura. Bisogna tener presente che il numero *n* di misure su cui calcolare le medie aritmetiche deve essere scelto in base a quanto si vuole ridurre l'incertezza di ripetibilità.

Il limite inferiore per *n* è 2, che corrisponde a prendere come valore di misura la media aritmetica di due letture consecutive; ciò riduce il contributo di incertezza di un fattore pari a circa 1,41. Il limite superiore è invece determinato sia dalle esigenze operative (per ogni singolo valore di misura sono necessarie *n* acquisizioni dello strumento) sia dalla capacità di mantenere costanti tutte le altre variabili di stato del sistema di misura, le cui variazioni devono avere un effetto trascurabile durante le *n* misure ripetute per calcolare la media aritmetica.

Per illustrare meglio quanto sopra esposto facciamo il seguente esempio: un operatore deve misurare con un micrometro digitale millesimale il diametro di sfere aventi valore nominale di 10 mm. L'operatore ha tarato lo strumento sullo stesso punto di misura ed ha apportato la correzione del valore di lettura in funzione del risultato della taratura; inoltre la misura viene fatta in un ambiente con una temperatura di (20 ± 1) °C. Si effettua una valutazione dell'incertezza di misura tenendo conto dei seguenti contributi:

contributo	descrizione	valore in mm
s_1	contributo dovuto allo strumento (incertezza di taratura)	0,001
s_2	contributo dovuto agli effetti termici	0,001
s_3	contributo dovuto alla ripetibilità delle misura; si eseguono 30 misure fatte dallo stesso operatore su di una stessa sfera con lo stesso strumento e nelle condizioni ambientali	0,003

L'incertezza di misura risulta essere:

$$U = 2 \cdot \sqrt{s_1^2 + s_2^2 + s_3^2} = 0{,}007mm$$

Quindi ogni volta che il nostro operatore effettua una singola misurazione su di una qualsiasi sfera, avente diametro nominale di 10 mm e nelle condizioni assegnate, dovrà attribuire al valore letto sullo strumento una incertezza di 0,007 mm.

Supponiamo che la tolleranza sul diametro della sfera sia T = 0,02 mm e che l'azienda adotti un rapporto tra la tolleranza e l'incertezza di misura pari a circa 4.

Quindi l'incertezza del processo di misura deve essere approssimativamente pari a 0,005 mm. Occorre dunque ridurre l'incertezza di misura.

Analizzando il bilancio delle incertezze si nota che l'incertezza di ripetibilità è predominante sugli altri e quindi si può pensare di adottare un metodo di misura che prevede ad esempio di ripetere per tre volte la misura della stessa sfera nelle stesse condizioni operative (stesso punto di contatto, stesso operatore, ecc.) e di considerare come valore del diametro la media aritmetica delle tre letture. In questo caso il contributo dovuto alla ripetibilità vale:

$$s_{3media} = \frac{s_3}{\sqrt{3}} = 0{,}0017mm$$

L'incertezza di misura, considerando il nuovo contributo dovuto alla ripetibilità, vale:

$$U = 2 \cdot \sqrt{s_1^2 + s_2^2 + s_{3media}^2} = 0{,}004mm$$

che risulta essere inferiore all'incertezza di misura richiesta.

In conclusione effettuando tre misure per ogni sfera ed assumendo la media aritmetica come miglior stima del diametro, si ottiene l'incertezza desiderata. Ovviamente se il contributo della ripetibilità alla incertezza di misura, in condizioni operative, è trascurabile (ad esempio quando si usa uno strumento con bassa risoluzione) non ha nessun senso ripetere tante volte le misure in quanto tutte le letture sarebbero pressoché uguali (occorre comunque distinguere la ripetibilità in sede di taratura dalla ripetibilità in condizioni operative).

6.7 LINEARITÀ

Per errore di linearità si intende l'indicazione di quanto la curva di taratura si discosta dall'andamento rettilineo. In genere è specificata fornendo il valore massimo dello scostamento, espresso in percentuale rispetto al fondo scala, dei singoli punti della curva di taratura rispetto ad una retta di riferimento opportunamente definita.

Si possono definire diversi tipi di linearità in relazione ai diversi modi di scegliere la retta di riferimento. In particolare le definizioni più utilizzate sono:

- ***linearità riferita agli estremi*** (figura 6.9): la retta di riferimento è rappresentata dalla retta che congiunge i due punti estremi del campo di misura;
- ***linearità secondo i minimi quadrati***: la retta di riferimento è quella che minimizza la somma dei quadrati degli scostamenti;
- ***linearità riferita allo zero***: la retta di riferimento passa per l'estremo inferiore della curva di taratura, corrispondente all'estremo inferiore del campo di misura, ed è determinata in modo da rendere minimo il più elevato degli scostamenti (definizione poco utilizzata);
- ***linearità indipendente***: la retta di riferimento è quella che rende minimo il più elevato (in valore assoluto) degli scostamenti (definizione poco utilizzata).

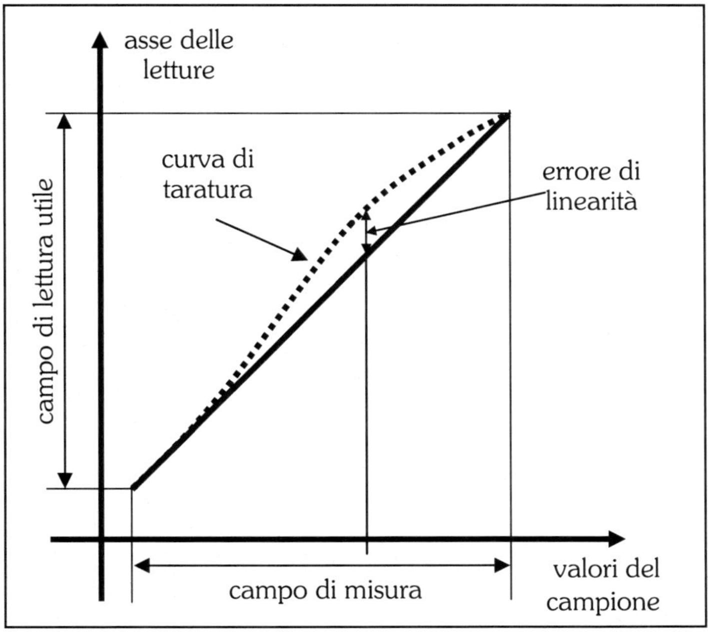

Figura 6.9: linearità riferita agli estremi

In tutte le definizioni di linearità sopra riportate si valuta lo scostamento fra la curva di taratura e la retta di riferimento calcolandone il massimo in valore assoluto su tutto il campo di misura. In questi casi si parla quindi di "errore di linearità integrale" ovvero riferita a tutto il campo di misura.

Dal valore massimo di questo errore e da opportune ipotesi sulla distribuzione di probabilità di tale errore, si può ricavare il contributo di incertezza da associare alla non linearità dello strumento.

La retta di riferimento da scegliere per determinare l'errore di linearità di uno strumento dovrebbe essere quella adottata dallo strumento stesso quando effettua la linearizzazione del segnale di uscita in fase di messa in punto (ove prevista) oppure quella adottata dall'operatore per determinare la correzione dello strumento (in base ai risultati della taratura) nei punti diversi da quelli di taratura (nel caso in cui non sia possibile la messa in punto).

Nel caso di strumenti usati per misure di confronto, che si possono quindi azzerare su un punto qualunque del campo di misura e che servono per misurare piccoli spostamenti rispetto al punto di azzeramento, è utile valutare la linearità in un piccolo intorno del punto considerato (linearità differenziale); in questo caso infatti il contributo di incertezza associato allo strumento è dato soltanto dall'effetto della non linearità differenziale e della ripetibilità e/o risoluzione.

La "linearità differenziale" si esprime come rapporto fra la variazione dell'indicazione dello strumento e la variazione della grandezza d'ingresso che l'ha generata. Tale rapporto è ovviamente funzione del punto di misura e può essere determinato attraverso prove di caratterizzazione laddove sia possibile misurare campioni con valori nominali poco differenti fra loro; a tal scopo spesso si utilizzano i blocchetti pianparalleli con incrementi di 0,01 mm oppure 0,001 mm presenti nelle scatole di blocchetti di molti costruttori.

6.8 Isteresi

La UNI 4546 fornisce la seguente definizione di isteresi: "proprietà di uno strumento di fornire valori di lettura diversi in corrispondenza dello stesso misurando quando questo viene fatto variare per valori crescenti e per valori decrescenti". La stessa norma prevede che nell'indicare il valore di isteresi bisogna dichiarare sia l'escursione fatta dal misurando, sia in corrispondenza di quale valore del misurando è stata determinata la differenza fra il valore di lettura della sequenza crescente e quello della sequenza decrescente. La norma UNI EN ISO 14978 definisce invece l'isteresi come "proprietà di un'apparecchiatura per misurazione, o di una caratteristica, a causa della quale l'indicazione dell'apparecchiatura o il valore della caratteristica, dipende dall'orientamento degli stimoli precedenti".

Nell'uso corrente si calcola il valore dell'isteresi (o semplicemente l'isteresi) come la massima differenza dei valori di lettura ottenuti in corrispondenza dello stesso misurando quando questo viene raggiunto in una successione di valori crescenti ed in una successione di valori decrescenti, considerando tutti i possibili valori del campo di misura (figura 6.10).

Nel caso in cui non esista la curva di taratura ottenuta per valori crescenti e quella ottenuta per valori decrescenti, è errato (o meglio può portare ad una sottostima dell'errore di isteresi) valutare l'errore di isteresi come la differenza fra i valori assunti in corrispondenza dello stesso misurando, invertendo la sequenza dei valori di misura in un intorno di quel punto di misura senza effettuare l'intera escursione dei valori per tutto il campo di misura. Tale differenza può essere definita come errore di inversione.

Il valore di isteresi risente sempre anche dell'effetto dovuto alla risoluzione ed alla ripetibilità pur essendo quest'ultimi considerati separatamente; quindi il valore di isteresi non è significativo se lo scarto tipo ad esso associato risulta della stessa entità di quello associato a ripetibilità o risoluzione.

Negli strumenti meccanici dotati di movimento dell'asta in entrata ed in uscita (come ad esempio il comparatore analogico) l'isteresi comprende sia l'errore di inversione, dovuto ai giochi meccanici che si presentano quando si ha l'inversione del movimento, sia gli effetti dovuti ad attriti ed a deformazioni elastiche durante la corsa.

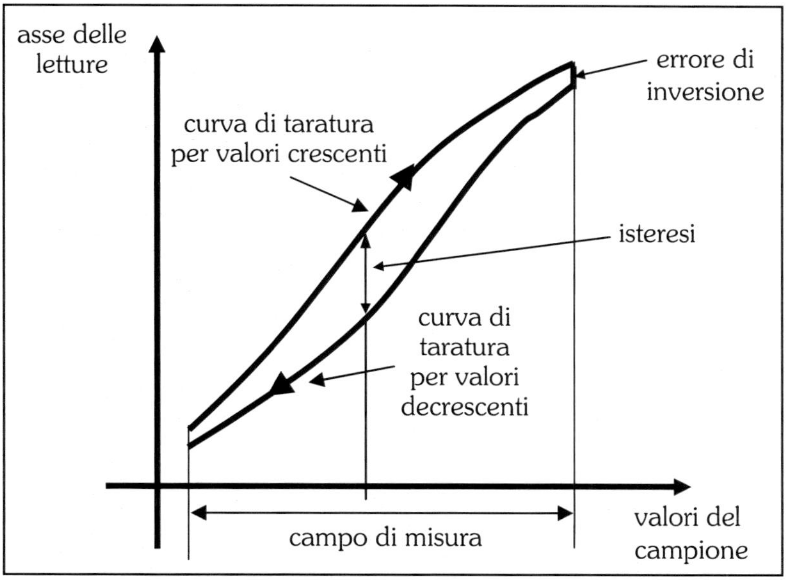

Figura 6.10: isteresi

L'isteresi è quindi una caratteristica metrologica molto importante per quegli strumenti che possono effettuare misure per valori crescenti o decrescenti del misurando come ad esempio comparatori o trasduttori; occorre quindi valutarla per non rischiare di sottostimare l'errore massimo ammesso per quello strumento e quindi il suo contributo all'incertezza di misura.

Ovviamente se un comparatore, pur essendo soggetto all'effetto di isteresi, viene utilizzato sempre per valori crescenti o per valori decrescenti del misurando dopo l'azzeramento (per esempio avanzamento di un utensile per misurare la profondità di taglio), la valutazione dell'errore massimo ammesso per lo strumento può prescindere dall'isteresi. Considerando il massimo valore di isteresi su tutto il campo di misura e facendo opportune ipotesi sulla distribuzione di probabilità di tale valore, si può ricavare il contributo di incertezza da associare a questa caratteristica metrologica dello strumento.

6.9 STABILITÀ

La UNI 4546 fornisce la seguente definizione di stabilità: "attitudine di uno strumento a fornire valori di lettura poco differenti tra di loro, in letture eseguite indipendentemente sullo stesso misurando in un intervallo di tempo definito, con procedimento unificato e nelle stesse condizioni per le grandezze d'influenza".

Il VIM definisce la stabilità come l'attitudine di uno strumento di misura a mantenere le proprie caratteristiche metrologiche costanti nel tempo.

La stabilità di un apparecchio per misurazione è quindi, in sintesi, l'attitudine a mantenere costanti nel tempo le sue caratteristiche metrologiche. La stabilità deve quindi essere riferita al tempo; se è riferita ad un'altra grandezza, è necessario che sia esplicitamente specificato. La stabilità, a volte anche chiamata col termine "deriva" o "drift", può essere quindi quantificata in due modi:

- in termini di intervallo di tempo entro il quale una caratteristica metrologica varia in un intervallo di valori prefissato;
- in termini di variazione di una caratteristica in un intervallo di tempo prefissato.

Nel primo modo viene specificato l'intervallo di tempo durante il quale una caratteristica metrologica rimane nei limiti prefissati. Nel secondo modo viene specificata la variazione massima (relativa ai vari punti del campo di misura) che si può avere sui valori di uscita dello strumento, entro un intervallo di tempo prefissato. In entrambi i modi le misure devono essere effettuate mantenendo costanti il misurando e l'intero sistema di misura. La deriva strumentale è infatti definita come la variazione nel tempo, continua o discreta, di un'indicazione, dovuta a variazioni delle proprietà metrologiche di uno strumento di misura.

Il valore che caratterizza la stabilità può essere quindi ricavato facilmente se si dispone di due curve di taratura dello strumento effettuate in tempi diversi ma costruite attraverso misurazioni eseguite nelle stesse condizioni del sistema di misura. Considerando di poter trascurare l'incertezza di taratura e l'effetto della ripetibilità, il valore di stabilità è rappresentato dal massimo scostamento fra le due curve sopra citate come mostrato nella figura 6.11.

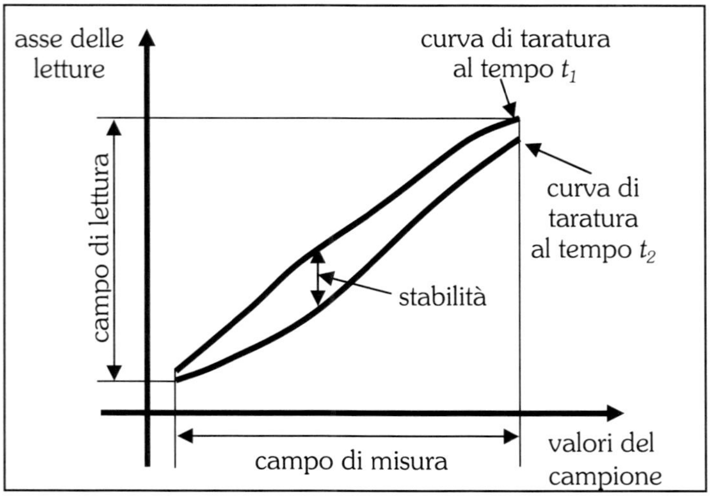

Figura 6.11: stabilità della curva di taratura

Supponiamo ora che un operatore effettui una serie di misure ripetute su di uno stesso oggetto ad intervalli di tempo definiti, con un procedimento di misura unificato e nelle stesse condizioni per le grandezze d'influenza; la misura della stabilità è data dalla differenza tra i valori medi di queste due serie di misure (figura 6.12). Se si effettuano più di una serie di misure su misurandi diversi (punti diversi nel campo di misura), il valore della stabilità è dato dalla massima differenza tra i valori medi di ogni coppia di serie di misure. I valori medi, al posto della singola misurazione, vengono utilizzati per non conglobare in questa prova anche l'effetto della ripetibilità o meglio per ridurre, come già visto, la sua influenza.

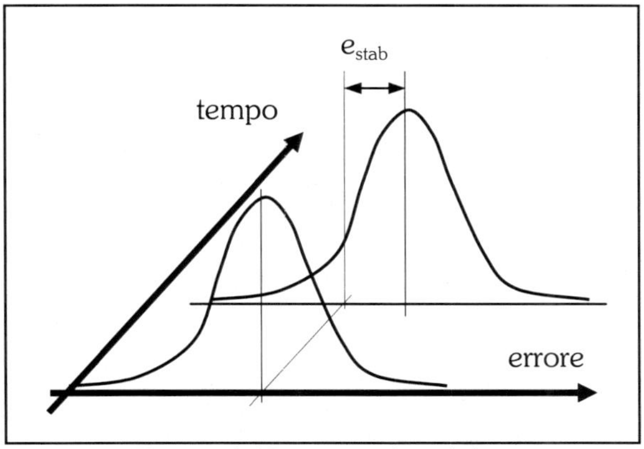

Figura 6.12: prova di stabilità

6.10 ERRORE MASSIMO AMMESSO PER LE CARATTERISTICHE METROLOGICHE E PER LO STRUMENTO

Per ogni caratteristica metrologica è possibile definire un errore massimo ammesso (*MPE*) inteso come "valori estremi dell'errore di una caratteristica metrologica, definiti da una specifica e/o da norme per un dato strumento di misura". In questo modo è possibile definire teoricamente ad esempio l'*MPE* per l'errore di linearità (MPE_{lin}) o per l'errore di stabilità (MPE_{sta}) o per la ripetibilità (MPE_{rip}) di un dato strumento per misurazione.

Stabilito l'*MPE* per una caratteristica metrologica di uno strumento per misurazione, tramite opportune prove occorre verificare che l'errore introdotto da quella caratteristica sia inferiore o uguale al valore dell'*MPE* definito, ovviamente ridotto della incertezza di misura come previsto dalla UNI EN ISO 14253-1 (vedi paragrafo 8.1).

Il VIM definisce l'errore massimo ammesso come: "valori estremi dell'errore ammesso dalle specifiche, dai regolamenti ecc. per un determinato strumento per misurazione". Questa definizione, a rigore, sarebbe applicabile solo allo strumento, ovvero all'effetto cumulativo di tutte le caratteristiche metrologiche dello strumento e non alle singole caratteristiche metrologiche.

Quindi, quando un costruttore assegna l'errore massimo ammesso ad uno strumento, congloba generalmente in tale parametro tutte le caratteristiche metrologiche dello strumento (linearità, ripetibilità, risoluzione, isteresi ed altre ancora) che contribuiscono all'incertezza strumentale e quindi all'incertezza di misura.

La conformità dello strumento all'*MPE* definito dal costruttore è verificata se l'errore d'indicazione dello strumento, rilevabile dalla curva di taratura e tenendo conto dell'incertezza di taratura, è compreso entro tali limiti con un margine di rischio accettabile. Una modalità molto semplice di esprimere il valore dell'errore massimo ammesso è quella di dare un valore limite costante (preceduto dal doppio segno) inteso come limiti simmetrici rispetto allo zero e cioè:

$$MPE = \pm a$$

La figura 6.13 illustra ad esempio un $MPE = \pm 4$ µm.

Figura 6.13: errore massimo ammesso costante

Ovviamente i limiti dell'errore potrebbero essere funzione del valore nominale del misurando (L); in questo caso un modo di esprimere l'errore massimo ammesso è:

$$MPE = \pm (a + b \cdot L)$$

come illustrato in figura 6.14 ove a è la parte costante dell'errore e b la pendenza della retta dell'errore massimo ammesso.

Figura 6.14: errore massimo ammesso proporzionale al misurando

Ancora l'errore massimo ammesso potrebbe essere limitato da una funzione proporzionale al valore nominale del misurando e da un valore massimo (c); per esempio:

$$MPE = \pm (a + b \cdot L), \max c, \min -c$$

come illustrato in figura 6.15.

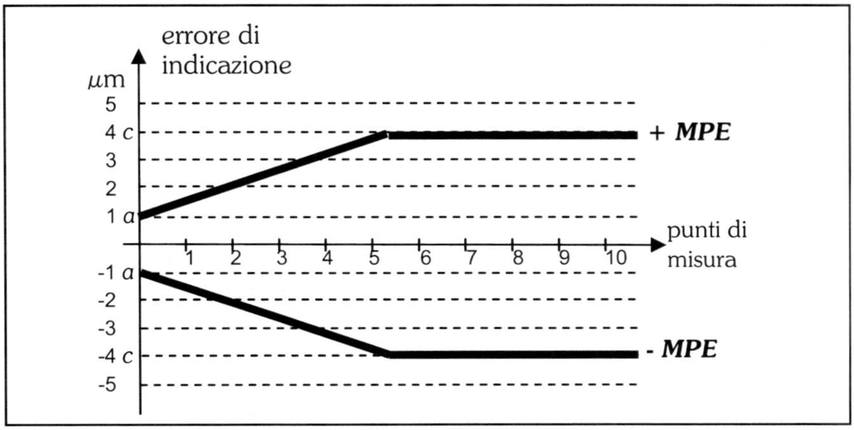

Figura 6.15: errore massimo ammesso proporzionale al misurando e con limite massimo

Un modo completamente diverso di concepire l'errore massimo ammesso è quello di indicare la somma dei valori assoluti del massimo errore positivo e del minimo errore negativo ovvero dalla escursione fra il massimo ed il minimo dei valori dell'errore (modo utilizzato tipicamente dalle norme DIN nel settore delle misure meccaniche; l'errore massimo viene indicato con f_{max}). L'errore così definito è indipendente dalla posizione dello zero e può essere considerato in valore assoluto.

Queste due modalità di definire l'errore massimo sono generalmente applicate in relazione alle modalità di azzeramento dello strumento (vedi UNI 9052 punti 12.4, UNI 9191 appendice A punto 5 e UNI EN ISO 14978) e cioè:

- strumenti a zero fisso (strumenti che consentono l'azzeramento in un solo punto della scala facilmente riproducibile, solitamente una battuta meccanica): si applica il concetto di errore massimo come limiti simmetrici dell'errore rispetto allo zero;
- strumenti a zero mobile (strumenti che consentono azzeramenti in più punti della scala): si applica il concetto di errore massimo come ampiezza di una fascia non riferita allo zero.

In realtà oggi molti strumenti digitali (per esempio il calibro a corsoio) pur avendo un punto della scala facilmente riproducibile, su cui viene fatto normalmente l'azzeramento, consentono di effettuare l'azzeramento in qualsiasi altro punto della scala; di contro anche gli strumenti, tradizionalmente a zero mobile (per esempio il comparatore), pur non avendo un punto della scala facilmente riproducibile, possono, tramite opportune procedure di azzeramento, essere azzerati sempre nello stesso punto di misura e quindi essere considerati strumenti a zero fisso. Di conseguenza, la differenziazione fra strumenti a zero fisso e strumenti a zero mobile, non va intesa come una differenza costruttiva ma come una differenza operativa per cui si dovrebbe parlare di strumenti utilizzati a zero fisso e strumenti utilizzati a zero mobile.

Per comprendere meglio il problema consideriamo la figura 6.16 che illustra una curva di taratura di uno strumento utilizzato a zero fisso (sull'asse delle ordinate viene riportato l'errore di indicazione dello strumento). Sul primo punto di misura (punto zero), che rappresenta il punto di azzeramento, si avrà quindi sempre un errore nullo.

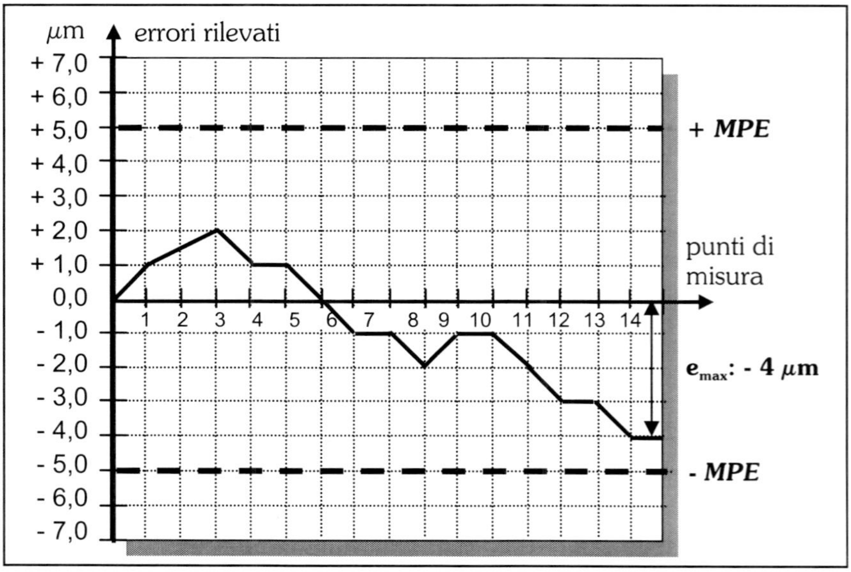

Figura 6.16: curva degli errori per uno strumento utilizzato a zero fisso

Calcolando l'errore d'indicazione si ottiene un errore massimo di - 4 µm; se avessimo una specifica per l'errore massimo ammesso pari a ± 5 µm, trascurando l'incertezza di taratura, lo strumento risulterebbe conforme. È da notare che se calcolassimo l'errore massimo, come ampiezza di una fascia non riferita allo zero, avremmo che f_{max} = 6 µm, ma tale valore non ha un riscontro pratico immediato in quanto lo strumento non commetterà mai un errore di 6 µm a partire dal suo zero.

Se la stessa curva di taratura appartenesse ad uno strumento utilizzato a zero mobile, si può dimostrare che l'errore massimo è di 6 µm come è facilmente rilevabile osservando la figura 6.17.

Infatti se l'operatore si azzerasse in corrispondenza del massimo positivo o negativo dell'errore si otterrebbero i seguenti due casi limite:

1- azzeramento nella posizione di errore massimo positivo (punto 3): l'andamento degli errori sarebbe quello illustrato nella figura 6.18; in questo caso l'errore massimo della curva dell'errore è pari a - 6 µm;

2- azzeramento nella posizione di errore massimo negativo (punto 14): l'andamento degli errori sarebbe quello illustrato nella figura 6.19; in questo caso l'errore massimo della curva degli errori è pari a + 6 μm.

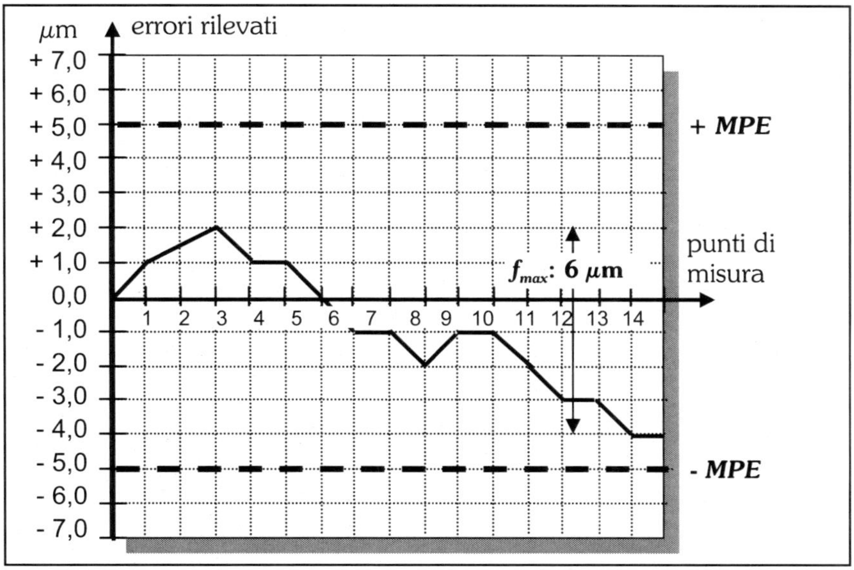

Figura 6.17: curva degli errori per strumento utilizzato a zero mobile

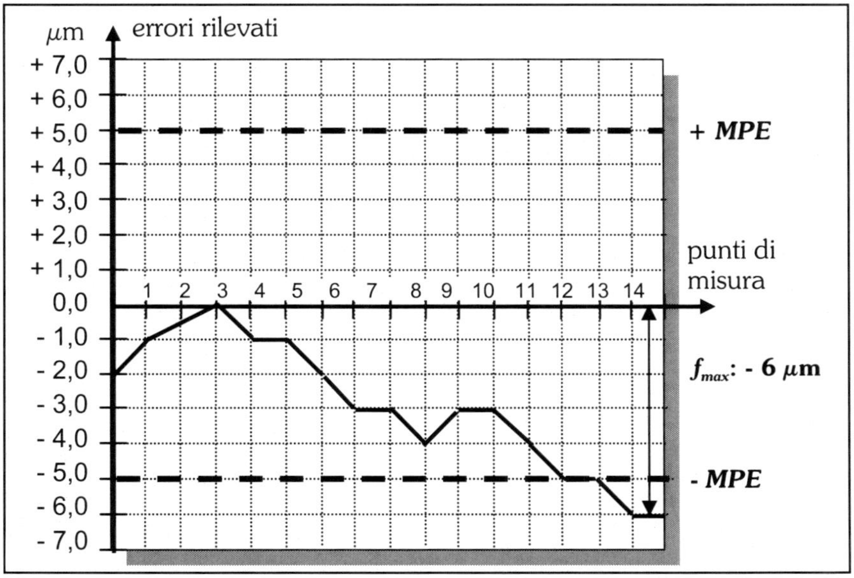

Figura 6.18: curva degli errori (azzeramento nel punto 3)

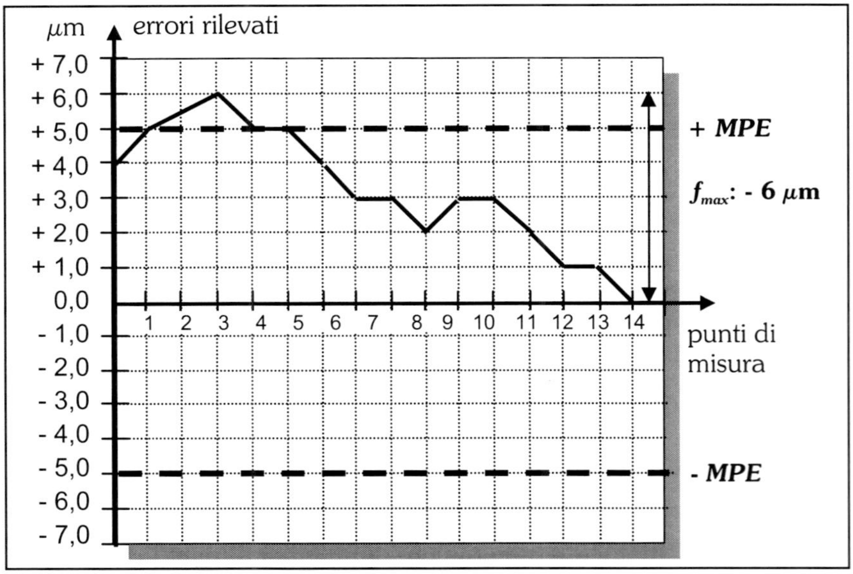

Figura 6.19: curva degli errori (azzeramento nel punto 14)

Quindi nel caso di strumenti utilizzati a zero mobile la dichiarazione e la verifica dell'errore massimo dovrebbe essere effettuata come ampiezza di una fascia (f_{max}) non riferita allo zero e lo strumento per risultare conforme, con qualsiasi punto di azzeramento, deve presentare una curva di taratura dalla quale risulti che la differenza fra il valore massimo dell'errore ed il valore minimo dell'errore non superi l'ampiezza di tale fascia stabilita dalle norme o dal costruttore.

È molto importante quindi che quando si dichiara l'errore massimo o quando si presenta la curva degli errori ricavata dai risultati della taratura, si specifichi anche la condizione e la procedura di azzeramento con cui tali errori sono stati valutati. Solo così l'utilizzatore può stabilire dei limiti di errore (che rappresentano il limite superiore ed inferiore degli errori dichiarati) se utilizza lo strumento riproducendo le stesse condizioni di azzeramento oppure può stabilire una fascia di valori (intesa come somma dei valori assoluti del massimo errore di indicazione positivo e di quello negativo) se utilizza lo strumento in diverse condizioni di azzeramento.

6.11 DALL'MPE DELLO STRUMENTO AL SUO CONTRIBUTO ALL'INCERTEZZA DI MISURA

Al di là delle diverse modalità per l'espressione dell'errore massimo ammesso di uno strumento o per la sua valutazione nella fase di verifica della conformità dello strumento alle specifiche fornite dal costruttore, è necessario chiarire la distinzione tra il concetto di errore massimo ammesso di uno strumento ed il concetto di incertezza strumentale e cioè di contributo dello strumento all'incertezza di misura. Il primo infatti rappresenta una specifica prestazionale fornita dal costruttore relativa al solo strumento, il secondo invece è un parametro statistico associato ai risultati della misurazione con quello strumento in determinate condizioni di misura e può essere calcolato e propagato con altri contributi di incertezza.

Una volta accertato che l'errore attribuito ad un apparecchio per misurazione rientra in un intervallo di valori individuato dall'errore massimo ammesso, questa specifica dell'errore può essere utilizzata per calcolare il contributo dello strumento all'incertezza di misura. La formula generale per il calcolo del contributo dello strumento all'incertezza di misura è la seguente:

$$u = c \cdot MPE$$

dove :

u : contributo all'incertezza relativo allo strumento di misura;

c : coefficiente relativo alla ipotesi sulla distribuzione di probabilità;

MPE : errore massimo ammesso ovvero intervallo dei valori che può assumere l'errore dovuto allo strumento;

È possibile quindi determinare il contributo di incertezza u associato allo strumento, solo se:

a) si individuano i limiti dell'intervallo dei valori che può assumere l'errore dello strumento;

b) si fanno opportune ipotesi sulla distribuzione di probabilità di tale errore nell'ambito dei limiti individuati;

c) si definisce una procedura o almeno una metodologia operativa per l'utilizzo dello strumento.

I punti a) e b) sono necessari perché conoscendo il limite inferiore e superiore dell'errore ed il suo tipo di distribuzione di probabilità si può determinare lo scarto tipo (σ) dal quale si ricava l'incertezza associata.

Il punto c) ha quasi sempre ripercussioni sui punti a) e b); la definizione della metodologia operativa è infatti indispensabile per poter definire in modo attendibile sia i limiti dell'intervallo di valori che può assumere l'errore strumentale sia la distribuzione di probabilità di tale errore nel suddetto intervallo.

Supponiamo di aver individuato i limiti dell'intervallo di valori che può assumere l'errore dello strumento; siano tali limiti pari a $\pm MPE$. Vediamo quali ipotesi si possono fare sulla distribuzione di probabilità nell'ambito di tali limiti.

Se non si hanno particolari informazioni sugli errori, si può ipotizzare una distribuzione di probabilità rettangolare dell'errore nell'intervallo $[-MPE, +MPE]$ ovvero che tutti i valori nel suddetto intervallo abbiano la stessa probabilità di verificarsi. In tal caso l'incertezza u da associare allo strumento risulta:

$$u = \frac{MPE}{\sqrt{3}} \cong 0,6 MPE$$

dove 0,6 è il valore del coefficiente c relativo alla distribuzione rettangolare di probabilità (vedi paragrafo 3.2.2).

Se si ipotizza invece una distribuzione di probabilità dell'errore strumentale di tipo triangolare, nell'intervallo [– *MPE*, + *MPE*], l'incertezza *u* da associare allo strumento risulta:

$$u = \frac{MPE}{\sqrt{6}} \cong 0,4MPE$$

dove 0,4 è il valore del coefficiente *c* relativo alla distribuzione di probabilità triangolare (vedi paragrafo 3.2.4).

Se per esempio, tramite l'utilizzo di test statistici per la verifica di ipotesi o attraverso altre informazioni e valutazioni (teorema del limite centrale), si può ipotizzare una distribuzione di probabilità normale o gaussiana dei valori assunti dall'errore strumentale, possiamo in questo caso dividere il limite massimo dell'intervallo simmetrico entro cui consideriamo compresi gli errori dello strumento per un fattore 2 e quindi l'incertezza *u* da associare allo strumento risulta:

$$u = \frac{MPE}{2} \cong 0,5MPE$$

dove 0,5 è il valore del coefficiente *c* relativo alla distribuzione di probabilità gaussiana (vedi paragrafo 3.2.3). Infatti, in una distribuzione gaussiana, nell'intorno di $\pm 2\sigma$ rispetto al valore medio sono contenuti oltre il 95 % dei possibili risultati.

Nel caso in cui l'errore assume con maggiore probabilità i valori estremi dell'intervallo di variabilità, la distribuzione più idonea da associare all'errore è la distribuzione ad U; l'incertezza *u* da associare allo strumento risulta pari a:

$$u = \frac{MPE}{\sqrt{2}} \cong 0,7MPE$$

dove 0,7 è il valore del coefficiente *c* relativo alla distribuzione di probabilità ad U (vedi paragrafo 3.2.4).

Infine la distribuzione più conservativa è quella di una variabile binaria, che assume sempre e solo i valori estremi dell'intervallo individuato; in tal caso si ha:

$$u = MPE$$

dove 1 è il valore del coefficiente *c* relativo alla distribuzione di probabilità di una variabile binaria (vedi paragrafo 3.2.4).

Tutte le distribuzioni descritte in questo paragrafo sono state considerate simmetriche intorno alla zero ovvero a valor medio nullo. Qualora si avessero errori con le distribuzioni sopra descritte ma a valor medio non nullo, per esempio distribuiti nell'intervallo [0, *MPE*] è opportuno correggere il valore di lettura dello strumento di una quantità pari al valor medio dell'errore (nell'esempio *MPE*/2) rendendo quindi simmetrica rispetto allo zero la distribuzione dell'errore e permettendo quindi la propagazione con altri contributi di incertezza.

Qualora non si voglia fare la correzione del valore di lettura, è comunque necessario, se si vuole esprimere l'incertezza in modo che sia propagabile, assumere l'ipotesi fortemente cautelativa di un errore uniformemente distribuito nell'intervallo [- *MPE*, + *MPE*] anche se l'ipotesi sulla distribuzione non risulta più verificata.

È evidente che queste considerazioni si basano su ipotesi probabilistiche che sono valide in contesti industriali laddove il rischio di un errore superiore ai limiti attesi è di tipo puramente economico per cui tale rischio viene, entro certi limiti, accettato.

Queste metodologie non si possono estendere a contesti riguardanti la sicurezza o l'impatto ambientale per i quali il rischio residuo deve tendere a zero.

Occorre ora prendere in considerazione la metodologia operativa per l'utilizzo dello strumento; infatti è fondamentale conoscere le modalità di utilizzo di uno strumento per valutare correttamente i limiti dell'errore strumentale e la sua distribuzione di probabilità. Prendiamo ad esempio in considerazione lo strumento la cui curva di taratura è riportata in figura 6.16; tramite una verifica delle prestazioni dello strumento si è appurato che il suo errore di indicazione è inferiore all'errore massimo ammesso (*MPE* = $\pm 5\ \mu$m).

Ipotizzando una distribuzione rettangolare dell'errore nell'intervallo tra – *MPE* e + *MPE*, il contributo dello strumento all'incertezza di misura vale:

$$u = 0,6MPE = 0,6 \times 5 = 3,0\mu m$$

Ipotizziamo ora di utilizzare lo strumento a zero mobile e supponiamo di non porre nessuna limitazione sul punto di azzeramento; quindi l'utilizzatore può azzerarsi in qualunque punto del campo di misura e poi eseguire la misura in qualunque altro punto.

L'errore massimo dello strumento è compreso in una fascia simmetrica rispetto allo zero di $\pm 6\ \mu$m; infatti l'errore pari a + 6 μm si ha azzerandosi sul punto 14 e poi misurando sul punto 3 (figura 6.19), l'errore pari a - 6 μm si ha azzerandosi sul punto 3 e poi misurando sul punto 14 (figura 6.18). Considerando che tali valori limite dell'errore (+ 6 μm, - 6 μm) si hanno solo nei casi sopra citati e quindi hanno una probabilità di presentarsi molto piccola, si potrebbe adottare una distribuzione di probabilità triangolare tra i due suddetti limiti dell'errore e quindi il contributo di incertezza dello strumento vale:

$$u = 0,4MPE = 0,4 \times 6 = 2,4\mu m$$

Se invece si ipotizza che lo strumento verrà sempre utilizzato azzerandosi sul punto 10, dalla curva di taratura indicata in figura 6.16 si ricava che l'errore dello strumento è compreso in una fascia simmetrica rispetto allo zero di $\pm 3\ \mu$m (figura 6.20). Adottando una distribuzione di probabilità rettangolare tra i due limiti dell'errore, il contributo di incertezza dello strumento vale:

$$u = 0,6MPE = 0,6 \times 3 = 1,8\mu m$$

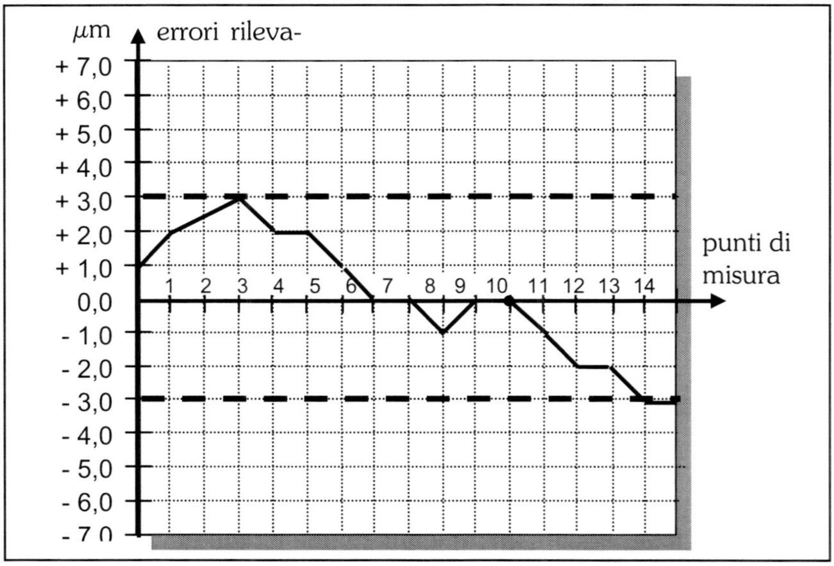

Figura 6.20: curva degli errori per uno strumento utilizzato a zero mobile ed azzerato sul punto 10

Se si utilizza lo strumento solo in una parzializzazione del campo di misura (come evidenziato in figura 6.21), tenendo conto della curva di taratura, si può affermare che l'intervallo di valori in cui è sicuramente contenuto l'errore (± 2 μm), è più piccolo rispetto al valore di *MPE* fornito dal costruttore (± 5 μm).

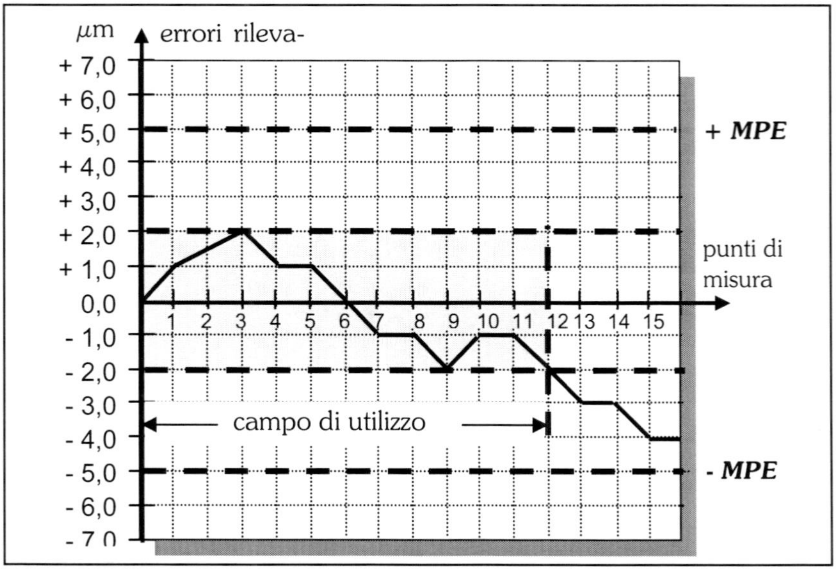

Figura 6.21: curva degli errori per uno strumento con parzializzazione del campo di misura

Adottando una distribuzione di probabilità rettangolare tra i due limiti dell'errore, il contributo di incertezza dello strumento vale quindi:

$$u = 0,6MPE = 0,6 \times 2 = 1,2\mu m$$

Se lo strumento viene invece utilizzato solo per misure di confronto fra misurandi con gli stessi valori nominali e viene azzerato solo su un punto di misura ben definito, si può ancora utilizzare la curva di taratura per stimare i limiti dell'errore in funzione delle variazioni ipotizzate del misurando nell'intorno del punto di azzeramento, valutando la pendenza della curva di taratura nel punto di misura considerato.

Nel caso illustrato nella figura 6.22, supposto di azzerarsi nel punto 12, l'intervallo dei valori in cui è sicuramente contenuto l'errore è ± 1 μm, almeno entro un determinato campo di variazione del misurando (vedi paragrafo 6.7 sulla linearità differenziale).

Adottando una distribuzione di probabilità rettangolare tra i due limiti dell'errore, il contributo di incertezza dello strumento vale:

$$u = 0,6MPE = 0,6 \times 1 = 0,6\mu m$$

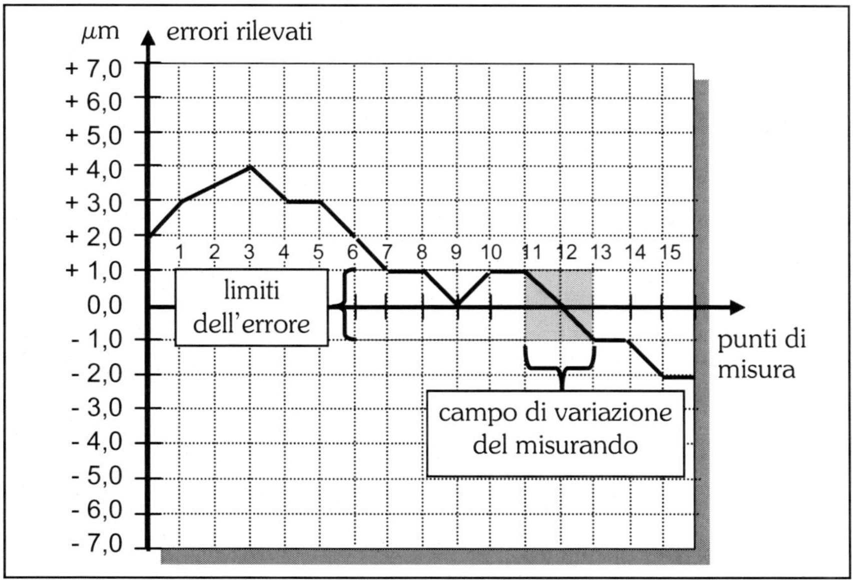

Figura 6.22: curva degli errori per uno strumento usato per misure di confronto ed azzerato sul punto 12

Nell'ambito della metodologia operativa, anche la tipologia del misurando può influire sulla determinazione del contributo dello strumento all'incertezza di misura.

Gli errori di forma, tipici del settore meccanico, sono per esempio una categoria di errori molto importante la cui influenza sull'incertezza di misura spesso dipende dalle modalità di misura o dal misurando stesso.

Consideriamo per esempio il contributo all'incertezza di misura dovuto all'errore di planarità della superficie di misura dell'asta di un micrometro.

Lo scostamento di planarità e_{plan} individua la distanza fra due piani paralleli fra i quali risultano compresi tutti i punti della superficie considerata (figura 6.23).

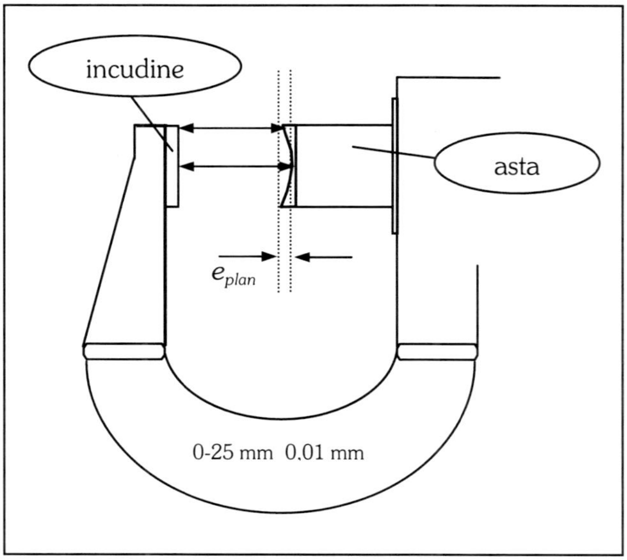

Figura 6.23: errore di forma della superficie di misura di un micrometro

Facciamo l'ipotesi di effettuare l'azzeramento portando l'asta a contatto con l'incudine (considerata immune da errori di forma) o interponendo fra asta ed incudine un blocchetto pianparallelo le cui superfici di misura possono essere considerate perfettamente planari (figura 6.24).

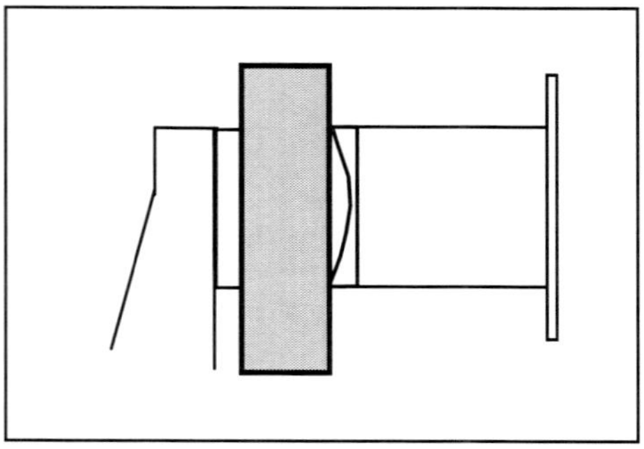

Figura 6.24: azzeramento del micrometro con un blocchetto pianparallelo

In questo caso se misurassimo la distanza fra i punti della superficie dell'incudine ed i corrispondenti punti della superficie dell'asta, in direzione parallela all'asse dell'asta, otterremmo valori diversi a causa della non planarità della superficie dell'asta.

Se misuriamo però solo blocchetti pianparalleli (figura 6.24) o pezzi di forma simile, possiamo notare che l'errore di misura dovuto alla non planarità della superficie dell'asta risulta sempre nullo perché abbiamo lo stesso punto di contatto fra asta e misurando che si ha in fase di azzeramento.

In questo caso quindi, la non planarità della superficie di misura dell'asta non rappresenta un contributo all'incertezza di misura.

Se invece misuriamo il diametro di sfere, il punto di contatto dipende ovviamente dal posizionamento della sfera fra incudine ed asta; l'errore di misura dovuto alla non planarità risulta sempre positivo e può assumere i valori compresi nell'intervallo $[0, e_{plan}]$.

Avremo infatti errore pari a 0 quando il punto di contatto fra la superficie di misura dell'asta e la sfera coincide con il picco di tale superficie (figura 6.25 a), ovvero quello che si aveva in fase di azzeramento; avremo invece errore pari a e_{plan} quando tale punto di contatto coincide con la valle della superficie di misura (figura 6.25 b).

Nella misura di sfere quindi, l'errore di planarità rappresenta un contributo all'incertezza di misura.

La distribuzione di probabilità di tale errore all'interno del suddetto intervallo dipenderà dalla posizione della sfera e quindi dal punto di contatto all'interno della superficie di misura che rappresenta ovviamente una variabile aleatoria anche se la sua distribuzione di probabilità risulta di difficile stima.

Se invece anche l'azzeramento venisse fatto con una sfera campione, l'errore potrebbe assumere tutti i valori compresi nell'intervallo $[- e_{plan}, + e_{plan}]$ poiché le due condizione rappresentate in figura 6.25 potrebbero essere rispettivamente quella di azzeramento e quella di misura o viceversa.

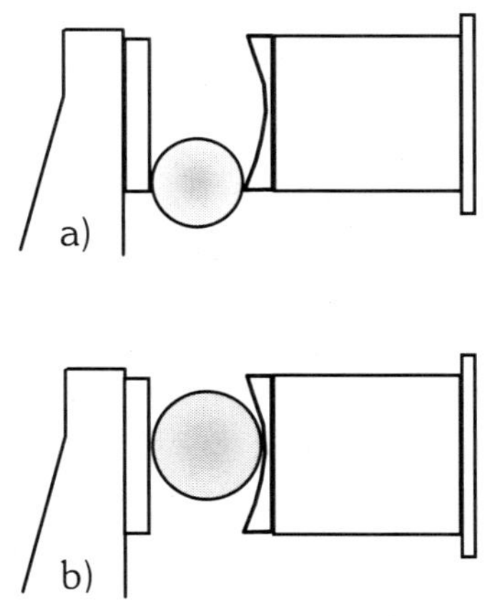

Figura 6.25: misurazione di due sfere con il micrometro variandone la posizione

BIBLIOGRAFIA

UNI EN ISO 14978:2006, Geometrical Product Specification (GPS) – General concept and requirements for GPS measurement equipment

UNI EN ISO 1:2003, Specifiche geometriche dei prodotti (GPS) - Temperatura normale di riferimento per la specifica e verifica geometrica dei prodotti

ISO 22514-7:2012, Statistical methods in process management- Capability and performance – Part 7: capability of measurement processes

A. Ponterio, "La determinazione dell'incertezza strumentale in funzione dell'errore massimo ammesso", Seminario di eccellenza "Italo Gorini", 2000

G. Malagola, A. Ponterio "La determinazione dell'incertezza strumentale in funzione dell'errore massimo ammesso", Congresso Metrologia&Qualità – Milano, 02/2001

7. LA METROLOGIA A COORDINATE

7.1 Introduzione

In ambito industriale l'attività di misurazione diventa sempre più richiesta e con livelli di prestazione sempre maggiori; risulta quindi importante studiare metodi e sistemi di misura che, automatizzando il processo di misurazione, riducano i tempi e di conseguenza i costi delle attività di misurazione.

Queste esigenze sono soddisfatte dalle macchine di misura a coordinate (nel seguito chiamate CMM, acronimo di "Coordinate Measuring Machine") che si sono largamente diffuse nell'ambito del Controllo Qualità per l'esecuzione di operazioni di controllo e di verifica delle tolleranze dimensionali e geometriche dei prodotti, dove sono richieste elevate accuratezze di misura, versatilità e tempi di misurazione ridotti.

La complessità costruttiva e di funzionamento delle CMM impongono però un costante aggiornamento tecnico delle figure professionali aventi responsabilità diretta sul processo di misurazione.

L'operatore di una CMM deve infatti assicurare:

- lo stato di taratura della macchina di misura;
- l'idoneità delle procedure di misurazione utilizzate;
- una adeguata incertezza di misura in relazione alle tolleranze da verificare;
- il mantenimento delle prestazioni della CMM nel tempo.

Questi requisiti, richiamati anche dalle normative che si occupano di qualità, costituiscono attualmente l'aspetto più critico per l'utilizzo di questi sistemi di misura in ambito industriale.

7.2 Definizioni e nomenclatura delle parti di una CMM

Si forniscono le seguenti definizioni (tratte dalla norma UNI EN ISO 10360-1):

- ***macchina di misura a coordinate (CMM)***: sistema di misura in grado di spostare un sistema tastatore e di determinare le coordinate spaziali sulla superficie di un pezzo. Una CMM si dice manuale se gli elementi mobili della macchina sono movimentati direttamente dall'operatore, a CNC (controllo numerico computerizzato) se gli elementi mobili della macchina sono movimentati tramite servomotori controllati da una unità di governo assistita da un PC.
- ***sistema tastatore***: sistema composto da un elemento sensibile e, quando presenti, da prolunghe dell'elemento sensibile, sistema per cambio elemento sensibile, stilo, sistema per cambio stilo e prolunghe dello stilo;

- ***elemento sensibile***: dispositivo che genera il segnale durante la tastatura;
- ***stilo***: elemento meccanico costituito da un elemento di contatto dello stilo e da un gambo;
- ***elemento di contatto dello stilo***: elemento fisico che stabilisce il contatto con il pezzo (un elemento di contatto dello stilo può essere una sfera, un cilindro, un disco, una punta conica, ecc.).

La nomenclatura delle parti della CMM è illustrata dalla figura 7.1.

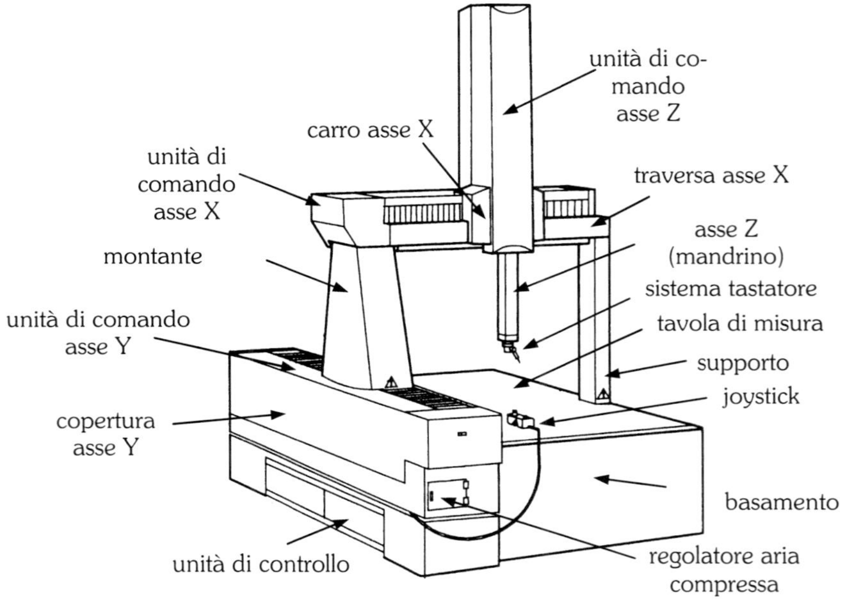

Figura 7.1: nomenclatura della CMM

7.3 Principi di funzionamento e caratteristiche costruttive

7.3.1 Generalità

In una CMM si possono individuare i seguenti sistemi:

- sistema macchina (struttura macchina + scale di lettura);
- sistema tastatore;
- sistema software predisposto all'elaborazione dati;
- sistema di controllo asservito ad un PC (solo per CMM a CNC).

7.3.2 Il sistema macchina

Il sistema macchina provvede a spostare il sistema tastatore nel volume della CMM, secondo una terna di assi cartesiani, in modo che l'elemento di contatto dello stilo possa raggiungere ogni punto del volume di misura. Quando avviene il contatto fra l'elemento di contatto dello stilo ed il pezzo, la CMM rileva le coordinate del punto di contatto tramite le scale di lettura; queste coordinate sono poi utilizzate dal sistema software che, attraverso i propri algoritmi di calcolo, determina le caratteristiche dimensionali e geometriche del pezzo.

Esistono svariate configurazioni di struttura della macchina; in tutte sono comunque presenti il basamento, i carri di movimentazione e le scale di lettura che descriveremo nel seguito.

7.3.3 Il basamento

Il basamento è la parte della CMM che appoggia sul pavimento e che sostiene, indirettamente o direttamente, i carri di movimentazione, le scale di misura ed il sistema tastatore. Proprio per questa ragione dovrà essere dimensionato in modo che la massa dei componenti della CMM e dei pezzi, che verranno su di essa appoggiati, non producano in fase di movimentazione variazioni della struttura geometrica della macchina.

Nel caso in cui, come spesso si verifica, il basamento è utilizzato anche come guida per movimentare i carri, esso dovrà essere dimensionato in modo tale che le deformazioni siano sufficientemente ridotte da garantire buone condizioni di scorrevolezza.

Il basamento può essere di varie forme e materiali. Solitamente è costituito da granito per le seguenti ragioni:

- essendo in natura un materiale molto invecchiato, ha raggiunto nel tempo condizioni di stabilità superiori a quelle di qualsiasi altro materiale;
- ha un elevato grado di rigidità, durezza e resistenza all'usura;
- consente lavorazioni estremamente accurate delle superfici che lo rendono valido sia per ottenere guide di movimentazione dei carri sia come piano di riferimento per gli oggetti da misurare.

7.3.4 I carri di movimentazione

I carri sono corpi rigidi liberi di muoversi secondo tre direzioni ortogonali.

È noto che la posizione di un corpo rigido (corpo che non subisce deformazioni) nello spazio cartesiano è definito in modo completo da sei coordinate (tre lineari e tre angolari).

Agli inizi della produzione delle CMM, per realizzare lo scorrimento dei carri si adottavano sistemi a rullini; questi sistemi però, oltre ad un attrito elevato, presentavano un movimento non perfettamente rettilineo a causa delle inevitabili eccentricità dei rullini. Oggi quasi tutte le CMM utilizzano, per il sostentamento dei carri, cuscinetti pneumatici.

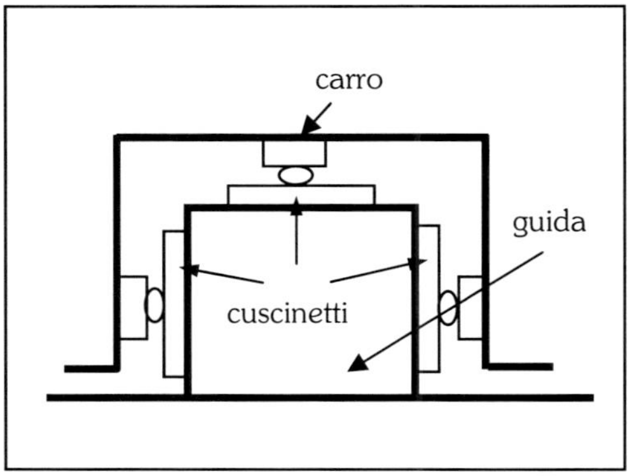

Figura 7.2: applicazione dei cuscinetti

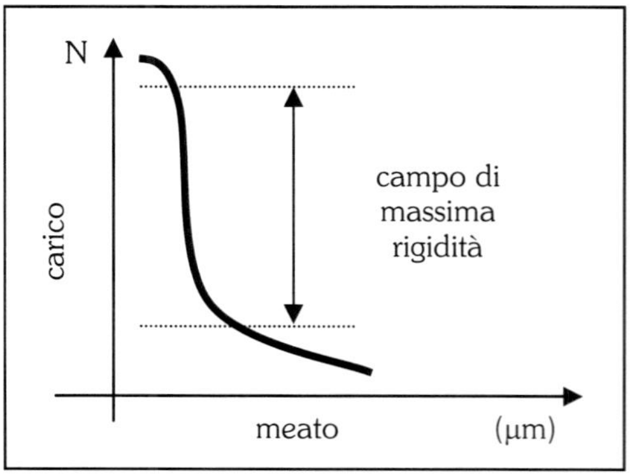

Figura 7.3: grafico carico-meato

La figura 7.2 illustra una tipica applicazione dei cuscinetti pneumatici ad un carro.

Le caratteristiche di un cuscinetto pneumatico sono generalmente espresse dalla sua capacità di carico (forza che il cuscinetto è in grado di sopportare) e dalla sua rigidità (rapporto tra il carico sul cuscinetto e lo spostamento risultante, chiamato meato).

Il grafico carico-meato, illustrato nella figura 7.3, indica la relazione tra il carico sul cuscinetto e la distanza dal piano di scorrimento. Il cuscinetto viene studiato per ottenere la massima rigidità in relazione al carico sopportato (i meati sono normalmente tra 5 e 7 μm).

I cuscinetti pneumatici devono essere collegati ad un impianto di aria compressa, opportunamente essiccata e depurata, tale da fornire una pressione di circa 0,4 MPa (4 bar).

7.3.5 Le scale di lettura

Le scale di lettura sono trasduttori di spostamento che, applicati ad ogni carro, permettono di individuarne la posizione lungo la rispettiva direzione di scorrimento.

Esistono diversi tipi di scale classificate sotto l'aspetto cinematico o in base al principio di funzionamento.

Dal punto di vista cinematico esistono i seguenti due tipi di scale:

1- tipo lineare (encoder lineari): vengono utilizzate direttamente per la lettura degli spostamenti lineari dei carri;
2- tipo rotativo (encoder rotativi): vengono utilizzati per la lettura diretta dell'angolo di rotazione di eventuali tavole rotanti (sistema di appoggio del pezzo che ne consente la rotazione di angoli noti).

In base al principio di funzionamento si possono distinguere scale di tipo incrementale (lettura individuata rispetto ad un qualunque punto) e scale di tipo assoluto (lettura individuata rispetto ad una origine fissata).

Esistono poi scale ad induzione magnetica tipo inductosyn (scale non più utilizzate sulle CMM) oppure scale di tipo ottico che sono quelle comunemente impiegate nelle attuali CMM e vengono comunemente chiamate righe ottiche.

Gli errori di misura introdotti dalle righe ottiche sono prevalentemente dovuti a:

1- errore dovuto alla dilatazione termica: il segnale elettrico impulsivo in uscita dalle righe ha un periodo che varia al variare della temperatura in funzione del coefficiente di dilatazione termica della riga stessa. Nelle righe che si trovano in commercio il coefficiente è pari a $8 \cdot 10^{-6}\ K^{-1}$. Esistono anche righe in "zerodur" con coefficiente di dilatazione quasi nullo. Per quanto riguarda gli effetti delle variazioni di temperatura sulla lettura delle righe ottiche si rimanda al paragrafo sugli errori e sulla compensazione termica.

2- errore di linearità della riga: il certificato di taratura della riga evidenzia gli errori di linearità che includono gli effetti della conversione del segnale fornito dalla riga nel valore di misura.

7.3.6 Il sistema tastatore

7.3.6.1 Tipologie di tastatori

Il sistema tastatore (di seguito chiamato "tastatore") ha lo scopo di generare i segnali di comando per la lettura delle scale; tale lettura fornisce la posizione dei carri della CMM al momento del contatto con la superficie del pezzo, consentendo di congelare le coordinate cartesiane del centro dell'elemento di contatto dello stilo.

Esistono numerosi tipi di tastatori; nel seguito si citano i principali:

- tastatore meccanico (solo per CMM manuali o per applicazioni di tracciatura): la relazione tra le parti mobili della CMM ed il pezzo è stabilita a mezzo di elementi rigidi indeformabili. Il tastatore meccanico deve essere portato a contatto con il pezzo nel punto da misurare e quindi deve essere dato al sistema il comando di acquisizione punto (ad esempio tramite un interruttore a pedale);
- tastatore "switching" o "trigger": fornisce un segnale binario al contatto o in prossimità del pezzo. Per il tastatore "trigger" la posizione del punto nel volume di misura della CMM è acquisita "istantaneamente" in quanto lo stesso tastatore, entrando in contatto con il pezzo, genera un segnale che serve sia per gestire l'informazione metrologica sia per indirizzare la testa di misura su una nuova traiettoria. La direzione di contatto, cioè la direzione del vettore spostamento al momento del contatto, è nota al sistema di controllo della CMM e non dipende necessariamente dall'orientamento della superficie di contatto.
- tastatore proporzionale: fornisce un segnale proporzionale allo spostamento dell'elemento sensibile dalla posizione di "zero". I tastatori proporzionali possiedono tanti trasduttori di posizione interni quanti sono i gradi di libertà e sono quindi idonei per effettuare una "scansione continua" di profili non direttamente riconducibili a forme geometriche predefinite; ovviamente la scansione su profili conosciuti può essere più rapida ma i tastatori di questo tipo non consentono mai di raggiungere velocità di misurazione pari a quelle possibili con i tastatori di tipo "switching".

7.3.6.2 Utilizzo del tastatore con la CMM

Prima di utilizzare il tastatore su una CMM occorre generalmente eseguire le seguenti operazioni :

- inizializzazione del sistema di coordinate;
- qualifica del tastatore.

La prima operazione consente alla CMM di riconoscere nel sistema di coordinate macchina un punto fisso di riferimento. L'operazione di inizializzazione si effettua generalmente con le seguenti fasi (figura 7.4):

- fase 1: la macchina, dalla posizione corrente, muove l'asse Z verso l'alto fino al finecorsa elettrico; poi ritorna indietro fino a trovare sulla scala di lettura (riga ottica) il primo indice di riferimento; letto questo indice la macchina individua l'origine dell'asse Z (origine del sistema di coordinate macchina);
- fase 2: successivamente la macchina si sposta contemporaneamente nella direzione dell'asse X e dell'asse Y per ricercare il finecorsa di questi assi; dal finecorsa elettrico la macchina torna indietro fino a trovare sulla scala di lettura (riga ottica) il primo indice di riferimento sia sull'asse X che Y; letto questo indice la macchina individua l'origine dell'asse X e Y e quindi l'origine del sistema di coordinate macchina.

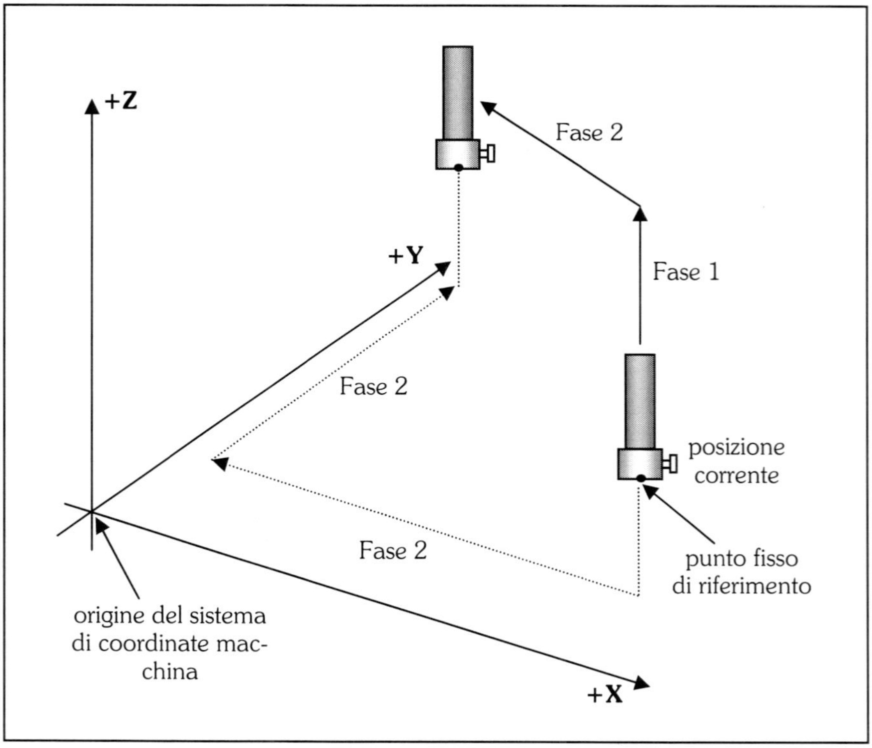

Figura 7.4: inizializzazione del sistema di coordinate

La seconda operazione consente di porre in relazione il centro della sfera dell'elemento di contatto dello stilo con il punto fisso di riferimento di cui la CMM conosce istante per istante le coordinate macchina.

Per effettuare questa operazione è necessario che l'operatore definisca, con una approssimazione di qualche millimetro, la posizione del centro della sfera rispetto al punto fisso di riferimento (L nella figura 7.5); l'operazione di qualifica del tastatore consente poi di definire esattamente le coordinate del centro della sfera rispetto alle coordinate del punto fisso di riferimento, il raggio della sfera e l'errore di rotondità della stessa.

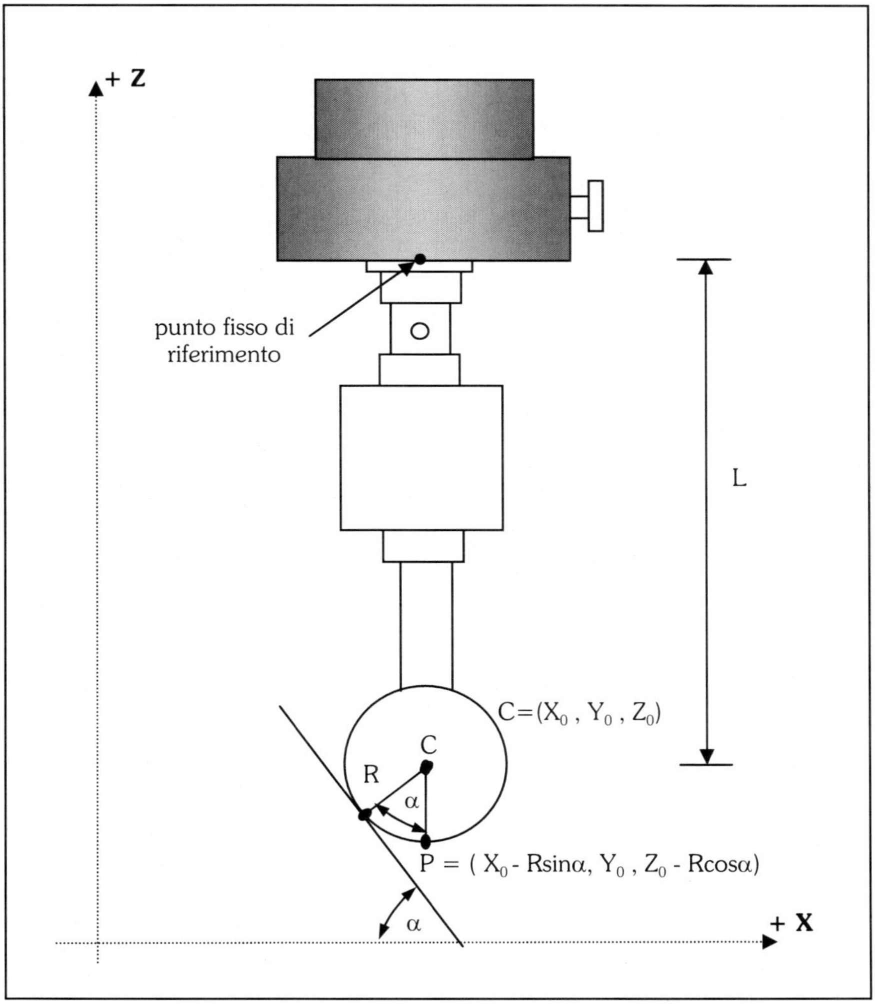

Figura 7.5: determinazione del punto di contatto

Operativamente la qualifica del tastatore avviene, manualmente o in modo automatico, toccando in un minimo di cinque punti una sfera campione di raggio noto posta nel volume di misura. Si raccomanda in ogni caso di seguire scrupolosamente quanto previsto dal costruttore.

La conoscenza del raggio della sfera dell'elemento di contatto dello stilo (detta comunemente sfera tastatore) consente alla CMM, unitamente alla conoscenza della direzione di avvicinamento al pezzo, di associare le coordinate del punto di contatto con le coordinate del punto fisso di riferimento. La figura 7.5 illustra le relazioni trigonometriche per utilizzare il raggio tastatore nella determinazione delle coordinate del punto di contatto.

Il raggio della sfera del tastatore si definisce "dinamico" poiché è determinato tenendo conto dei cedimenti strutturali, dei ritardi di acquisizione del segnale e di altri fenomeni che di fatto riducono il valore del raggio della sfera stessa rispetto alla misura con strumenti tradizionali. Esistono diversi fattori che influenzano la determinazione del "raggio dinamico del tastatore"; fra questi ricordiamo la forza di deflessione, la velocità di misurazione e la distanza di approccio.

Il raggio della sfera dell'elemento di contatto dello stilo viene utilizzato per correggere le coordinate dei punti acquisiti dalle scale di lettura dalla CMM, riferite al centro della sfera, e trasformarle nelle coordinate del punto tastato. Così ad esempio, la dimensione L di un corpo reale inizialmente acquisita dalla CMM viene corretta in $M = L + 2R$ (ove M è il valore di lettura ovvero lo spostamento del centro dell'elemento tastatore) se il pezzo è misurato dall'esterno e $M = L - 2R$ se al contrario è misurato all'interno.

7.3.7 Il sistema software

Il sistema software acquisisce le coordinate dei punti tramite la lettura delle scale. Tali coordinate, e/o successive elaborazioni, possono essere poi corrette tramite una compensazione software per eliminare quegli errori a comportamento sistematico che sono stati individuati (per esempio l'effetto della non linearità delle scale di lettura o la dilatazione termica del pezzo misurato).

Ovviamente non saranno eliminabili gli errori a comportamento aleatorio; questi daranno il loro contributo alla incertezza nella determinazione del singolo punto che si ripercuoterà, componendosi in modo difficilmente modellizzabile, sulla incertezza associata al risultato finale della misurazione.

Un altro requisito importante per il software delle CMM è la validazione degli algoritmi di calcolo degli enti geometrici di base da parte di un Istituto Metrologico Nazionale.

In generale, le caratteristiche qualitative di un software della CMM sono:

- elevato grado di interattività;
- facile comprensione anche per gli utenti non esperti;
- possibilità di eseguire misurazioni complesse utilizzando macrofunzioni del software;
- effettuazione automatica della compensazione del raggio dell'elemento di contatto dello stilo senza richiesta all'operatore di informazioni al riguardo;
- presenza di "help" in linea;
- diagnostica evoluta in presenza di situazioni anomale.

Il software della CMM può essere classificato in base al tipo di geometria che è in grado di trattare; secondo questa classificazione si hanno:
- software per "geometria definita" ovvero si conosce a priori la geometria del pezzo da misurare (ricavabile dal disegno tecnico o dal CAD) e si vogliono determinare i parametri d'interesse di tale geometria;
- software per "geometria libera" ovvero si vuole caratterizzare quantitativamente la forma di un oggetto senza che questa sia riconducibile a priori ad elementi predefiniti.

7.3.8 Il sistema di controllo asservito al PC (solo per CMM a CNC)

Il sistema di controllo è costituito dagli organi che consentono la movimentazione della CMM e quindi dagli organi di potenza e di controllo (fig. 7.6). In genere gli organi di potenza sono i seguenti :
- motori degli assi;
- azionamenti per i motori;
- riduttori e convertitori meccanici del movimento rotativo dei motori in movimento rettilineo dei carri.

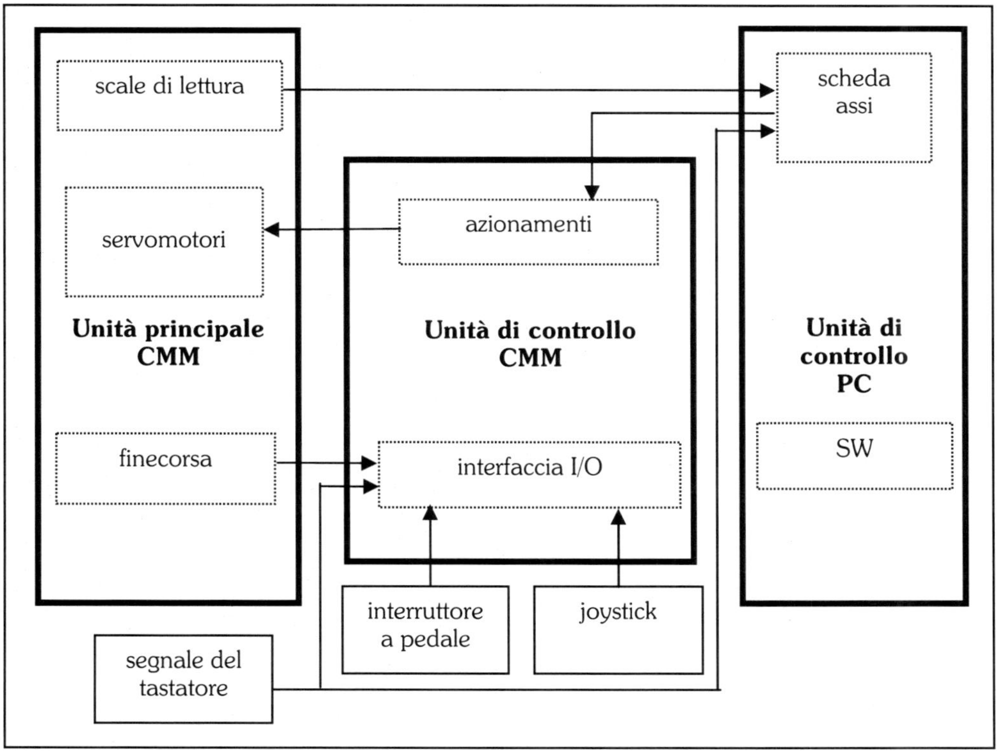

Figura 7.6: il sistema di controllo della CMM

Gli organi di governo variano a seconda dei costruttori; all'interno dell'unità di controllo, posta nel PC, deve comunque essere presente una "scheda assi" che riceve i comandi dal software e si interfaccia con le unità di controllo della CMM.

L'operatore effettua le operazioni di comando manuale tramite una console (joystick) che può essere portata in prossimità del volume di misura della CMM e che comprende i comandi di movimentazione degli assi della macchina con la regolazione della velocità di avanzamento, un pulsante di "emergenza" ed altri comandi e segnalazioni che variano da costruttore a costruttore.

Gli organi di governo consentono la movimentazione della CMM a CNC; muovendo manualmente la CMM è possibile realizzazione in "autoapprendimento" un percorso di misura che può essere memorizzato e successivamente eseguito in modo automatico come un qualunque programma d misura.

Nella fase di movimentazione in automatico, la CMM si muove con velocità diverse; la velocità può essere elevata quando sta effettuando un percorso senza toccare il pezzo (velocità di spostamento), raggiungendo in sequenza una serie successiva di punti di "percorso" fino ad arrivare ad una distanza di "sicurezza" dal punto da misurare.

Dalla distanza di "sicurezza" dovrà iniziare la ricerca a bassa velocità (velocità di misura) dell'oggetto da misurare.

La ricerca termina quando il tastatore entra in contatto con l'oggetto da misurare e la CMM si arresta in attesa del comando successivo.

7.4 Diverse configurazioni di struttura della macchina

7.4.1 Generalità

I vari costruttori di CMM hanno adottato nel tempo diverse configurazioni di struttura della macchina.

Le più diffuse sono le seguenti:

- struttura a mensola ed a tavola fissa (tipo Cantilever)
- struttura a portale mobile;
- struttura a portale fisso;
- struttura a colonna;
- struttura a braccio orizzontale mobile;
- struttura a braccio orizzontale mobile e tavola mobile;
- struttura a ponte (tipo Gantry);
- struttura con portale a L.

Nel seguito si illustrano le caratteristiche principali delle diverse strutture.

7.4.2 Struttura a mensola ed a tavola fissa (tipo Cantilever)

Questa CMM (fig. 7.7) ha il sistema tastatore applicato al primo carro che viene trasportato dal secondo carro, rispetto cui si muove verticalmente. Il complesso del primo e secondo carro si muove orizzontalmente rispetto al terzo carro. Il terzo carro è sorretto soltanto ad una delle due estremità con un sistema a sbalzo e si muove orizzontalmente rispetto al basamento. Il pezzo è fissato sul basamento.

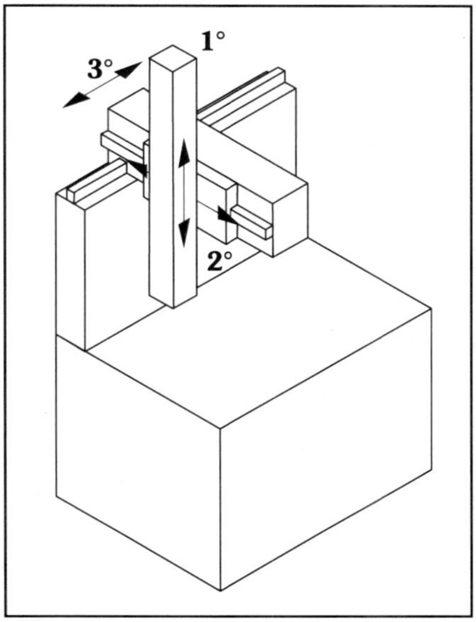

Figura 7.7: struttura a mensola

Questa struttura ha il grande vantaggio di avere tre lati della CMM liberi facilitando così l'accesso del pezzo nel volume di misura. Ha inoltre il vantaggio di poter misurare pezzi che hanno dimensioni maggiori della tavola.

Essendo il terzo carro sostenuto solo su un lato, esso flette molto di più rispetto a quelli sostenuti su due lati; per ovviare a questo inconveniente alcune macchine hanno un sistema di compensazione che garantisce la rettilineità del movimento del primo carro in relazione alla sua posizione sul secondo carro. Questa struttura è idonea per CMM di dimensioni contenute.

7.4.3 Struttura a portale mobile

In questa CMM (fig. 7.8) il sistema tastatore è applicato al primo carro, che viene trasportato dal secondo carro rispetto a cui si muove verticalmente. Il complesso del primo e secondo carro si muove orizzontalmente rispetto al terzo carro. Il terzo carro (trave) è sorretto da due colonne che scorrono orizzontalmente rispetto al basamento. Il pezzo è fissato al basamento.

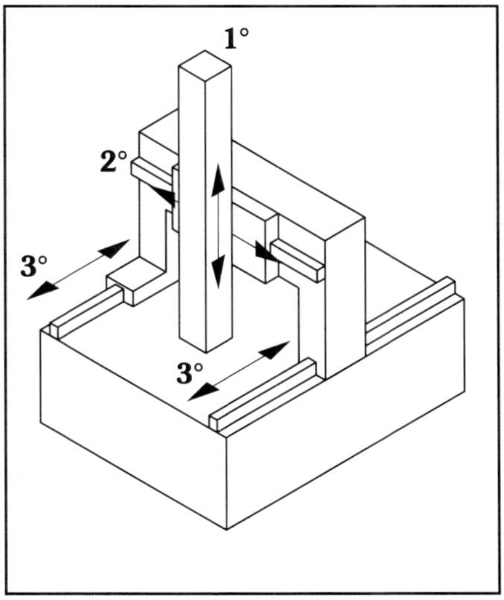

Figura 7.8: struttura a portale mobile

Questa è la struttura di macchina più diffusa. Poiché la trave è sostenuta alle due estremità, la sua flessione è minima, consentendo una maggior accuratezza di misura rispetto alla struttura tipo Cantilever. La possibilità di muovere il portale su di un lato della CMM, consente un ampio spazio per le attività di carico e scarico non essendoci nessun ostacolo sulla tavola. Un altro vantaggio è che con la stessa struttura a portale si possono fare CMM aventi differenti dimensioni aumentando solo la dimensione della tavola lungo la direzione del terzo asse. Tuttavia l'elevata massa del portale e di conseguenza la sua inerzia, determina qualche difficoltà quando si muove manualmente il tastatore. Inoltre quando si usano CMM aventi dimensioni notevoli l'operatore deve stare su di un lato della macchina mentre le colonne si muovono sull'altro.

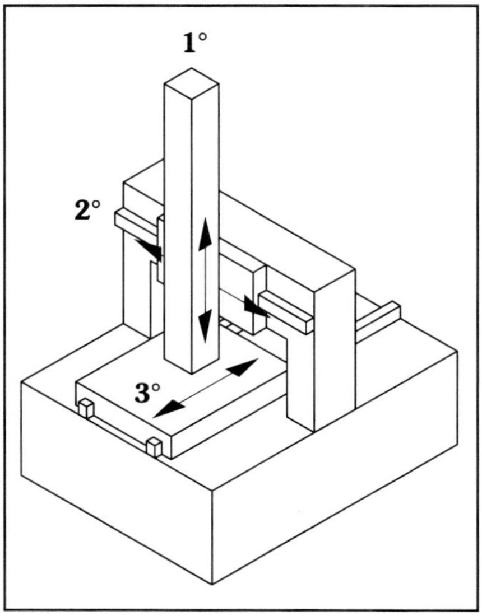

Figura 7.9: struttura a portale fisso

7.4.4 Struttura a portale fisso

In questa CMM (fig. 7.9) il sistema tastatore è applicato al primo carro, che viene trasportato dal secondo carro rispetto a cui si muove verticalmente. Il complesso del primo e secondo carro si muove orizzontalmente lungo una struttura a portale rigidamente fissata su entrambi i lati sul basamento. Il pezzo è fissato al terzo carro che rappresenta la tavola e che si muove perpendicolarmente al primo e secondo carro.

A differenza del tipo precedente il portale fisso consente di evitare il movimento della trave; questo fa in modo che la trave stessa sia progettata per avere la massima rigidità ottenendo così elevate accuratezze. Per questa ragione le CMM più precise adottano questo tipo di struttura. Ciascun asse deve essere movimentato tramite un suo motore anche nell'uso manuale della CMM.

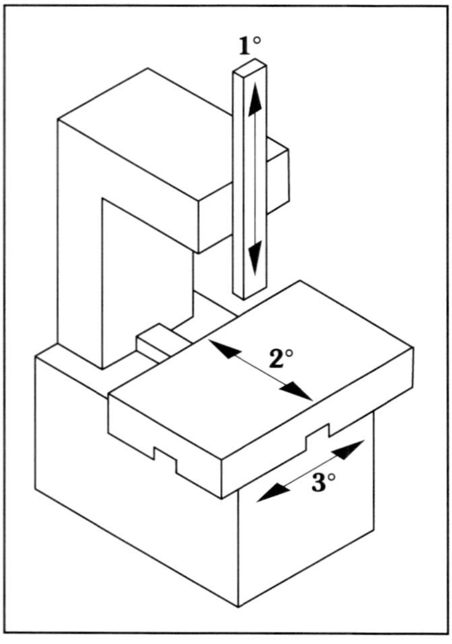

Figura 7.10: struttura a colonna

7.4.5 Struttura a colonna

In questa CMM (fig. 7.10) il sistema tastatore è applicato al primo carro che si muove verticalmente rispetto alla struttura rigidamente fissata al basamento. Il secondo carro viene trasportato dal terzo carro, rispetto a cui si muove orizzontalmente. Il terzo carro si muove trasversalmente rispetto al basamento. Il pezzo è fissato al secondo carro. Questa struttura è principalmente impiegata in CMM di piccole dimensioni. La movimentazione manuale risulta difficile in quanto si deve muovere tanto il tastatore quanto il pezzo. È una struttura poco usata per la difficoltà ad ottenere buone precisioni nel movimento ortogonale della tavola.

7.4.6 Struttura a braccio orizzontale mobile

In questa CMM (fig. 7.11) il sistema tastatore è applicato al primo carro che viene trasportato dal secondo carro rispetto a cui si muove orizzontalmente. Il complesso del primo e secondo carro si muove verticalmente sulla colonna rispetto al terzo carro. Il terzo carro si muove orizzontalmente rispetto al basamento. Il pezzo è fissato al basamento.

Questa struttura è generalmente meno costosa delle precedenti in quanto gli elementi mobili sono più compatti e facili da progettare. Uno dei vantaggi di questa soluzione è la piccola dimensione della struttura della CMM nei confronti delle dimensioni del pezzo che può misurare. D'altro canto la struttura a braccio orizzontale non è idonea per misure che richiedono elevate accuratezze a causa della flessione del braccio orizzontale.

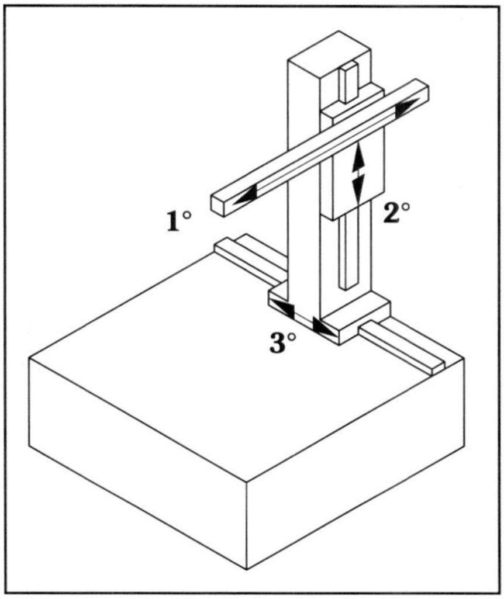

Figura 7.11: struttura a braccio orizzontale mobile

7.4.7 Struttura a braccio orizzontale e tavola mobile

In questa CMM (fig. 7.12) il sistema tastatore è applicato al primo carro, che viene trasportato da un secondo carro, rispetto a cui si muove verticalmente. Il complesso del primo e secondo carro si muove orizzontalmente rispetto al basamento. Anche il terzo carro si muove orizzontalmente rispetto al basamento. Il pezzo è fissato al terzo carro.

Questa struttura rappresenta un miglioramento del tipo a braccio orizzontale mobile: la flessione del braccio è contenuta in quanto il movimento lungo il terzo asse è fatto dal pezzo. Il carico e lo scarico del pezzo è facilitato dalla struttura aperta della macchina.

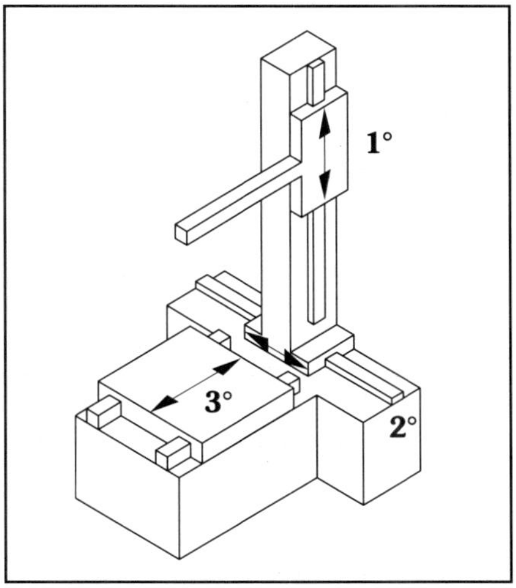

Figura 7.12: struttura a braccio orizzontale e tavola mobile

7.4.8 Struttura a ponte (tipo Gantry)

In questa CMM (fig. 7.13) il sistema tastatore è applicato al primo carro che viene trasportato dal secondo carro, rispetto a cui si muove verticalmente. Il complesso del primo e del secondo carro si muove orizzontalmente rispetto al terzo carro. Il terzo carro si muove orizzontalmente rispetto due guide a ponte parallele fissate sopra il basamento. Il pezzo è fissato al basamento.

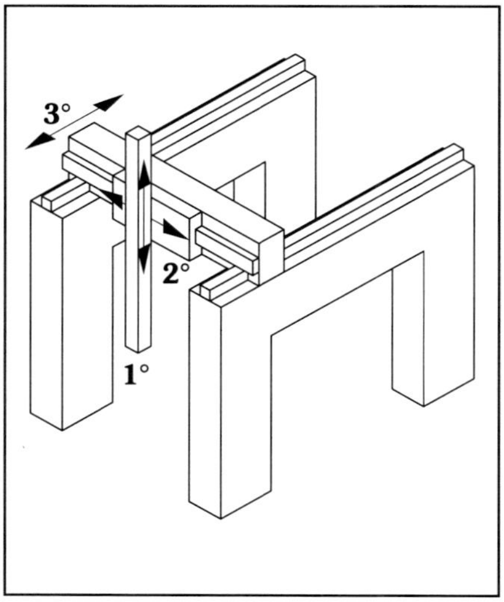

Figura 7.13: struttura a ponte (tipo Gantry)

Questa struttura è generalmente impiegata in macchine di grandi dimensioni e l'operatore lavora anche all'interno della struttura a ponte.

Poiché ciascun elemento mobile è molto pesante, ogni asse è comandato da un apposito motore. In alcune macchine di notevoli dimensioni viene posto un motore su ogni lato della trave in modo da evitare irregolarità nel movimento ed ottenere le migliori accuratezze. Nelle CMM tipo Gantry, il basamento coincide con il piano di fondazione.

7.4.9 Struttura con portale a L

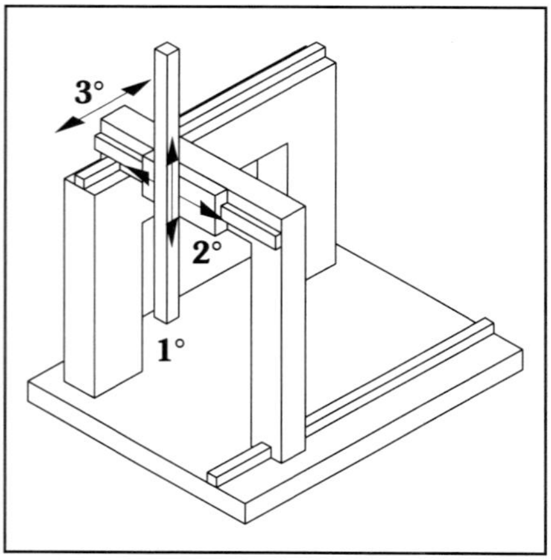

Figura 7.14: struttura con portale a L

In questa CMM (fig. 7.14) il sistema tastatore è applicato al primo carro che viene trasportato dal secondo carro, rispetto cui si muove verticalmente. Il complesso del primo e del secondo carro si muove orizzontalmente rispetto al terzo carro. Il terzo carro si muove orizzontalmente su due guide una a livello del basamento e l'altra a ponte fissata sul basamento. Il pezzo è fissato al basamento.

Comparata con la struttura a ponte mobile, questa struttura presenta una minor inerzia degli elementi mobili migliorando quindi il suo comportamento. A causa della minor massa degli elementi mobili, essa risulta meno rigida e meno robusta.

7.5 Caratteristiche tecniche delle CMM

Per consentire una corretta scelta della CMM in relazione alle esigenze di misurazione è opportuno analizzare almeno le seguenti caratteristiche tecniche:

– campo di misura:	definisce le corse degli assi X, Y e Z e quindi il volume di misura della CMM nel quale deve essere contenuto il misurando;
– errore di indicazione di una CMM:	per convenzione il valore di lettura della CMM meno il valore convenzionalmente vero del misurando;
– errore di tastatura:	errore che può essere compiuto dalla CMM nella determinazione della variazione di raggio di un campione materiale costituito da una sfera per un determinato tipo di tastatore;
– condizioni ambientali ammesse:	intervallo di temperatura entro cui la CMM rispetta le specifiche assegnate; devono inoltre essere definiti dal costruttore il massimo gradiente termico temporale ed il massimo gradiente termico spaziale;
– carico ammesso sulla tavola:	definisce la massima massa del pezzo da misurare;
– massima altezza del pezzo:	definisce la massima altezza misurabile del pezzo.

7.6 Principi di geometria analitica

7.6.1 Generalità

Prima di affrontare i problemi della metrologia è utile conoscere i fondamenti della geometria analitica.

Un sistema di coordinate cartesiane ortogonali è formato da tre rette (assi cartesiani o terna cartesiana) passanti per uno stesso punto *O* (origine) ed ortogonali a due a due; i piani che contengono due assi cartesiani vengono chiamati piani coordinati.

Il sistema di coordinate della macchina è un sistema cartesiano rettangolare destrorso con i tre assi principali denominati *X*, *Y* e *Z*, con assi di rotazione attorno ad ognuno di questi assi denominati rispettivamente *A*, *B* e *C* come indicato in figura 7.15 e 7.16.

Un sistema di coordinate cartesiane permette di stabilire una corrispondenza biunivoca fra ogni punto dello spazio (punti di contatto fra tastatore e pezzo) e le sue coordinate (informazione dai trasduttori di spostamento sugli assi coordinati).

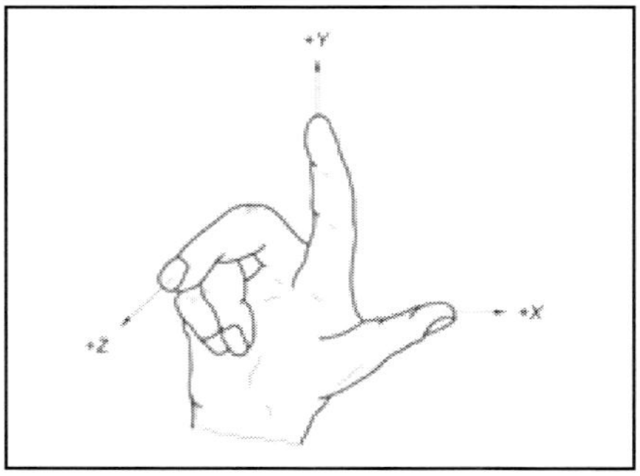

Figura 7.15: regola della mano destra

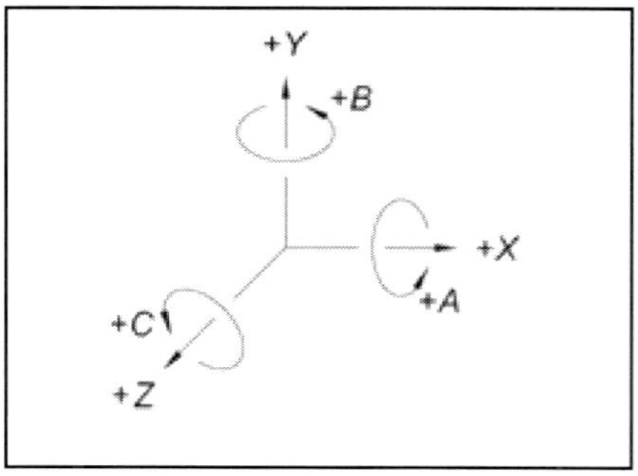

Figura 7.16: terna destrorsa

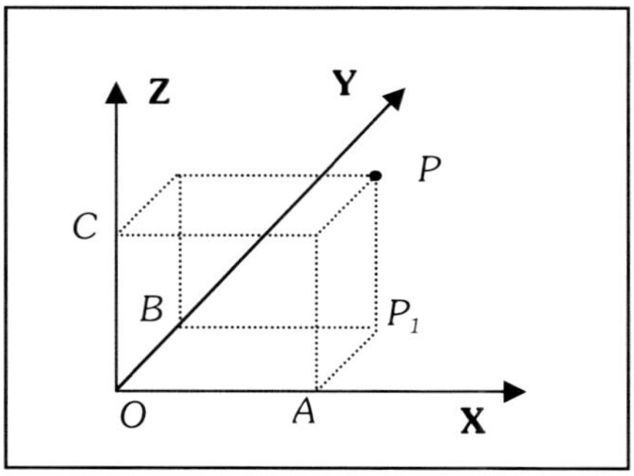

Figura 7.17: sistema di coordinate cartesiane

Se *P* è infatti un punto qualsiasi dello spazio, i piani paralleli ai piani coordinati *yz*, *zx* e *xy*, passanti per *P*, intersecano gli assi *X*,*Y* e *Z*, rispettivamente nei punti *A*,*B* e *C* (figura 7.17).

Individuate con *a*,*b*,*c* le lunghezza dei segmenti *OA*, *OB*, *OC*, i tre numeri *a*,*b*,*c* così ottenuti si dicono coordinate cartesiane ortogonali del punto *P*.

Ad un qualsiasi punto *P* dello spazio corrisponde quindi una terna ordinata di numeri reali (x_p, y_p, z_p); allo stesso modo data una terna ordinata di numeri reali possiamo associare a questa un punto nel sistema di coordinate cartesiane. Tale corrispondenza permette di rappresentare in forma matematica i principali enti geometrici.

Nella geometria analitica ogni ente geometrico è rappresentato da un'equazione, ovvero una relazione matematica soddisfatta da tutti i punti dell'ente geometrico considerato, che identifica univocamente l'ente geometrico.

Per esempio, se un generico punto $P \equiv (x_p, y_p, z_p)$, soddisfa l'equazione matematica di un determinato piano, vuol dire che il punto *P* appartiene a quel piano; se invece non soddisfa l'equazione, sicuramente il punto *P* non appartiene a quel piano.

I punti del piano coordinato *xy* hanno per esempio coordinata *z* nulla e sono rappresentati con l'equazione $z = 0$; i punti del piano *xz* hanno coordinata *y* nulla ($y = 0$) e quelli del piano *yz* hanno coordinata *x* nulla ($x = 0$). I punti dell'asse *x* hanno sia la coordinata *y* che quella *z* nulla ($y = 0$; $z = 0$); i punti dell'asse *y* hanno sia la coordinata *x* che quella *z* nulla ($x = 0$; $z = 0$); i punti dell'asse *z* hanno sia la coordinata *x* che quella *y* nulla ($x = 0$; $y = 0$); l'origine *O* ha tutte e tre le coordinate nulle.

Le distanze fra elementi geometrici nello spazio cartesiano sono ricavabili dalle coordinate dei punti e dalle equazioni matematiche degli enti geometrici considerati. Per esempio, la distanza *d* fra due punti generici P_1 e P_2 rispettivamente di coordinate (x_{p1}, y_{p1}, z_{p1}) ed (x_{p2}, y_{p2}, z_{p2}) risulta pari a:

$$d = \sqrt{\left(x_{p1} - x_{p2}\right)^2 + \left(y_{p1} - y_{p2}\right)^2 + \left(z_{p1} - z_{p2}\right)^2}$$

La distanza di un punto P_1 dall'origine degli assi corrisponde quindi al modulo del vettore OP_1 (si indica con $|OP_1|$ oppure con $\overline{OP_1}$) ed è pari a:

$$\overline{OP_1} = \sqrt{x_{P1}^2 + y_{P1}^2 + z_{P1}^2}$$

L'angolo α formato dai vettori OP_1 ed OP_2 si può, per esempio, ricavare attraverso il prodotto scalare fra i due vettori che risulta pari al prodotto dei moduli per il coseno dell'angolo compreso:

$$\overline{OP_1} \bullet \overline{OP_2} = |OP_1| \cdot |OP_2| \cos(\alpha)$$

ma anche uguale alla somma dei prodotti delle coordinate omologhe:

$$\overline{OP_1} \bullet \overline{OP_2} = x_{p1} \cdot x_{p2} + y_{p1} \cdot y_{p2} + z_{p1} \cdot z_{p2}$$

da cui si nota che l'angolo α è funzione delle coordinate dei punti P_1 e P_2.

Anche la condizione di perpendicolarità fra due vettori può essere tradotta nella condizione di uguaglianza a zero del loro prodotto scalare.

Un piano nello spazio (fig. 7.18), può essere rappresentato analiticamente attraverso un'equazione di primo grado in tre variabili del tipo:

$$ax + by + cz + d = 0$$

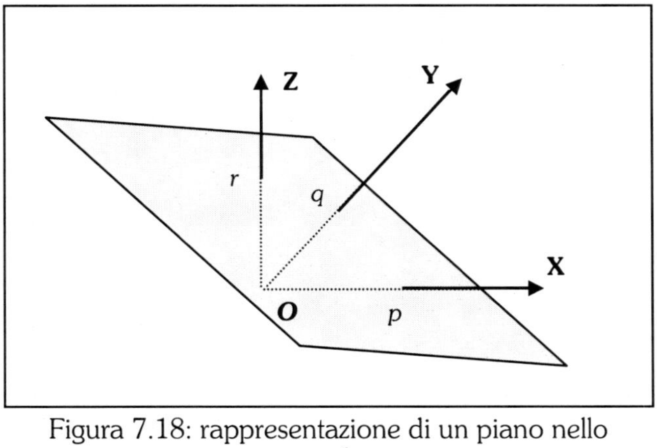

Figura 7.18: rappresentazione di un piano nello spazio

oppure nella forma:

$$\frac{x}{p}+\frac{y}{q}+\frac{z}{r}=1$$

ove p,q,r rappresentano le intersezioni del piano con gli assi coordinati e valgono:

$$p = -d/a; \quad q = -d/b; \quad r = -d/c$$

Ciò vuol dire che tutti i punti del piano soddisfano la sopraccitata equazione e se un generico punto P soddisfa l'equazione, allora tale punto appartiene al piano.

Per esempio, se si considera il piano di equazione: $3x + 4y + z - 8 = 0$ si può affermare che il punto P di coordinate ($x_p = 1$, $y_p = 1$, $z_p = 1$) appartiene al piano considerato; infatti tali valori rispettano l'equazione che identifica il piano.

Allo stesso modo conoscendo le coordinate di tre punti appartenenti ad un piano incognito, si può scrivere l'equazione del piano passante per quei tre punti (per tre punti passa infatti un solo piano) risolvendo un sistema lineare a tre equazioni e tre incognite con il quale si determina il valore dei coefficienti p,q,r.

Intendendo come gradi di libertà i parametri incogniti nella equazione dell'elemento espressa in modo minimale, possiamo affermare che un piano nello spazio ha 3 gradi di libertà; esistono quindi ∞^3 piani diversi nello spazio.

La condizione di parallelismo fra due piani individuati rispettivamente dalle equazioni:

$$a_1x + b_1y + c_1z + d_1 = 0 \quad \text{(piano 1)}$$
$$a_2x + b_2y + c_2z + d_2 = 0 \quad \text{(piano 2)}$$

è indicata dalla relazione di proporzionalità fra i coefficienti delle variabili x,y,z ovvero dalla seguente relazione:

$$\frac{a_2}{a_1}=\frac{b_2}{b_1}=\frac{c_2}{c_1}$$

Dato il piano avente equazione $a_1x + b_1y + c_1z + d_1 = 0$, la direzione perpendicolare al piano, che individua quindi l'orientamento del piano nello spazio, è individuata dalla direzione del vettore OP, dove O rappresenta l'origine degli assi coordinati e P rappresenta il punto di coordinate a_1, b_1, c_1. Questa proprietà, insieme a quella del prodotto scalare fra vettori, consente di determinare l'inclinazione di un piano rispetto ad un altro o rispetto ad una retta.

Tenendo conto che una retta nello spazio può essere considerata come intersezione di due piani (fig. 7.19), risulta evidente che tale retta può essere rappresentata dal sistema formato dalle equazioni dei due piani.

Le coordinate dei punti della retta devono quindi soddisfare entrambe le equazioni del sistema:

$$\begin{cases} a_1x + b_1y + c_1z + d_1 = 0 \\ a_2x + b_2y + c_2z + d_2 = 0 \end{cases}$$

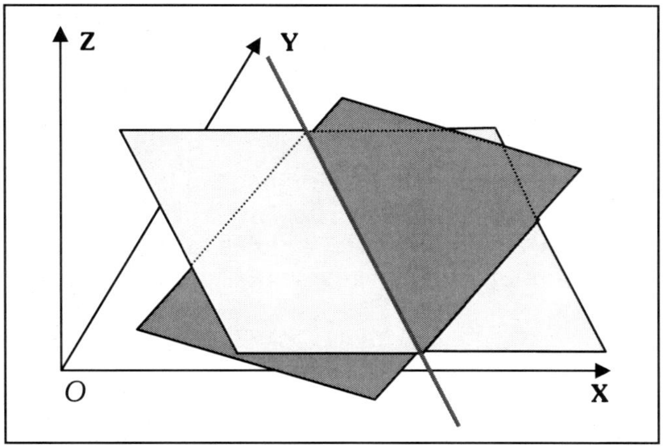

Fig. 7.19: intersezione di due piani

Una retta nello spazio può essere quindi individuata univocamente attraverso le equazioni di due piani diversi ai quali appartiene la retta. Risolvendo quindi il sistema formato dalle due equazioni dei piani, si ottiene:

$$\begin{cases} x = lz + k \\ y = mz + w \end{cases}$$

dove l, m, k, w sono parametri funzione dei coefficienti a_1, b_1, c_1, d_1, a_2 , b_2, c_2 , d_2.

Volendo individuare la retta passante per due punti dati P_1 e P_2 (per due punti passa infatti una sola retta), occorre risolvere il sistema di quattro equazioni e quattro incognite formato dalle condizioni di appartenenza di ognuno dei due punti alla retta. Una retta nello spazio ha infatti 4 gradi di libertà; esistono quindi ∞^4 rette diverse nello spazio.

Anche la circonferenza può essere rappresentata da un'equazione matematica; essa individua il luogo dei punti, appartenenti al piano su cui giace la circonferenza, equidistanti (distanza pari al raggio r) da un punto fisso detto centro .

Prendiamo per esempio una circonferenza sul piano xy; indicando con c_x e c_y le coordinate del centro C e con x, y le coordinate del generico punto P sulla circonferenza, l'equazione della circonferenza è determinata imponendo che la distanza fra P e C ($\overline{PC}$) sia pari ad r (lunghezza del raggio):

$$\overline{PC} = \sqrt{\left(x - c_x\right)^2 + \left(y - c_y\right)^2} = r$$

ovvero:

$$\left(x - c_x\right)^2 + \left(y - c_y\right)^2 = r^2$$

da cui sviluppando i quadrati si ottiene: $x^2 + y^2 + ax + by + c = 0$ dove i parametri a, b, c sono ovviamente funzione di c_x, c_y ed r.

Una circonferenza nel piano ha quindi 3 gradi di libertà individuati dalle coordinate del suo centro e dalla lunghezza del raggio; esistono quindi ∞^3 circonferenze diverse su un determinato piano.

Una circonferenza nello spazio ha invece 6 gradi di libertà; 3 gradi di libertà sono infatti rappresentati dai possibili piani nello spazio su cui essa può giacere (esistono come già visto ∞^3 piani diversi nello spazio) e 3 gradi di libertà sono rappresentati dalle circonferenze che possono essere descritte su quel determinato piano.

7.6.2 Superfici

Abbiamo visto che l'equazione $ax + by + cz + d = 0$ rappresenta le coordinate di tutti i punti che stanno su un determinato piano. Allo stesso modo, una qualunque equazione in tre incognite x,y,z che indichiamo con $F(x,y,z) = 0$ e che abbia soluzioni reali, rappresenta una superficie nello spazio, ovvero il luogo geometrico dei punti che soddisfano l'equazione della superficie $F(x,y,z) = 0$.

La superficie sferica, per esempio, è individuata dal luogo dei punti equidistanti (distanza pari al raggio r) da un punto fisso detto centro C.

Indicando con c_x, c_y, e c_z le coordinate del centro C e con x, y, z le coordinate del generico punto P sulla superficie sferica, l'equazione è individuata ponendo $\overline{PC}$ (distanza fra P e C) pari ad r (lunghezza del raggio):

$$\overline{PC} = \sqrt{\left(x - c_x\right)^2 + \left(y - c_y\right)^2 + \left(x - c_z\right)^2} = r$$

ovvero:

$$\left(x - c_x\right)^2 + \left(y - c_y\right)^2 + \left(x - c_z\right)^2 = r^2$$

da cui si ottiene: $x^2 + y^2 + z^2 + ax + by + cz + d = 0$ dove i parametri a, b, c, d, sono ovviamente funzione di c_x, c_y, c_z ed r.

Conoscendo le coordinate di quattro punti appartenenti alla superficie sferica e sostituendo tali coordinate nell'equazione generica della sfera, si ottiene un sistema di equazioni la cui soluzione fornisce le coordinate del centro ed il valore di r e quindi l'equazione della sfera (per quattro punti passa, infatti, una sola sfera).

7.6.3 Superfici di rotazione

Una superficie di rotazione (fig. 7.20) è generata da una linea curva che ruota attorno ad una retta fissa (asse di rotazione). Ogni punto della curva descrive quindi una circonferenza che giace su un piano perpendicolare all'asse di rotazione.

Una curva sul piano xz rappresentata dall'equazione $z = f(x)$ oppure $f(x,z) = 0$, nello spazio individuata dal sistema di equazioni:

$$\begin{cases} f(x,z) = 0 \\ y = 0 \end{cases}$$

L'equazione di una superficie di rotazione generata da una curva sul piano xz che ruota intorno all'asse Z, si ottiene sostituendo nell'equazione della curva al posto della x la quantità $\pm\sqrt{x^2 + y^2}$.

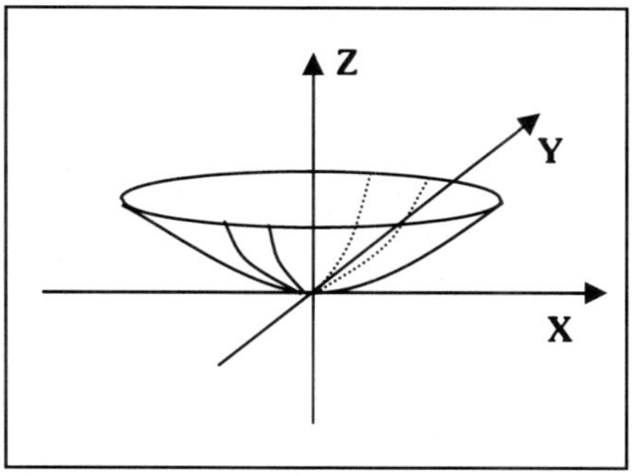

Figura 7.20: superficie di rotazione

7.6.4 Superfici cilindriche

Si chiama superficie cilindrica o cilindro (fig. 7.21) una qualunque superficie generata dai punti di una curva conducendo le parallele ad una retta di direzione fissa. In altre parole la superficie cilindrica è una superficie generata da una retta che si muove lungo una curva mantenendo costante la sua direzione.

La curva si chiama "*direttrice*"; la retta si chiama "*generatrice*". Per individuare una superficie cilindrica occorre individuare la direzione della retta generatrice e l'equazione della curva direttrice.

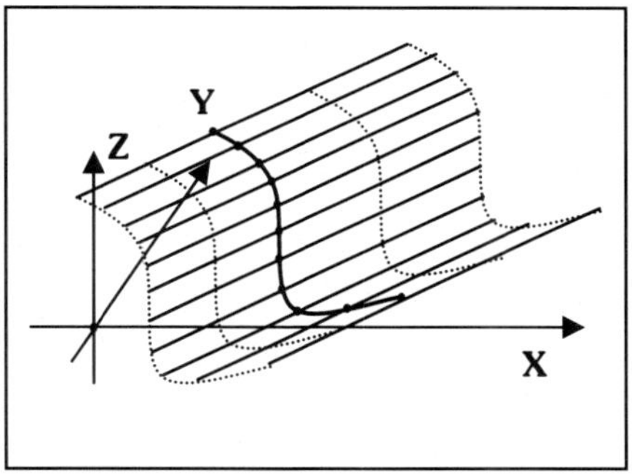

Figura 7.21: superficie cilindrica

Un'equazione $f(x,y) = 0$ che abbia soluzioni reali (curva direttrice sul piano xy), rappresenta nello spazio una superficie cilindrica con le generatrici parallele all'asse z.

Un cilindro a sezione circolare (la curva direttrice è costituita da una circonferenza) con l'asse orientato in una qualunque direzione nello spazio è rappresentato da un'equazione che si ottiene prendendo l'equazione della retta generica passante per la circonferenza direttrice e perpendicolare al piano su cui giace la circonferenza stessa. Tale equazione è una funzione del tipo $f(x,y,z) = 0$ che ha soluzioni reali.

7.6.5 Superfici coniche

Si chiama cono o superficie conica del 2° ordine (fig. 7.22), la superficie di equazione:

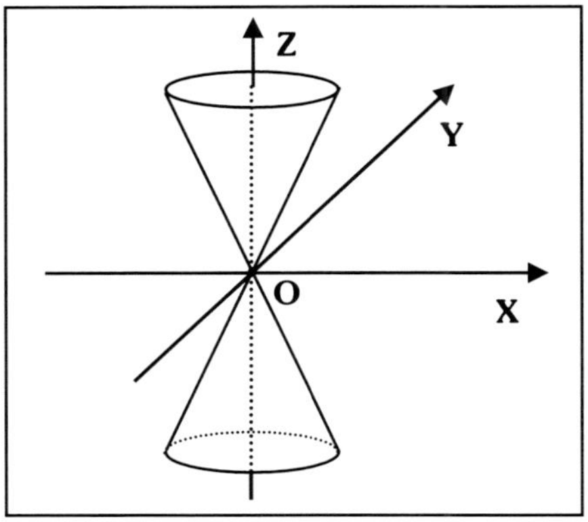

Figura 7.22: superficie conica

$$\frac{x^2}{a^2}+\frac{y^2}{b^2}-\frac{z^2}{c^2}=0$$

Se un punto *P* qualsiasi giace su questa superficie, anche tutti i punti della retta *OP* appartengono a tale superficie.

Un cono nello spazio ha 6 gradi di libertà ovvero esistono ∞^6 coni diversi nello spazio.

7.7 Principi di metrologia a coordinate

La misura nella metrologia classica si basa sulla capacità di uno strumento per misurazione di fornire una stima del misurando all'interno di una determinata incertezza; tale stima è, in prima approssimazione, rappresentata dal valore proposto dallo strumento.

La valutazione dell'incertezza di misura, come abbiamo visto nei capitoli precedenti, può essere eseguita dopo aver individuato un modello matematico che lega la stima del misurando con il valore fornito dallo strumento per misurazione e che tiene conto delle grandezze di influenza o di altri parametri utilizzati.

Il modello matematico quindi, non solo consente di apportare delle correzioni al valore di lettura dello strumento in funzione degli errori sistematici individuati (errori dei quali può essere fatta una stima), ma ci permette anche di esprimere il risultato di una misurazione attraverso la misura di altre grandezze che vengono messe in relazione con il misurando.

La metrologia a coordinate si basa invece su tre fasi principali:

1. misurare le coordinate (rispetto ad un sistema di riferimento predefinito) di alcuni punti della superficie del pezzo che può essere assimilata ad enti geometrici definiti;
2. determinare l'ente geometrico ideale che meglio approssima i punti rilevati;
3. calcolare alcune caratteristiche (che rappresentano il risultato della misurazione) di tali enti geometrici attraverso le coordinate dei punti rilevati, le equazioni matematiche che rappresentano gli enti geometrici ed un metodo matematico di interpolazione per ottimizzare i parametri dell'equazione.

Nel caso molto semplice della distanza *d* fra due punti *A* e *B* (fig. 7.23) rispettivamente di coordinate (a_x, a_y, a_z) e (b_x, b_y, b_z) si può esprimere facilmente, come abbiamo già visto, la relazione matematica che lega il risultato della misura *d* con le coordinate dei punti rilevati e cioè:

$$d=\sqrt{\left(a_x-b_x\right)^2+\left(a_y-b_y\right)^2+\left(a_z-b_z\right)^2}$$

Tale modello, implementato automaticamente dal software della CMM, può essere perfezionato con l'aggiunta dei contributi dovuti alle grandezze di influenza o di altre sorgenti di errore che intervengono nella stima delle coordinate rilevate (a_x, a_y, a_z) e (b_x, b_y, b_z).

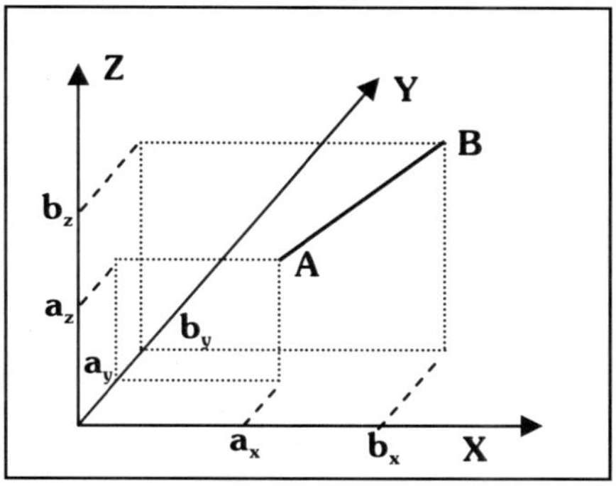

Figura 7.23: distanza tra due punti

Nel caso in cui, però, la funzione di misura non è la semplice distanza fra due punti ma è rappresentata da una caratteristica di un elemento geometrico reale, non è così semplice stabilire una relazione matematica fra le coordinate dei punti rilevati ed il risultato della misura.

Occorre inoltre individuare, rilevando le coordinate di un opportuno numero di punti, un elemento geometrico ideale che meglio approssima quello reale. Le misure date dalla CMM infatti, non sono riferite ad enti geometrici reali ma ad enti geometrici ideali, rappresentati da precise equazioni matematiche, determinate in funzione delle coordinate dei punti rilevati.

Una volta elaborata l'equazione, il software della CMM è in grado di determinare tutte le caratteristiche dell'ente geometrico ideale a cui l'equazione si riferisce (per esempio il raggio della sfera o il suo centro o la distanza fra quest'ultimo ed un altro punto precedentemente determinato).

Quindi quando la CMM acquisisce le coordinate di un punto della superficie di un elemento geometrico è come se stabilisse una relazione di appartenenza di quel punto all'elemento geometrico considerato, fornendo un'informazione utile alla determinazione dell'equazione matematica dell'elemento geometrico considerato.

Ogni relazione fra i parametri incogniti consente infatti di eliminare un grado di libertà all'insieme delle possibili equazioni di quell'ente geometrico nello spazio; la tabella 7.1 fornisce il numero di gradi di libertà dei vari enti geometrici.

Ciò significa che per definire un elemento geometrico è necessario conoscere un numero minimo di parametri (posizione, orientamento, dimensione o angoli) in funzione del numero di gradi di libertà dell'elemento geometrico nello spazio oppure rilevare, sulla superficie del pezzo, un numero di punti pari al numero di gradi di libertà dell'elemento geometrico.

Per esempio, rilevando tre punti sulla superficie nominalmente piana di un pezzo, si può individuare il piano su cui giace la superficie in esame (a meno degli errori di forma).

È importante però ricordare che il piano individuato dalla CMM è un piano ideale, rappresentato da un'equazione matematica, e quindi non contiene tutti i punti della superficie reale e non è limitato alla superficie della faccia piana del pezzo in esame poiché si estende teoricamente all'infinito.

Le figure che seguono illustrano gli elementi geometrici utilizzati per eseguire le misurazioni con una CMM; è opportuno fare una distinzione fra elementi sul piano (fig. 7.24) ed elementi nello spazio (fig. 7.25).

Tabella 7.1: gradi di libertà per ente geometrico

Elemento geometrico	**N° gradi di libertà (gdl)**	**Esempi di parametrizzazione**
Retta (3D)	4	Orientazione della retta (2 gdl) e coordinate del punto di intersezione della retta con un piano ortogonale in un sistema di riferimento nel piano (2 gdl)
Piano	3	Orientazione della normale al piano (2 gdl) e distanza dall'origine (1 gdl)
Circonferenza (sul piano)	3	Coordinate del centro (2 gdl) e raggio (1 gdl)
Circonferenza (nello spazio)	6	Piano su cui giace (3 gdl) coordinate del centro sul piano (2 gdl) e raggio (1 gdl)
Sfera	4	Coordinate del centro (3 gdl) e raggio (1 gdl)
Cilindro	5	Retta dell'asse (4 gdl) e raggio (1 gdl)
Cono	6	Coordinate del vertice (3 gdl) orientazione 3D dell'asse (2 gdl) e angolo apicale (1 gdl)
Toro	7	Circonferenza 3D dell'anello (6 gdl) e raggio della circonferenza generatrice (1 gdl)

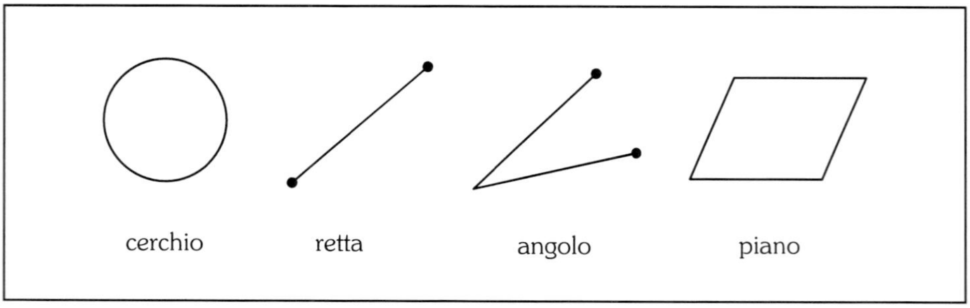

Figura 7.24: elementi nel piano

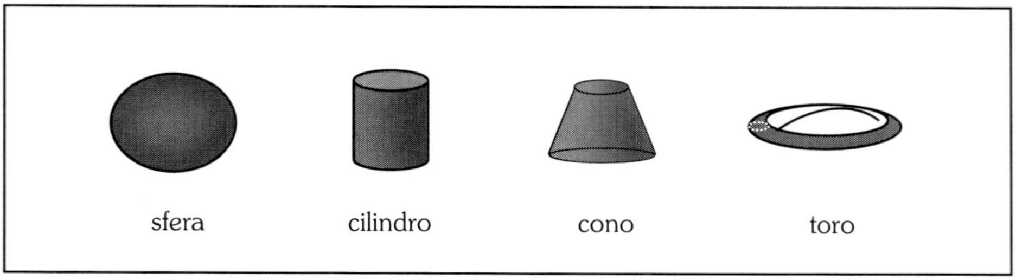

Figura 7.25: elementi nello spazio

Su un pezzo meccanico si possono definire tanti elementi geometrici alcuni dei quali possono essere utilizzati per determinarne altri. Per esempio, la superficie del pezzo riportato nella figura 7.26 può essere scomposta in 7 piani (P1, P2, P3, P4, P5, P6, P7) e due cilindri (C1 e C2) come riportato nella figura 7.27.

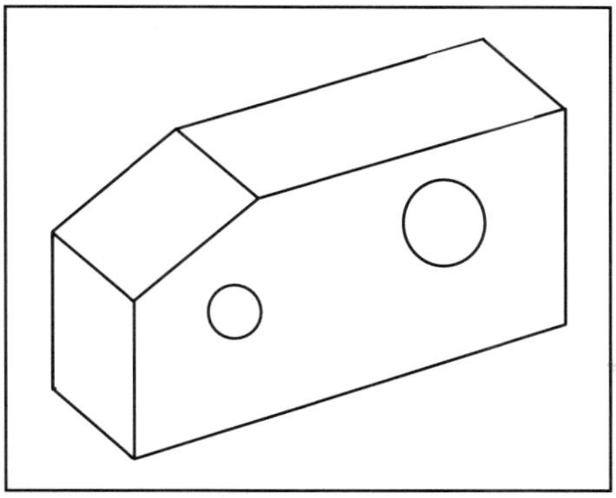

Figura 7.26: pezzo meccanico

Per rilevare tutte le caratteristiche del pezzo in esame occorre definire gli elementi geometrici esistenti; tali elementi geometrici nel caso dell'esempio sopra riportato sono i seguenti:

- i sette piani individuati dalle facce piane della superficie del pezzo in esame acquisendo le coordinate di almeno tre punti (non allineati) per ogni piano;
- i due cilindri individuati dalla superficie interna dei fori acquisendo le coordinate di almeno 5 punti non appartenenti alla stessa circonferenza.

Altri elementi geometrici possono essere determinati per costruzione, a partire da quelli esistenti; fra questi riportiamo per esempio:

- le rette rappresentate dagli spigoli, individuate come intersezione dei due piani che li formano;
- le circonferenze rappresentate dal profilo di apertura dei fori, individuate come intersezione dei cilindri C1 e C2 con il piano P5;
- i vertici individuati dall'intersezione di tre facce adiacenti;
- gli assi di simmetria dei cilindri C1 e C2.

A questo punto si possono eseguire le misure richieste dal disegno che non sono più acquisizioni dello strumento, ma consistono in calcoli eseguiti dal sistema di elaborazione sulla base delle equazioni individuate per ogni elemento geometrico.

Fra le misure possibili riportiamo per esempio:

- la distanza fra i due piani paralleli (calcolata come distanza fra un punto di un piano e l'altro piano);
- il diametro dei fori individuati dai cilindri C1 e C2;
- l'interasse fra i due fori;
- la lunghezza degli spigoli.

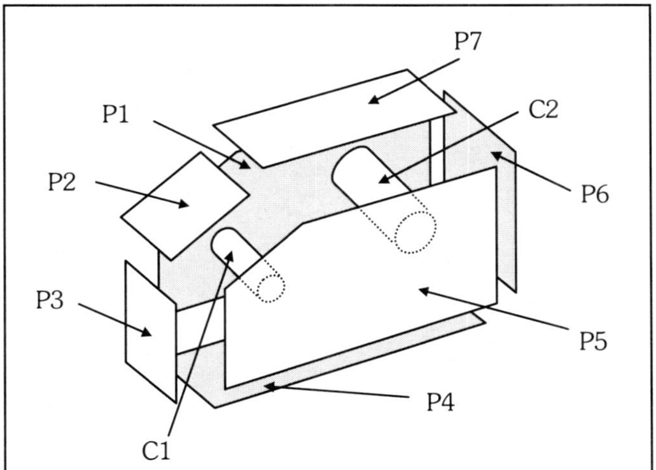

Figura 7.27: scomposizione in elementi geometrici

7.8 MISURA DEGLI ERRORI DI FORMA

7.8.1 Generalità

La metrologia a coordinate non solo permette di misurare le dimensioni, la posizione e l'orientamento di un elemento geometrico, individuando le coordinate di alcuni punti sulla superficie, ma ha anche il grande vantaggio di consentire la valutazione dell'errore di forma di un elemento geometrico reale (appartenente al pezzo in esame) ovvero è in grado di misurare lo scostamento fra i punti del pezzo in esame ed i punti della superficie ideale che soddisfano l'equazione matematica associata a quell'elemento geometrico.

Se si utilizza la metrologia a coordinate per la valutazione degli errori di forma, è necessario rilevare un numero di punti più grande del numero di gradi di libertà dell'elemento geometrico considerato.

Anche dopo aver rilevato le coordinate di un numero di punti n_p, maggiore del numero dei gradi di libertà n_{gdl}, per valutare l'errore di forma occorre comunque determinare l'equazione dell'elemento geometrico individuato. Tale equazione, però, può essere determinata scegliendo a caso solo un numero di punti pari a n_{gdl} fra gli n_p punti rilevati (n_{gdl} è infatti il numero di punti sufficienti a determinare l'equazione dell'ente geometrico) ed ogni differente gruppo di n_{gdl} punti porterebbe alla definizione di un'equazione formalmente diversa anche se relativa allo stesso elemento geometrico.

Il metodo di calcolo da adottare per determinare l'equazione dell'elemento geometrico in esame, sulla base di un numero di punti n_p maggiore di quello strettamente necessario n_{gdl}, rappresenta quindi una scelta molto importante che comporta differenti risultati in termini di equazione associata all'elemento geometrico e quindi anche in termini di valutazione dell'errore di forma.

Infatti, dopo aver individuato un'equazione matematica che può essere considerata rappresentativa dell'elemento geometrico reale (anche se non tutti i punti rilevati soddisferanno quell'equazione), può essere calcolato l'errore di forma con un algoritmo che quantifichi lo scostamento fra gli n_p punti rilevati e quelli appartenenti all'elemento geometrico ideale associato a quello reale. Di seguito tratteremo i principali errori geometrici ed i metodi per la valutazione delle tolleranze geometriche.

7.8.2 Tolleranza di circolarità

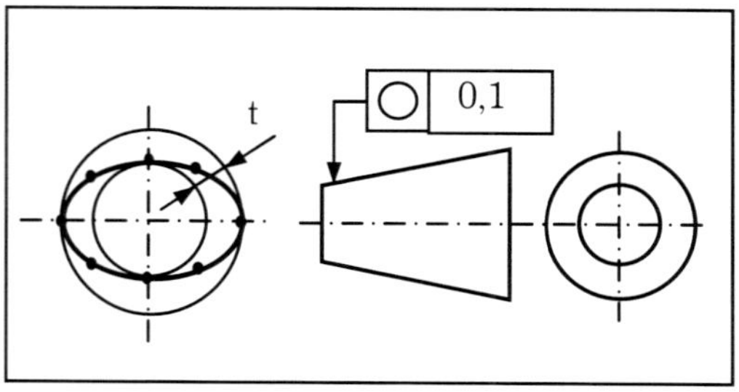

Figura 7.28: tolleranza di circolarità

La tolleranza di circolarità (fig. 7.28) individua una zona (porzione del piano), compresa fra due circonferenze complanari e concentriche, la cui distanza è pari al valore della tolleranza definita nel disegno, nella quale devono trovarsi tutti i punti della sezione circolare sottoposta a tolleranza; quindi, la differenza fra i raggi della circonferenza di raggio minimo, che contiene all'interno tutti i punti rilevati, e la circonferenza di raggio massimo che lascia tutti i punti all'esterno. Tale differenza rappresenta lo scostamento dalla condizione di circolarità che deve risultare inferiore al valore della tolleranza definita nel disegno.

Queste due circonferenze sono sempre concentriche ed hanno come centro quello del ***cerchio di riferimento***; quindi la differenza dei loro raggi varia in funzione della scelta del cerchio di riferimento.

Per individuare un cerchio occorre rilevare le coordinate di almeno tre punti che stanno sulla circonferenza; con tre punti, però, si riescono ad effettuare tutte le misura dimensionali (raggio, circonferenza), ma non si può determinare l'errore di forma. Per calcolare correttamente lo scostamento di circolarità si deve rilevare un numero di punti, tutti appartenenti alla circonferenza, sensibilmente superiore al minimo numero di punti necessario per individuare l'elemento geometrico.

Dalle coordinate dei punti rilevati, il software della CMM individua il centro del cerchio di riferimento, con un metodo di interpolazione, ed in funzione di questo individua il cerchio inscritto e quello circoscritto da cui si calcola lo scostamento di circolarità. Esistono diversi metodi per la determinazione del centro del cerchio di riferimento, spesso selezionabili dall'operatore della CMM; nel seguito si elencano i vari metodi anche se il più usato è il metodo dei minimi quadrati:

- ***Metodo dei minimi quadrati (metodo di Gauss o LSC)***: il centro di riferimento (fig. 7.29a) viene calcolato come quel punto per il quale risulta minima la somma dei quadrati delle differenze fra la distanza dal centro di ogni punto ed il raggio da determinare (il risultato di tale metodo comprende l'individuazione del centro e la determinazione del raggio).
- ***Metodo del massimo cerchio inscritto (MIC)***: il centro di riferimento (fig. 7.29b) viene individuato come il centro del cerchio con il massimo raggio fra tutti i possibili cerchi per i quali risultano esterni tutti i punti rilevati.
- ***Metodo del minimo cerchio circoscritto (MCC)***: il centro di riferimento (fig. 7.29c) viene individuato come il centro del cerchio con il minimo raggio fra tutti i possibili cerchi che contengono tutti i punti rilevati.
- ***Metodo della zona minima (MZC)***: il centro di riferimento (fig. 7.29d) viene individuato come quel centro per il quale risulta minima la differenza fra i raggi del cerchio che contiene tutti i punti rilevati ed il cerchio che lascia tali punti all'esterno.

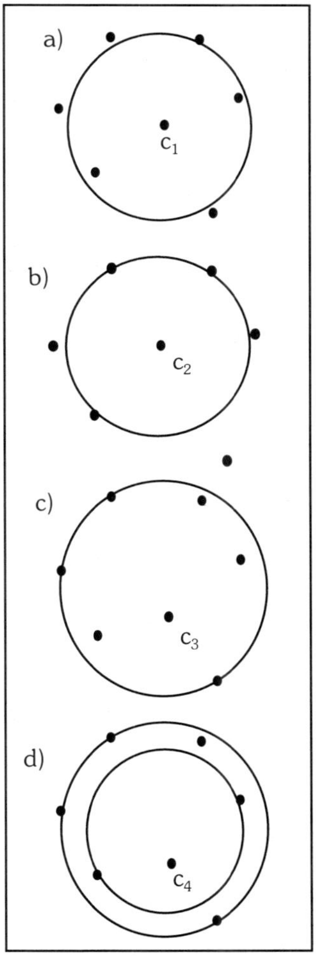

Figura 7.29: metodi per determinare il centro del cerchio di riferimento

I centri dei cerchi di riferimento individuati con i diversi metodi sopra descritti non coincidono e quindi non coincidono gli scostamenti di circolarità calcolati utilizzando i differenti metodi.

7.8.3 Tolleranza di cilindricità

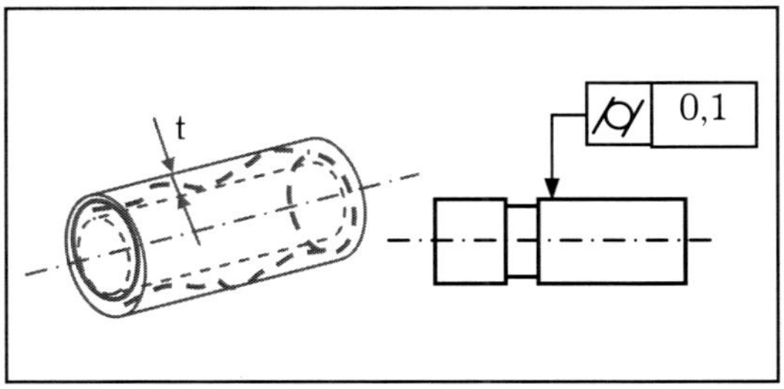

Figura 7.30: tolleranza di cilindricità

La tolleranza di cilindricità (t), specifica una zona di tolleranza tridimensionale compresa tra due cilindri concentrici (e concentrici ad un cilindro di riferimento) entro i quali deve essere compresa la superficie sottoposta a tolleranza (fig. 7.30). Per verificare la tolleranza di cilindricità occorre in primo luogo determinare l'asse del cilindro in esame, rispetto al quale calcolare poi gli scostamenti radiali su diversi piani di sezione individuati dai punti rilevati. Esistono anche in questo caso diversi metodi per la determinazione dell'asse (come per la circolarità) con i quali si possono ottenere diversi risultati; in ogni caso il numero di punti da rilevare deve essere maggiore di quello minimo (pari al numero di gradi di libertà del cilindro).

Dai punti rilevati viene dapprima determinato l'asse del cilindro di riferimento e poi si calcola la distanza radiale dei punti rilevati sulle diverse sezioni trasversali dall'asse; infine, si determina la differenza fra la distanza radiale massima e la distanza radiale minima dei punti rilevati rispetto all'asse di riferimento calcolato che deve risultare inferiore al valore della tolleranza definita a disegno.

7.8.4 Tolleranza di planarità

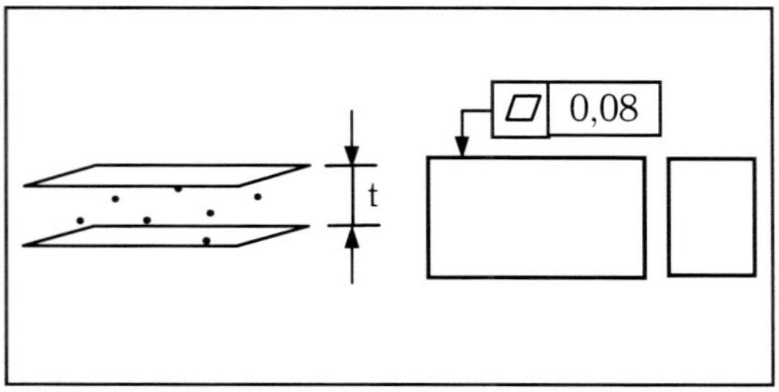

Figura 7.31: tolleranza di planarità

La tolleranza di planarità (t) specifica una zona di tolleranza tridimensionale determinata da due piani paralleli ad una distanza pari al valore della tolleranza specificata, nella quale devono trovarsi tutti i punti dell'elemento sottoposto a tolleranza (fig. 7.31). Per verificare la tolleranza di planarità occorre prima rilevare un numero di punti, appartenenti al piano, superiore a 3 (minimo numero di punti per individuare un piano) ed individuare il piano di riferimento; poi determinare la distanza fra due piani, paralleli al piano di riferimento, fra i quali risultano contenuti tutti i punti rilevati sulla superficie del pezzo in esame e verificare che tale distanza rispetti il valore della tolleranza definita nel disegno. Anche in questo caso però il risultato dipende dal metodo utilizzato per determinare il piano di riferimento; esistono infatti diversi metodi per individuare tale piano, spesso selezionabili dall'operatore della CMM; fra questi citiamo:

- ***piano di riferimento ottenuto con il metodo dei minimi quadrati:*** piano per il quale è minima la somma dei quadrati delle distanze fra tale piano ed i punti rilevati appartenenti alla superficie del pezzo;
- ***piano di riferimento ottenuto con il metodo della zona minima:*** piano equidistante dai due piani paralleli, posti alla minima distanza fra loro, che racchiudono tutti i punti rilevati sulla superficie del pezzo;
- ***piano di riferimento che lascia tutti i punti rilevati al di sopra:*** piano su cui giacciono i tre punti più bassi;
- ***piano di riferimento che lascia tutti i punti rilevati al di sotto:*** piano su cui giacciono i tre punti più alti.

7.8.5 Tolleranza di parallelismo

La tolleranza di parallelismo (t), individua una zona di tolleranza tridimensionale, ovvero la porzione di spazio compreso tra due piani paralleli al piano di riferimento dato, posti ad una distanza t, che devono contenere tutti i punti della superficie sottoposta a tolleranza (fig. 7.32). Per effettuare la verifica della tolleranza di parallelismo fra due piani occorre innanzi tutto individuare l'equazione del piano di riferimento e di quello di cui si vuol verificare la condizione di parallelismo; occorre quindi rilevare un numero di punti per ogni piano maggiore o uguale a 3 (minimo numero di punti per individuare un piano).

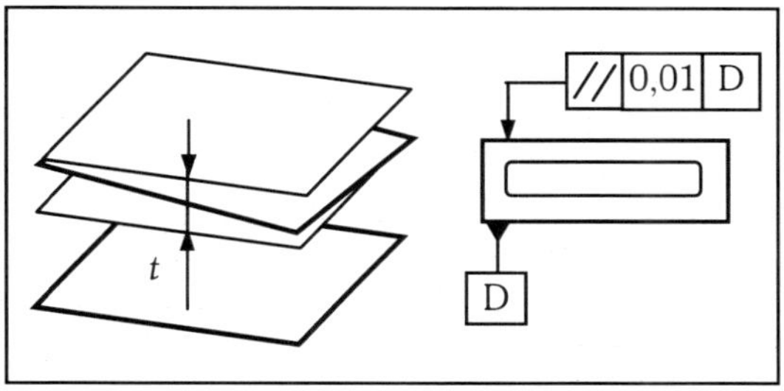

Figura 7.32: tolleranza di parallelismo

Lo scostamento dalla condizione di parallelismo è espresso sotto forma di massima variazione della distanza fra i due piani (misurata in direzione perpendicolare all'asse del piano di riferimento) all'interno di una determinata area ($L_1 \cdot L_2$), immessa come dato in ingresso, sul piano sottoposto a tolleranza (fig. 7.33). Tale variazione della distanza deve risultare inferiore al valore indicato dalla tolleranza.

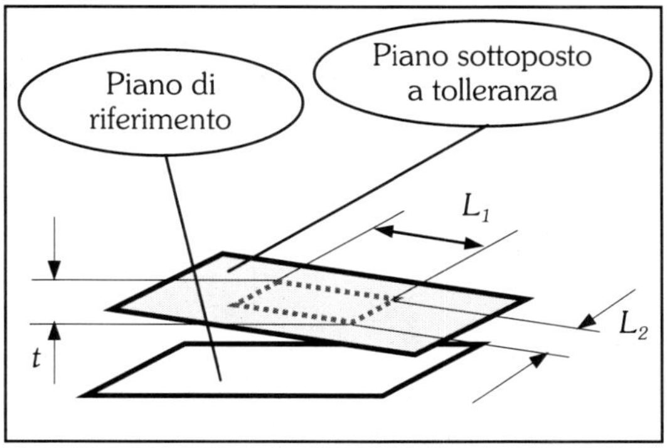

Figura 7.33: verifica della tolleranza di parallelismo

Anche in questo caso il risultato dipende dal metodo e dall'accuratezza con cui vengono individuati i due piani in esame. Se il piano di riferimento coincide con uno dei piani coordinati del sistema di coordinate pezzo non occorre rilevare i punti su tale piano.

7.8.6 Tolleranza di perpendicolarità

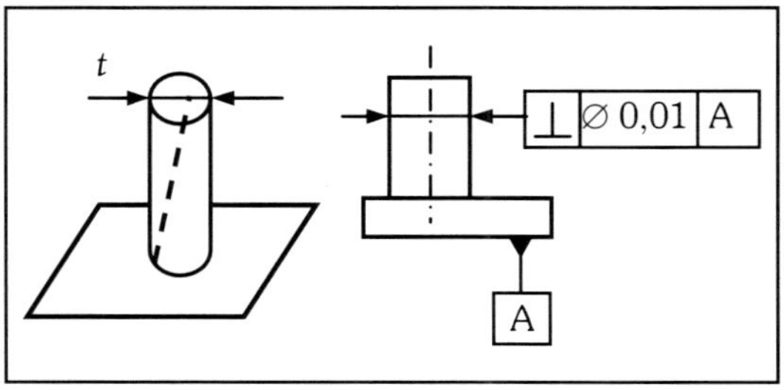

Figura 7.34: tolleranza di perpendicolarità

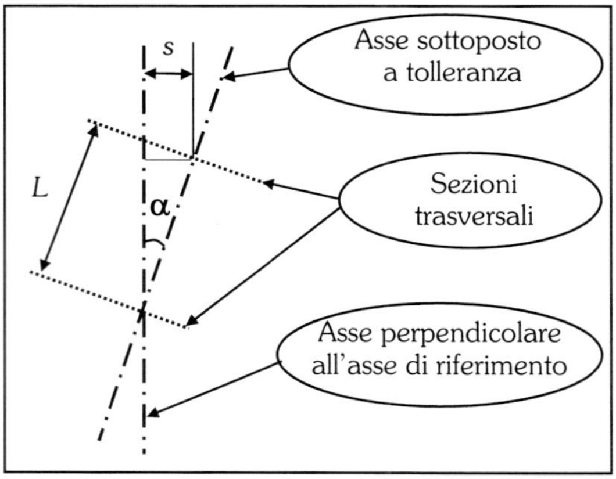

Figura 7.35: verifica della tolleranza di perpendicolarità

La verifica della tolleranza di perpendicolarità (fig. 7.34) può essere eseguita fra diversi enti geometrici e cioè:

- perpendicolarità di un asse rispetto ad un piano di riferimento;
- perpendicolarità di un asse rispetto ad un altro asse di riferimento;
- perpendicolarità di un piano rispetto ad un asse di riferimento;
- perpendicolarità di un piano rispetto ad un piano di riferimento.

In ogni caso è necessario individuare sia l'elemento di riferimento sia l'elemento sottoposto a tolleranza di perpendicolarità (a meno che uno di questi non coincida con gli assi o i piani coordinati del sistema di riferimento pezzo).

Nel caso della perpendicolarità di un asse rispetto a un piano di riferimento, la zona di tolleranza (tridimensionale) è individuata da un cilindro perpendicolare al piano di riferimento (fig. 7.34), di diametro pari al valore della tolleranza (t), nel quale deve essere contenuta la porzione di asse sottoposto a tolleranza.

Lo scostamento dalla condizione di perpendicolarità viene solitamente espresso (fig. 7.35) sotto forma di massimo scostamento (s) fra l'asse perpendicolare a quello di riferimento (misurato in direzione perpendicolare a tale asse) e l'asse sottoposto a tolleranza di perpendicolarità. Lo scostamento viene valutato fra due sezioni trasversali all'asse di cui si vuole verificare la perpendicolarità, poste ad una distanza L immessa come dato in ingresso.

7.8.7 Tolleranza di concentricità

Si può valutare la tolleranza di concentricità (fig. 7.36) di un elemento di forma circolare, posto sul pezzo in esame, rispetto ad un altro elemento geometrico circolare, posto sullo stesso pezzo e preso come riferimento, solo se i due elementi giacciono sullo stesso piano altrimenti si parla di coassialità.

Per valutare la tolleranza di concentricità occorre prima di tutto individuare i due cerchi di cui si vuol verificare la concentricità. Si rileva quindi un numero di punti maggiore o uguale a 3 (numero di gradi di libertà del cerchio sul piano) per ogni cerchio sulla stessa sezione. La tolleranza di concentricità individua un cerchio (zona di tolleranza bidimensionale), di diametro pari al valore della tolleranza e concentrico al cerchio di riferimento, nel quale deve trovarsi il centro del cerchio sottoposto a tolleranza di concentricità (fig. 7.37).

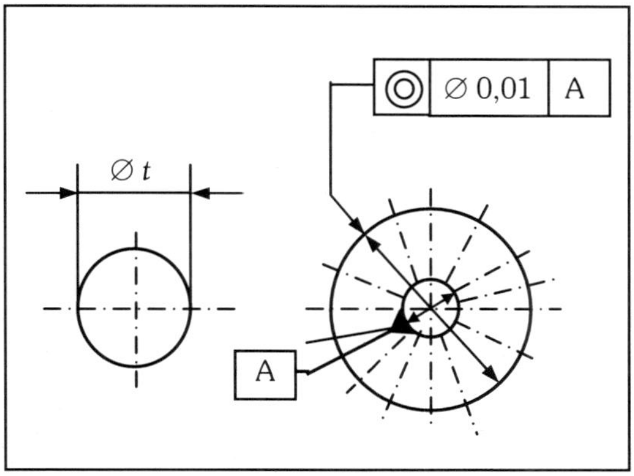

Figura 7.36: tolleranza di concentricità

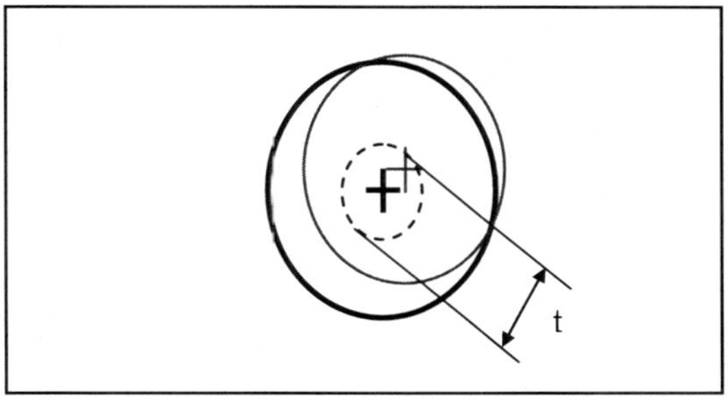

Figura 7.37: verifica della tolleranza di concentricità

7.8.8 Tolleranza di coassialità

Per valutare la tolleranza di coassialità (fig. 7.38) dell'asse di un elemento geometrico del pezzo in esame rispetto ad un altro asse preso come riferimento, occorre prima determinare l'equazione dei due elementi geometrici rilevando le coordinate di un opportuno numero di punti.

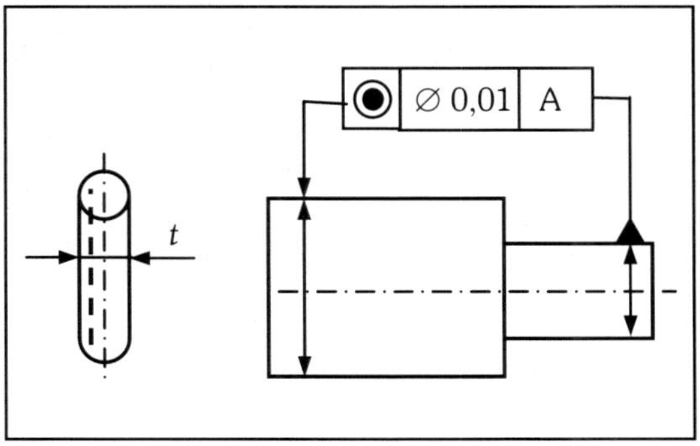

Figura 7.38: tolleranza di coassialità

Lo scostamento dalla condizione di coassialità viene solitamente espresso con il valore massimo della distanza fra i due assi (misurata in direzione perpendicolare all'asse di riferimento) calcolato fra due sezioni trasversali all'asse di cui si vuole verificare la coassialità, poste ad una distanza L immessa come dato in ingresso.

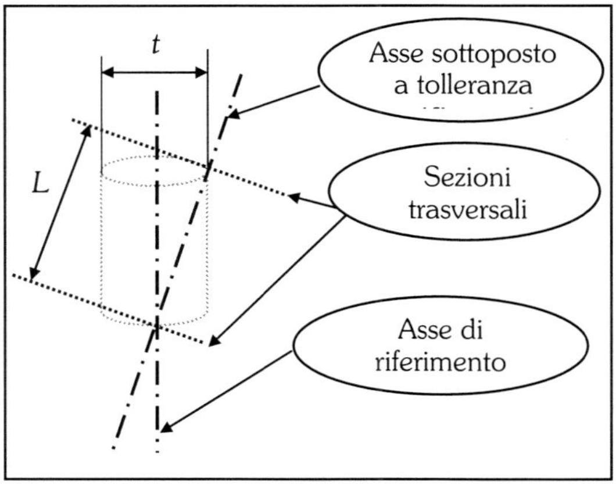

Figura 7.39: verifica della tolleranza di coassialità

La zona di tolleranza individua una zona cilindrica (fig. 7.39), coassiale all'asse di riferimento, avente diametro pari al valore della tolleranza, nella quale deve essere contenuto l'asse sottoposto a tolleranza fra le due sezioni definite.

7.8.9 Tolleranza di oscillazione circolare o "runout"

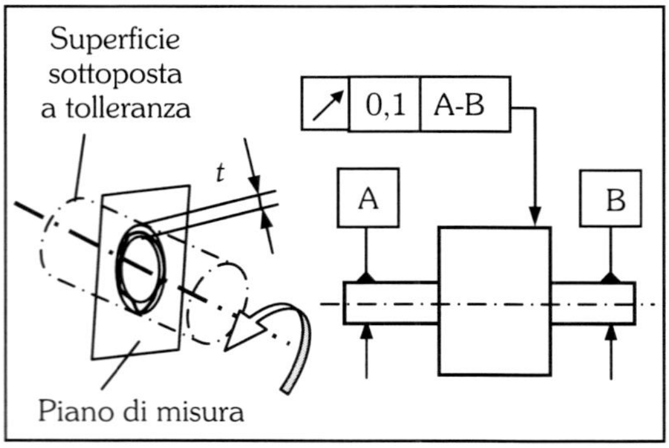

Figura 7.40: tolleranza di oscillazione circolare radiale

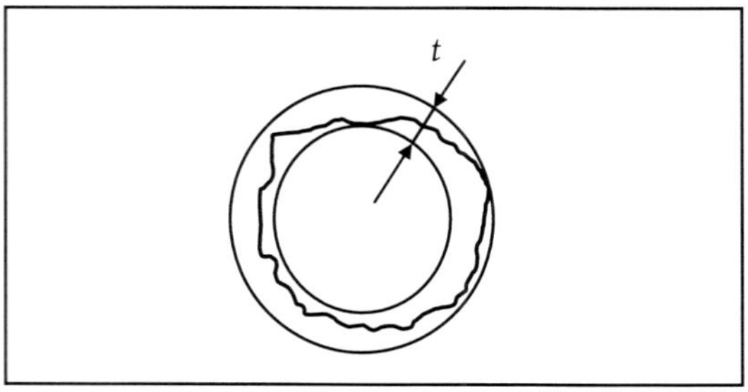

Figura 7.41: zona tolleranza di oscillazione circolare radiale

La zona di tolleranza (bidimensionale) dell'***oscillazione circolare radiale*** (fig. 7.40) è delimitata, in ogni piano di misura perpendicolare all'asse di riferimento (immesso come dato di ingresso), da due cerchi concentrici i cui centri giacciono su tale asse e la cui differenza dei raggi è pari alla tolleranza definita; tali cerchi individuano il raggio massimo ed il raggio minimo fra i quali devono essere comprese tutte le distanze radiali dei punti della sezione rispetto all'asse di rotazione.

Per verificare l'oscillazione circolare radiale (fig. 7.41) occorre prima individuare l'asse di riferimento (asse di rotazione) e poi rilevare una serie di punti su una sezione di una superficie cilindrica, dai quali calcolare le variazioni della distanza radiale durante una rotazione completa.

La zona di tolleranza per ***l'oscillazione totale radiale*** (fig. 7.42) è individuata invece dallo spazio compreso fra due cilindri coassiali all'asse di rotazione preso come riferimento (che deve essere inserito come dato in ingresso) nei quali devono essere compresi i punti di tutte le sezioni rilevate.

Per verificare l'oscillazione totale radiale lungo un tratto dell'asse di rotazione del pezzo in esame, occorre prima individuare l'asse di riferimento e poi rilevare le coordinate di una serie di punti su più sezioni lun-

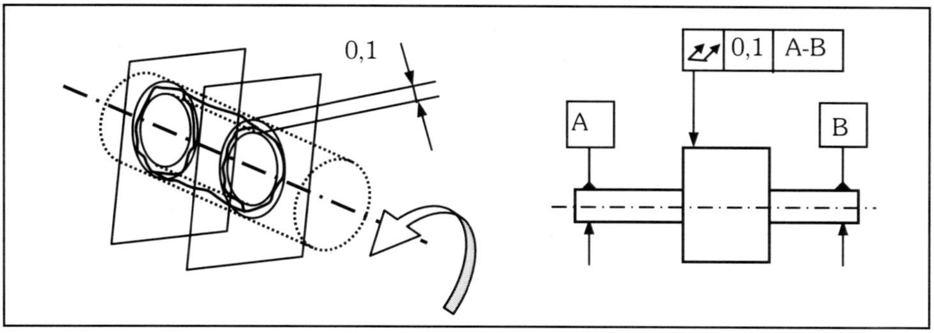

Figura 7.42: tolleranza di oscillazione totale radiale

go l'asse considerato; il software della macchina valuta poi la differenza fra la distanza radiale massima e la distanza radiale minima rispetto all'asse di riferimento di tutti i punti rilevati sulle sezioni del cilindro.

Mentre l'oscillazione circolare radiale serve a controllare la variazione della distanza radiale dei punti di una superficie cilindrica durante la rotazione, ***l'oscillazione circolare assiale*** consente il controllo di superfici perpendicolari all'asse di rotazione.

Per verificare la tolleranza di oscillazione circolare assiale occorre rilevare una serie di punti su una superficie perpendicolare all'asse di riferimento a determinate distanze radiali rispetto all'asse di riferimento. Il software della macchina calcola poi le variazioni nella direzione dell'asse di riferimento. Poiché l'oscillazione tende ad aumentare allontanandosi dall'asse di rotazione, la misurazione deve essere effettuata su più circonferenze o almeno sulla circonferenza corrispondente ai punti più lontani dall'asse.

Nell'oscillazione circolare assiale, infatti, la zona di tolleranza (fig. 7.43) è una porzione di superficie cilindrica delimitata da due circonferenze concentriche e perpendicolari all'asse di riferimento, poste ad una distanza definita dalla tolleranza, fra le quali devono essere compresi tutti i punti del profilo rilevato durante la rotazione (per qualunque distanza radiale).

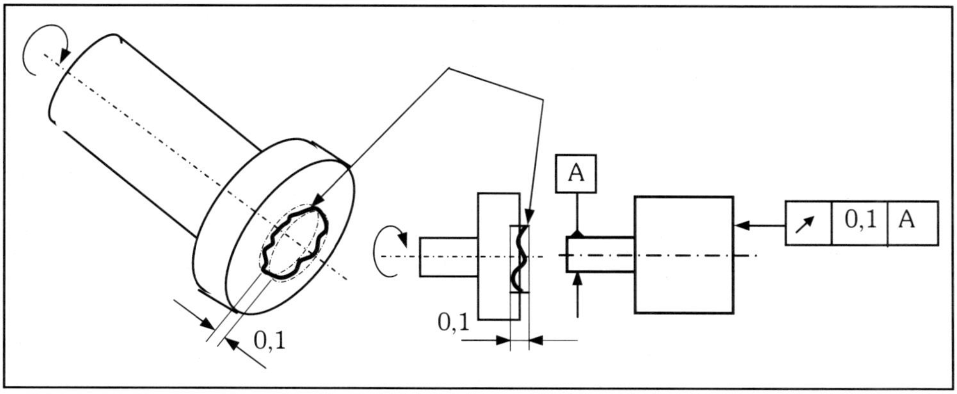

Figura 7.43: tolleranza di oscillazione circolare assiale

La zona di tolleranza dell'***oscillazione totale assiale*** (fig. 7.44) è individuata da due cerchi paralleli fra loro perpendicolari e concentrici all'asse di riferimento, posti ad una distanza pari al valore della tolleranza, fra i quali devono essere compresi tutti i punti della superficie in esame. La superficie sottoposta a tolleranza interviene sia per effetto della sua planarità, sia per effetto dell'oscillazione circolare assiale che dipende anche dalla perpendicolarità di tale superficie rispetto all'asse di rotazione.

La verifica della tolleranza di oscillazione totale assiale viene effettuata rilevando una serie di punti su più circonferenze concentriche (o comunque uniformemente distribuiti nell'intera superficie) a distanze radiali non superiori ad un valore massimo che delimita la superficie esaminata (immesso come dato in ingresso) valutando poi la variazione della posizione, nella direzione dell'asse, per tutti i punti rilevati.

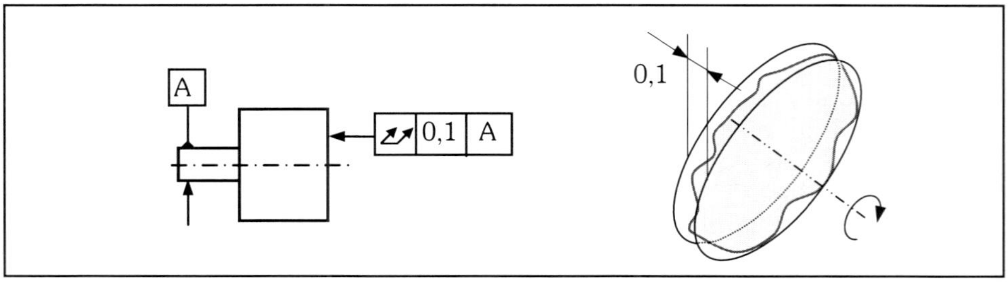

Figura 7.44: tolleranza di oscillazione totale assiale

7.9 Errori di misura e compensazioni

7.9.1 Errori geometrici e compensazione degli errori geometrici

In una ipotetica CMM ideale i tre carri si muoverebbero lungo i tre assi cartesiani di un sistema di riferimento di moto rettilineo e senza rotazioni.

Per ottenere questo comportamento ideale servirebbero tre coppie di guide perfettamente rettilinee (parallele fra loro all'interno di ogni coppia) disposte in tre direzioni di scorrimento perfettamente ortogonali fra loro.

Ovviamente tale comportamento ideale non è realizzabile nella pratica costruttiva, nonostante la lunga e specializzata attività di finitura delle parti meccaniche di una CMM. Le imperfezioni geometriche delle guide e le deformazioni prodotte dallo spostamento delle masse dei carri (a causa dell'elasticità della struttura della macchina) determinano deviazioni rispetto al comportamento ideale e causano errori di misura.

Nel caso ideale le traiettorie descritte dal tastatore (fig. 7.45a) sarebbero linee rette ed ortogonali tali da formare un reticolo regolare; in questo caso la distanza fra due punti di un corpo rigido non cambierebbe in funzione della posizione e dell'orientamento del corpo nel volume di misura. Nel caso reale invece, il reticolo formato dalle traiettorie del tastatore (fig. 7.45b) è deformato in modo abbastanza complesso e la distanza misurata fra due punti di un oggetto varia al variare della posizione dell'oggetto stesso; la dispersione di tali distanze misurate è un buon indice dell'errore strutturale di una CMM.

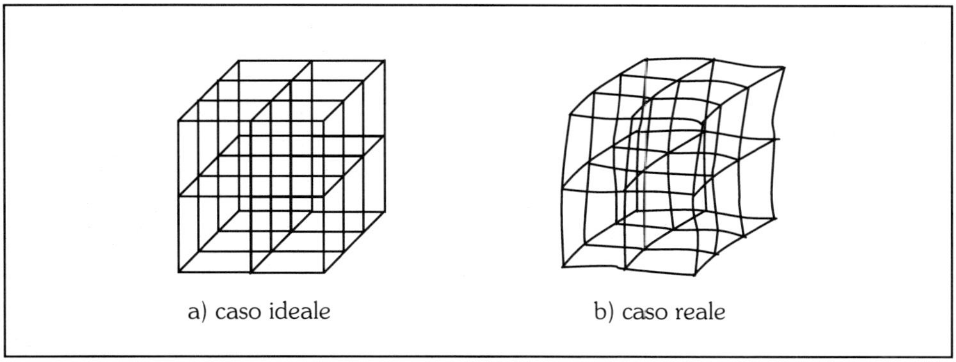

Figura 7.45: traiettorie del tastatore

Per descrivere meglio il comportamento reale di una CMM, è necessario un modello cinematico dei suoi errori strutturali ovvero un modello per calcolare l'errore sistematico partendo dalle coordinate dei punti misurati.

Il modello, generico per tutte le CMM, deve essere adeguato a ciascuna macchina attraverso la determinazione dei parametri di modello.

Per comprendere il modello cinematico degli errori strutturali di una CMM occorre premettere che un corpo rigido (corpo che non subisce deformazioni e quindi la distanza reciproca fra due punti qualunque del corpo non cambia nel tempo e nello spazio) ha nello spazio 6 gradi di libertà. La posizione di un carro, assimilabile ad un corpo rigido, nel sistema di riferimento della macchina è quindi univocamente determinata da sei coordinate; sono quindi necessari 18 vincoli semplici per determinare univocamente la posizione dei 3 carri per ogni posizione del tastatore.

Il modello cinematico degli errori di una CMM si basa, infatti, su 18 funzioni cinematiche (a cui vanno aggiunti anche tre parametri di attitudine relativa tra gli assi ovvero tre errori di ortogonalità di un asse rispetto agli altri e tre errori di posizione dovuti agli spostamenti delle origini degli assi) che descrivono gli spostamenti indesiderati (differenze dal comportamento ideale) dei carri di movimentazione durante la traslazione lungo l'asse di scorrimento, dovuti alla non perfetta geometria del sistema di guide. Tale modello si basa sulle seguenti ipotesi:

- la struttura della macchina ed i carri di movimentazione sono corpi rigidi;
- le 18 funzioni cinematiche di errore dipendono solo dalla posizione del carro a cui si riferiscono; ciò significa che il movimento di un carro non influenza quello degli altri;
- il tastatore non introduce errori: gli effetti del tastatore non sono quindi modellizzati e costituiscono una componente aleatoria residua da valutare al di fuori del modello;
- lo stato termico della macchina non genera errori: gli effetti termici non sono modellizzati né sono modellizzate le deformazioni strutturali dovute a tali gradienti; la compensazione termica segue infatti una sua opportuna modellizzazione;
- le componenti non modellizzate, ovvero l'errore residuo, sono piccole rispetto alla componente sistematica modellizzata; ciò significa che ripetibilità, isteresi ed altri fattori devono essere piccoli rispetto alla componente sistematica.

Le tecniche di identificazione dei parametri del modello cinematico sono classificabili in ***metodi diretti*** e ***metodi indiretti***.

I ***metodi diretti*** pongono la CMM all'interno del raggio di azione di altri strumenti di misura capaci di misurarne le componenti di errore.

I ***metodi indiretti*** richiedono soltanto un campione di riferimento da porre all'interno del volume di misura della CMM. Se si utilizza un campione tarato si ottiene direttamente l'errore commesso dalla CMM; se si utilizza invece un campione non tarato (ma sufficientemente stabile nel tempo necessario per le operazione di identificazione dei parametri del modello) l'errore viene desunto dalle differenze riscontrate nelle misure del campione posto in diverse posizioni nel volume di misura della CMM.

Con un campione non tarato è quindi necessaria una prima serie di misure, utilizzata per correggere gli errori a meno di un fattore di scala, ed una seconda serie di misure in cui, con un semplice campione di lunghezza tarato, si introduce la riferibilità ai campioni nazionali. Gli errori di una CMM, presi in considerazione dal modello cinematico e di seguito descritti, sono dovuti agli spostamenti indesiderati (parassiti) dei tre carri durante la traslazione lungo gli assi a causa della geometria non perfetta delle guide e dei trasduttori. La correzione di tali errori definisce correttamente la posizione dei carri nel sistema di coordinate macchina.

7.9.2 Errori di rettilineità (2 per ogni asse)

Tali errori sono generati dal moto di traslazione del carro durante lo spostamento lungo l'asse di scorrimento nelle due direzioni perpendicolari all'asse di scorrimento stesso.

Nell'esempio riportato in figura 7.46, in cui si considera il carro con direzione di scorrimento coincidente con l'asse X, si ha:

- non rettilineità nella direzione dell'asse Z (fig. 7.46a) ovvero in direzione perpendicolare al piano di appoggio del carro (nell'esempio piano XY);

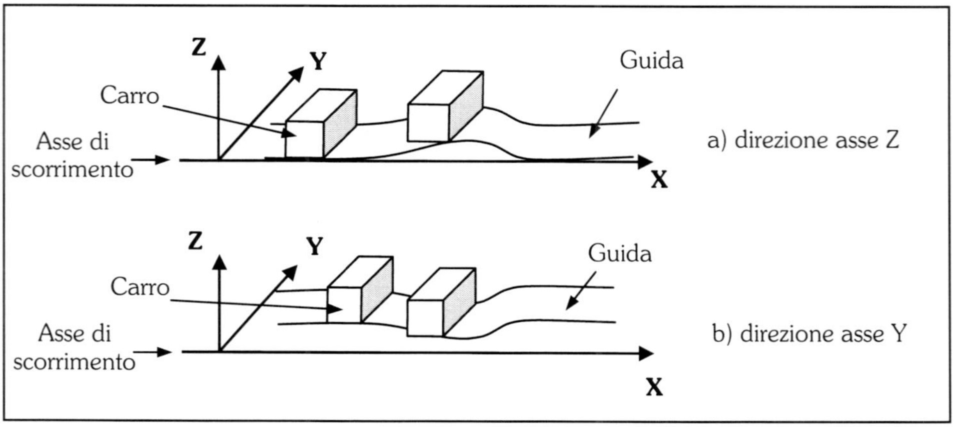

Figura 7.46: errori di rettilineità

- non rettilineità nella direzione dell'asse Y (fig. 7.46b) ovvero in direzione perpendicolare all'asse di scorrimento del carro ma giacente sul piano di appoggio del carro.

7.9.3 Errori di rotazione (3 per ogni asse)

Tali errori (fig. 7.47) sono generati dalla rotazione indesiderata del carro intorno ai tre assi del sistema di riferimento, durante la traslazione lungo il suo asse di scorrimento. Queste rotazioni sono solitamente chiamate ***rollio*** (intorno all'asse di scorrimento del carro), ***imbardata*** (intorno all'asse perpendicolare al piano di scorrimento del carro) e ***beccheggio*** (intorno all'asse perpendicolare all'asse di scorrimento del carro e giacente sul piano di scorrimento stesso).

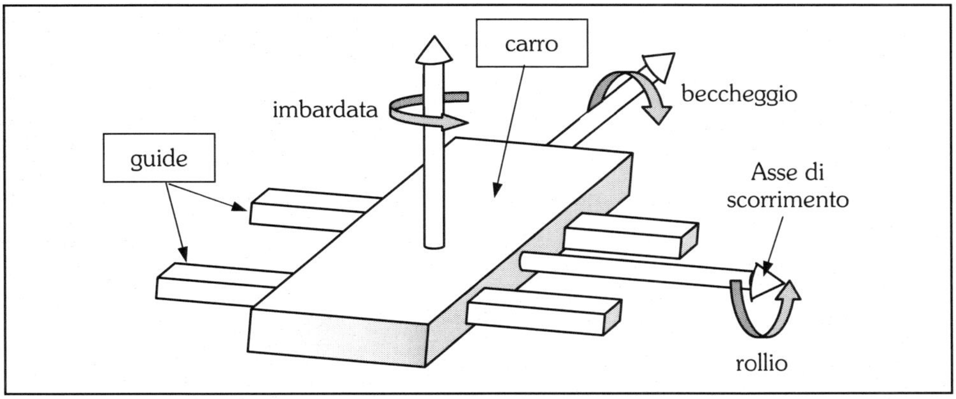

Figura 7.47: errori di rotazione

7.9.4 Errori di linearità (1 per ogni asse)

Tali errori sono generati dal fatto che, per ogni punto di misura, la posizione di un carro lungo il suo asse di scorrimento riferita all'origine di tale asse, non corrisponde al valore della coordinata dell'asse considerato a causa della non linearità del trasduttore di spostamento utilizzato (riga ottica).

L'entità degli errori di linearità dipende quindi unicamente dal trasduttore utilizzato e può assumere valori sensibilmente diversi in posizioni diverse dello stesso asse.

7.9.5 Altri errori

Sono inoltre da considerare gli errori che si generano quando si vincolano le posizioni reciproche di più corpi rigidi ovvero quando si dispongono le guide di scorrimento dei carri lungo tre direzioni che non sono perfettamente ortogonali.

Questi errori di perpendicolarità (1 per ogni asse), sono dovuti al fatto che ogni asse di scorrimento dei carri (ipotizzato perfettamente rettilineo) non risulta perpendicolare rispetto al piano formato dagli altri due assi (fig. 7.48).

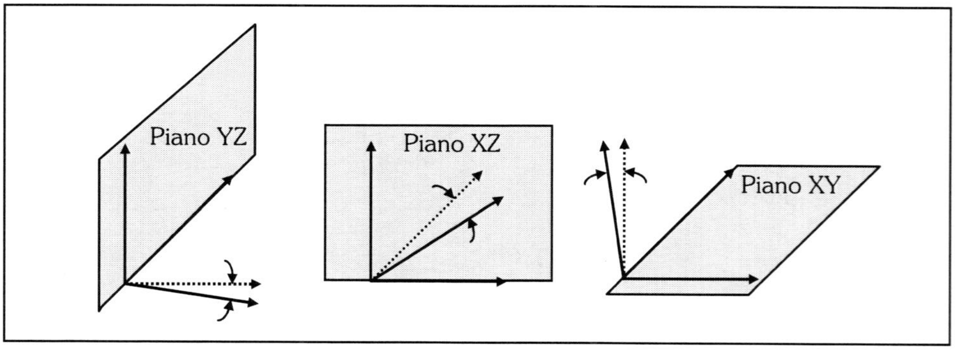

Figura 7.48: errori di perpendicolarità

Esistono poi altre cause di errore legate anch'esse allo spostamento dei carri lungo gli assi ma difficilmente modellizzabili; le più rilevanti sono:

- deformazioni statiche e dinamiche della struttura (dovute al fatto che nessun oggetto si comporta realmente come un corpo rigido);
- attriti al distacco e dinamici nel movimento dei carri.

Considerando tutti gli errori sopra descritti, se supponiamo di spostare il tastatore dall'origine del sistema di riferimento della macchina fino al punto $M \equiv (X_m, Y_m, Z_m)$, avremmo che le scale di lettura forniscono una terna di coordinate che non coincidono con le coordinate del punto $P \equiv (X, Y, Z)$ in cui si trova realmente il centro del tastatore, rispetto al sistema di riferimento adottato.

L'errore di misura *E*, dato da una componente sistematica che dipende dal punto di misura e da una componente casuale ε non eliminabile, può essere modellizzato come segue:

$$\boldsymbol{E = P - M = E(M) + \varepsilon}$$

La parte sistematica *E(M)* può essere in parte corretta dal software della macchina in funzione del modello cinematico degli errori che, attraverso le 18 funzioni di errore sopra descritte, consente di determinare la correzione su ogni asse in corrispondenza di ogni punto del volume di misura della CMM.

Il modello cinematico degli errori, anche se si basa sull'ipotesi di corpi rigidi, potrebbe essere applicato in presenza di deformazioni elastiche delle guide, dovute al peso degli elementi della macchina, ipotizzando però che ogni deformazione sia funzione di una sola coordinata; l'ipotesi di rigidità è quindi, in questo caso, limitata al sistema tastatore ed al piano di appoggio del pezzo.

Questo tipo di compensazione richiede però una notevole quantità di misure iniziali con opportuni campioni (piatti a sfere, check master o altri) ed i parametri di caratterizzazione del modello possono ritenersi validi finché non si effettuano operazioni di smontaggio e rimontaggio di una parte della struttura della macchina oppure lo spostamento della CMM; la caratterizzazione può essere compromessa anche da eventuali collisioni o assestamenti del piano su cui è appoggiata la CMM.

La procedura per la compensazione degli errori geometrici comprende quindi le seguenti tre fasi principali:

- la definizione del modello cinematico che descrive il comportamento reale della macchina;
- esecuzione delle misure per individuare sperimentalmente i parametri del modello sopra citato;
- determinazione delle funzioni di errore da applicare automaticamente al valore di lettura dei trasduttori di spostamento.

7.9.6 Errori termici e compensazione termica

7.9.6.1 Generalità

Secondo quanto prescritto dalla ISO 1, il risultato di una misurazione deve essere riferito alla temperatura di 20 °C anche se la misura viene di fatto eseguita ad una temperatura diversa. Anche per un CMM, indipendentemente dal fatto che questa sia dotata di compensazione termica o meno, il risultato della misurazione è riferito ad una temperatura del misurando di 20 °C; l'incertezza di misura più bassa si ottiene quindi installando le macchine in ambienti molto ben controllati in temperatura e peggiora sempre più quando la temperatura dell'ambiente di misura si allontana dai 20 °C.

L'intervallo di temperatura in cui è previsto l'utilizzo della CMM, costituisce quindi una caratteristica funzionale molto importante che il costruttore deve fornire per garantire determinate prestazioni della macchina.

Per una misura molto accurata non solo è necessario un basso gradiente termico temporale, ovvero una buona stabilità termica dell'ambiente di misura al variare del tempo, ma è spesso necessario anche un basso gradiente termico spaziale ovvero una buona uniformità termica fra punti diversi del laboratorio.

Il gradiente termico temporale deve essere commisurato all'intervallo di tempo necessario ad eseguire la misura; il gradiente termico nello spazio deve essere fissato in relazione alle dimensioni della macchina (alcune macchine hanno il montante che può raggiungere anche i 2 metri rispetto al piano di appoggio).

Una variazione di temperatura rispetto ai 20 °C può avere influenza sul risultato della misurazione a causa della dilatazione o contrazione dei seguenti elementi:

-1) le scale di lettura della CMM in base al loro coefficiente di dilatazione termica (*CDT*);
-2) la struttura fisica della CMM in funzione del suo modello termico di deformazione;
-3) la dimensione del misurando in base al suo coefficiente di dilatazione termica (*CDT*).

La compensazione termica, che è presente su molte CMM, tiene conto dei punti 1) e 3) ma non interviene quasi mai per il punto 2). Di seguito sono analizzati gli effetti della temperatura sugli elementi sopra elencati.

7.9.6.2 Scale di lettura della CMM

Una volta effettuata l'inizializzazione, dopo l'accensione della macchina, la CMM è in grado di stabilire la posizione attuale del tastatore rispetto ad ogni asse del sistema di coordinate macchina. Se la CMM ha la compensazione termica attivata, il software della CMM, dopo l'inizializzazione, legge la temperatura di ogni scala di lettura (solitamente tramite una termoresistenza PT100 la cui lettura viene aggiornata ogni minuto) ed effettua una correzione termica degli spostamenti effettuati dal tastatore (valori di lettura incrementali) in relazione alla seguente formula:

$$\Delta L_{scala} = CDT_{scala} \cdot (T_{scala} - 20\ °C) \cdot L_{scala}$$

dove :

CDT_{scala} : coefficiente di dilatazione termica della scala di lettura della CMM;

T_{scala} : temperatura della scala di lettura in °C;

ΔL_{scala} : valore di correzione termica in μm per la scala;

L_{scala} : valore letto sulla scala in μm.

Quindi il valore di lettura della scala corretto per gli effetti termici ($L_{scala\ corr}$) risulta:

$$L_{scala\ corr} = L_{scala} + \Delta L_{scala}$$

Tale correzione (ΔL_{scala}), calcolata per ogni coordinata rilevata dalle scale di lettura, consente di determinare, ad ogni spostamento del tastatore, la nuova posizione corretta per gli effetti termici.

La correzione termica si sovrappone a quella effettuata per la compensazione degli errori geometrici come illustrato nel diagramma a blocchi in figura 7.49.

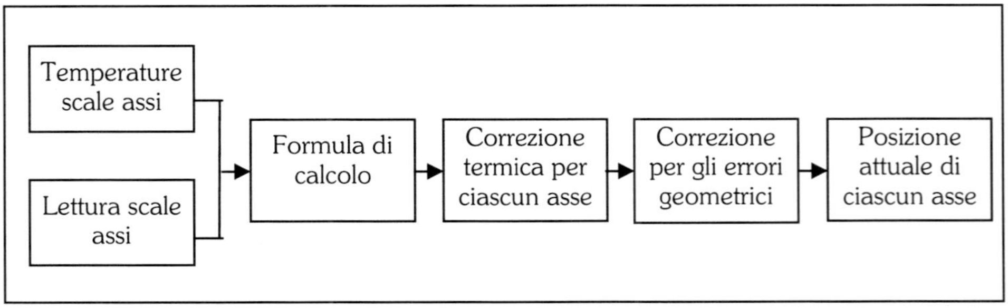

Figura 7.49: diagramma a blocchi delle correzioni

7.9.6.3 Struttura fisica della CMM

Stante la difficoltà di definire il modello termico di deformazione della macchina, gli effetti termici sulla struttura fisica della CMM devono essere limitati il più possibile con accorgimenti di tipo costruttivo; tali accorgimenti possono essere:

- evitare il più possibile di unire materiali con coefficienti di dilatazione termica diversi (effetto bimetallo) ad esempio utilizzando prevalentemente alluminio;
- utilizzare meccanismi o parti che consentano di eliminare l'effetto bimetallico come ad esempio interponendo parti in gomma tra le coperture e la struttura e quindi tra materiali diversi in modo da consentirne la differente deformazione termica;
- migliorare i metodi di fissaggio delle scale in modo che esse possano deformarsi liberamente rispetto alla struttura della CMM.

Pur adottando questi accorgimenti, la deformazione della struttura della CMM, a seguito di variazioni di temperatura, influenza il risultato della misurazione; tra i vari effetti delle variazioni di temperatura, oltre ovviamente ad influenzare gli errori lineari ed angolari della macchina, esiste un effetto denominato "zero drift" ovvero deriva dell'origine del sistema di coordinate pezzo. Per effetto della deformazione termica, infatti, si ottiene un movimento relativo tra lo zero del sistema di coordinate macchina e lo zero del sistema di coordinate pezzo; tale movimento non è compensato né dal controllo numerico della CMM né dal software di misura.

Lo stesso effetto si ha quando si rileva la posizione (in termini di coordinate X,Y,Z) di un punto nel volume di misura in presenza di variazioni di temperatura verificatesi nel tempo trascorso dalla definizione del sistema di riferimento.

Nella figura 7.50 si illustra questo fenomeno ipotizzando una dilatazione della struttura della CMM per effetto di una temperatura di 25 °C, avendo precedentemente definito il sistema di riferimento con la macchina a 20 °C.

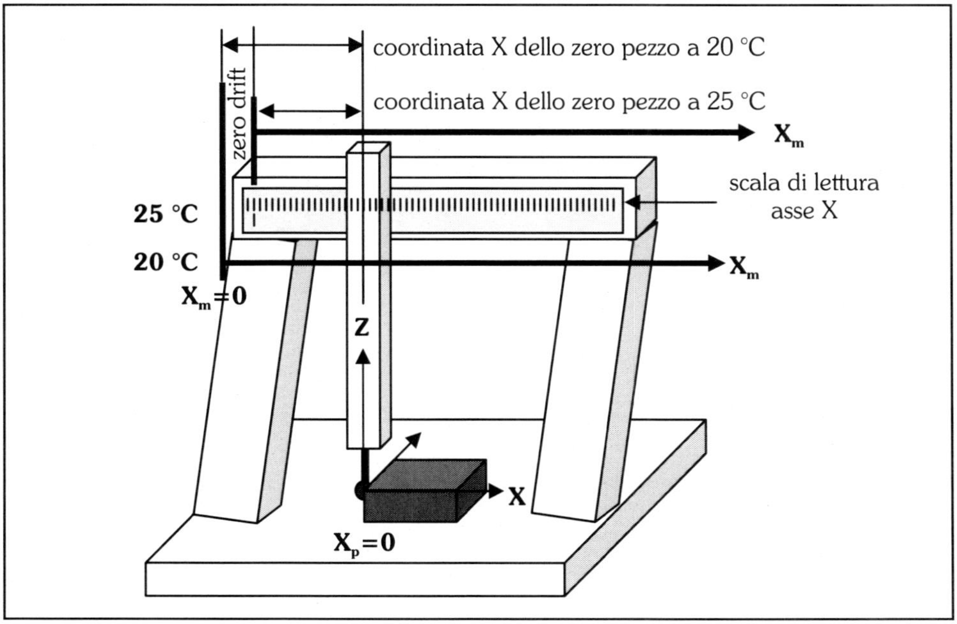

Figura 7.50: zero drift

Per ovviare a questo effetto è opportuno ripetere l'individuazione del sistema di riferimento del pezzo quando le misurazioni avvengono in un arco di tempo lungo (ore). È opportuno inoltre effettuare sempre misurazioni di distanza tra elementi geometrici rilevati in sequenza e non rilevare per esempio la posizione di un punto per poi valutarne la distanza rispetto ai piani coordinati individuati precedentemente al momento di definizione del sistema di riferimento del pezzo.

7.9.6.4 Il misurando

Le dimensioni del misurando risentono della variazione di temperatura in relazione al suo coefficiente di dilatazione termica. Supponendo che l'oggetto da misurare abbia una temperatura uniforme T_{mis} diversa da 20 °C e supponendo di essere in condizioni di regime termodinamico (non c'è scambio di calore fra pezzo ed ambiente), la lunghezza del misurando L_T alla temperatura T_{mis} può essere messa in relazione con la sua lunghezza L_{20} alla temperatura di 20 °C mediante la seguente formula:

$$L_T = L_{20} [\, 1 + \alpha_{mis} \cdot (T_{mis} - 20\ °C)] \quad \Rightarrow \quad L_{20} = L_T \,/\, [\, 1 + \alpha_{mis} \cdot (T_{mis} - 20\ °C)]$$

dove :
L_{20} : lunghezza del misurando alla temperatura di 20 °C;
L_T : lunghezza del misurando alla temperatura T_{mis};
α_{mis} : coefficiente di dilatazione termica lineare del misurando;
T_{mis} : temperatura del misurando.

L'indeterminazione del coefficiente di dilatazione termica lineare del misurando contribuisce all'incertezza di misura ed il suo contributo dipende dall'ampiezza dell'intervallo dei possibili valori che esso può assumere. Conoscendo il valore di tale coefficiente è possibile inserirlo nel software di misura che effettua la correzione del risultato della misura per riferirlo ai 20 °C; anche se si effettua la compensazione termica tuttavia, l'incertezza associata agli effetti termici deve essere sempre valutata in quanto dipende dall'accuratezza con cui abbiamo eseguito la correzione stessa.

È quindi necessario (per effettuare misure accurate applicando le formule di compensazione degli effetti termici) conoscere il coefficiente di dilatazione del pezzo con buona accuratezza (nell'ambito di $\pm\ 1 \cdot 10^{-6}\ K^{-1}$) e rilevare correttamente la sua temperatura. Generalmente sono disponibili due sensori di temperatura per la misura della temperatura del pezzo; agli effetti della correzione viene considerata la temperatura media dei due sensori. Risulta quindi importante posizionare correttamente i due sensori in relazione alla forma ed alle dimensioni del pezzo ed attendere comunque una condizione vicina all'equilibrio termico fra pezzo ed ambiente di misura.

Altro effetto importante da verificare (specialmente per pezzi di grandi dimensioni) è la condizione di uniformità delle temperature del pezzo (vedi paragrafo 4.3). Una buona stabilità termica ed un sistema termometrico accurato, per rilevare le temperature dei pezzi, sono quindi elementi indispensabili in un laboratorio che voglia utilizzare una CMM per eseguire misure con elevata accuratezza.

7.10 Strategia di misura con le CMM

Uno degli aspetti che rendono difficile la determinazione dell'incertezza di misura nella metrologia a coordinate è la necessità, da parte dell'operatore, di definire una ***strategia di misura*** ovvero di stabilire tutte le scelte riguardanti le diverse modalità di esecuzione della misura.

Una strategia di misura può essere suddivisa nelle seguenti attività:

-1 scelta del posizionamento del pezzo sul piano della macchina (in funzione delle misure da effettuare);

-2 definizione del sistema di riferimento sul pezzo (sistema di coordinate pezzo) ed in particolare:
  - scelta degli elementi del sistema di riferimento;
  - numero di punti con cui sono definiti gli elementi del sistema di riferimento;

-3 scelta del tastatore o dei tastatori;

-4 individuazione degli enti geometrici da misurare e/o da costruire in base ai punti rilevati;

-5 esecuzione della misura ed in particolare:
  - definizione del numero di punti da rilevare per ogni elemento;
  - definizione della traiettoria descritta dal sistema tastatore;
  - definizione della velocità di avanzamento del sistema tastatore durante la misura.

Esaminiamo nel seguito i vari punti di una strategia di misura cercando di evidenziare le possibili criticità.

La scelta del ***posizionamento*** del pezzo deve tener conto di una buona stabilità e di una facile accessibilità ai vari enti geometrici. Il posizionamento e l'eventuale staffaggio del pezzo non devono inoltre deformare in modo significativo il misurando.

Per pezzi abbastanza piccoli, laddove fosse necessaria la migliore accuratezza possibile, il posizionamento potrebbe essere fatto nella zona dove si sono riscontrati gli errori più bassi in sede di taratura della CMM.

La definizione del ***sistema di riferimento sul pezzo*** serve ad individuare un sistema di riferimento cartesiano, solidale al pezzo, rispetto al quale si esprimono le misure dei vari enti geometrici; tale sistema di riferimento individua univocamente la posizione del pezzo rispetto al sistema di riferimento macchina e deve essere definito ponendo dei vincoli in modo da togliere 6 gradi di libertà al pezzo (gradi di libertà di un corpo solido nello spazio). Solitamente il sistema di riferimento pezzo viene individuato tramite le seguenti tre operazioni:

1- definizione dell'***orientamento*** del pezzo: individua la direzione dell'asse Z (solitamente Z per comodità) o di altri assi coordinati (tale operazione toglie 2 gradi di libertà al pezzo);

2- definizione dell'***allineamento*** dell'asse X o dell'asse Y: individua la direzione dell'asse X (primario) o dell'asse Y (secondario) nel piano XY (tale operazione toglie 1 gradi di libertà al pezzo);

3- definizione della ***posizione*** dell'origine del sistema di riferimento pezzo: individua il punto dell'origine degli assi e quindi il piano XY come piano passante per tale origine e perpendicolare all'asse Z (tale operazione toglie 3 gradi di libertà al pezzo).

Gli elementi geometrici, utilizzati per la definizione del sistema di riferimento pezzo, devono essere elementi con una buona finitura superficiale e con un piccolo errore di forma; devono inoltre essere rilevati con un numero di punti elevato in modo da ridurre al minimo l'errore sulla loro determinazione.

La ***scelta del tastatore*** deve tenere conto delle sue prestazioni, valutate normalmente in termini di ripetibilità; tale caratteristica metrologica dipende dalle caratteristiche costruttive del tastatore e cioè:

- errore di forma della sfera del tastatore;
- lunghezza e rigidità dello stilo;
- isotropia del tastatore.

Sono inoltre da considerare la possibilità di ruotare di angoli noti ed il diametro della sfera (da cui dipende l'accessibilità nelle superfici interne).

Risulta abbastanza facile vincolare le modalità di definizione del sistema di riferimento pezzo e la scelta del tastatore ma lo stesso non può dirsi per le scelte che l'operatore deve effettuare in sede di misura; infatti per quanto riguarda la definizione della velocità e/o direzione di avanzamento del tastatore nonché il numero di punti da prelevare per ogni ente geometrico occorre considerare che:

-1 la misura più accurata si esegue sempre con la velocità più bassa; la velocità è quindi una scelta di compromesso fra l'accuratezza di misura e la necessità di misurare lotti di elevata numerosità magari in linea con il processo produttivo e quindi in accordo ai suoi ritmi. L'influenza della velocità sull'accuratezza di misura è tanto più ridotta quanto più è corto e quanto più è rigido lo stilo del tastatore e comporta flessioni maggiori quando la direzione di avanzamento è perpendicolare allo stilo (in relazione anche alla rigidità della CMM).

-2 la direzione di avanzamento del tastatore dovrebbe essere sempre perpendicolare alla superficie di contatto con il pezzo da misurare. Consideriamo per esempio la misura di un cilindro con l'asse non perpendicolare ai piani coordinati del sistema di coordinate pezzo ma inclinato di un angolo non noto. La strategia di misura dovrebbe prevedere una prima scansione per la determinazione dell'asse del cilindro e poi una seconda misurazione con direzioni di spostamento del tastatore perpendicolare alla superficie del cilindro; il processo di misurazione può essere reiterato utilizzando il risultato per definire una nuova direzione di avanzamento del tastatore fino a quando i risultati della misura (asse e diametro del cilindro) non cambiano significativamente. Questa procedura tuttavia non sempre è applicabile in quanto comporta tempi di misura molto lunghi; per questo motivo, spesso, si adottano soluzioni di compromesso.

Quando si ha un contatto fra tastatore e pezzo con la direzione di avanzamento del tastatore non ortogonale alla superficie del pezzo, si commette un errore nella determinazione delle coordinate del punto di contatto (figura 7.51) se si lavora nella modalità "punto compensato". Questo errore può essere tuttavia eliminato dal software della macchina lavorando in modalità "punto non compensato"; in questa modalità il software della macchina utilizza le coordinate del centro del tastatore per costruire gli elementi geometrici e tiene conto del raggio della sfera del tastatore solo dopo determinato tali elementi geometrici.

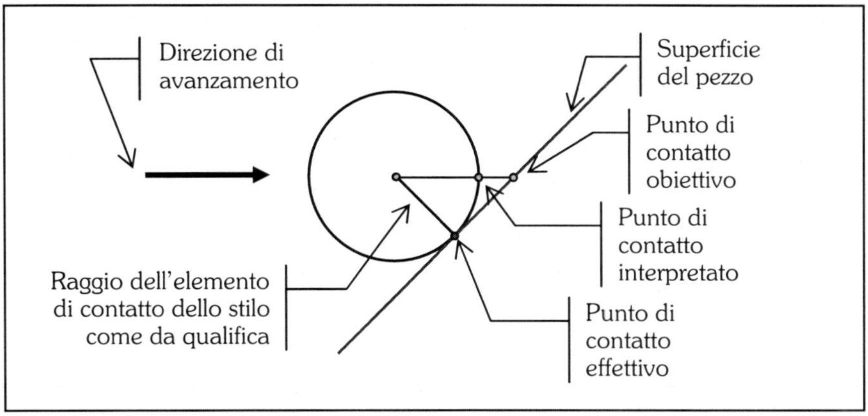

Figura 7.51: errore nella determinazione delle coordinate del punto di contatto

-3 il numero di punti utilizzato per misurare un elemento geometrico è sicuramente una delle scelte più importanti di una strategia di misura. L'unico vincolo esistente è dato dal numero minimo necessario che corrisponde al numero di gradi di libertà di quell'elemento nello spazio; tale numero di punti però non fornisce alcuna informazione circa l'errore di forma dell'elemento per valutare il quale è necessario un numero di punti maggiore.
Il minimo numero di punti necessario per verificare l'errore di forma è quindi di una unità superiore al numero di gradi di libertà dell'elemento geometrico considerato. Tale numero di punti non è però sufficiente a fornire una buona misura dell'errore di forma, ma consente solo di verificare che esso sia sufficientemente contenuto. I punti rilevati, salvo per pezzi che presentano superfici lobate, devono, in linea di principio, essere uniformemente distribuiti sulla superficie fisica dell'elemento considerato e devono essere tanto più numerosi quanto meno si conosce l'errore di forma dell'elemento esaminato.

7.11 Condizioni ambientali per le CMM

7.11.1 Generalità

Per garantire le migliori prestazioni dalla macchina di misura a coordinate è importante mantenere le condizioni dell'ambiente di misura entro i limiti specificati dal costruttore (condizioni ambientali ammesse). Per questo motivo è fondamentale che il costruttore definisca con chiarezza gli intervalli di valori ammessi per le diverse condizioni ambientali, entro i quali garantisce le prestazioni della CMM.

Al di fuori delle condizioni ambientali ammesse, gli errori di indicazione della macchina potrebbero essere superiori ai valori specificati; l'utilizzatore ha ovviamente l'onere di verificare che le condizioni ambientali in cui opera la CMM siano conformi a quanto richiesto dal costruttore.

Nel seguito vengono date informazioni utili a definire le condizioni ambientali in cui la macchina di misura dovrebbe operare; tali condizioni riguardano lo stato termico, le vibrazioni indotte, l'alimentazione elettrica e l'alimentazione pneumatica.

7.11.2 Condizioni di natura termica

I parametri termici, relativi allo stato dell'aria nel volume occupato dalla macchina, e che influenzano il comportamento della CMM, sono i seguenti:
- scostamento della temperatura media dell'aria rispetto alla temperatura di riferimento di 20 °C;
- gradiente termico spaziale medio;
- gradiente termico temporale medio;
- umidità relativa;
- portata e velocità dell'aria.

La verifica delle condizioni termiche è un'operazione indispensabile; eseguire misurazioni con una CMM, senza conoscere le condizioni termiche dell'ambiente di misura e senza averne stimato gli effetti sul risultato delle misurazioni, significa ottenere risultati inutilizzabili.

Non è sufficiente assicurare che la temperatura dell'ambiente di lavoro sia mantenuta entro i limiti imposti solamente nel periodo in cui vengono eseguite le misurazioni; infatti, avendo le parti strutturali di una CMM (basamento, carri, ponte ecc.) una notevole inerzia termica e quindi tempi di stabilizzazione molto lunghi, è necessario conoscere l'andamento pregresso della temperatura dell'aria nell'ambiente di misura.

Disattivare, per esempio, il condizionamento durante il fine settimana ha come conseguenza l'impossibilità di eseguire misurazioni corrette il lunedì.

La risoluzione del termometro registratore, impiegato per le misure della temperatura ambiente, deve essere compatibile con l'ampiezza della massima variazione di temperatura ammessa (di norma dovrà essere almeno pari al 20% di tale intervallo).

Un'attenzione particolare deve essere posta agli effetti termici dell'energia radiante, predisponendo, se necessario, adeguate schermature del volume di lavoro rispetto alle sorgenti di tale energia (finestre, lampade, ecc.).

Per quanto riguarda l'umidità, la sua influenza è dovuta alla presenza di elementi igroscopici nella struttura della CMM (tipicamente il granito). L'utilizzatore deve quindi dotarsi di un igrometro, la cui risoluzione sia compatibile con il campo di variazione consentito (di norma dovrà essere almeno pari al 20% di tale intervallo), e controllarne periodicamente il corretto funzionamento.

Nella definizione dei limiti di controllo dell'umidità relativa nell'ambiente di lavoro, oltre alle specifiche del costruttore della CMM, sono da considerare anche le regole usualmente adottate dai laboratori di taratura dimensionale che fissano un valore massimo del 50% per l'umidità relativa percentuale; sono inoltre da considerare le condizioni di benessere dell'operatore, legate all'effetto combinato di umidità, temperatura e velocità dell'aria. Occorre altresì ricordare che un valore di umidità troppo basso favorisce l'accumulo di cariche elettrostatiche.

La portata e la velocità dell'aria, definite dal sistema di condizionamento dell'ambiente nel quale è installata la CMM, non vengono usualmente specificate dal costruttore; tuttavia questi parametri intervengono significativamente nella definizione del sistema termico al quale la CMM ed il particolare in misura sono sottoposti.

Il valore della portata dell'aria non risulta particolarmente critico per le misurazioni con CMM. Aumentando la velocità dell'aria diminuisce il tempo di stabilizzazione termica del pezzo in misura ma, d'altro canto, i componenti strutturali del sistema di misura, caratterizzati da piccole masse e quindi ridotta capacità termica, tendono a seguire con eccessiva prontezza le variazioni cicliche del sistema di condizionamento.

In ogni caso occorre evitare il più possibile i getti concentrati di aria verso la CMM come succede se si pone, ad esempio, un aeroforo sopra la CMM; in questo caso si creano elevati gradienti termici sulla struttura della CMM e condizioni di turbolenza nel volume di misura. Sono inoltre da evitare le uscite di aria calda da apparecchiature dotate di ventole di raffreddamento: l'aria in uscita dalla ventola andrebbe aspirata e portata lontano dal volume di misura.

7.11.3 Vibrazioni

Le vibrazioni presenti nell'ambiente di misura, sia di tipo continuo che di tipo impulsivo, possono degradare le prestazioni di accuratezza e ripetibilità della CMM in quanto generano movimenti relativi indesiderati tra il sistema tastatore, i trasduttori di posizione e il particolare in misura.

Il costruttore definisce usualmente la massima ampiezza delle vibrazioni in funzione della frequenza e, in alcuni casi, fornisce le indicazioni di massima per la realizzazione di fondazioni idonee ad assicurare il buon funzionamento della CMM.

La misurazione dell'ampiezza e della frequenza delle vibrazioni dovrebbe essere realizzata nei punti tra la fondazione e gli appoggi della CMM (compresi gli eventuali elementi anti-vibranti, se questi sono forniti dal costruttore).

Le vibrazioni a bassa frequenza sono la causa principale del degrado delle prestazioni della CMM; di conseguenza la misurazione dell'ampiezza e della frequenza di tali vibrazioni deve essere effettuata con apparecchiature piuttosto sofisticate e l'interpretazione dei risultati ottenuti richiede esperienza e conoscenze specifiche.

L'uso di accelerometri commerciali può risultare scarsamente significativo, in quanto questi trasduttori hanno frequenze naturali generalmente superiori a 25 Hz e non sono quindi in grado di misurare le vibrazioni a bassa frequenza.

Una verifica semplificata, per evitare misurazioni complesse e costose, consiste nel misurare, tramite un comparatore di precisione, il movimento relativo tra il sistema tastatore e la tavola della CMM. Il valore del movimento relativo dovrebbe essere inferiore al 50 % della ripetibilità della CMM (ASME B89.4.1-1997).

Questo tipo di indagine non costituisce un metodo adeguato per la misurazione dell'ampiezza delle vibrazioni ai fini di una prova di conformità rispetto alle specifiche del costruttore, ma fornisce risultati comunque rappresentativi dell'effetto delle vibrazioni. Per la misurazione del movimento relativo tra il carro del sistema tastatore e la tavola è consigliato l'impiego di trasduttori di posizione ad alta sensibilità (LVDT, capacitivi o a correnti disperse) oppure di sistemi laser interferometrici dotati dell'opzione per l'analisi dinamica.

Le vibrazioni possono essere dovute a forze esterne oppure possono essere generate internamente alla CMM stessa dai servomotori di movimentazione degli assi o dai cuscinetti pneumatici della CMM. Quest'ultimo effetto, se presente, può essere ridotto o annullato mediante piccole variazioni della pressione di alimentazione pneumatica.

7.11.4 Alimentazione elettrica

Un'alimentazione elettrica fuori specifica o la presenza di disturbi elettrici sulla rete di alimentazione possono provocare condizioni saltuarie di cattivo funzionamento evidente piuttosto che un incremento dell'incertezza associata ai risultati delle misurazioni.

La presenza saltuaria di picchi di tensione o le interruzioni di breve durata dell'alimentazione ed altri disturbi intermittenti possono difficilmente essere verificati con strumenti convenzionali come voltmetri od oscilloscopi. L'analisi approfondita può essere realizzata solo con strumentazione specifica.

Qualora si sospetti che la rete di alimentazione elettrica sia l'origine del cattivo funzionamento della CMM si consiglia di procedere inizialmente alla verifica del dimensionamento di potenza della rete e del collegamento a terra della macchina.

L'installazione di un trasformatore di isolamento, con schermo indipendente collegato a terra, si rivela spesso come una buona soluzione pratica per la riduzione dei problemi legati all'alimentazione elettrica.

7.11.5 Alimentazione pneumatica

Un'alimentazione pneumatica non conforme alle specifiche del costruttore può degradare sensibilmente le prestazioni e la stessa vita utile della CMM.

Variazioni del valore medio della pressione di alimentazione pneumatica possono inoltre provocare un errore di ortogonalità tra gli assi della CMM e derive di posizione.

L'aria compressa inoltre, se viene immessa nel circuito pneumatico ad una temperatura diversa da quella ambiente può generare gradienti termici sulla CMM; la presenza di particelle di olio o di acqua nel circuito pneumatico può inoltre degradare le prestazioni dei cuscinetti pneumatici.

Il costruttore della CMM deve fornire le specifiche complete dell'alimentazione pneumatica per assicurare il buon funzionamento della CMM, ovvero:

- pressione dell'aria e suo campo di variazione;
- temperatura media dell'aria e suo campo di variazione;
- consumo e grado di purezza dell'aria.

La verifica di tali specifiche richiede quindi l'uso di un manometro, di un misuratore di flusso e di un termometro. La verifica preliminare delle variazioni di pressione, (da eseguire solo se esistono ragionevoli dubbi che l'alimentazione pneumatica sia la causa di mal funzionamento della CMM) può essere realizzata utilizzando il manometro che equipaggia la CMM stessa.

È importante ricordare che la stabilizzazione di pressione, eseguita dai regolatori installati a bordo della CMM, è efficace solo se esiste un differenziale di pressione sufficientemente alto tra il loro ingresso e la loro uscita (tipicamente 0,8 bar). Se la pressione di alimentazione scende al di sotto dei limiti di specifica, la funzione di regolazione viene ridotta e ciò può provocare variazioni di pressione che, anche se non evidenti, possono causare derive di posizione e variazioni di ortogonalità.

7.11.6 Funzionamento in condizioni operative fuori dai limiti stabiliti dal costruttore

Nel caso in cui la CMM sia installata in un ambiente operativo non conforme alle condizioni stabilite dal costruttore, non ha senso eseguire la prova di accettazione per verificare i limiti di specifica dichiarati dal costruttore. In questo caso occorre allargare i limiti di specifica (derating) ed eseguire una prova di verifica periodica, relativamente ai nuovi parametri di specifica definiti dall'utilizzatore.

Solitamente, quando le condizioni ambientali eccedono le specifiche tecniche indicate dal costruttore si richiedono prestazioni sensibilmente inferiori a quelle garantite dai parametri di specifica della CMM e del sistema tastatore. La specifica ambientale più comunemente disattesa è quella relativa ai limiti di temperatura e la conseguenza di ciò riguarda le sole prestazioni della CMM con un'influenza trascurabile sulle prestazioni del sistema tastatore.

7.12 Valutazione delle prestazioni di una CMM

Le macchine di misura a coordinate (CMM) sono strumenti per misurazione sempre più usati nel contesto industriale per verificare la conformità o meno dei prodotti (controlli in accettazione o controlli finali) e per verificare le capacità di un processo produttivo (controlli di processo: CMM in linea).

Nelle verifiche di conformità, dove occorre conoscere l'incertezza associata al risultato della singola misurazione, anche la CMM, come ogni altro strumento per misurazione, deve fornire risultati di misura che siano riferibili ai campioni nazionali o internazionali come previsto dalle norme ISO 9001.

A tal scopo è in corso una discussione, a livello mondiale, per definire i metodi più appropriati per la taratura della CMM e per il calcolo dell'incertezza di misura.

Il calcolo dell'incertezza, da associare al risultato della misurazione eseguita con una CMM, è un problema di difficile risoluzione per i seguenti motivi:

- non è facile esprimere un modello matematico della misura che tenga conto degli algoritmi usati per determinare gli enti geometrici;
- le diverse funzioni di misura di una CMM rendono la messa in punto della macchina dopo la taratura impossibile da ottimizzare per tutte le funzioni della macchina;
- il risultato della misura, e quindi l'incertezza ad esso associata, dipendono fortemente dalla strategia di misura implementata dall'operatore che risulta difficilmente standardizzabile.

Nel 1995 l'EA (European cooperation for Accreditation of Laboratories) nel documento EAL-G17 (ora EA-10/05) tentava di stabilire con quali metodi una CMM poteva venire tarata rispettando tutte le regole ed i principi della metrologia ufficiale; in tale documento si stabiliva inoltre una netta distinzione tra taratura e verifica delle prestazioni di una CMM ovvero:

- taratura di una specifica funzione di misura della CMM (*task-related calibration of a CMM*): set di operazioni che stabiliscono, sotto specifiche condizioni, la relazione esistente tra i valori indicati da una CMM ed i corrispondenti valori noti di una limitata famiglia di misurandi predefiniti, che costituiscono un sottoinsieme di misure che la CMM è in grado di effettuare;
- verifica delle prestazioni di una CMM (*performance verification of a CMM*): set di operazioni concordate tra il costruttore della CMM e l'utilizzatore per verificare le prestazione della CMM stabilite dal costruttore.

Il documento EA stabilisce che è possibile tarare una CMM solo per una funzione di misura specificata, la cosiddetta "Task related calibration" per cui viene stabilita una ben precisa procedura di misura e di accreditamento nell'uso della CMM; il documento precisa inoltre che una verifica delle prestazioni non può garantire la riferibilità di tutte le misure che si possono effettuare con una CMM. In ambito ISO sono allo studio molte normative riguardo le CMM; in particolare sulla verifica delle prestazioni è stata pubblicata la norma UNI EN ISO 10360-2 (revisionata nel 2010), che stabilisce le modalità di verifica delle prestazioni delle macchine per misurazione a coordinate.

In un contesto industriale l'applicazione della UNI EN IS0 10360-2 costituisce lo stato dell'arte per la verifica delle CMM anche se la verifica delle prestazioni secondo tale norma rappresenta una condizione necessaria ma non sufficiente per garantire la riferibilità dei risultati delle misurazioni effettuate con una CMM.

I parametri che definiscono le prestazioni di una CMM dal punto di vista metrologico sono:

- il limite dell'errore di indicazione per la funzione distanza fra due punti;
- il limite dell'errore di tastatura, eventualmente esteso a sistemi tastatore a più stili.

Questi parametri sono però riferiti a determinate condizioni ambientali ed operative, che l'utilizzatore deve predisporre e mantenere affinché siano garantite le prestazioni sopra citate; fra queste ricordiamo lo scostamento dai 20 °C della temperatura ambiente, i gradienti termici temporali e spaziali, i campi elettromagnetici, le vibrazioni, le specifiche dell'alimentazione elettrica e pneumatica.

Esistono poi le caratteristiche funzionali o costruttive della CMM, che non richiedono un'attività di verifica periodica, ma rivestono una notevole importanza dal punto di vista metrologico.

Fra queste se ne riportano alcune con le relative definizioni:

- *campo di misura:* definisce le corse degli assi X, Y e Z e quindi il volume di misura della CMM nel quale deve essere contenuto il misurando;
- *carico massimo sulla tavola:* definisce la massima massa del pezzo da misurare;
- *massima altezza del pezzo:* definisce la massima altezza che un pezzo può avere.

L'utilizzatore della CMM, al momento dell'acquisto della macchina, ha la necessità di verificare la rispondenza delle prestazioni della CMM alle specifiche dichiarate dal costruttore. Durante l'esercizio poi, ha l'esigenza di verificare il mantenimento di tali prestazioni nel tempo. La UNI EN ISO 10360-2 stabilisce per la verifica delle prestazioni le seguenti prove:

- **la prova di accettazione** che verifica se le prestazioni della CMM e del sistema tastatore sono conformi a quanto dichiarato dal costruttore; ha quindi una valenza contrattuale per la verifica del rispetto di determinate specifiche stabilite dal costruttore (la norma deve essere espressamente richiamata nel contratto);
- **la prova di verifica periodica** che consente all'utilizzatore di riverificare successivamente le prestazioni della CMM e del sistema tastatore; ha quindi una valenza tecnica nell'ambito della conferma metrologica della CMM nei confronti di determinate specifiche tecniche eventualmente ridefinite dall'utilizzatore a fronte delle proprie esigenze applicative;
- **il controllo intermedio** che consente all'utilizzatore di controllare la CMM ed il sistema tastatore nell'intervallo di tempo intercorrente tra le regolari prove di verifica periodica.

La prima prova viene generalmente chiamata "verifica di accettazione"; ha valenza contrattuale ed ha come riferimento i documenti che formalizzano gli accordi contrattuali (offerta, ordine e conferma d'ordine). La seconda prova invece, chiamata "verifica periodica", ha una valenza tecnica nell'ambito del processo di conferma metrologica della CMM e serve per verificare che le prestazioni della CMM siano rispondenti ai requisiti definiti dall'utilizzatore in base alle proprie esigenze di misurazione.

La "verifica di accettazione" rientra nel campo di applicazione della norma ISO 14253-1 ("Specifiche geometriche dei prodotti (GPS) - Verifica mediante misurazione dei pezzi e delle apparecchiature per misurazioni - Regole decisionali per provare la conformità o non conformità rispetto alle specifiche"), norma di tipo trasversale che riguarda la verifica di conformità di qualunque prodotto alle specifiche dichiarate, rispetto alla quale la ISO 10360-2 relativa alle macchine di misura a coordinate risulta allineata. Al di là della regola decisionale per stabilire la conformità alle specifiche, la norma UNI EN ISO 10360-2 definisce in dettaglio gli aspetti tecnico-procedurali secondo cui deve essere fatta la verifica delle prestazioni di una CMM; tali operazioni devono inoltre essere eseguite da operatori qualificati per garantirne la validità dei risultati ottenuti.

La norma prevede l'utilizzo di un campione materiale a facce (blocchetti pianparalleli o campione a passi) che realizza 5 lunghezze diverse, ciascuna delle quali deve essere misurata per 3 volte in 7 posizioni diverse nello spazio; il numero totale delle misure risulta quindi pari a 105 misure. Per ciascuna misurazione si calcola l'errore di indicazione dato da:

$$\Delta L = L - L'$$

dove:

L : valore di lettura proposto dalla CMM;

L' : valore corretto del campione materiale.

Le prestazioni della CMM sono verificate se:

$$\boldsymbol{\Delta L \leq MPE_{E0}}$$

dove $\boldsymbol{MPE_{E0}}$ rappresenta l'errore massimo ammesso per l'indicazione della CMM ovvero il limite all'errore di indicazione; nella verifica occorre tener contro dell'incertezza di misura associata a $\boldsymbol{\Delta L}$ come prescritto dalla ISO 14253-1.

Per la verifica delle prestazioni del sistema tastatore si può utilizzare una sfera campione, corredata di certificato di taratura valido, sulla cui superficie vengono rilevate le coordinate di 5 punti diversi ognuno ripetuto 3 volte. I valori ottenuti del raggio sono utilizzati per calcolare l'errore E_L calcolato come differenza fra il valore indicato ed il valore del certificato di taratura della sfera campione, eventualmente corretto per tenere conto di effetti sistematici.

Le prestazioni del sistema tastatore sono verificate se per ognuna delle 30 misurazioni si ha:

$$\boldsymbol{E_L \leq MPE_{EL}}$$

dove:

$\boldsymbol{MPE_{EL}}$: errore massimo ammesso per il sistema tastatore.

Nella verifica occorre tener contro dell'incertezza di misura associata a E_L come prescritto dalla ISO 14253-1.

La verifica delle prestazioni secondo la norma UNI EN ISO 10360-2, rappresenta, come già detto, un'attività fondamentale nel processo di conferma metrologia per una CMM, ma non è sufficiente a garantire la funzionalità e le prestazioni nell'intervallo fra due verifiche successive.

A tal scopo, un'attività di controllo intermedio fra due successive verifiche periodiche, effettuata con una periodicità commisurata alla frequenza ed alle condizioni di esercizio della CMM, risulta uno strumento molto efficace per evidenziare in modo tempestivo eventi che potrebbero aver alterato le prestazioni della macchina.

7.13 Controllo intermedio delle CMM da parte dell'operatore

7.13.1 Applicazione del controllo del processo alla CMM

La norma UNI EN ISO 10360-2 raccomanda che nell'intervallo compreso tra due "verifiche periodiche" vengano effettuati sulla CMM dei controlli "intermedi" o straordinari al verificarsi di un qualsiasi evento accidentale che possa in qualche modo aver influenzato il corretto funzionamento della macchina.

I controlli "intermedi" hanno l'esclusivo obiettivo di accertare il mantenimento nel tempo delle prestazioni della CMM; a questo scopo essi suggeriscono di ***confrontare*** periodicamente i risultati forniti dalla CMM con quelli che si erano ottenuti quando essa operava in condizioni di sicura conformità al parametro di specifica. Pertanto ne consegue che:

– non è necessario che gli artefatti o i campioni impiegati nei controlli "intermedi" siano tarati; essi devono però avere una stabilità dimensionale e geometrica ed una finitura superficiale contenuta in limiti inferiori agli errori attesi dalla CMM

in modo da rendere significativo il confronto periodico dei risultati della loro misurazione;
- è indispensabile prima di tutto determinare i valori di riferimento di tali artefatti o campioni misurandoli immediatamente dopo una prova di "accettazione" o di "verifica periodica" della CMM; nei successivi controlli "intermedi" devono essere mantenute invariate le posizioni e gli orientamenti prescelti in tale occasione, nonché le modalità adottate per l'elaborazione e la valutazione dei risultati.

Per i controlli "intermedi" della CMM si raccomanda di utilizzare campioni a facce piane diversi da quelli impiegati per le prove di "accettazione" o di "verifica periodica". Oltre ai campioni a facce piane si dovrebbero impiegare anche:
- campioni cilindrici e sferici;
- barre con sfere fissate alle estremità;
- piatti a sfere e/o a fori;
- artefatti appositamente costruiti allo scopo di materializzare tipici elementi geometrici di relazione (parallelismi, perpendicolarità, coassialità e simili).

In linea di principio per ogni funzione di misura della CMM dovrebbe essere scelto un opportuno misurando per effettuare il controllo del processo di misurazione.

I campioni utilizzati, devono avere dimensioni tanto maggiori quanto più si desidera evidenziare l'eventuale insorgere di errori di misura dipendenti delle dimensioni del pezzo ed il loro materiale deve garantire l'uniformità con il materiale degli oggetti normalmente misurati sulla CMM. Qualora invece l'utilizzatore intendesse eseguire controlli specificamente volti a isolare il contributo degli effetti ambientali, occorre:
- utilizzare artefatti in materiale a basso coefficiente di dilatazione termica lineare per evidenziare gli effetti della temperatura sulla sola CMM;
- utilizzare artefatti in materiale a elevato coefficiente di dilatazione termica lineare per evidenziare gli effetti della temperatura sul solo particolare in misura.

È possibile utilizzare i risultati dei controlli "intermedi" per effettuare il controllo statistico del processo di misurazione di una CMM.

Come ampiamente discusso nel paragrafo 8.6, uno dei modi più efficaci per eseguire il controllo del processo di misurazione della CMM è quella di costruire carte di controllo $\overline{x}-R$ o $\overline{x}-s$, verificando che il processo di misurazione degli artefatti prescelti si mantenga in stato di controllo.

Nel caso di controllo "intermedio" della CMM (per misure di lunghezza), il parametro che si utilizza per sorvegliare il processo è rappresentato dalla variabile casuale $x = \Delta L$, errore di indicazione della CMM. Pertanto, applicando quanto stabilito nel paragrafo 8.6, si calcolano i seguenti valori:

$$\overline{x_i} = \frac{\sum_{j=1}^{n} \Delta L_{i,j}}{n}$$

valor medio dell'errore di indicazione della CMM (differenza tra il valore di lettura della CMM ed il valore noto del misurando) in occasione dell'i-esimo controllo "intermedio", dove:

$\Delta L_{i,j}$: errore di indicazione corrispondente alla j-esima misura di lunghezza nel corso dell'i-esimo controllo intermedio;

n : numero delle misure di lunghezza effettuate sullo stesso misurando in ciascun controllo intermedio;

Nel calcolo di $\Delta L_{i,j}$ il valore noto del misurando è quello di taratura se si utilizzano campioni certificati, altrimenti è quello determinato in occasione dell'ultima prova di accettazione o di verifica periodica eseguita.

$R_i = \Delta L_{i,max} - \Delta L_{i,min}$ rappresenta l'***escursione*** dell'errore di indicazione della CMM in occasione dell'i-esimo controllo "intermedio". Il simbolo R_i, usato per indicare l'escursione (range), non va confuso con il simbolo R impiegato per indicare il parametro di specifica del sistema tastatore, definito anch'esso come range e calcolato mediante 25 misurazioni della distanza radiale gaussiana di una sfera.

$$s_i = \sqrt{\frac{\sum_{j=1}^{n} (\Delta L_{i,j} - \bar{x}_i)^2}{(n-1)}}$$

rappresenta lo ***scarto tipo sperimentale dell'errore di indicazione della CMM*** in occasione dell'i-esimo controllo "intermedio".

Se $1<n<10$ si consiglia l'utilizzazione delle carte di controllo $x - R$; se $n>10$ si consiglia l'utilizzazione delle carte $x - s$ in quanto il parametro s non è molto significativo se è calcolato su poche ripetizioni del processo di misurazione.

I limiti di controllo per la variabile casuale ΔL non sono stimati tramite una fase di lancio ma vengono definiti in base al limite superiore e inferiore, simmetrici rispetto allo zero, individuati dall'errore massimo ammesso $\boldsymbol{MPE_{E0}}$; pertanto si ha:

- valore centrale: $\mu_{\Delta L} = 0$
- varianza: $\sigma^2_{\Delta L} = \frac{MPE^2_{E0}}{3}$ ove MPE_{E0} viene calcolato per il maggiore dei valori di misura del campione impiegato nel controllo "intermedio"; tale varianza è calcolata ipotizzando una distribuzione rettangolare della variabile casuale ΔL nell'intervallo $\pm MPE_{E0}$.

Da questi valori si calcolano la linea centrale (LC) ed i limiti di controllo (LCI e LCS) delle varie carte di controllo e precisamente:

Carta $\bar{x}$:	$LC = 0$	linea centrale
	$LCS = A \cdot \sigma_{\Delta L}$	limite di controllo superiore
	$LCI = -A \cdot \sigma_{\Delta L}$	limite di controllo inferiore
Carta R:	$LC = d_2 \cdot \sigma_{\Delta L}$	linea centrale
	$LCS = D_2 \cdot \sigma_{\Delta L}$	limite di controllo superiore
	$LCI = D_1 \cdot \sigma_{\Delta L}$	limite di controllo inferiore
Carta s:	$LC = c_4 \cdot \sigma_{\Delta L}$	linea centrale
	$LCS = B_6 \cdot \sigma_{\Delta L}$	limite di controllo superiore
	$LCI = B_5 \cdot \sigma_{\Delta L}$	limite di controllo inferiore

I valori dei vari coefficienti, in funzione di n, sono riportati nella seguente Tabella 7.1 che è calcolata sull'ipotesi di una distribuzione rettangolare.

Tabella 7.1 : coefficienti per la costruzione delle carte di controllo

n	d_2	c_4	A	D_1	D_2	B_5	B_6
2	1,128	0,7979	2,121	0,000	3,686	0,000	2,606
3	1,693	0,8862	1,732	0,000	4,358	0,000	2,276
4	2,059	0,9213	1,500	0,000	4,698	0,000	2,088
5	2,326	0,9400	1,342	0,000	4,918	0,000	1,964
6	2,534	0,9515	1,225	0,000	5,079	0,029	1,874
7	2,704	0,9594	1,134	0,205	5,204	0,113	1,806
8	2,847	0,9650	1,061	0,388	5,307	0,179	1,751
9	2,970	0,9693	1,000	0,547	5,394	0,232	1,707
10	3,078	0,9727	0,949	0,686	5,469	0,276	1,669
11	3,173	0,9754	0,905	0,811	5,535	0,313	1,637
12	3,258	0,9776	0,866	0,923	5,594	0,346	1,610
13	3,336	0,9794	0,832	1,025	5,647	0,374	1,585
14	3,407	0,9810	0,802	1,118	5,696	0,398	1,563
15	3,472	0,9823	0,775	1,203	5,740	0,421	1,544
16	3,532	0,9835	0,750	1,282	5,782	0,440	1,527
17	3,588	0,9845	0,728	1,356	5,820	0,459	1,510
18	3,640	0,9854	0,707	1,424	5,856	0,475	1,496
19	3,689	0,9862	0,688	1,489	5,889	0,490	1,483
20	3,735	0,9869	0,671	1,549	5,921	0,503	1,470
21	3,778	0,9876	0,655	1,606	5,951	0,516	1,459
22	3,819	0,9882	0,640	1,660	5,979	0,528	1,448
23	3,858	0,9887	0,626	1,711	6,006	0,539	1,438
24	3,895	0,9892	0,612	1,759	6,032	0,549	1,429
25	3,931	0,9896	0,600	1,805	6,056	0,559	1,420

7.13.2 Applicazione del controllo di processo al sistema tastatore

Nel controllo "intermedio" del sistema tastatore è opportuno utilizzare gli stessi campioni e le stesse procedure adottate per le prove di "accettazione" e di "verifica periodica", adottando però la configurazione del sistema tastatore più frequentemente utilizzata nelle condizioni normali di impiego.

Analogamente a quanto descritto per i controlli intermedi della CMM, nel caso di controllo "intermedio" del sistema tastatore il parametro che si utilizza per sorvegliare il processo è rappresentato dalla variabile casuale gaussiana $x = r$, distanza radiale della sfera di verifica.

Se $r_{i,j}$ rappresenta il j-esimo valore assunto dalla variabile casuale nell'ambito del i-esimo controllo "intermedio" si ha:

- valore centrale: $\mu_r = \frac{\sum_{j=1}^{30} r_j}{30}$ (media delle r_j distanze radiali della sfera di riferimento rilevate in occasione dell'ultima, in ordine di tempo, prova di accettazione o di verifica periodica);
- varianza: $\sigma_r^2 = \frac{MPE_{EL}^2}{3}$ calcolata ipotizzando una distribuzione rettangolare della variabile casuale r nell'intervallo $[\pm MPE_{EL}]$.

I controlli intermedi qui descritti hanno l'obiettivo di verificare il mantenimento nel tempo delle prestazioni del sistema tastatore e non di provare la sua capacità metrologica al variare delle configurazioni ammesse o realizzabili.

Questi aspetti sono presi in considerazione dalla norma UNI EN ISO 10360-5 Specifiche geometriche dei prodotti (GPS) - Prove di accettazione e prove di verifica periodica per macchine di misura a coordinate (CMM) - Parte 5: CMM dotate di sistemi tastatori a contatto a stilo singolo e multiplo).

7.14 LE MACCHINE UTENSILI CON CAPACITÀ DI MISURA

7.14.1 Generalità

Una macchina utensile, nell'ambito di un processo di produzione, può essere utilizzata in modo ottimale se si conoscono i suoi errori e le sue condizioni operative. Gli errori che la macchina presenta sono principalmente dovuti a:
- geometrie delle parti strutturali della macchina, responsabili dei moti di errore angolari (beccheggio, imbardata e rollio) e lineari (posizione e rettilineità);
- geometrie dei suoi assi di rotazione (moti di errore radiali ed assiali nonché errori di attitudine);
- accuratezza dei suoi sistemi di misura;
- accuratezza dei suoi sistemi di interpolazione.

Questi errori sono in genere valutabili tramite collaudi geometrici seguendo le indicazioni riportate nelle norme della famiglia ISO 230 "Codici di collaudo per macchine utensili". Le principali condizioni operative di una macchina utensile sono:
- la temperatura ambiente in cui la macchina opera, relativamente alla sua stabilità nel tempo (gradiente temporale) ed alla sua uniformità nello spazio (gradiente spaziale);
- le caratteristiche del processo di lavorazione in relazione alla tipologia degli utensili impiegati ed alle caratteristiche metallurgiche e strutturali del pezzo in lavorazione (con particolare riguardo alla massa del pezzo);
- le condizioni di piazzamento e di staffaggio del pezzo in lavorazione.

Sia gli errori, sia le condizioni operative, sono elementi che riducono l'accuratezza di lavorazione ottenibile sul pezzo finito. Quando poi si entra nelle problematiche della produzione di pezzi meccanici complessi, singoli o in piccoli lotti, occorre ricordare alcune tipiche criticità di questi processi e cioè:

- difficoltà e complessità del piazzamento e dello staffaggio del pezzo sulla tavola anche in relazione alle masse (qualche tonnellata) ed alle dimensioni dei pezzi (oltre un metro);
- complessità del ciclo di lavorazione;
- ripetuti spostamenti del pezzo dalle aree di produzione alle aree di controllo per verificare la conformità della lavorazione alle specifiche rappresentate dal disegno costruttivo;
- difficoltà a mantenere condizioni ambientali stabili e uniformi nel volume di lavoro per tutto il tempo di lavorazione.

Per quanto sopra esposto, l'intero processo di produzione di pezzi meccanici complessi, singoli o in piccoli lotti, presenta delle evidenti inefficienze che si possono così riassumere:

- elevati tempi totali di produzione del pezzo quando sono richiesti controlli interoperazionali e finali anche in relazione ai tempi di stabilizzazione termica del pezzo;
- onerosi investimenti in macchine di misura di grandi dimensioni o in sistemi di misura alternativi con conseguenti costi per la realizzazione di ambienti di misura climatizzati;
- elevata probabilità di produrre pezzi non conformi (scarti) se non si eseguono accurati controlli interoperazionali;
- grande dispendio di tempo dovuto a ripetuti staffaggi dei pezzi;
- elevati costi di movimentazione dei pezzi tenendo conto che spesso le aziende che li producono non hanno a disposizione CMM idonee e quindi le verifiche del pezzo devono essere fatte presso sale metrologiche esterne; ciò ha conseguenze negative anche sulla mobilità, sulla sicurezza e sull'ambiente;
- elevati tempi morti sulle macchine utensili in attesa del risultato del controllo eseguito sulla CMM.

Molti dei problemi sopra esposti si possono risolvere misurando direttamente in macchina i pezzi lavorati (on-machine inspection); infatti se su una macchina utensile si sostituisce l'utensile con un sistema tastatore si ottiene un sistema di misura in grado di controllare la posizione ed il movimento del sistema tastatore e di determinare le coordinate spaziali di punti sulla superficie di un pezzo operativamente al pari di una CMM. Occorre però ricordare che se si utilizza una macchina utensile come CMM ovvero per misurare i pezzi che essa stessa ha prodotto (situazione che non si verificherà mai con una CMM), essa sarà in grado di rilevare gli errori geometrici sul pezzo derivanti dagli sforzi di lavorazione (in quanto presenti nella fase di lavorazione e non nella fase di misurazione), dal consumo dell'utensile (in quanto in fase di misurazione il diametro del tastatore non varia) e dagli errori di interpolazione (in quanto la misurazione avviene per punti singoli). La macchina utensile usata come CMM non sarà però in grado di rilevare gli errori geometrici sul pezzo derivanti dai propri errori geometrici; è quindi importante che tali errori geometrici siano correttamente compensati nelle condizioni effettive di carico e di temperatura ambiente.

Per assicurare la riferibilità delle misure, effettuate con la macchina utensile, è fondamentale applicare le prescrizioni della norma ISO 230-10 "Test code for machine tools - Part 10: Determination of the measuring performance of probing systems of numerically controlled machine tools" per quantificare l'errore associato alla tastatura e le

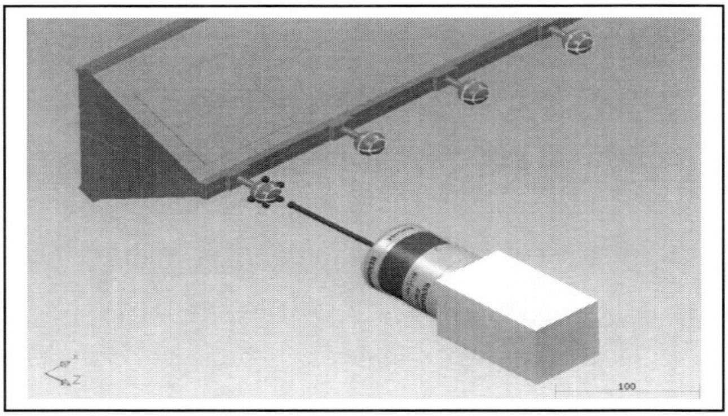

Figura 7.52: campione di lunghezza a sfere

prescrizioni della norma UNI EN ISO 10360-2 per verificare la capacità della macchina di misurare distanze.

È indispensabile, per facilitare le operazioni precedentemente descritte, disporre di campioni di riferimento appositamente studiati per il loro facile utilizzo in ambiente di officina. La figura 7.52, per esempio, illustra un campione di lunghezza a sfere (ball beam) realizzato in fibra di carbonio; grazie a tale campione ed utilizzando, sulla macchina utensile, un idoneo software di misura è possibile verificare in modo automatico gli errori di misura della macchina ed in particolare l'errore di posizionamento, l'errore di rettilineità verticale ed orizzontale per ogni asse lineare della macchina.

Numerose ricerche sono state avviate per dare risposte a queste problematiche. Nel seguito si illustrano il risultati ottenuti con il progetto di ricerca SOMMACT (Self Optimizing Measuring MAChine Tools – www.sommact.eu) che ha sviluppato e validato un innovativo sistema di controllo, software ed hardware, basato sulla misura degli errori geometrici delle macchine utensili (tramite nuovi sensori integrati nella macchina) e sulla compensazione (con capacità adattative e di self-learning) degli effetti geometrici dovuti alle variazioni di grandezze fisiche come la temperatura ambiente e la massa dei pezzi (figura 7.53).

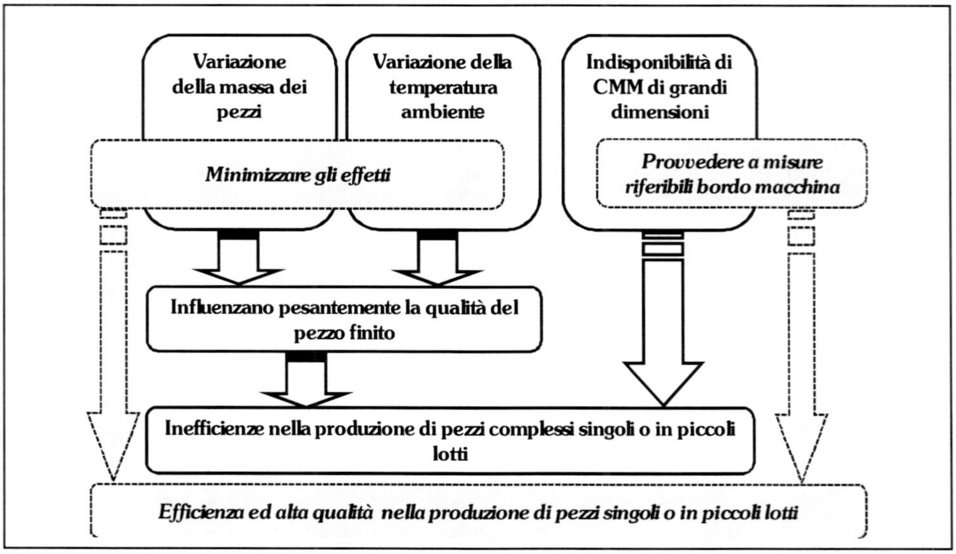

Figura 7.53: illustrazione schematica dei concetti della tecnologia SOMMACT

L'applicazione della tecnologia SOMMACT ha portato a:

- minimizzare gli effetti delle variazioni di massa e delle variazioni della temperatura ambiente sull'accuratezza dei pezzi lavorati;
- realizzare misurazioni riferibili direttamente a bordo macchina avendo a disposizione procedure e campioni di riferimento.

7.14.2 Le basi teoriche

È noto che quando un corpo rigido si muove su guide, che non sono a geometria perfetta (figura 7.54), presenta dei moti di errore angolari: la rotazione attorno all'asse di avanzamento chiamata anche rollio (E_{AX}), la rotazione attorno all'asse verticale, ortogonale alla direzione di avanzamento, chiamata anche imbardata (E_{BX}) e la rotazione attorno all'asse orizzontale, ortogonale alla direzione di avanzamento, chiamata anche beccheggio (E_{CX}).

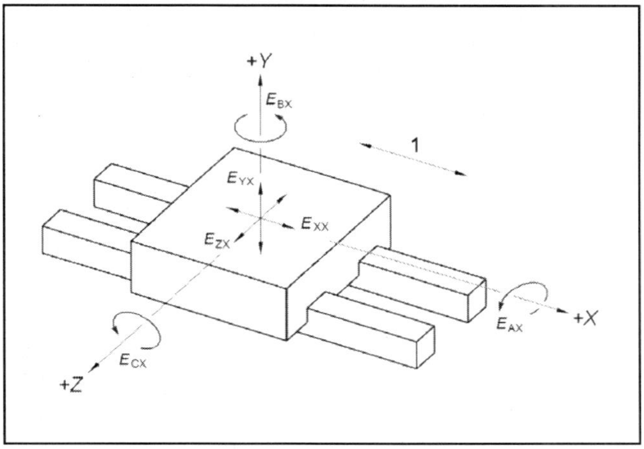

Figura 7.54: moti di errore

Oltre a questi moti di errore angolari è altresì noto che il corpo rigido, che si muove lungo la guida, è sottoposto a tre moti di errore lineari del punto di riferimento del corpo che si muove lungo una traiettoria idealmente rettilinea; il primo è lungo la direzione di moto ed è chiamato moto di errore di posizionamento lineare (E_{XX}), gli altri due sono lungo le due direzioni ortogonali alla prima e sono chiamati moti di errore di rettilineità (E_{YX} e E_{ZX}).

Una macchina utensile a tre assi avrà tre corpi (carri) che si muovono lungo tre diverse direzioni nominalmente parallele agli assi principali X,Y e Z; se ogni corpo ha sei moti di errore, l'insieme dei tre carri avrà 18 moti di errore. Quindi per una macchina utensile a tre assi avremo un modello a 18 moti di errore che descrive tutti i possibili movimenti indesiderati dei corpi della macchina.

A questi moti di errore vanno aggiunti tre parametri di attitudine relativa tra gli assi ovvero tre errori di ortogonalità di un asse rispetto agli altri e tre errori di posizione dovuti agli spostamenti delle origini degli assi (zero-shift).

Con la tecnologia SOMMACT si è in grado di misurare in tempo quasi-reale i sei moti di errore per ogni singolo asse ed i sei parametri di attitudine e posizione relativa tra gli assi; per raggiungere questo obiettivo la tecnologia SOMMACT impiega sensori innovativi che sono stati verificati in termini di accuratezza, stabilità nel tempo ed immunità alle vibrazioni.

Figura 7.55: misura di campioni di lunghezza

Grazie a queste attrezzature ed a idonei campioni di riferimento (tarati da laboratori accreditati) è possibile garantire la riferibilità delle misure effettuate a bordo macchina (figura 7.55).

Una volta misurati e quindi conosciuti i sei moti di errore per ogni asse ed i sei parametri di attitudine e posizione è fondamentale (specialmente in una macchina utensile) quantificare il loro effetto sul posizionamento dell'utensile nel volume di lavoro; tale effetto viene denominato errore volumetrico nel punto funzionale (nel nostro caso il centro virtuale dell'utensile) e rappresenta in pratica la variazione relativa fra la posizione reale dell'utensile rispetto al pezzo e quella ideale (definita dal CNC).

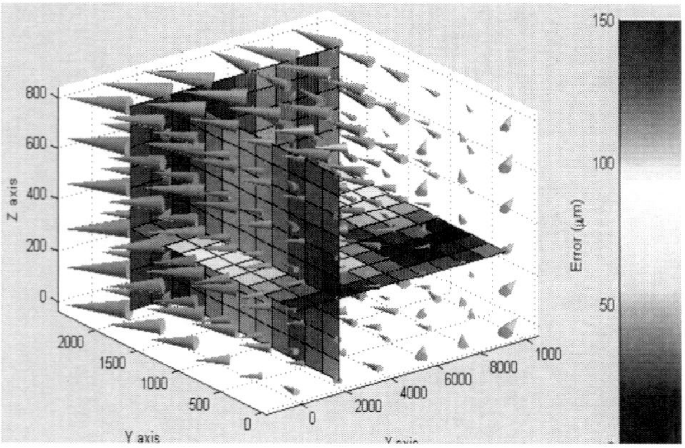

Figura 7.56: rappresentazione dell'errore volumetrico

La figura 7.56 illustra la rappresentazione dell'errore volumetrico nello spazio di lavoro della macchina.

La tecnologia SOMMACT utilizza un controllo numerico ed un software di compensazione degli errori geometrici della macchina che, partendo dalla misura dei 18 moti di errore dei tre assi principali della macchina, gestisce l'inserimento dei valori numerici degli errori in una apposita tabella del CNC; il controllo numerico, tramite un proprio modello matematico, è in grado di compensare questi errori nello spazio fornendo la rappresentazione aggiornata dell'errore volumetrico residuo della macchina.

L'architettura di sistema della tecnologia SOMMACT è illustrata nella figura 7.57.

Nell'ambito di tale architettura un ruolo fondamentale viene attribuito al Self Learning Core, un sistema intelligente le cui principali funzioni sono:

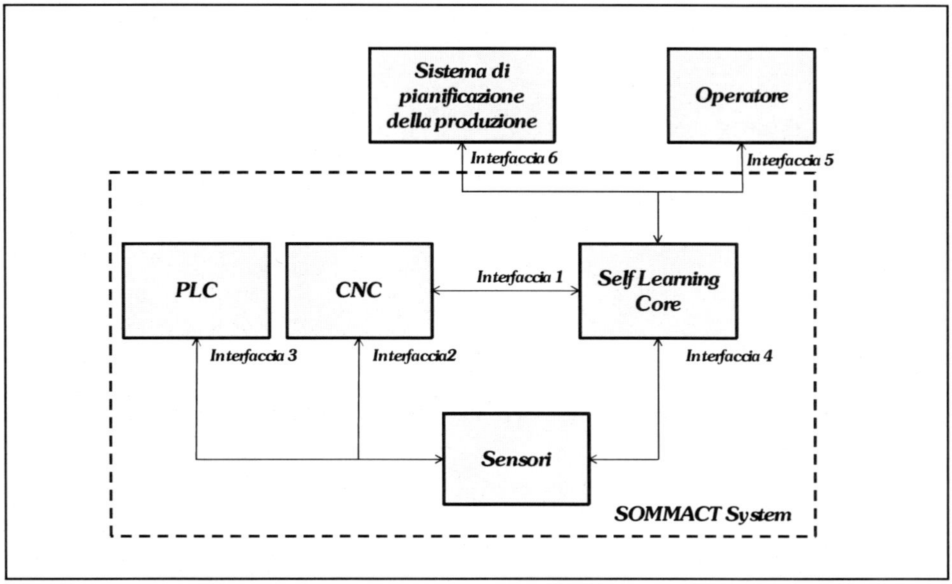

Figura 7.57: architettura di sistema di SOMMACT

- gestire l'aggiornamento automatico delle tabelle di compensazione nel CNC;
- fornire assistenza alle riverifiche periodiche con campioni di riferimento;
- valutare preventivamente l'accuratezza della macchina e gestire l'interfaccia con l'operatore;
- gestire lo scambio di dati con il sistema di produzione su accuratezza della macchina, misure sul pezzo e manutenzione predittiva della macchina.

Attualmente molti costruttori di controlli numerici per macchine utensili sono in grado di compensare tutti o in parte gli errori geometrici della macchina utensile ma esistono alcune problematiche che potremmo così riassumere:

- le funzioni di errore ed i relativi parametri sono determinabili tramite differenti sistemi di misura (ad esempio laser interferometrici per misure lineari e angolari, laser a scansione per allineamento, laser tracers, ecc.);
- i diversi costruttori di CN adottano differenti strategie per compensare gli effetti di una stessa funzione di errore sul pezzo lavorato;
- si sente fortemente la necessità di una norma che definisca in modo chiaro la identificazione e la terminologia da adottare per gli errori geometrici ed i formati dei dati da inserire nelle tabelle di compensazione dei CNC provenienti da diversi sistemi di misura al fine di garantire una buona interoperabilità.

Nel 2011, in ambito ISO, sono iniziati i lavori per la preparazione di una nuova norma che possa rispondere alle esigenze sopra esposte; tali lavori hanno portato alla stesura del documento ISO/CD TR 16907 "Machine tools - Numerical compensation of geometric errors of machine tools".

7.14.3 Le applicazioni

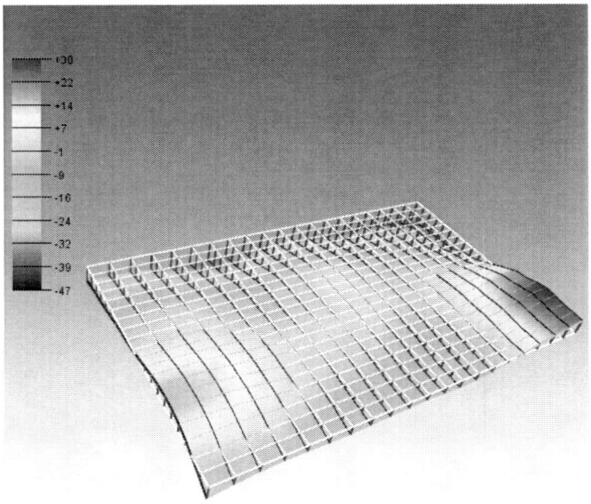

Figura 7.58: mappatura degli errori geometrici nel piano

Le applicazioni delle tecnologie sviluppate da SOMMACT hanno notevoli impatti nel mondo industriale in quanto ampliano le funzioni operative di una macchina utensile; l'operatore di una macchina che applica la tecnologia SOMMACT può infatti:

- caricare il pezzo da lavorare sulla macchina e, nelle reali condizioni operative, eseguire un ciclo di lettura dei nuovi sensori a bordo macchina per rilevare i principali errori geometrici della macchina (figura 7.58);
- visualizzare graficamente la stima degli errori geometrici nel volume di lavoro del pezzo, confrontandoli con le tolleranze di lavorazione richieste (figura 7.59).

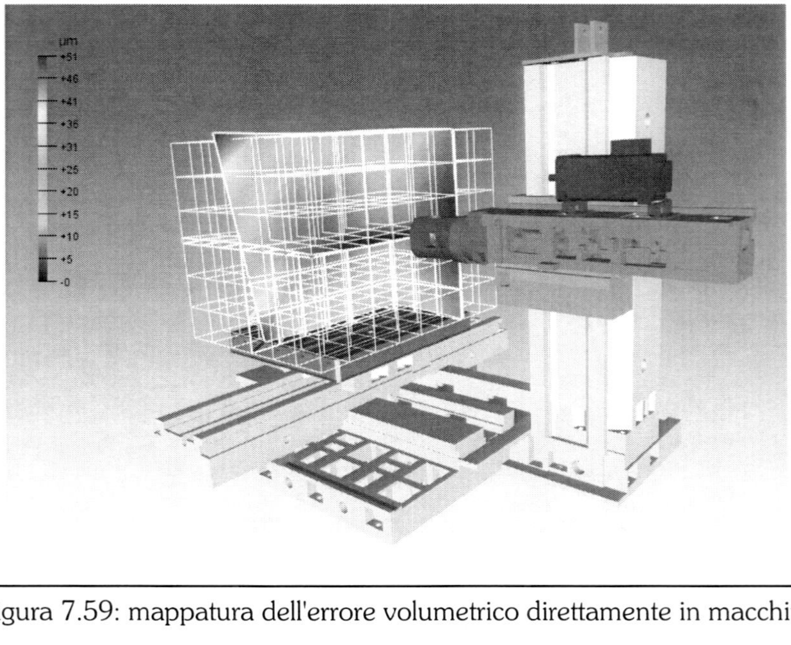

Figura 7.59: mappatura dell'errore volumetrico direttamente in macchina

Il sistema intelligente a bordo macchina propone all'operatore le seguenti opzioni:

- lavorare comunque il pezzo in quanto gli errori nel volume sono inferiori alle tolleranze richieste;
- attivare immediatamente le nuove compensazioni;
- eseguire eventuali verifiche addizionali con la misurazione di appositi campioni di riferimento;
- richiedere una nuova messa a punto generale della macchina.

Inoltre l'operatore, durante il ciclo di lavorazione, potrà richiedere la misurazione di elementi geometrici specifici sul pezzo ed eventualmente adattare le lavorazione successive in base ai risultati di misura ottenuti.

Al termine della lavorazione, ove richiesto, l'operatore può procedere alla verifica dimensionale e geometrica del pezzo lavorato, disponendo a bordo macchina, di tutte le prestazioni tipiche di una CMM. La riferibilità delle misure è assicurata dalla verifica periodica effettuata con opportuni campioni di riferimento.

BIBLIOGRAFIA

UNI EN ISO 10360-1:2005, Specifiche geometriche dei prodotti (GPS) - Prove di accettazione e prove di riverifica per macchine per misurazione a coordinate (CMM) - Parte 1: Vocabolario

UNI EN ISO 10360-2:2010, Specifiche geometriche dei prodotti (GPS) - Prove di accettazione e prove di verifica periodica per macchine di misura a coordinate (CMM) - Parte 2: CMM utilizzate per misurazioni dimensionali lineari

UNI EN ISO 10360-3:2005, Specifiche geometriche dei prodotti (GPS) - Prove di accettazione e prove di verifica periodica per macchine di misura a coordinate (CMM) - Parte 3: CMM dotate di tavola rotante come quarto asse

UNI EN ISO 10360-4:2005, Specifiche geometriche dei prodotti (GPS) - Prove di accettazione e prove di verifica periodica per macchine di misura a coordinate (CMM) - Parte 4: CMM utilizzate in modalità di misurazione a scansione

UNI EN ISO 10360-5:2010, Specifiche geometriche dei prodotti (GPS) - Prove di accettazione e prove di verifica periodica per macchine di misura a coordinate (CMM) - Parte 5: CMM dotate di sistemi tastatori a contatto a stilo singolo e multiplo

ANSI/ASME B89.4.1-1997, Methods for Performance Evaluation of Coordinate Measuring Machines - Establishes requirements and methods for specifying and testing the performance of coordinate measuring machines (CMMs)

Gianfranco Malagola, "Sala metrologica o CMM in produzione?", memoria presentata a InTeRSeC20 "Riduzione degli effetti termici nelle misure dimensionali", INRIM Torino, 13 Aprile 2010

Sandro Balsamo, "SOMMACT – Self-Optimising Measuring MAChine Tools", memoria presentata al CIRP Collège International pour la Recherche en Productique, Parigi, 21-01-2010

Gianfranco Malagola, "La divulgazione dei risultati nei progetti di ricerca: l'esperienza di SOMMACT", INNOVARE, 3/2011

Gianfranco Malagola, "La normazione dei risultati nei progetti di ricerca: l'esperienza di SOMMACT", INNOVARE, 4/2011

Renato Ottone, "Standardisation activities within the SOMMACT project", memoria presentata al seminario "Standardisation in Research and Innovation", Brussels, 10-11-2011 (www.sommact.eu)

Gianfranco Malagola, "Stato di avanzamento del progetto europeo SOMMACT (Self-Optimising Measuring MAChine Tools" memoria presentata al convegno STA-NIMUC "Normazione e Qualità", 27a BI-MU, Milano, 5-9/10/2010 (www.alesamonti.com)

Gianfranco Malagola, Renato Ottone, Aldo Ponterio, "Il progetto SOMMACT: macchine utensili a prova di errore", Macchine Utensili, 2012-02

Gianfranco Malagola, "Lo sfruttamento dei risultati nei progetti di ricerca: l'esperienza di SOMMACT", INNOVARE, 2/2012

8. LA VERIFICA DI CONFORMITÀ DEI PRODOTTI E DEGLI APPARECCHI PER MISURAZIONE

8.1 LA UNI EN ISO 14253-1: LE REGOLE DECISIONALI PER LA VERIFICA DI CONFORMITÀ ALLE SPECIFICHE

Il progettista, quando disegna un pezzo, lo immagina sempre come un oggetto ideale e perfetto. Nell'idea del progettista quindi tutte le dimensioni e le forme del pezzo sono riferite a geometrie ideali, esenti da errori geometrici e con superfici perfettamente lisce.

La realizzazione dei pezzi comporta però degli errori dimensionali e geometrici originati dalle condizioni di lavoro tipiche delle lavorazioni meccaniche; quindi i pezzi prodotti presentano dimensioni e forme reali, che si discostano da quelle ideali, e superfici che non sono mai perfettamente lisce. Inoltre se, partendo dallo stesso disegno, si producono tanti pezzi, generalmente ogni pezzo è diverso dall'altro.

Quindi il risultato finale del processo di produzione è un prodotto reale e non un oggetto ideale: gli errori introdotti dal processo di produzione rappresentano quindi lo scostamento del manufatto realizzato dalla idea originale del progettista.

Per questo motivo occorre precisare nel disegno i requisiti entro i quali sono accettabili tali errori, in relazione alla funzione che il pezzo deve assolvere. Se si è in grado di valutare correttamente sul pezzo reale tali errori e di misurarne l'entità, è possibile che il pezzo possa comunque essere considerato accettabile se rientra nei requisiti definiti dal disegno. Tali requisiti prendono il nome di tolleranze.

Le ***Specifiche Geometriche dei Prodotti (GPS)*** hanno proprio lo scopo di stabilire opportuni requisiti sulle geometrie dei pezzi in termini di tolleranze dimensionali, tolleranze geometriche e tolleranze sullo stato di finitura della superficie del pezzo.

La corretta applicazione delle GPS assicura ai prodotti le seguenti proprietà:

- funzionalità: se, ad esempio, tutte le parti di una macchina utensile sono realizzate conformemente alle specifiche, la macchina utensile potrà essere assemblata correttamente;
- sicurezza: se, ad esempio, la superficie interna del cilindro di un motore è stata lavorata rispettando le tolleranze di forma, non vi è pericolo di rottura a fatica del cilindro con conseguente distruzione del motore;
- affidabilità: è proprio stabilendo correttamente le tolleranze di forma del cilindro che si assicura una lunga vita al motore;
- intercambiabilità: è forse l'aspetto storico più importante delle specifiche; l'intercambiabilità rappresenta un grosso vantaggio per l'assemblaggio di nuove macchine e per le parti di ricambio.

Le organizzazioni internazionali per la normazione sono fortemente interessate allo sviluppo delle Specifiche Geometriche dei Prodotti vista la loro importanza nel mondo industriale; per questo motivo è in atto una continua revisione delle principali norme nel settore della meccanica.

Al termine del processo di produzione il metrologo determina il valore della caratteristica di un pezzo affinché sia possibile confrontarlo con il valore nominale e le tolleranze prescritte dal progettista.

Ma come è ormai noto il valore di misura è sempre affetto da una incertezza che caratterizza il processo di misurazione adottato e di cui occorre tener conto quando si paragona il valore di misura con i limiti di tolleranza.

La norma UNI EN ISO 14253-1 "Specifiche geometriche dei prodotti (GPS) - Verifica mediante misurazione dei pezzi e delle apparecchiature per misurazioni - Regole decisionali per provare la conformità o non conformità rispetto alle specifiche" stabilisce le regole per verificare, attraverso un processo di misurazione, la conformità o la non conformità di un prodotto alle specifiche, considerando l'incertezza che inevitabilmente è associata al risultato di misura e che deriva dal processo di misurazione adottato.

Tale norma, nata per il settore delle Specifiche Geometriche dei Prodotti, è diventata ormai una regola generale nei rapporti fra cliente e fornitore laddove non esistano specifici accordi contrattuali che stabiliscano differenti criteri per la valutazione della conformità del prodotto.

La suddetta norma si applica sia ai pezzi sia alle apparecchiature per misurazione; quando si vuol verificare la conformità dei pezzi, ***le specifiche sono di solito dichiarate in termini di tolleranza***, quando si vuol verificare la conformità delle apparecchiature per misurazione ***le specifiche sono di solito espresse in termini di errore massimo ammesso (MPE).***

La verifica di conformità di un prodotto secondo le specifiche dichiarate contrattualmente sarebbe molto semplice se il processo di misurazione fosse esente da effetti di grandezze d'influenza che generano errori; in questo caso basterebbe infatti verificare che il valore fornito dallo strumento di misura utilizzato sia contenuto all'interno della fascia di valori individuata dal campo di tolleranza.

Purtroppo però, il risultato della misurazione è sempre associato ad un'incertezza più o meno grande che rende più difficoltosa la valutazione riguardante lo stato di conformità del prodotto misurato.

Riprendendo quanto già ampiamente trattato nel capitolo 2, sappiamo che il risultato di una misurazione (figura 8.1), che chiameremo Y, deve essere espresso nel seguente modo:

$$\boldsymbol{Y = (y \pm U)} \text{ [\textbf{unità di misura}]}$$

dove :

Y : risultato della misurazione;

y : valore di misura;

U : incertezza estesa (con $k=2$ corrispondente al livello di fiducia del 95%).

La conoscenza dell'incertezza di misura è fondamentale, come vedremo nel seguito, per esprimere una decisione oggettiva circa la conformità di una caratteristica misurabile in relazione ad una determinata specifica.

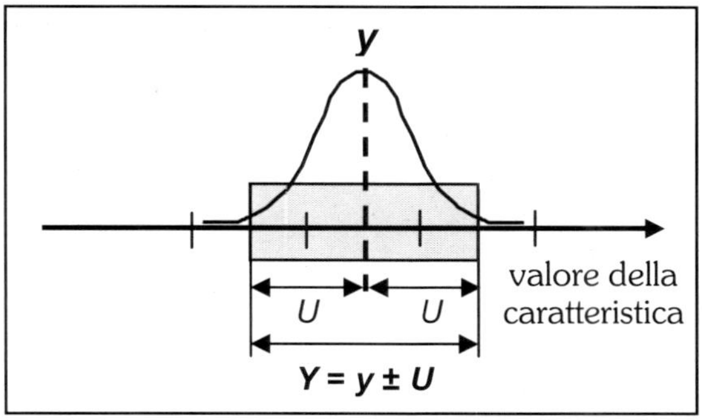

Figura 8.1: risultato della misurazione

La zona di specifica (figura 8.2) individua l'intervallo di valori di una caratteristica del prodotto per i quali esso può essere dichiarato conforme; i limiti di specifica (limite inferiore L_i e limite superiore L_s), indicati sulle specifiche in fase di progetto, non tengono conto ovviamente dell'incertezza del processo di misura utilizzato per verificare il rispetto di tali limiti. Ecco perché diventa necessaria una regola operativa che tenga conto dell'incertezza di misura per valutare, in base al risultato della misurazione, lo stato di conformità del prodotto ispezionato.

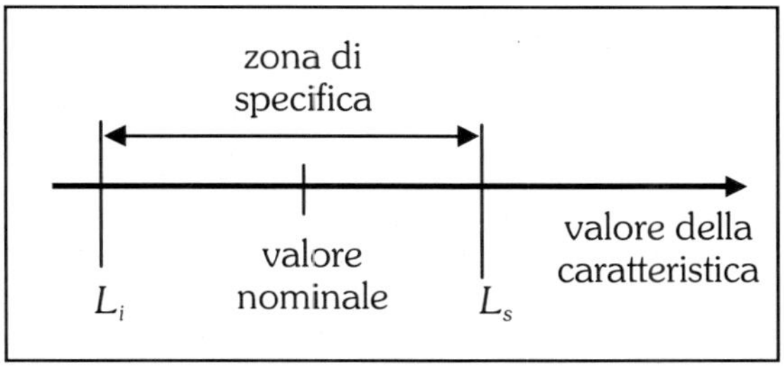

Figura 8.2: zona di specifica

Quando si confronta il risultato di una misurazione con la zona di specifica della caratteristica del prodotto ispezionato, possono verificarsi le seguenti tre condizioni:

– ***condizione di sicura conformità*** (figura 8.3): condizione che si verifica quando il valore di misura y è tale che:

$$L_i + U < y < L_s - U$$

Siamo nella situazione in cui l'intervallo di valori che possono ragionevolmente essere attribuiti al prodotto è interamente compreso nella zona di specifica: il prodotto è sicuramente conforme;

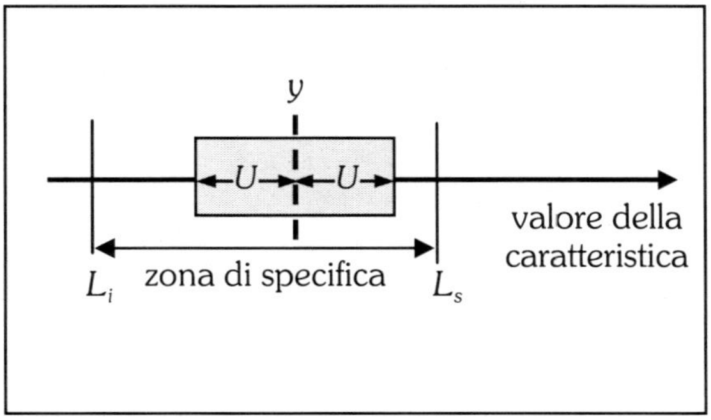

Figura 8.3: condizione di sicura conformità

– ***condizione di sicura non conformità*** (figura 8.4): condizione che si verifica quando il valore di misura y è tale che:

$$y < L_i - U \ \textbf{oppure} \ y > L_s + U$$

Siamo nella situazione in cui l'intervallo di valori che possono ragionevolmente essere attribuiti al misurando è completamente al di fuori dalla zona di specifica: il prodotto è sicuramente non conforme.

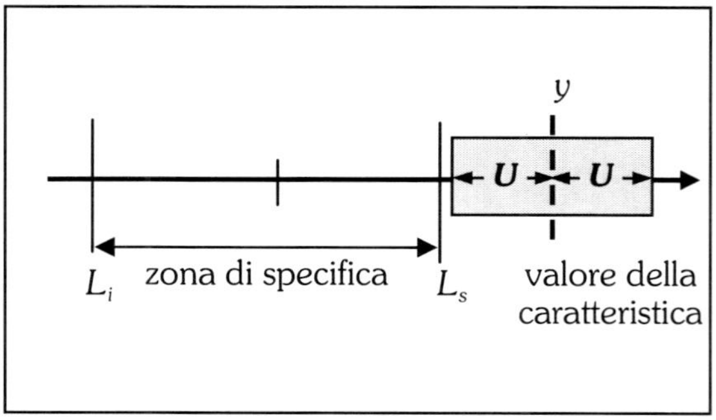

Figura 8.4: condizione di sicura non conformità

– ***condizione di ambiguità*** (figura 8.5): condizione che si verifica quando il valore di misura y cade all'interno di un intervallo, simmetrico rispetto ai limiti di specifica, di ampiezza pari all'incertezza estesa U del processo di misura e quindi:

$$L_i - U < y < L_i + U \ \textbf{oppure} \ L_s - U < y < L_s + U$$

Siamo nella situazione in cui l'intervallo di valori che possono essere ragionevolmente attribuiti al misurando è "a cavallo" di un limite di specifica e quindi nulla si può affermare sulla conformità o meno del prodotto alle specifiche.

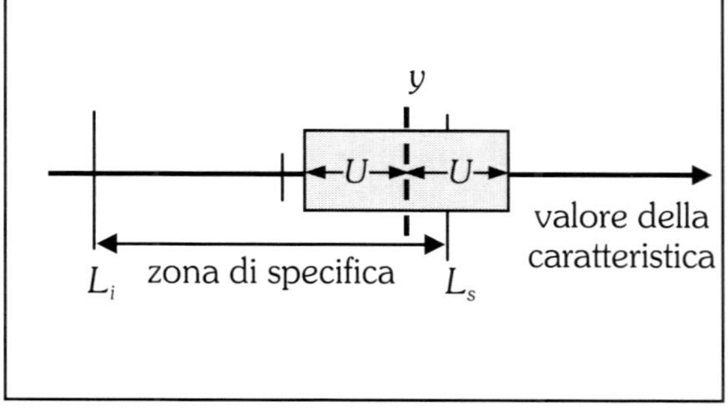

Figura 8.5: condizione di ambiguità

Per interpretare queste tre situazioni la norma UNI EN ISO 14253-1 ha definito le seguenti tre zone (figura 8.6):

- **zona di sicura conformità**: zona ottenuta restringendo i limiti di specifica di una quantità pari all'incertezza estesa di misura *U*;
- **zona di sicura non conformità**: zona al di fuori della zona di specifica ottenuta allargando i limiti di specifica di una quantità pari all'incertezza estesa di misura *U*;
- **zona di ambiguità**: zona in prossimità dei limiti di specifica nella quale non è possibile provare la conformità o la non conformità a causa dell'incertezza estesa di misura *U*.

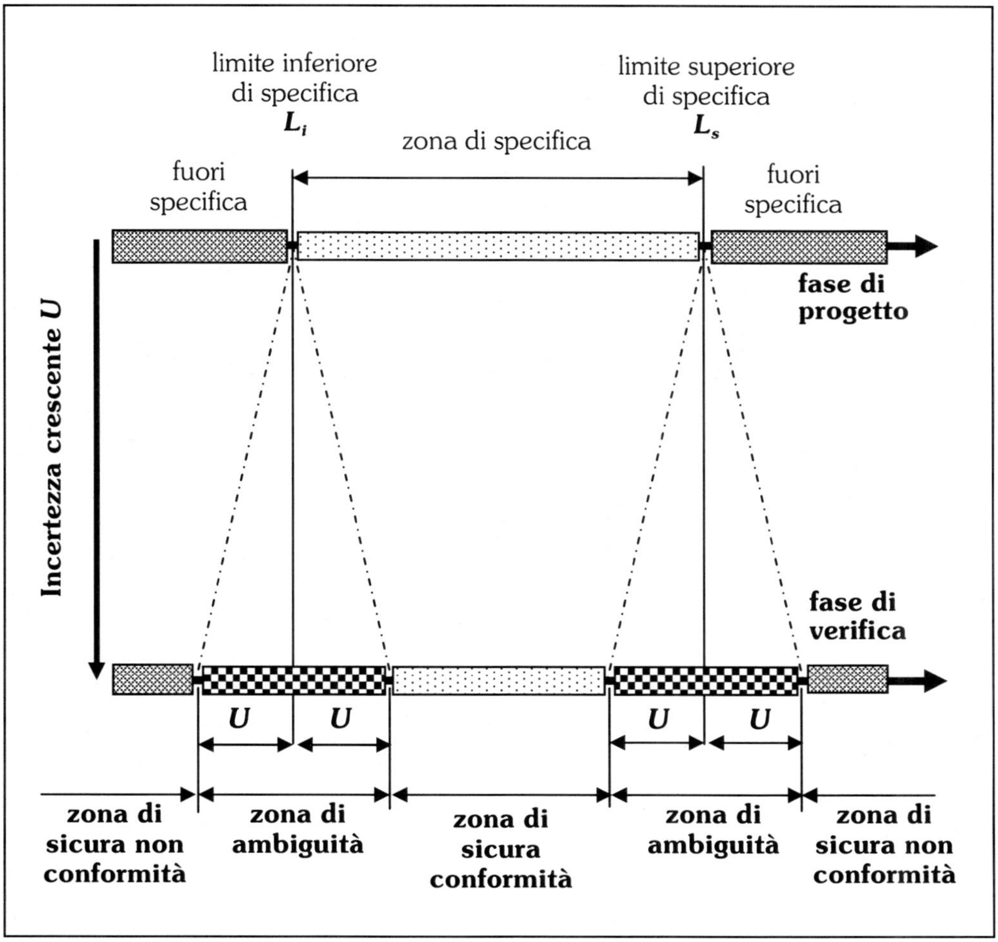

Figura 8.6: le zone della UNI EN ISO 14253-1

L'ampiezza della zona di ambiguità è quindi strettamente legata all'incertezza del processo di misurazione; essa risulta in genere diversa in funzione dell'ente che esegue la misurazione per verificare la conformità o la non conformità del prodotto.

Se consideriamo la misurazione su un pezzo lavorato, eseguita in sede di collaudo finale, ***il fornitore è tenuto a dimostrare la "sicura conformità" del pezzo fornito*** e quindi deve restringere la zona di tolleranza definita dalle specifiche contrattuali di una quantità pari all'incertezza stimata per il processo di misurazione adottato durante il collaudo.

Se invece consideriamo la stessa misurazione sulla stessa caratteristica del pezzo, eseguita però dal cliente in sede di controllo in accettazione, quest'ultimo, per poter contestare il pezzo, ***deve dimostrare la "sicura non conformità" dello stesso alle specifiche contrattuali*** e quindi deve allargare la zona di tolleranza del pezzo di una quantità pari all'incertezza del processo di misurazione adottato durante il controllo in accettazione.

Il principio che sta dietro questa regola è molto semplice: ***l'incertezza di misura deve essere sempre considerata a sfavore di chi misura la caratteristica di un pezzo per dimostrarne la conformità o non conformità rispetto alle specifiche dichiarate***.

Nel caso della verifica di conformità dei pezzi, occorre precisare che l'incertezza di misura, da confrontare con la zona di tolleranza, non è costituita solo dall'incertezza strumentale (vedi il paragrafo 8.5) ma da tutti i contributi di incertezza che intervengono nel processo di misurazione adottato per verificare la conformità del pezzo alla tolleranza specificata.

Nell'ambito della verifica di conformità dei pezzi, la conoscenza dell'incertezza di misura ed una corretta applicazione della norma UNI EN ISO 14253-1 può portare ad una consistente riduzione dei costi operando dapprima con strumentazione di basso costo e maggiore incertezza, limitando poi l'uso di strumentazione ad alto costo e minore incertezza ai casi in cui il risultato della misurazione sia nella zona di ambiguità. Nel seguito riportiamo un caso che meglio illustra i concetti sopra; è necessario premettere che questo caso è da intendersi puramente dimostrativo ribadendo che, prima di effettuare le misure, occorre sempre verificare l'idoneità del sistema di misura e del processo di misura valutando il rapporto tra le incertezze associate al sistema e al processo con le tolleranze specificate.

Il caso che vogliamo riportare è il seguente: il Reparto Controllo deve verificare la conformità di un lotto di 100 alberi aventi le seguenti caratteristiche:

- diametro nominale: 50,00 mm;
- limite superiore di tolleranza: + 0,05 mm;
- limite inferiore di tolleranza: - 0,05 mm.

Supponiamo che il responsabile del Reparto Controllo conosca bene la norma UNI EN ISO 14253-1 e decida di applicarla alla verifica dei 100 alberi. Adotta quindi un processo di misura che utilizza un calibro a corsoio digitale; l'incertezza estesa U del processo viene valutata pari a 0,03 mm.

A questo punto, applicando la UNI ISO EN 14253-1, viene determinata la zona di sicura conformità come illustrato in figura 8.7.

Si iniziano le misure e si trovano 95 pezzi sicuramente conformi, 1 pezzo sicuramente non conforme e 4 pezzi nella zona di ambiguità. Per questi quattro pezzi si procede alla loro misura con un micrometro per esterni tramite un processo di misurazione avente una incertezza estesa U pari a 0,003 mm; risultato: rientrano tutti nella nuova zona di sicura conformità. La verifica di conformità ha quindi il seguente esito: 99 pezzi sicuramente conformi ed un pezzo non conforme; tempo impiegato: qualche decina di minuti.

Un altro Responsabile, non formato sull'impiego della norma UNI EN ISO 14253-1, per non avere problemi adotta come strumento per misurazione un micrometro per esterni; ottiene lo stesso risultato e cioè 99 pezzi conformi ed uno non conforme ma il tempo impiegato per misurare 100 alberi con un micrometro è decisamente superiore al tempo impiegato con il calibro a corsoio.

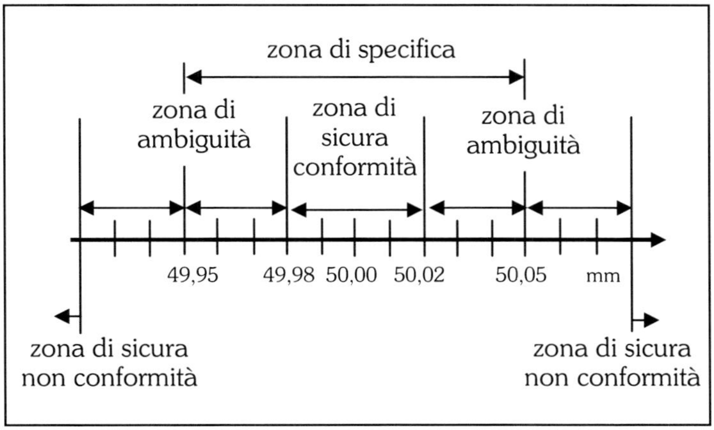

Figura 8.7: applicazione della UNI EN ISO 14253-1

8.2 IL RAPPORTO TRA INCERTEZZA E TOLLERANZA

Affrontiamo ora il problema di quale deve essere il rapporto tra l'incertezza di misura e la tolleranza sul prodotto sottoposto a verifica di conformità.

Iniziamo dall'iter di definizione di un prodotto di larga serie: partendo dai requisiti funzionali riportati nel piano di prodotto da parte del marketing, la progettazione stabilirà alcune caratteristiche dimensionali e/o geometriche del prodotto sulle quali è opportuno definire delle tolleranze (chiamate nel seguito con la lettera T ed intese come differenza tra il limite superiore della tolleranza L_{ST} ed il limite inferiore della tolleranza L_{IT}). Facciamo un esempio: consideriamo il requisito funzionale di scorrevolezza e finezza del tratto di scrittura di una penna a sfera; a questo requisito corrisponde la caratteristica geometrica di rotondità della sfera e quella dimensionale sulla quale viene posta una tolleranza sul diametro di ± 0,02 mm.

Il processo di produzione della sfera avrà ovviamente una sua variabilità ed è importante osservare questa variabilità nei confronti dei limiti di tolleranza assegnati. Potremo avere un processo con una variabilità molto contenuta rispetto ai limiti di tolleranza (capacità di processo Cp buona: $Cp>1$, ovvero, dato che il Cp è il rapporto tra la tolleranza e sei volte la variabilità del processo produttivo espressa come scarto tipo, questa condizione sul *Cp* corrisponde ad una variabilità del processo minore di T/6) o un processo ad elevata variabilità (capacità di processo *Cp* non buona: $Cp<1$, ovvero una variabilità del processo maggiore di T/6); a queste due ipotesi sono associate ovviamente considerazioni di tipo economico che coinvolgono i costi degli impianti di produzione (figura 8.8).

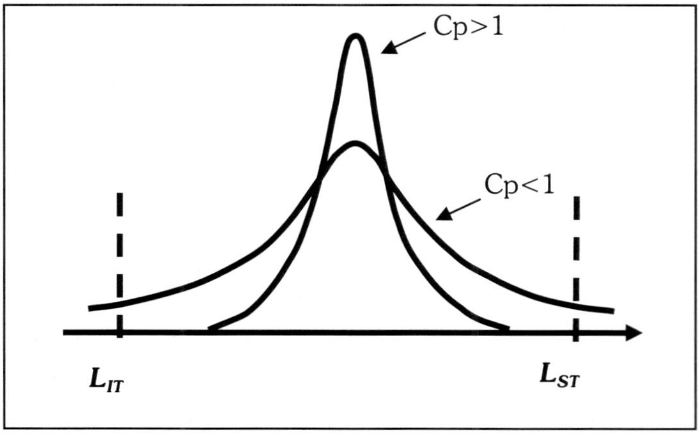

Figura 8.8: variabilità di processo

È inoltre importante definire la relazione tra la caratteristica tollerata e la funzionalità del prodotto: ciò può essere fatto tramite un grafico che illustra la perdita di funzionalità del prodotto in relazione alla caratteristica sottoposta a tolleranza (figura 8.9). Alcune caratteristiche sono particolarmente critiche in quanto appena il valore della grandezza osservata esce dai limiti della tolleranza si ha una perdita drastica della funzionalità (per esempio la tolleranza sul diametro della sfera di una penna a sfera); altre caratteristiche invece non presentano criticità in quanto anche se il valore esce dai limiti di tolleranza specificati non si ha una perdita di funzionalità (esempio una tolleranza dimensionale sulla lunghezza del gancio per affrancare la penna al taschino).

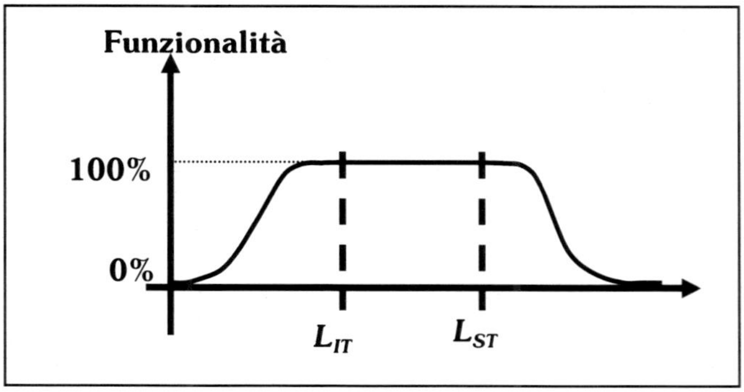

Figura 8.9: perdita di funzionalità

Le considerazioni che seguono presuppongono che il progettista abbia allargato al massimo i limiti di tolleranza pur salvaguardando la funzionalità del prodotto (anche se, purtroppo, spesso avviene che i limiti di tolleranza vengono fissati dal progettista tramite valutazioni esageratamente cautelative), considerando che porre tolleranze strette senza correlarle con la funzionalità crea aggravi dei costi di produzione e di controllo, senza vantaggio per il prodotto.

L'attenzione delle attività di controllo deve maggiormente concentrarsi sulla verifica dei requisiti imposti su caratteristiche critiche, realizzate con processi a basso *Cp* (figura 8.10).

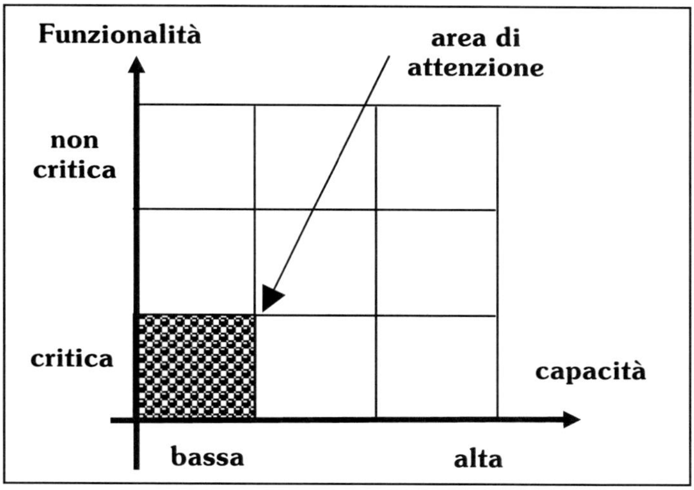

Figura 8.10: area di attenzione

In sede di verifica dei pezzi prodotti, il Controllo dovrà attivare un sistema di misura per dichiarare la conformità o meno alle tolleranze prescritte dalla Progettazione.

Questo sistema di misura introdurrà una incertezza di misura *U* di cui occorre tenere conto come illustrato in figura 8.6.

Ovviamente se riuscissimo a misurare con una incertezza tendente a zero avremmo la situazione ideale di accettare tutti i pezzi le cui caratteristiche stanno effettivamente nelle tolleranze assegnate, ma sicuramente avremmo dei costi di misura elevatissimi; d'altro canto, se operassimo con una incertezza pari a *T/2*, saremmo nella situazione di non poter decidere di accettare alcun pezzo in quanto tutti rientrerebbero nella zona di ambiguità ed avremmo comunque elevatissimi costi dovuti al fatto di aver prodotto e collaudato pezzi di cui non possiamo garantire la conformità.

Dobbiamo quindi trovare quel valore di incertezza, che chiameremo ***incertezza target*** U_T del processo di misurazione, che minimizza la somma dei costi del sistema di misura e dei costi derivanti dall'avere pezzi nella zona di ambiguità.

Proviamo a realizzare un grafico che illustri l'andamento di tali costi in relazione al rapporto *U/(T/2)* tra l'incertezza di misura e la tolleranza (figura 8.11).

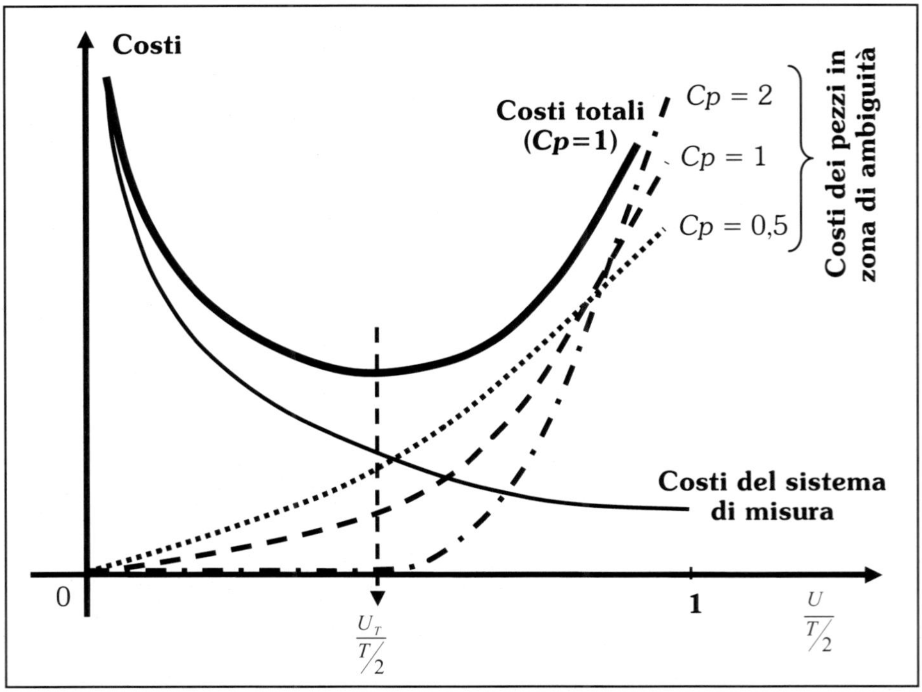

Figura 8.11: analisi dei costi

Sicuramente i costi del sistema di misura sono rappresentabili con una curva decrescente tale per cui, assegnato il valore alla tolleranza, si hanno costi altissimi per incertezza tendente a zero e costi bassi per incertezza prossima ai limiti di tolleranza.

L'andamento dei costi del sistema di misura è in genere rappresentata da una curva a gradini dove le discontinuità coincidono con le incertezze ottenute nelle diverse scelte applicabili o nelle diverse configurazioni del sistema di misura adottato (esecuzione di misure ripetute, utilizzo di strumenti diversi, adozione di metodi di misura per confronto con campioni, ecc.).

Per quanto riguarda i costi derivanti dall'avere pezzi nella zona di ambiguità, questi, oltre a dipendere dal costo unitario di produzione, sono ovviamente commisurati alla probabilità di trovare pezzi che cadono in tale zona e quindi, a parità di processo produttivo, dalla ampiezza della zona di ambiguità stessa. Questi costi possono essere di due tipi:

- costi derivanti dal dichiarare conformi pezzi non conformi (rischio di vendere un pezzo non conforme) e quindi possibilità di avere un reso dal committente con costo diretto sulla fornitura dovuta al reso e/o costo indiretto dovuto alla perdita di immagine;
- costi derivanti dal dichiarare non conformi pezzi conformi (rischio di scartare un pezzo conforme se si decide di scartare i pezzi in zona di ambiguità) e quindi costo dovuto alla percentuale di scarti di pezzi conformi, lavorati e collaudati.

I costi derivanti dall'avere pezzi in zona di ambiguità sono rappresentabili con una curva crescente tale per cui, assegnato il valore alla tolleranza, si hanno costi molto bassi per incertezza tendente a zero (zona di ambiguità molto piccola) e costi altissimi per incertezza prossima alla tolleranza (zona di ambiguità molto grande).

Occorre però osservare che l'andamento di questi costi varia in relazione alla capacità del processo che li ha realizzati. Ad esempio, con processi ad elevata capacità ($Cp>1$) avremo, per misure a bassa incertezza, costi praticamente nulli (poiché in una zona di ambiguità molto ristretta non troveremo quasi alcun pezzo avendo la maggior parte dei pezzi prodotti caratteristiche concentrate nelle vicinanze del valore nominale); mentre per processi con bassa capacità ($Cp<1$) avremo costi anche avendo incertezze basse.

Se tenessimo conto soltanto della probabilità di trovare pezzi in zona di ambiguità (integrale della funzione distribuzione negli intervalli corrispondenti alle zone di ambiguità) avremo curve diverse che dipendono dalla variabilità del processo produttivo utilizzato (vedi figura 8.12). Tali curve, tanto più il processo produttivo ha indici di capacità *Cp* elevati, quanto più cominciano a crescere lentamente ed assumono valori di probabilità elevati solo per valori alti di *U*; in ogni caso convergono tutte ad 1 per *U* pari a *T/2*, in quanto per tale valore dell'incertezza di misura la totalità dei pezzi cade in zona di ambiguità.

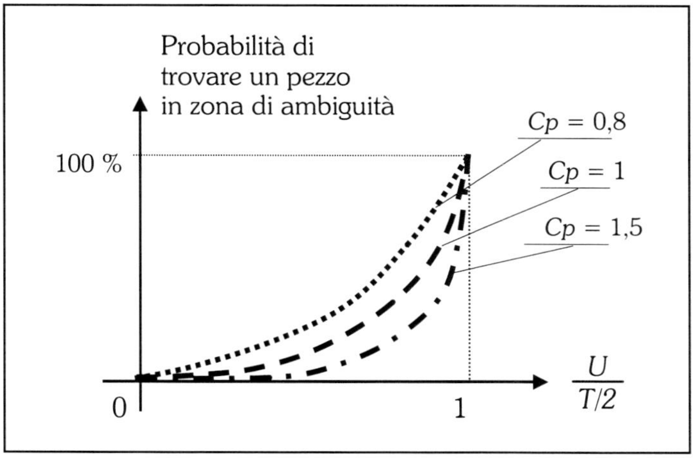

Figura 8.12: probabilità di pezzi in zona di ambiguità
(il grafico è puramente qualitativo)

Quindi per ottenere i costi dei pezzi in zona di ambiguità come riportato in figura 8.11, occorre moltiplicare ogni curva sopra descritta (figura 8.12) per il costo unitario di produzione che dipende dal singolo processo produttivo e cresce per processi con *Cp* crescente (figura 8.13). Le curve ottenute con processi con *Cp* alti saranno quindi moltiplicate per una fattore moltiplicativo maggiore che comporta quindi costi più elevati dei pezzi in zona di ambiguità quando si adottano processi di misura con incertezze comparabili a *T/2* (vedi figura 8.11).

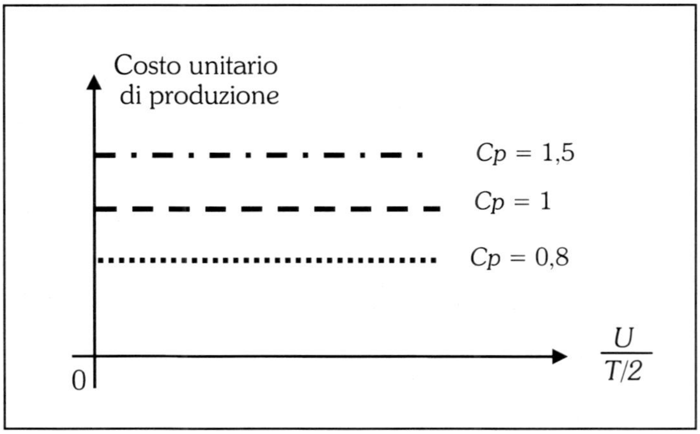

Figura 8.13: costo unitario in funzione del *Cp*
(il grafico è puramente qualitativo)

Per trovare quindi il rapporto *U/(T/2)* che minimizza il costo totale dell'attività di misura (costi del sistema di misura + costi della zona di ambiguità) dobbiamo sommare i due andamenti e trovare il minimo della curva dei costi totali. Dal valore del rapporto *U/(T/2)* che minimizza il costo totale dell'attività di misura, noto il valore della tolleranza, è possibile ricavare l'incertezza target U_T ovvero quel valore di incertezza per il quale si ha il minimo della curva dei costi totali (curva continua in grassetto della figura 8.11).

8.3 La conferma metrologica

8.3.1 Il processo di conferma metrologica

Un corretto sistema di gestione della misurazione serve a garantire che le apparecchiature per misurazione ed i processi di misurazione siano idonei per l'utilizzo previsto. L'obiettivo di un sistema di gestione della misurazione è di gestire il rischio che le apparecchiature di misurazione ed i processi di misurazione potrebbero produrre risultati non corretti che influenzano la qualità del prodotto fornito. I metodi utilizzati per la gestione del sistema di misurazione vanno dalla verifica dell'apparecchiatura per misurazione all'applicazione di tecniche statistiche utilizzate per la tenuta sotto controllo del processo di misurazione (vedi paragrafo 8.6).

La norma UNI EN ISO 10012:2004 specifica i requisiti generali e fornisce la guida per la gestione dei processi di misurazione e della conferma metrologica delle apparecchiature per misurazione.

Il sistema di gestione della misurazione, descritto nella norma UNI EN ISO 10012, estende l'applicazione di metodi gestionali, tipici dell'assicurazione qualità, anche all'ambito metrologico, comprendendo:

- l'individuazione dei requisiti del cliente, la loro trasformazione in requisiti metrologici e la verifica della capacità di soddisfarli e di dimostrarne la conformità;
- la definizione per il sistema di gestione della misurazione di obiettivi per la qualità da parte della direzione ed il successivo riesame nonché l'esecuzione di audit e del monitoraggio dei processi di misurazione.

La suddetta norma tratta in modo particolare il processo di conferma metrologica di cui riporta la seguente definizione: "insieme di operazioni richieste per garantire che un'apparecchiatura per misurazione sia conforme ai requisiti per l'utilizzazione prevista".

La nota 1 alla suddetta definizione specifica che la conferma metrologica riguarda tutti i processi coinvolti per assicurare la conformità delle apparecchiature ed infatti comprende: la taratura, la verifica, l'aggiustamento o riparazione, il confronto con i requisiti metrologici per l'utilizzo previsto, la sigillatura e l'etichettatura richiesta.

La nota 2 chiarisce che il processo di conferma metrologica non è completo se non comprende la dimostrazione e registrazione dell'idoneità dell'apparecchiatura ai requisiti per l'utilizzazione prevista; tali attività, nell'ambito del sistema di conferma metrologica, rappresentano la "verifica metrologica" dell'apparecchiatura (spesso chiamata impropriamente conferma metrologica).

La nota 3 puntualizza che i requisiti per l'utilizzazione prevista, che comunemente sono espressi attraverso l'errore massimo ammesso, possono comprendere altre caratteristiche metrologiche (vedi capitolo 6). Per esempio uno strumento, usato solo in misure per comparazione dopo l'azzeramento su un campione avente valore nominale pari al misurando, potrà avere come requisiti per la conferma metrologica delle limitazioni riguardanti la risoluzione e la ripetibilità (o la linearità differenziale) senza che sia definito un errore massimo ammesso.

Infine la nota 4 ribadisce che i requisiti metrologici sull'apparecchiatura sono distinti dai requisiti del prodotto (spesso il progettista ignora lo strumento con il quale il prodotto sarà controllato) anzi non è scontato considerare che devono essere più restrittivi di questi ultimi (vedi par. 8.1) altrimenti lo strumento non è idoneo ad essere utilizzato per la verifica di conformità di quel prodotto.

Per chiarire meglio tutte le operazioni che fanno parte del processo di conferma metrologia si è riportato nella figura 8.14 un completo diagramma di flusso. Il processo di conferma metrologica ha due elementi di ingresso, i requisiti metrologici del cliente e le caratteristiche metrologiche delle apparecchiature per misurazione, e un elemento di uscita, lo stato di conferma metrologica delle apparecchiature per misurazione.

Il diagramma inizia con la individuazione delle esigenze di misurazione, delle caratteristiche metrologiche degli apparecchi e prosegue con la definizione del processo di taratura: tutte queste attività sono ampiamente descritte nei paragrafi 9.2 e 9.3 a cui si rimanda per maggior chiarezza.

Seguono le attività di taratura e verifica; si sono tenute separate queste due attività perché spesso nelle aziende si travisa il significato della conferma metrologica confondendolo con la taratura dello strumento: il certificato di taratura viene a volte erroneamente considerato come un'affermazione di buon funzionamento dello strumento, convalidata ed esplicitata dall'applicazione di una etichetta di taratura.

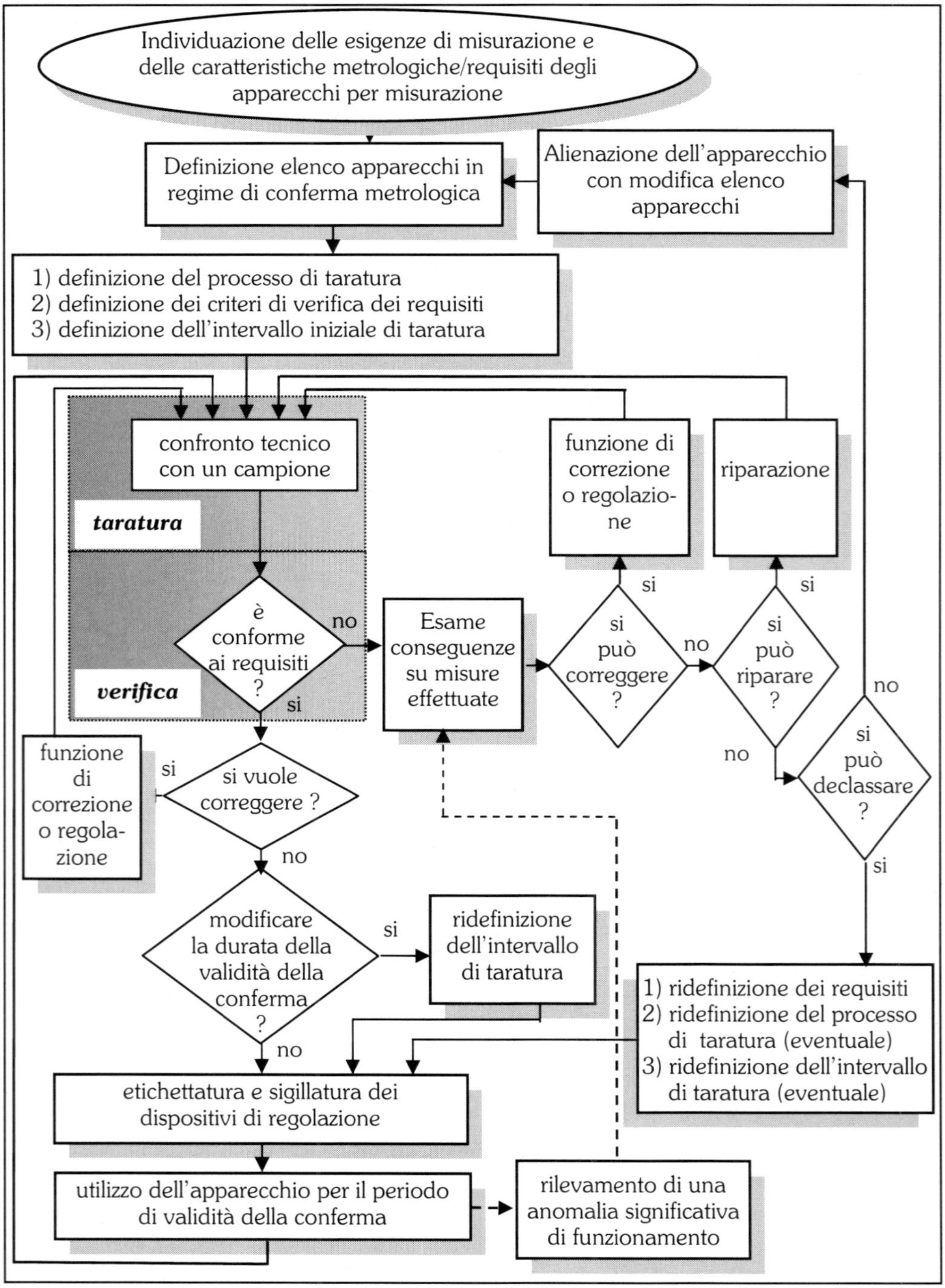

Figura 8.14: il processo di conferma metrologica

In effetti un certificato di taratura, anche se emesso da un ente accreditato, fornisce solo i risultati ottenuti applicando una determinata procedura di taratura; è l'utilizzatore che ha gli elementi per verificare, in base ai risultati riportati sul certificato, se lo strumento è in grado di svolgere correttamente la funzione ad esso assegnata. Anche se la taratura è eseguita da un laboratorio esterno, la verifica dei requisiti metrologici definiti per l'apparecchiatura e quindi la registrazione del completamento della conferma metrologica è in ogni caso sotto la responsabilità dell'utilizzatore che deve anche definire i provvedimenti da adottare nel caso in cui tali criteri non fossero soddisfatti.

Occorre inoltre ribadire che la taratura si limita ad un confronto tecnico tra il valore indicato dallo strumento ed il valore noto del campione con cui viene tarato lo strumento; ***la taratura non comprende quindi eventuali operazioni di correzione degli errori, la messa in punto dello strumento o la riparazione dello stesso***. Queste ultime attività sono successive alla attività di taratura ed è necessario tenerle separate come illustrato nella figura 8.14.

La verifica metrologica dell'apparecchio per misurazione può portare ai seguenti due casi:

- apparecchio non conforme ai requisiti metrologici;
- apparecchio conforme ai requisiti metrologici.

Nel primo caso, dopo aver esaminato le conseguenze sul prodotto ispezionato dell'utilizzo di un apparecchio non conforme, occorre verificare se sull'apparecchio è possibile la correzione degli errori. Un esempio di strumento che è possibile correggere dopo la taratura è rappresentato dalla macchina di misura a coordinate (CMM) che, tramite un opportuno software, è in grado di compensare gli errori rilevati durante il confronto tecnico con i campioni.

È importante osservare che la correzione è possibile soltanto se i risultati di taratura sono caratterizzati da una buona ripetibilità ovvero se gli errori riscontrati hanno un comportamento prevalentemente sistematico.

Le correzioni possono essere eseguite in diversi modi e cioè:

- effettuando la regolazione o messa in punto dello strumento dopo la taratura, se lo strumento prevede tale operazione, utilizzando i valori di taratura dei campioni come riferimenti per la regolazione dello strumento;
- costruendo la curva di taratura (con tecniche di interpolazione polinomiale) e determinando poi la funzione di correzione ovvero quella funzione che applicata ai valori di lettura fornisce la risposta ideale dello strumento;
- semplicemente sottraendo algebricamente l'errore di indicazione riscontrato in sede di taratura ai successivi valori proposti dallo strumento se questo viene utilizzato negli stessi punti di taratura o in intorni molto piccoli dei punti di taratura stessi.

Dopo la correzione lo strumento deve essere sottoposto di nuovo alla taratura per verificare che le correzioni apportate siano state efficaci e quindi lo strumento risulti conforme ai requisiti metrologici (eventualmente anche per stimare gli errori di indicazioni residui per successive ulteriori correzioni).

Se non è possibile correggere, occorre valutare la possibilità di riparare lo strumento. Le operazioni di riparazione hanno quindi lo scopo di rimuovere le cause che hanno determinato un aumento dell'errore su una determinata caratteristica metrologica. Un esempio tipico di riparazione è la messa in squadra della colonna di un rotondimetro rispetto al piano tavola o la lappatura di una superficie di misura per "riprendere" lo scostamento di planarità. Anche dopo la riparazione lo strumento deve essere di nuovo tarato per verificare se gli errori rilevati in precedenza si sono ridotti o annullati.

Infine, l'ultima attività che è possibile intraprendere dopo una verifica con risultato negativo è il declassamento dell'uso dello strumento. Questo significa accettare gli errori rilevati in sede di taratura ed assegnare allo strumento dei requisiti pari o superiori agli errori riscontrati. Ovviamente lo strumento potrà essere utilizzato per misurare caratteristiche di pezzi aventi tolleranze compatibili con i nuovi requisiti assegnati e quindi sarà necessario revisionare alcune delle procedure di controllo che prevedevano l'uso di quello strumento.

A fronte dell'assegnazione di nuovi requisiti, è opportuno rivedere il processo di taratura e l'intervallo di taratura. Diversamente dai casi precedenti, se l'attività adottata dopo la verifica dei requisiti metrologici con risultato negativo è subito il declassamento dello strumento, non è necessario ripetere la taratura: lo strumento può essere utilizzato immediatamente per i nuovi impieghi dopo averlo etichettato ed aver sigillato eventuali dispositivi di regolazione.

Se l'apparecchio per misurazione risulta conforme ai requisiti previsti, è comunque possibile effettuare l'operazione di correzione degli errori riscontrati al fine di migliorare le prestazioni dello strumento e ridurre il rischio di superare i limiti individuati dall'errore massimo ammesso alla successiva taratura. Valgono ovviamente le stesse considerazioni fatte in precedenza.

In ogni caso è opportuno considerare la possibilità di variare la durata della validità della conferma metrologica e cioè l'intervallo di conferma (o di taratura) in relazione alla stabilità dello strumento mostrata dai risultati delle precedenti tarature. Per i dettagli sul riesame dell'intervallo di taratura si rimanda al paragrafo 9.3.

Verificato l'intervallo di conferma è necessario apporre idonee etichette per evidenziare lo stato di taratura e sigillare tutti i dispositivi di regolazione che possono influenzare i risultati della taratura.

Scopo della sigillatura è quello di protezione delle apparecchiature contro regolazioni che potrebbero invalidare i risultati delle misurazioni.

La UNI EN ISO 10012 richiede infatti che l'accesso ai dispositivi di regolazione delle apparecchiature di misurazione deve essere sigillato o protetto in altro modo, allo scopo di prevenire ogni indebito intervento da parte di personale non autorizzato ed ogni intervento involontario.

I sigilli devono essere progettati in modo tale che risulti ben riconoscibile una loro effrazione; qualora i sigilli siano trovati danneggiati, rotti, manomessi o mancanti, l'apparecchiatura deve essere dichiarata (almeno temporaneamente) non conforme, deve essere rieseguita immediatamente una taratura ed una conferma metrologica prima di ripristinarne il normale utilizzo.

Quanto detto sull'applicazione dei sigilli non vale per quei dispositivi di aggiustaggio che vengono regolati dall'utilizzatore nell'uso normale dell'apparecchiatura come ad esempio i sistemi di azzeramento.

8.3.2 Verifica dei requisiti metrologici: applicazione della UNI EN ISO 14253-1

Gli apparecchi per misurazione vengono utilizzati per verificare che le caratteristiche dei pezzi siano entro le tolleranze prescritte dalle specifiche. Il pezzo viene dichiarato sicuramente conforme, in base alla norma UNI EN ISO 14253-1, se il valore misurato rientra in una zona ottenuta riducendo la zona di specifica di una quantità pari alla incertezza di misura (vedi paragrafo 8.1).

L'apparecchio per misurazione contribuisce a tale incertezza di misura tramite le sue caratteristiche metrologiche, sulle quali è necessario stabilire opportuni requisiti per determinarne il contributo. I requisiti per le caratteristiche metrologiche vengono espressi in termini di errori massimi ammessi (*MPE*), verificabili tramite la taratura.

Come richiesto dalla conferma metrologica, occorre verificare che le caratteristiche metrologiche dell'apparecchio per misurazione siano conformi a tali requisiti: questa attività ricade nel campo di applicazione della UNI EN ISO 14253-1 che stabilisce le regole per la verifica di conformità dei pezzi e degli apparecchi per misurazione.

Nel processo di conferma metrologica, dopo la taratura, viene l'attività di verifica metrologica che analizza i risultati della taratura e quindi gli errori dello strumento e li confronta con i limiti per tali errori (*MPE*) definiti dall'utilizzatore; a questa attività si applica la UNI EN 14253-1 come illustrato nella figura 8.15. Avendo assegnato all'apparecchio per misurazione un errore massimo ammesso (*MPE*) è possibile individuare:

- una zona di sicura conformità ottenuta restringendo la zona degli errori ammessi di una quantità pari all'incertezza di taratura;
- una zona di sicura non conformità ricavata allargando la zona degli errori ammessi di una quantità pari all'incertezza di taratura;

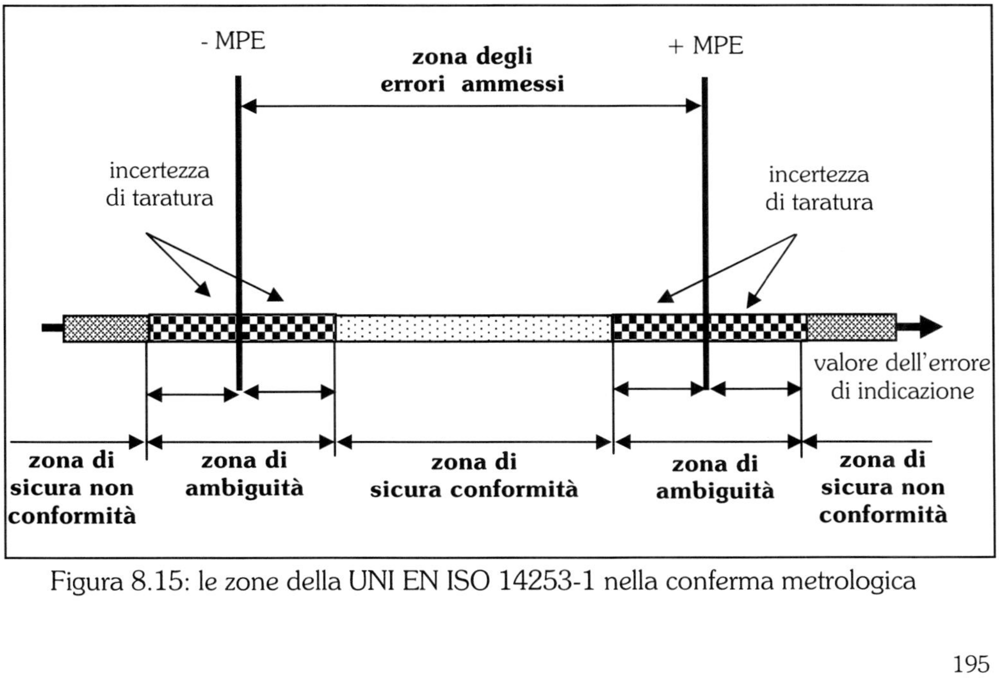

Figura 8.15: le zone della UNI EN ISO 14253-1 nella conferma metrologica

– una zona di ambiguità simmetrica rispetto ai limiti di specifica con ampiezza pari all'incertezza di taratura.

Se, in sede di confronto tecnico con i campioni, il valore dell'errore di indicazione dello strumento cade nella zona di sicura conformità, allora potremo dichiarare l'esito positivo della verifica metrologica dello strumento; se il valore dell'errore di indicazione cade nella zona di ambiguità dovremo riesaminare il processo di taratura al fine di ridurne l'incertezza, mentre, se il valore dell'errore di indicazione cade nella zona di sicura non conformità non occorre fare una taratura più accurata ma bisogna attivare una non conformità, esaminare gli eventuali effetti sulle misure effettuate e decidere quale attività intraprendere; siamo quindi nel caso di uno strumento che commette degli errori superiori ai limiti stabiliti.

8.3.3 Le registrazioni della conferma metrologica

Le registrazioni del processo di conferma metrologica devono essere approvate e datate da una persona autorizzata (funzione metrologica) per attestare in modo appropriato la correttezza dei risultati.

Procedure documentate, nell'ambito del sistema di gestione per la qualità, devono garantire l'identificazione, l'archiviazione, il tempo di conservazione e le modalità di distruzione delle registrazioni.

Le registrazioni del processo di conferma metrologica servono a dimostrare che ciascuna apparecchiatura per misurazione soddisfa i requisiti metrologici specificati.

Nella tabella 8.1 sono elencate tutte le registrazioni che devono essere effettuate relativamente al processo di conferma metrologica ed i documenti ove effettuare tali registrazioni.

8.4 Ottimizzazione dell'incertezza di misura: applicazione della norma UNI EN ISO 14253-2

Per ottimizzare il compromesso tra incertezza e costi, riprendiamo il concetto di incertezza target che abbiamo illustrato nel paragrafo 8.2 unitamente ai concetti introdotti da un'altra importante norma Globale GPS ovvero la UNI EN ISO 14253-2 Specifiche geometriche dei prodotti (GPS) - Verifica mediante misurazione dei pezzi lavorati e delle apparecchiature di misura - Parte 2: Guida per la stima dell'incertezza nelle misurazioni GPS, nella taratura delle apparecchiature di misura e nella verifica dei prodotti.

Supposto di aver individuato l'incertezza target del processo di misura in base al compromesso fra costi di misura e costi della zona di ambiguità, il documento UNI EN ISO 14253-2 ci fornisce un metodo iterativo, denominato metodo PUMA (Procedure for Uncertainty MAnagement), per realizzare un sistema di misura che abbia una incertezza più alta possibile (quindi con costi più bassi possibili) purché minore o uguale all'incertezza target; tale metodo rende quindi minimo il costo totale delle attività di misurazione.

Tabella 8.1: elenco delle registrazioni per la conferma metrologica

N.	Registrazioni	Documenti di registrazione
1	la descrizione e l'identificazione univoca del costruttore dell'apparecchiatura, il tipo, il numero di serie, ecc.	scheda apparecchio (fig. 9.3); etichetta dello stato di taratura (fig. 9.4)
2	la data in cui la conferma metrologica è stata completata	scheda apparecchio (fig. 9.3); etichetta dello stato di taratura (fig. 9.4)
3	il risultato della conferma metrologica	scheda apparecchio (fig. 9.3)
4	l'intervallo di conferma metrologica assegnato	scheda apparecchio (fig. 9.3)
5	l'identificazione della procedura di taratura	scheda apparecchio (fig. 9.3)
6	il valore definito per l'errore (gli errori) massimo (i) ammesso (i)	scheda apparecchio (fig. 9.3)
7	le relative condizioni ambientali e una dichiarazione riguardante ogni correzione necessaria	scheda apparecchio (fig. 9.3); procedura di taratura e/o procedura di controllo e collaudo
8	le incertezze coinvolte nella taratura dell'apparecchiatura	procedura di taratura
9	i dettagli di ogni operazione di manutenzione effettuata, quali aggiustaggi, riparazioni o modifiche eseguite	scheda apparecchio (fig. 9.3); rapporto di manutenzione
10	ogni limitazione di utilizzo	scheda apparecchio (fig. 9.3)
11	l'identificazione della(e) persona(e) che esegue(eseguono) la conferma metrologica	scheda apparecchio (fig. 9.3)
12	l'identificazione della(e) persona(e) responsabile(i) per la correttezza delle informazioni registrate	scheda apparecchio (fig. 9.3); rapporto/certificato di taratura
13	l'identificazione univoca (per esempio mediante numero di serie) di ogni certificato e rapporto di taratura e di altri documenti pertinenti	scheda apparecchio (fig. 9.3); rapporto/certificato di taratura; etichetta dello stato di taratura (fig. 9.4)
14	l'evidenza della riferibilità dei risultati di taratura	rapporto/certificato di taratura; procedura di taratura
15	i requisiti metrologici per l'utilizzazione prevista	scheda apparecchio (fig. 9.3); procedura di controllo e collaudo
16	i risultati di taratura ottenuti dopo e, ove richiesto, prima di ogni aggiustaggio, modifica o riparazione	rapporto/certificato di taratura

La figura 8.16 illustra schematicamente il metodo PUMA; si parte da due assunti:

- l'obiettivo della misurazione è rappresentato dalla caratteristica di un pezzo meccanico sottoposta a requisiti specificati;
- l'incertezza target U_T del processo di misurazione adottato per verificare la caratteristica del pezzo meccanico è il risultato del processo di analisi economica precedentemente descritto.

Si ipotizza la scelta di un principio di misurazione adeguato per l'obiettivo, da cui deriva un metodo di misura ed una procedura che ne definisce in modo particolareggiato le modalità attuative; il tutto si effettuerà in definite condizioni operative del sistema di misura.

Questo consente di attivare un primo bilancio delle incertezze con un'analisi estremamente semplificata (denominato metodo "a scatola nera") e con il criterio della stima per eccesso (sovrastima): si considerano tutti i contributi di incertezza di tipo B ovvero i contributi vengono stimati con metodi non sperimentali (esperienza pregressa, riferimento a casi simili o a manuali, ecc.).

Nell'intento di calcolare l'incertezza di misura, una volta che sono noti i parametri e le condizioni del sistema di misura, le norme UNI CEI ENV 13005 e UNI EN ISO 14253-2 ci forniscono un valido quanto efficiente strumento matematico per determinare i contributi di incertezza che scaturiscono dalle diverse cause e per comporli al fine di determinare l'incertezza composta. È importante sottolineare che nel primo bilancio delle incertezze occorre effettuare una sovrastima dei contributi di incertezza al fine di evitare decisioni errate sui risultati delle misurazioni.

Determinata in questo modo l'incertezza di misura U_m, essa viene confrontata con l'incertezza target U_T; se dal confronto risulta che U_m è minore o uguale a U_T, allora siamo nella condizione di un processo di misura adeguato agli obiettivi di partenza e quindi si può attivare il sistema di misura.

Se viceversa siamo nella condizione in cui U_m è maggiore di U_T, significa che il processo di misura non è adeguato agli obiettivi di partenza e quindi occorre iniziare un processo iterativo per affinare il bilancio delle incertezze passando da una condizione "a scatola nera" ad una condizione di maggior conoscenza ed approfondimento del processo, cercando di meglio stimare i contributi più significativi che erano stati sovrastimati. Una delle attività più efficaci da applicare in questa condizione è quella di correggere le indicazioni dello strumento in base ai risultati della taratura come descritto nel paragrafo 8.5. Se al termine delle varie iterazioni il confronto continua ad essere negativo occorre arrivare alla conclusione che l'incertezza target richiesta non è raggiungibile col processo di misurazione scelto ovvero con quel principio, quel metodo, quella procedura e quelle condizioni operative.

Dal punto di vista operativo, per iniziare il bilancio delle incertezze, occorre osservare le diverse cause che contribuiscono all'incertezza del processo di misura; il documento UNI EN ISO 14253-2 ne identifica diverse che possono essere riassunte in un diagramma causa-effetto (figura 8.17) utile per un'analisi "fuori linea" del processo di misurazione (fase di progettazione).

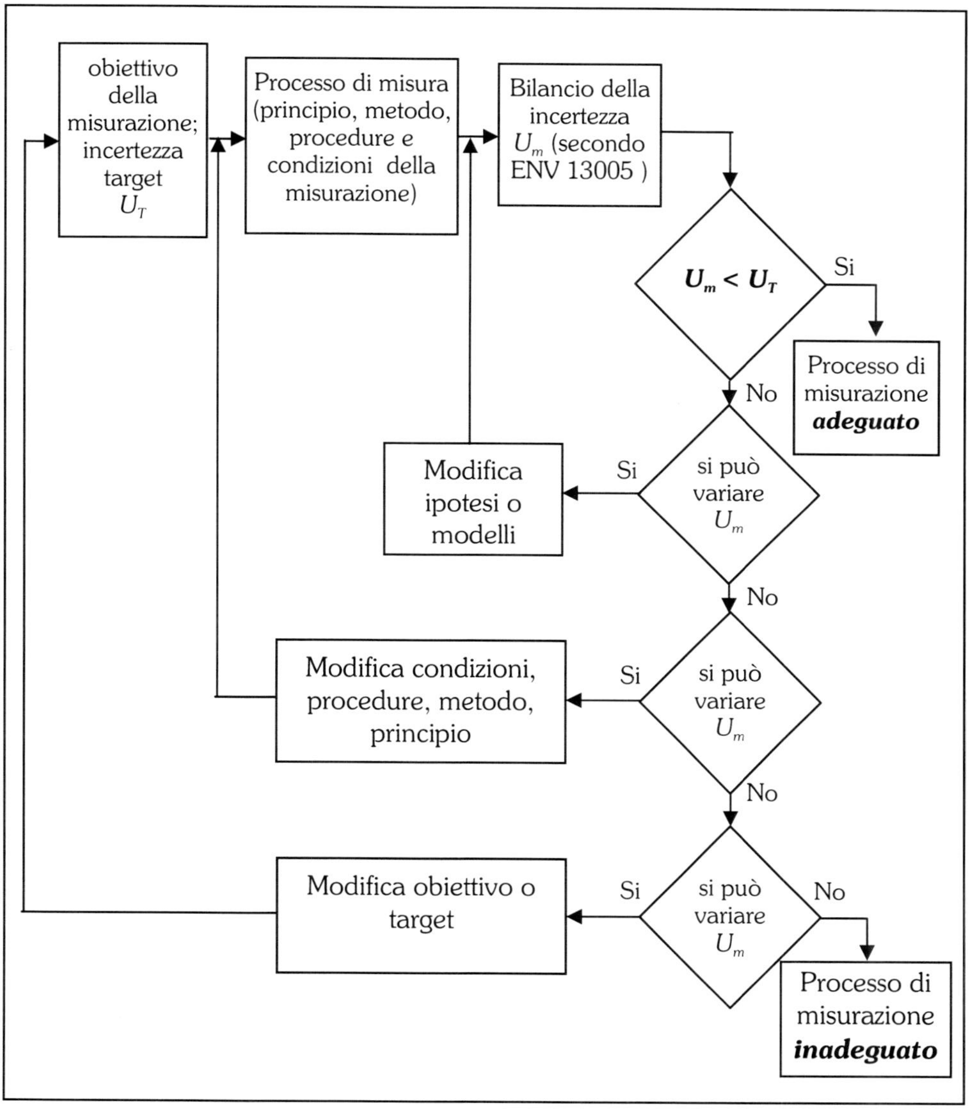

Figura 8.16: diagramma a blocchi del metodo PUMA

Non sempre però il contributo di ogni causa può essere stimato con un'analisi fuori linea ovvero attraverso calcoli matematici; gli effetti di certe grandezze di influenza che intervengono nel processo di misura a volte devono essere stimati con prove o con misure ripetute (per esempio ripetibilità e riproducibilità) che richiedono l'utilizzo di un sistema di misura già realizzato e funzionante.

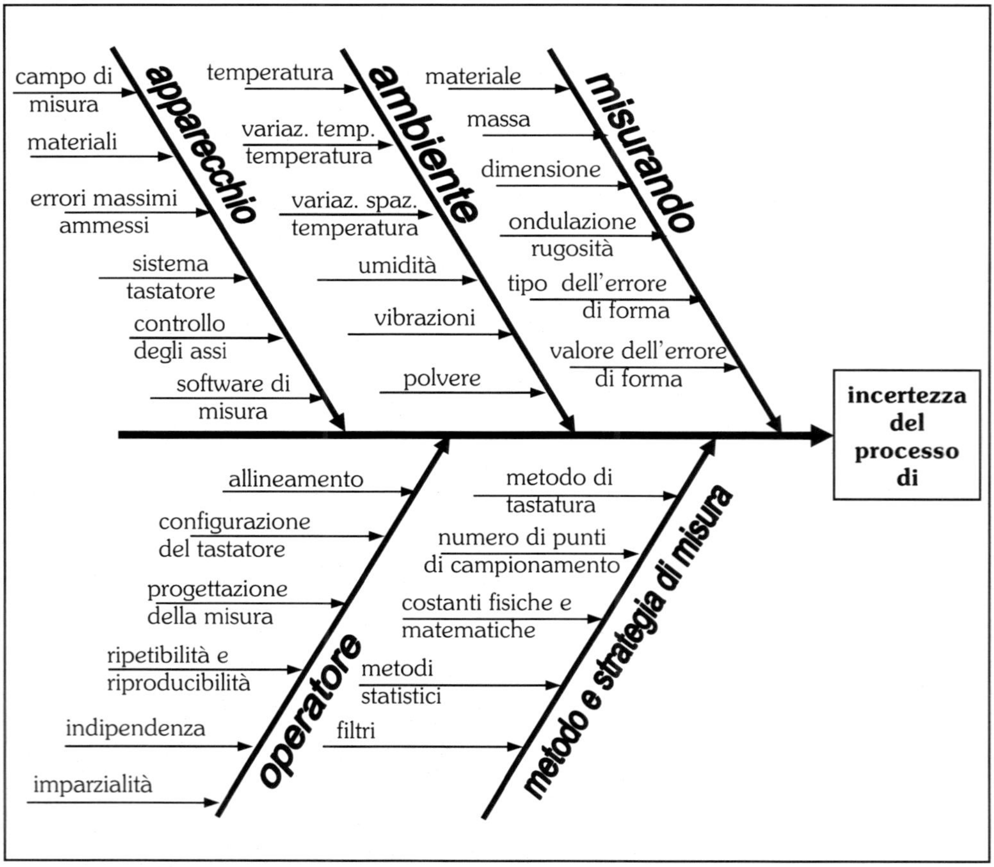

Figura 8.17: diagramma causa-effetto del processo di misurazione

Di conseguenza, una volta realizzato il sistema di misura, occorre valutare l'incertezza di misura che si è ottenuta per verificare il reale raggiungimento dell'incertezza target.

Partendo dal diagramma di causa-effetto si possono quindi individuare cinque cause principali di incertezza del processo di misurazione; per ognuna di queste, come illustrato nella tabella 8.2, possono essere definiti degli errori massimi ammessi che, con una opportuna ipotesi sulla distribuzione di probabilità, forniscono poi i relativi contributi di tipo B all'incertezza di misura.

Tabella 8.2: cause di incertezza ed errori massimi ammessi

Causa di incertezza	**Errori massimi ammessi**
Misurando	errore di forma del pezzo o rugosità superficiale o limiti di variazione dovuti alla non perfetta definizione del misurando
Ambiente di misura	dilatazioni corrispondenti ai limiti di variazione delle condizioni ambientali
Metodo di misura	massima variazione della misura in corrispondenza dei limiti di variabilità di eventuali costanti fisiche e matematiche utilizzate
Operatore	escursione dei valori di misura ottenuti con prove di ripetibilità mantenendo inalterato il sistema di misura ed il misurando
Strumento di misura	errore massimo ammesso fornito dal costruttore (*MPE*) o approssimazioni cautelative dello stesso o restrizioni di *MPE* in base a particolari modalità operative definite e/o a tarature

Ognuna di queste cause può essere ulteriormente dettagliata per individuare tutte le sorgenti di incertezza che intervengono nel processo di misurazione.

Il contributo di incertezza relativo allo strumento di misura (***incertezza strumentale***) si ottiene moltiplicando la semiampiezza dell'intervallo individuato dall'errore massimo ammesso per un opportuno coefficiente moltiplicativo che dipende dall'ipotesi di distribuzione adottata. Per ulteriori approfondimenti si può far riferimento al paragrafo 8.5.

Si effettua il primo bilancio delle incertezze (considerando tutte le cinque cause) e si confronta l'incertezza di misura stimata U_m con l'incertezza target U_T precedentemente definita; si possono presentare due situazioni:

1. l'incertezza di misura stimata U_m è minore o uguale all'incertezza target U_T;
2. l'incertezza di misura stimata U_m è maggiore dell'incertezza target U_T.

Nel seguito si illustrano le possibili considerazioni sull'incertezza strumentale per le due situazioni sopraccitate.

– **Caso 1: processo di misurazione adeguato: $U_m < U_T$**

In questo caso siamo nella situazione in cui, pur avendo sovrastimato i singoli contributi di incertezza, l'incertezza del processo di misura è idonea agli obiettivi prestabiliti e quindi il processo di misurazione è adeguato.

Occorre soltanto verificare che le componenti di incertezza identificate nel processo di misura si mantengono entro i limiti assegnati (controllo del processo di misura) e che lo strumento (elemento maggiormente suscettibile di variazioni per usura o altri deterioramenti) mantenga alcune caratteristiche metrologiche in uno stato di conformità ai requisiti per l'utilizzazione prevista (conferma metrologica).

– **Caso 2: processo di misurazione non adeguato: $U_m > U_T$**

In questo caso l'incertezza del processo di misura è superiore all'incertezza target; il documento UNI EN ISO 14253-2 suggerisce di intervenire sul sistema con un'azione migliorativa per ridurre il contributo di incertezza di una delle sorgenti sopra citate (lo strumento, il misurando, l'ambiente di misura, il metodo di misura, l'operatore). Successivamente occorre ricalcolare l'incertezza di misura per verificare il raggiungimento dell'incertezza target e reiterare il procedimento fino a quando l'incertezza di misura calcolata risulta inferiore o uguale all'incertezza target.

Le azioni volte alla riduzione dell'incertezza devono essere applicate a quei fattori che danno il contributo maggiore e possono riguardare qualunque delle cinque principali sorgenti di incertezza sopra citate; ovviamente ogni azione può implicare un onere economico aggiuntivo che deve essere valutato al fine di non allontanarsi troppo dal minimo della curva del costo totale (figura 8.11). Nella tabella 8.3 riportiamo alcune delle azioni più comuni, a titolo di esempio, e degli oneri conseguenti.

8.5 Il contributo dello strumento all'incertezza di misura: l'incertezza strumentale

L'incertezza strumentale è la componente dell'incertezza di misura che ha origine dallo strumento di misura o dal sistema di misura impiegato (VIM 4.24).

Se il contributo all'incertezza di misura che occorre ridurre è l'incertezza strumentale, una delle soluzioni applicabili è quella di correggere i valori proposti dallo strumento utilizzando gli errori individuati con la taratura (se non è possibile effettuare una regolazione dello strumento in sede di taratura); in questo modo è possibile assegnare un nuovo *MPE* più ristretto rispetto a quello assegnato dal costruttore o assunto dall'utilizzatore con approssimazioni cautelative (figura 8.18).

L'incertezza di taratura, ovvero l'incertezza con la quale si stimano gli errori di indicazione, è calcolata prendendo in considerazione anche la risoluzione dello strumento in taratura, la ripetibilità ed eventuali errori di lettura durante la taratura come per esempio l'errore di parallasse (oltre ovviamente ai contributi dovuti al campione utilizzato, all'ambiente di taratura, all'operatore, ed al metodo di misura) come descritto nel capitolo 11 dove sono riportate le procedure di taratura dei più comuni strumenti di misura dimensionale con la relativa valutazione delle incertezze.

Sia che si definiscano parametri di correzione in funzione dei risultati della taratura (si deve poi applicare tale correzione ai valori proposti dallo strumento nelle misurazioni effettuate) o si esegua la regolazione dello strumento, sia che si verifichi solo il rispetto di un errore massimo ammesso definito in base alle esigenze di misurazione, occorre valutare il contributo dell'incertezza strumentale nel processo di misurazione in cui è utilizzato lo strumento.

Tabella 8.3: azioni per ridurre l'incertezza e relativi oneri

causa	Azioni per ridurre l'incertezza di misura	Oneri economici principali
misurando	Migliorare, attraverso dettagli nella specifica di misura, la definizione del misurando (esempio: definizione dei punti di contatto nelle misure dimensionali)	Maggiore costo dell'attività in termini di tempo impiegato
ambiente	Riduzione dei limiti di escursione termica dell'ambiente di misura attraverso un miglior controllo della temperatura ambiente	Costo di costruzione e gestione del laboratorio
ambiente	Misurazione della temperatura ambiente e correzione dei valori proposti dallo strumento tramite calcolo degli effetti termici	– Acquisto dei termometri per determinare la temperatura durante la misura e loro taratura – Maggiore costo dell''attività in termini di tempo impiegato
metodo di misura	Metodo di misura che prevede di assumere come valore proposto dallo strumento la media aritmetica di più misure ripetute e consecutive	Maggiore costo dell'attività in termini di tempo impiegato
metodo di misura	Eseguire, invece che una misura a lettura diretta, una misura per confronto dopo l'azzeramento su un campione di pari valore nominale	– Acquisto dei campioni per l'azzeramento dello strumento – Taratura dei campioni usati per l'azzeramento – Maggiore costo dell'attività in termini di tempo impiegato
operatore	Formazione/addestramento dell'operatore/i che esegue la misura (contributo di riproducibilità)	Costo di formazione/addestramento
strumento	Sostituzione dello strumento con uno più accurato	Costo di acquisto dello strumento
strumento	Taratura dello strumento nei punti di utilizzo e correzione del valore di lettura in base ai risultati di taratura	– Maggiore costo di taratura – Maggiore costo dell'attività in termini di tempo impiegato

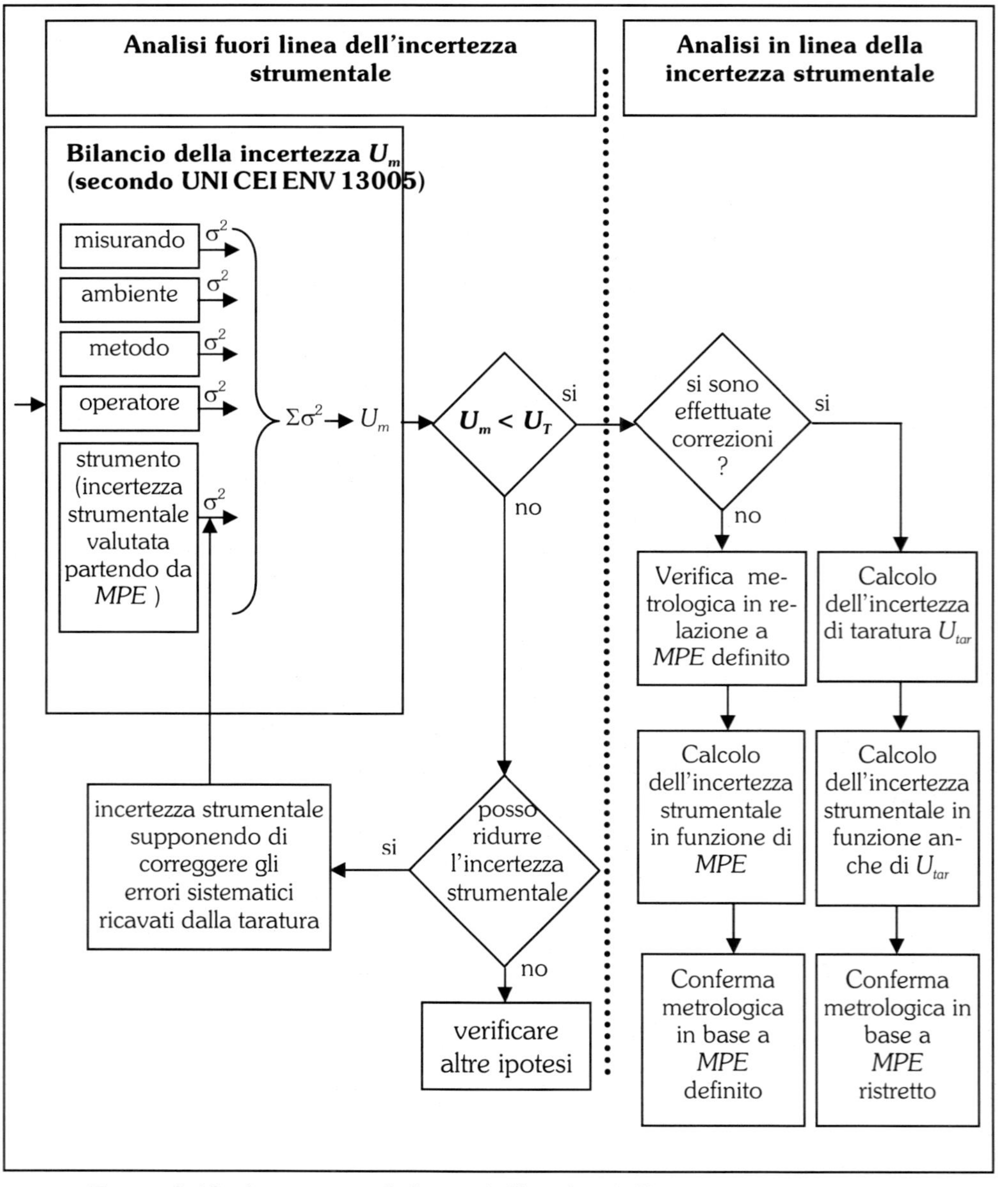

Figura 8.18: diagramma di flusso dell'analisi dell'incertezza strumentale

Il caso in cui si verifica il rispetto di un *MPE* definito è sicuramente il caso più semplice ma porta a valori di incertezza strumentale più elevati. Il valore di incertezza tipo associato all'uso di uno strumento il cui errore di misura è contenuto in un intervallo [–*MPE*; +*MPE*], ipotizzando cautelativamente una distribuzione di probabilità uniforme di tale errore all'interno dell'intervallo di variabilità suddetto, è pari a $MPE / \sqrt{3}$.

In questo caso l'incertezza di taratura è stata già tenuta in considerazione nella verifica del *MPE* controllando che i risultati della taratura rientrino in una fascia ristretta come descritto al paragrafo 8.3.2. Non bisogna trascurare però l'effetto del comportamento a lungo termine dello strumento che può essere ricavato dalle specifiche tecniche fornite dal costruttore o ricavato dall'analisi dei certificati o rapporti di taratura precedenti, esaminando la variazione massima di ogni punto di taratura fra due taratura successive. Di questa deriva a lungo termine (commisurata ad un intervallo di taratura) se ne può tenere conto in due modi:

1. aggiungendo tale contributo di incertezza al calcolo dell'incertezza strumentale e quindi sommandolo quadraticamente al contributo di incertezza pari a $MPE / \sqrt{3}$;
   Il contributo di incertezza associato alla deriva a lungo termine, se non viene fornito dal costruttore già espresso in termini di scarto tipo (o multipli dello scarto tipo), può essere ottenuto dal valore di deriva massima diviso per $\sqrt{3}$ (ipotizzando una distribuzione uniforme di tale effetto all'interno di due limiti simmetrici pari al valore massimo);
2. utilizzando nel criterio di verifica dell'*MPE* (questa metodologia è più cautelativa della precedente) un ulteriore margine di sicurezza, oltre a quello dovuto all'incertezza di taratura, pari alla deriva massima stimata. Se, per esempio, uno strumento ha una deriva massima di 2 μm ed ha un *MPE* pari a ± 10 μm che viene ridotto a ± 7 μm poiché viene verificato utilizzando i risultati di una taratura la cui incertezza dichiarata *U* è pari a 3 μm (come descritto al paragrafo 8.3.2), la conferma metrologica può essere effettuata con esisto positivo solo se gli errori rilevati dal documento di taratura sono inferiori a 5 μm. Del resto è evidente che rimettere in esercizio uno strumento già ai limiti dell'*MPE*, sapendo che esiste un effetto di deriva a lungo termine, equivale ad avere elevate probabilità di trovarlo non conforme dopo un ulteriore intervallo di taratura.

Nel caso in cui, invece, si esegue la regolazione dello strumento o la correzione in base ai risultati della taratura, nel calcolo dell'incertezza strumentale devono essere presi in considerazione i seguenti contributi:

a) l'incertezza di taratura che corrisponde all'incertezza con cui sono state calcolato le correzioni;
b) l'incertezza dovuta al comportamento a lungo termine dello strumento come indicato al punto 1. del caso precedente;
c) l'effetto dovuto alla non linearità dello strumento (da considerare nei punti di misura che non corrispondono ai punti di taratura per i quali quindi la correzione calcolata non corrisponde all'errore riscontrato in fase di taratura). Tale contributo è solitamente trascurabile e può essere stimato con una taratura eseguita per lo scopo su un numero di punti maggiore includendo altri punti di misura oltre a quelli canonici normalmente utilizzati. Per questi punti aggiuntivi quindi, si ha sia l'errore rilevato dai risultati della taratura, sia l'errore corrispondente alla correzione calcolata utilizzando i risultati di misura sui punti di taratura canonici; dal confronto di tali valori si può stimare la non linearità dello strumento o l'efficacia della funzione interpolatrice.

In ogni caso, sia che si effettui una correzione dello strumento in base ai risultati della taratura, sia che si verifichi solo il rispetto dell'*MPE* definito, quando si utilizza lo strumento occorre valutare:

a) l'incertezza dovuta agli effetti termici sullo strumento se la differenza fra le condizioni termiche di esercizio e quelle di taratura è significativa;
b) l'incertezza dovuta alla ripetibilità e riproducibilità riferendo tali parametri a prove eseguite nelle condizioni operative di misura (in genere diverse da quelle di taratura);
c) l'incertezza dovuta ad eventuali errori di lettura presenti nelle condizioni operative di misura;
d) incertezza dovuta ad eventuali errori legati ad un utilizzo dello strumento in condizioni diverse da quelle di taratura (ad esempio: l'orientamento, le impostazioni software dello strumento, ecc.).

Una volta determinata l'incertezza strumentale come sopra descritto, occorre calcolare l'incertezza del processo di misura cumulando all'incertezza strumentale le altre fonti di incertezza del processo di misurazione per verificare il raggiungimento dell'incertezza target.

Nel caso in cui si esegue la correzione delle indicazioni dello strumento in base ai risultati della taratura, si potrà stabilire un *MPE* ristretto (tanto più piccolo quanto più frequente sarà la taratura e l'aggiornamento dei parametri di correzione) e, al termine dell'intervallo di taratura, la conferma metrologica dello strumento dovrà essere effettuata sulla base dei risultati della taratura applicando i parametri di correzione definiti nella precedente taratura; per il successivo intervallo di taratura i parametri di correzione da utilizzare saranno poi aggiornati in funzione dell'ultima taratura.

8.6 Il controllo del processo di misurazione

8.6.1 Introduzione

Il sistema di conferma metrologica, descritto nella norma UNI EN ISO 10012, si prefigge di assicurare che le misurazioni, ottenute con un apparecchio per misurazione al termine dell'intervallo di conferma metrologica, siano ancora sufficientemente accurate per lo scopo stabilito: ***la conferma metrologica è quindi una verifica a posteriori.***

Tuttavia, benché l'intervallo di conferma, fissato in base all'esperienza, garantisce un'alta probabilità che l'apparecchio per misurazione continuerà a funzionare ancora correttamente fino al termine del suo intervallo di conferma, esso non può preservare da difetti casuali e non prevedibili o da danni non visibili che possono sopraggiungere fra una conferma metrologica e la successiva.

Inoltre il sistema di conferma metrologica non assicura che l'apparecchio per misurazione sia utilizzato correttamente; perfino l'apparecchio per misurazione più accurato produrrà risultati errati se usato non correttamente. Procedimenti di misurazione documentati correttamente dovrebbero tutelare da questa eventualità, ma non è sempre possibile verificare che essi siano correttamente eseguiti.

Il controllo delle misurazioni come processi, in accordo con la norma UNI EN ISO 10012, riduce la possibilità dell'insorgere di problemi dovuti a difetti casuali, danni o cattivo uso o a condizioni anomale non relative all'apparecchio ma legate al processo di misurazione. L'efficacia o l'entità di tali riduzioni dipende dalla frequenza dei controlli (controllo dei processi) che a sua volta dipende da considerazioni gestionali ed economiche.

Quando si approccia al problema del controllo del processo di misurazione, occorre innanzi tutto valutare l'idoneità del processo di misurazione a verificare la caratteristica del prodotto e del processo di produzione che si sta osservando. Come sempre il requisito metrologico scaturisce da requisito sul prodotto e quindi è necessario rimarcare che sia il contributo di incertezza associato allo strumento, sia l'incertezza composta associata al risultato della misura (esito del processo di misura), devono essere correlate alle tolleranze di fabbricazione del pezzo che si sta misurando o più genericamente alle specifiche del misurando. Si possono quindi definire (in accordo alla norma ISO 22514-7:2012) indici di capacità dello strumento di misura che valutano il rapporto fra l'incertezza associata allo strumento o sistema di misura e la tolleranza richiesta sul prodotto ed indici di capacità del processo di misura che valutano il rapporto fra l'incertezza associata al processo di misurazione e la tolleranza richiesta sul prodotto.

Una valutazione preventiva di tali indici di capacità è fondamentale per verificare l'idoneità dello strumento di misura e del processo di misurazione nel quale esso è utilizzato allo scopo di verificare la conformità di un prodotto. A questa verifica iniziale dovrebbe poi seguire una verifica nel tempo allo scopo di monitorare quel possibile degrado di alcuni contributi di incertezza come quello associato allo strumento (attraverso il processo di conferma metrologica) o quello associato alla ripetibilità o alla linearità come indicato nella norma ISO 22514-7:2012.

E' inoltre importante ricordare che quando si valutano indici di capacità di processo produttivo attraverso misurazioni su campioni di prodotti si valuta una variabilità congiunta del processo produttivo e del processo di misura, che occorre valutare per non sovrastimare gli indici di capacità del processo produttivo.

I metodi per il controllo dei processi di misurazione, fondati sulla metodica sorveglianza ed analisi dei dati delle misurazioni, sono applicabili a tutti i livelli di misurazione, dalla taratura dei campioni alle misure di routine sui pezzi. Le procedure per il controllo dei processi di misurazione possono essere usate per:

- rilevare insolite variazioni nell'andamento di un processo di misurazione;
- rilevare problemi di ripetibilità;
- identificare e quantificare fattori di compensazione o di correzione per eventuali derive;
- aiutare ad identificare variazioni periodiche prevedibili, incluse quelle cicliche;
- fornire parte della documentazione richiesta per le esigenze dell'assicurazione della qualità.

La combinazione del sistema di conferma metrologica e del controllo del processo di misurazione rafforza la fiducia che l'apparecchio per misurazione ed il processo di misura implementato siano costantemente in uno stato di conformità ai requisiti per l'utilizzazione prevista.

8.6.2 I controlli periodici ed i campioni di controllo

Per ogni processo di misurazione che si desidera tenere sotto controllo, occorre individuare quegli elementi (ad esempio l'errore di indicazione o la forza di misura) che, se subiscono variazioni contenute, garantiscono una sufficiente stabilità dei risultati della misurazione. Per ogni elemento individuato occorre definire i limiti di controllo tali da garantire le accuratezze richieste del processo di misurazione. Ad intervalli definiti sull'elemento individuato si eseguono dei controlli, denominati "controlli periodici", che consistono in misurazioni dell'elemento utilizzando opportuni campioni, denominati "campioni di controllo". Analizzando le misure effettuate con intervalli regolari ci si aspetta che i valori siano stabili ed entro i limiti stabiliti; in caso contrario si ha evidenza della presenza di un'anomalia nel processo di misurazione.

Facciamo il seguente esempio: tenere sotto controllo il processo di misurazione di un diametro di un albero motore utilizzando un calibro a corsoio. Il calibro a corsoio viene sottoposto a conferma metrologica con un intervallo semestrale. Il parametro che utilizzeremo per il controllo del processo di misura è l'errore nella misurazione di misurandi noti; il campione di controllo utilizzato è una spina avente diametro pari al diametro dell'albero motore e l'intervallo di controllo è di una settimana. Ciò significa che ogni settimana verranno effettuare ad esempio 10 misure sul campione di controllo e verrà calcolata la differenza tra la media aritmetica delle 10 misure ed il valore noto del campione di controllo. I dati verranno analizzati tramite l'uso delle carte di controllo per valutarne la variabilità e prendere gli opportuni provvedimenti.

Un campione di controllo è quindi un qualunque artefatto simile agli oggetti misurati col processo di misurazione che si vuole tenere sotto controllo. Per i campioni di controllo si può affermare che:

- non è necessario che siano tarati; essi devono però avere una stabilità dimensionale e geometrica sufficiente a garantire la significatività del confronto periodico dei risultati della loro misurazione; inoltre le superfici rilevanti ai fini della misura devono possedere un grado di finitura sufficientemente buono per non introdurre una aleatorietà significativa nel risultato;
- se i campioni di controllo non sono tarati è indispensabile che le procedure di misura di tali campioni siano eseguite una prima volta immediatamente dopo la conferma metrologica dello strumento con esito positivo, allo scopo di determinare i valori di riferimento; nei successivi controlli periodici devono essere mantenute invariate le posizioni e gli orientamenti prescelti in tale occasione, nonché le modalità adottate per l'elaborazione e la valutazione dei risultati.

Occorre inoltre assicurare che la frequenza con cui si effettuano i controlli periodici sia appropriata per il processo di misurazione. Normalmente per un nuovo processo o per un nuovo campione di controllo si dovrebbero effettuare i controlli periodici con maggiore frequenza; una volta che è stata acquisita una certa esperienza ed il processo si è dimostrato stabile ed in controllo statistico (assenza di cause di variabilità inattese), gli intervalli tra le misurazioni dei campioni di controllo possono essere pro lungati.

8.6.3 L'uso delle carte di controllo

In presenza di un processo di misurazione in stato di controllo statistico (ad esempio immediatamente dopo ad una conferma metrologica), l'utilizzo delle carte di controllo rappresenta uno strumento molto efficace per sorvegliare nel tempo l'andamento del processo; le carte di controllo sono infatti in grado di evidenziare con sufficiente attendibilità e tempestività variazioni significative del processo di misurazione, consentendo di intervenire con le necessarie azioni correttive.

L'obiettivo quindi è quello di conoscere l'andamento nel tempo sia della posizione centrale dell'elemento individuato sia della dispersione dei valori rilevati. Per raggiungere tale obiettivo si utilizzano le carte di controllo per variabili, procedendo nel seguente modo:

- si definisce un campione, costituito da n valori di misura x assunti dall'elemento oggetto di analisi (misurando). Ovviamente il misurando deve essere unico per non introdurre nell'analisi la variabilità della sua produzione e far sì che la dispersione dei valori di misura dipenda unicamente dalla variabilità del processo di misura;
- si definisce con idonei criteri la frequenza con la quale si prelevano consecutivamente gli n valori di misura del misurando che costituiscono i campioni;
- per ogni campione prelevato si calcolano:

$$\overline{x}_i = \frac{\sum_{j=1}^{n} x_j}{n}; \quad R_i = x_{j\,max} - x_{j\,min}$$

  che costituiscono i valori osservati di due variabili casuali che possiamo chiamare "media del campione i-esimo" ed "escursione del campione i-esimo";
- si prosegue in questo modo fino a quando non si sia osservato un numero m significativo ($m \cong 30$) di campioni, ciascuno caratterizzato dalle variabili casuali $\overline{x}_i$ e R_i;
- a questo punto si calcolano:

$$\overline{\overline{x}} = \frac{\sum_{i=1}^{m} \overline{x}_i}{m}$$

media delle medie dei campioni, ovvero miglior stima del valore centrale della popolazione delle variabili $\overline{x}_i$;

$$\overline{R} = \frac{\sum_{i=1}^{m} R_i}{m}$$

escursione media dei campioni, ovvero miglior stima del valore centrale della popolazione delle variabili R_i (stima della dispersione).

Questi due valori consentono di tracciare i due grafici riportati nella figura 8.19 ovvero la carta di controllo della media e la carta di controllo della dispersione.

La linea centrale LC ed i limiti di controllo superiore (LCS) e inferiore (LCI) si calcolano utilizzando le formule seguenti, dove A_2, D_4 e D_3 dipendono dalla dimensione del campione e sono riportati in tabella 8.3:

Carta $\overline{x}_i$: $LC = \overline{\overline{x}}$ linea centrale

$LCS = \overline{\overline{x}} + A_2 \cdot \overline{R}$ limite di controllo superiore

$LCI = \overline{\overline{x}} - A_2 \cdot \overline{R}$ limite di controllo inferiore

Carta R : $LC = \overline{R}$ linea centrale

$LCS = D_4 \cdot \overline{R}$ limite di controllo superiore

$LCI = D_3 \cdot \overline{R}$ limite di controllo inferiore

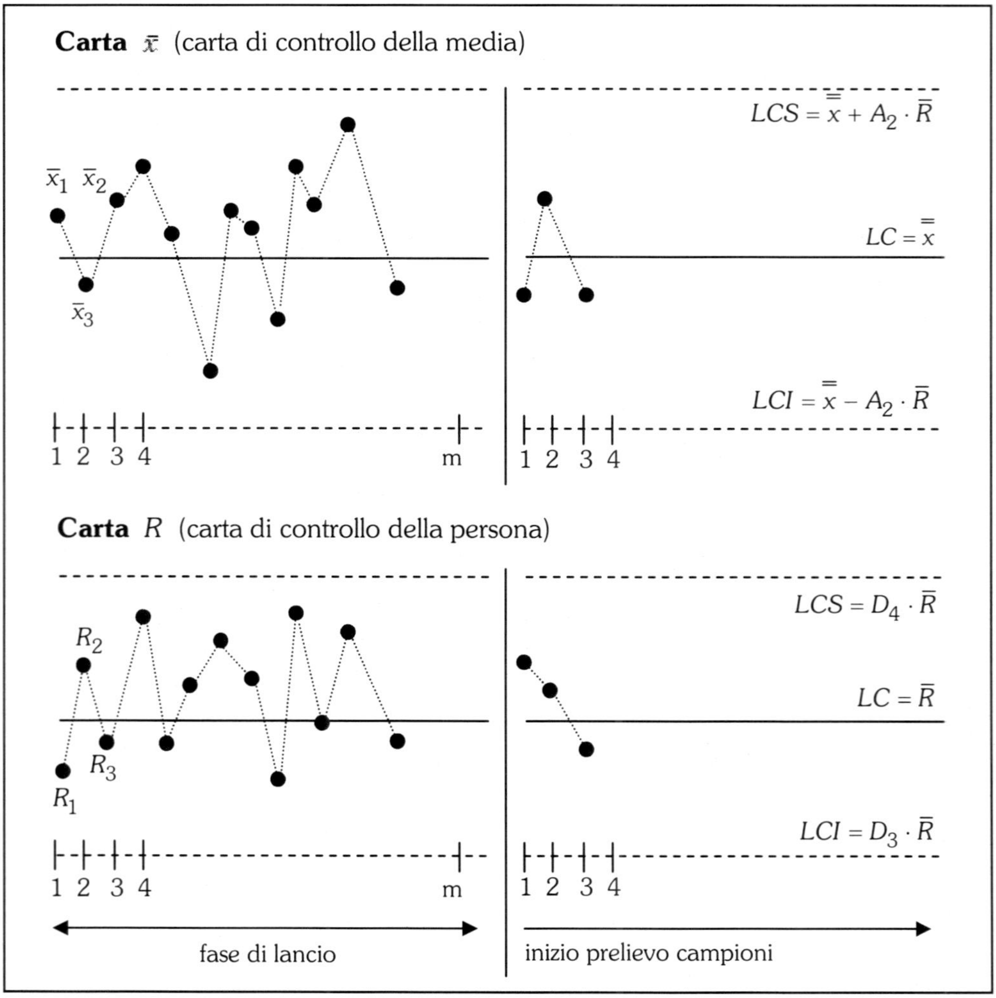

Figura 8.19: carta ($\overline{x}$, R) con limiti calcolati

I limiti di controllo, calcolati secondo le formule indicate, definiscono delle fasce centrate simmetricamente intorno ai limiti centrali, di ampiezza rispettivamente:

$\pm 3 \cdot \bar{\sigma}_{\bar{x}}$ nel caso della carta di controllo della media;

$\pm 3 \cdot \bar{\sigma}_R$ nel caso della carta di controllo della dispersione,

essendo $\hat{\sigma}_{\bar{x}}$ e $\hat{\sigma}_R$ le migliori stime degli scarti tipo delle due variabili casuali $\bar{x}_i$ e R_i.

La carta R è più sensibile ai cambiamenti nell'uniformità delle misure effettuate all'interno dello stesso campione (relativamente alla caratteristica in esame): più sono bassi i punti nella carta R, più uniforme è il processo di misurazione.

Tabella 8.3: coefficienti delle carte di controllo per variabili

n	d_2	A_2	A_3	B_3	B_4	D_3	D_4
2	1,128	1,880	2,659	0	3,267	0	3,267
3	1,693	1,023	1,954	0	2,568	0	2,575
4	2,059	0,729	1,628	0	2,266	0	2,282
5	2,326	0,577	1,427	0	2,089	0	2,114
6	2,534	0,483	1,287	0,030	1,970	0	2,004
7	2,704	0,419	1,182	0,118	1,882	0,076	1,924
8	2,847	0,373	1,099	0,185	1,815	0,136	1,864
9	2,970	0,337	1,032	0,239	1,761	0,184	1,816
10	3,078	0,308	0,975	0,284	1,716	0,223	1,777
11	3,173	0,285	0,927	0,321	1,679	0,256	1,744
12	3,258	0,266	0,886	0,354	1,646	0,283	1,717
13	3,336	0,249	0,850	0,382	1,618	0,307	1,693
14	3,407	0,235	0,817	0,406	1,594	0,328	1,672
15	3,472	0,223	0,789	0,428	1,572	0,347	1,653
16	3,532	0,212	0,763	0,448	1,552	0,363	1,637
17	3,588	0,203	0,739	0,466	1,534	0,378	1,622
18	3,640	0,194	0,718	0,482	1,518	0,391	1,609
19	3,689	0,187	0,698	0,497	1,503	0,404	1,596
20	3,735	0,180	0,680	0,510	1,490	0,415	1,585
21	3,778	0,173	0,663	0,523	1,477	0,425	1,575
22	3,819	0,167	0,647	0,534	1,466	0,435	1,565
23	3,858	0,162	0,633	0,545	1,455	0,443	1,557
24	3,895	0,157	0,619	0,555	1,445	0,452	1,548
25	3,931	0,153	0,606	0,565	1,435	0,459	1,541

Se in un processo di misurazione cominciano ad intervenire fonti di variabilità non incluse nel bilancio delle incertezze, esse generalmente produrranno dapprima delle anomalie nella carta R: la dispersione aumenta e qualche punto uscirà dal limite superiore di controllo.

La carta $\overline{x}$ indica il livello del processo nei vari momenti: è più sensibile ai cambiamenti del comportamento del processo di misurazione tra un campione e il successivo.

Sulla base di queste considerazioni occorre porre attenzione al modo in cui si "confezionano" i campioni, avendo cura che non siano presenti errori sistematici variabili all'interno del campione (i valori di misura di uno stesso campione presentano variazioni significativamente legate alle sole cause "aleatorie" le cui anomalie saranno eventualmente scoperte dalla carta R) e, se presenti, si manifestino solamente in campioni diversi (in tal caso sarà la carta $\overline{x}$ a porle eventualmente in evidenza).

Si può affermare che fintantoché le medie $\overline{x}_i$ e le escursioni R_i stanno entro le rispettive fasce individuate dai limiti, il processo di misurazione è "in controllo"; infatti, nell'ipotesi di distribuzione normale, in tali fasce è compreso in media il 99,73 % degli individui appartenenti alle rispettive popolazioni, mentre è escluso solo lo 0,27 %.

La scelta di calcolare i limiti di controllo come 3 volte lo scarto tipo stimato costituisce un buon compromesso tra il rischio di "falso allarme" (anche denominato rischio α o errore di prima specie, rappresentato dalla probabilità di avere una segnalazione di fuori controllo non giustificata) e il rischio di "allarme non rilevato" (anche denominato rischio β o errore di seconda specie, rappresentato dalla probabilità di non avere alcuna segnalazione di fuori controllo in presenza di una variazione significativa nella distribuzione delle unità prodotte).

Sulla base del rischio β si opera la scelta della numerosità n del campione: tanto maggiore è n, tanto minore sarà la probabilità β, ma evidentemente tanto più costosa la procedura di compilazione delle carte.

Qualora la numerosità n scelta per il campione superi la decina di misure, per tenere sotto controllo la variabilità legata ai soli errori aleatori del processo di misurazione, anziché la carta della dispersione R si può utilmente impiegare la carta dello scarto tipo s (per n molto piccolo infatti la stima dello scarto tipo sperimentale s non è significativa).

Per ogni campione si calcola la media $\overline{x}_i$ come in precedenza detto, e lo scarto tipo sperimentale:

$$s_i = \sqrt{\frac{\sum_{j=1}^{n}\left(x_i - \overline{x}_i\right)^2}{n-1}}$$

I limiti di controllo sono quindi definiti nel modo seguente:

Carta $\overline{x}$:	$LC = \overline{\overline{x}}$	linea centrale
	$LCS = \overline{\overline{x}} + A_2 \cdot \overline{s}$	limite di controllo superiore
	$LCI = \overline{\overline{x}} - A_2 \cdot \overline{s}$	limite di controllo inferiore

Carta s : $LC = \overline{s}$ linea centrale

$LCS = B_4 \cdot \overline{s}$ limite di controllo superiore

$LCI = B_3 \cdot \overline{s}$ limite di controllo inferiore

dove ovviamente $\overline{\overline{x}}$ si determina come già detto e in modo analogo avremo:

$$\overline{s} = \frac{\sum_{i=1}^{m} s_i}{m}$$

I valori dei coefficienti sono riportati nella tabella 8.3.

La carta R e la carta $\overline{x}$ sono analizzate separatamente ma i confronti fra le due carte possono qualche volta aiutare a comprendere gli errori che intervengono nel processo di misurazione.

Se la carta R presenta (non con estrema rarità) alcuni punti fuori dai limiti di controllo, ciò sta a significare la presenza di effetti di grandezze non considerate nella valutazione delle incertezze. È necessario quindi un intervento immediato per individuare ed eliminare questi effetti.

Esistono poi delle situazioni che indicano che il processo di misurazione ha iniziato un cambiamento ovvero è in atto una deriva dei risultati di misurazione. Queste informazioni di tendenza danno quindi un'informazione prima che la situazione di processo "fuori controllo" si sia verificata. Esse sono:

- una sequenza di sette punti consecutivi sulla carta di controllo tutti al di sopra (o tutti al di sotto) della linea centrale (figura 8.20);

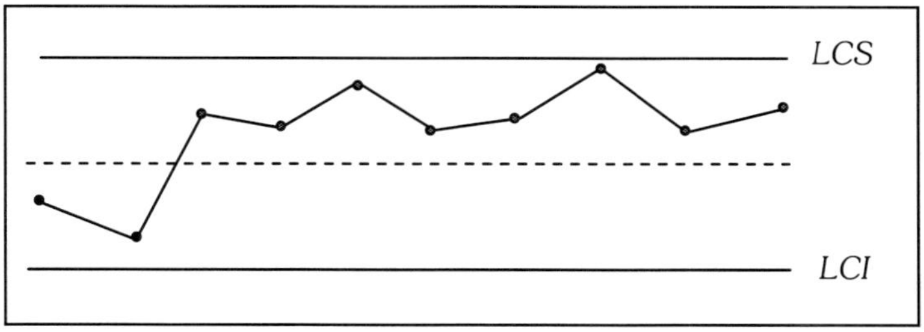

Figura 8.20: sequenza di sette punti consecutivi al di sopra della linea centrale

- una sequenza di sette punti consecutivi che sono costantemente crescenti o decrescenti (figura 8.21).

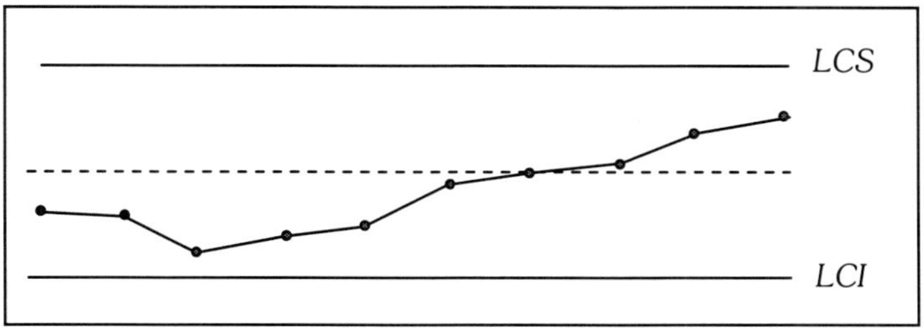

Figura 8.21: sequenza di sette punti consecutivi costantemente crescenti

In ogni caso occorre evidenziare il punto che fa scattare il fuori controllo e quindi evidenziare (spesso con una linea di riferimento sulla carta di controllo) dove inizia la serie dei punti o la tendenza.

L'utilizzo dei controlli periodici e delle carte di controllo può essere considerato un metodo valido per modificare gli intervalli di conferma metrologica. Infatti, se tramite l'osservazione delle carte di controllo si evidenzia che il processo monitorato è stabile e ben al di sotto dei limiti, significa che gli elementi che lo influenzano, almeno nel periodo di osservazione, introducono variazioni costanti nel processo di misurazione e quindi si può anche valutare l'opportunità di aumentare l'intervallo di conferma per lo strumento utilizzato. Viceversa il rilevamento di una situazione di fuori limite di controllo o una informazione di tendenza nel parametro osservato, possono portare ad una riduzione dell'intervallo di conferma dell'apparecchio utilizzato per evitare situazioni di processo fuori controllo a causa di un fuori taratura dell'apparecchio utilizzato.

BIBLIOGRAFIA

UNI EN ISO 14253-1:2001, Specifiche geometriche dei prodotti (GPS) - Verifica mediante misurazione dei pezzi e delle apparecchiature per misurazioni - Regole decisionali per provare la conformità o non conformità rispetto alle specifiche

UNI EN ISO 14253-2:2011, Specifiche geometriche dei prodotti (GPS) - Verifica mediante misurazione dei pezzi lavorati e delle apparecchiature di misura - Parte 2: Guida per la stima dell'incertezza nelle misurazioni GPS, nella taratura delle apparecchiature di misura e nella verifica dei prodotti

UNI CEI ENV 13005:2000: Guida all'espressione dell'incertezza di misura

ISO 22514-7:2012, Statistical methods in process management – Capability an performance. Part 7: capability of measuring processes

G. Malagola, A. Ponterio, "Determinazione dell'incertezza strumentale in funzione dell'errore massimo ammesso" – II° Congresso Italiano di Metrologia & Qualità – Milano 2001

S. Sartori, "Un metodo approssimato per la stima dell'incertezza di misura" - I° Congresso Italiano di Metrologia & Qualità – Torino 1999

UNI 10699: Istruzioni per il controllo delle apparecchiature per misurazioni dimensionali

P. Carbone, D. Petri, "Il ruolo dell'incertezza di misura nelle tecniche per il controllo di qualità", II° Congresso Italiano di Metrologia & Qualità – Milano 2001

A. Zaffagnini, R. Bertozzi, "Metodologie per tarare gli strumenti in ambito industriale", II° Congresso Italiano di Metrologia & Qualità – Milano 2001

D. Macii, P. Carbone, D. Petri, "Strumentazione in sistemi per la gestione della qualità", TUTTO_MISURE, 02/2002

9. IL PROCESSO DI TARATURA

9.1 PERCHÉ SI TARANO GLI STRUMENTI

Supponiamo di dover misurare il diametro di un albero: useremo un micrometro per esterni. Il risultato della misurazione è il valore numerico del rapporto tra la dimensione del diametro ed il campione di lunghezza nazionale o internazionale; perché questo valore sia veritiero è necessario che la scala del micrometro riproduca fedelmente la dimensione del campione di lunghezza in modo che quando la utilizzo per compararla con la dimensione del diametro dell'albero che rappresenta il misurando mi fornisca il corretto rapporto tra i due.

Quindi prima di usare il micrometro occorre essere certi che la sua scala sia stata confrontata con il campione di lunghezza: diversamente lo strumento è inutilizzabile per lo scopo.

L'operazione che consente di confrontare la scala del micrometro con il campione di lunghezza si chiama **taratura**.

Ovviamente ogni scala, essendo un manufatto, avrà una sua imprecisione costruttiva che introdurrà un seppur piccolo scostamento rispetto al campione; in altre parole ogni scala ha un suo errore ovvero una differenza tra la dimensione letta sulla scala ed il corrispondente multiplo o sottomultiplo del valore del campione che rappresenta l'unità di misura.

ERRORI....... LINGUISTICI

Nel linguaggio comune il termine "taratura" è spesso oggetto di confusione terminologica e concettuale. Le principali confusioni sono le seguenti:

- uso del termine "calibrare" al posto di "tarare"; il termine calibrare è un barbarismo che deriva dal termine inglese "calibration" che ha come corretta traduzione italiana il termine "taratura". Inoltre il termine italiano "calibrare" significa portare un pezzo cilindrico o una cavità cilindrica ad un determinato diametro e si utilizza nel settore delle armi ove per "calibro" si intende il diametro interno della canna.
- confondere il concetto di "taratura" con il concetto di "regolazione" o "messa in punto" o "aggiustaggio" tutti e tre sinonimi per indicare un'operazione in cui si interviene nella relazione ingresso-uscita dello strumento per migliorarne le sue prestazioni; la taratura, almeno in una prima fase, è semplicemente un confronto e non include la regolazione o la messa in punto o l'aggiustaggio dello strumento.

Il VIM fornisce la seguente definizione di taratura (VIM 2.39): "operazione eseguita in condizioni specificate, che in una prima fase stabilisce una relazione tra i valori di una grandezza, con le rispettive incertezze di misura, forniti da campioni di misura, e le corrispondenti indicazioni, comprensive delle incertezze di misura associate, e in una seconda fase usa queste informazioni per stabilire una relazione che consente di ottenere un risultato di misura a partire da un'indicazione".

Anche per la regolazione il VIM fornisce la seguente definizione (VIM 3.11): "l'insieme di operazioni svolte su un sistema di misura, affinché esso fornisca indicazioni prescritte in corrispondenza di determinati valori di grandezze da sottoporre a misurazione".

Quindi la taratura è un processo di misurazione che ha come misurando gli errori dello strumento, intesi come differenza tra il valore letto ed il valore noto del campione (figura 9.1); gli errori sono quindi il risultato di una misura e quindi, come per tutti i risultati di misura, ad essi è associata una incertezza che viene comunemente chiamata incertezza di taratura anche se non esiste tale termine specifico nelle norme terminologiche in quanto sta ad indicare l'incertezza di misura nella taratura.

Se l'oggetto della taratura è un campione materiale che riproduce una grandezza con un valore assegnato, il risultato della taratura è il valore misurato di tale grandezza, l'incertezza di taratura rappresenta l'incertezza associata a tale valore e quindi anche l'incertezza associata allo scostamento fra il valore misurato ed il valore assegnato (essendo quest'ultimo un valore assimilabile ad un valore nominale e quindi privo di incertezza).

L'incertezza di taratura quindi esprime il livello di fiducia attribuito agli errori dello strumento (o ai valori di misura di un campione materiale), mentre gli errori dello strumento rappresentano il disaccordo esistente tra le indicazioni dello strumento ed i campioni di riferimento.

Una volta che le indicazioni dello strumento sono state corrette, sottraendo al valore letto gli errori riscontrati durante la taratura, esso fornisce misure in accordo con i campioni utilizzati per la taratura.

Questo concetto, che prende il nome di **riferibilità**, implica (come specifica una nota del VIM) che ci sia una gerarchia di taratura ovvero "una successione di tarature da un riferimento al sistema di misura finale, in cui l'esito di ciascuna taratura dipende dall'esito della taratura precedente" (VIM 2.40).

La riferibilità ai campioni nazionali o internazionali è quindi l'indispensabile base metrologica per garantire la qualità della produzione e la validità delle misurazione effettuate sui prodotti; per ottenere ciò è necessario che tutta la strumentazione utilizzata per le misure sia sottoposta a taratura (confronto metrologico) direttamente o indirettamente, tramite una catena ininterrotta di confronti (catena di riferibilità), con i campioni primari. Solo strumenti tarati garantiscono la riferibilità delle misure prodotte ai campioni primari.

Il VIM riporta la seguente definizione di riferibilità (VIM 2.41): "proprietà di un risultato di misura per cui esso è posto in relazione a un riferimento attraverso una documentata catena ininterrotta di tarature, ciascuna delle quali contribuisce all'incertezza di misura". La riferibilità quindi è una proprietà della misura e non dello strumento.

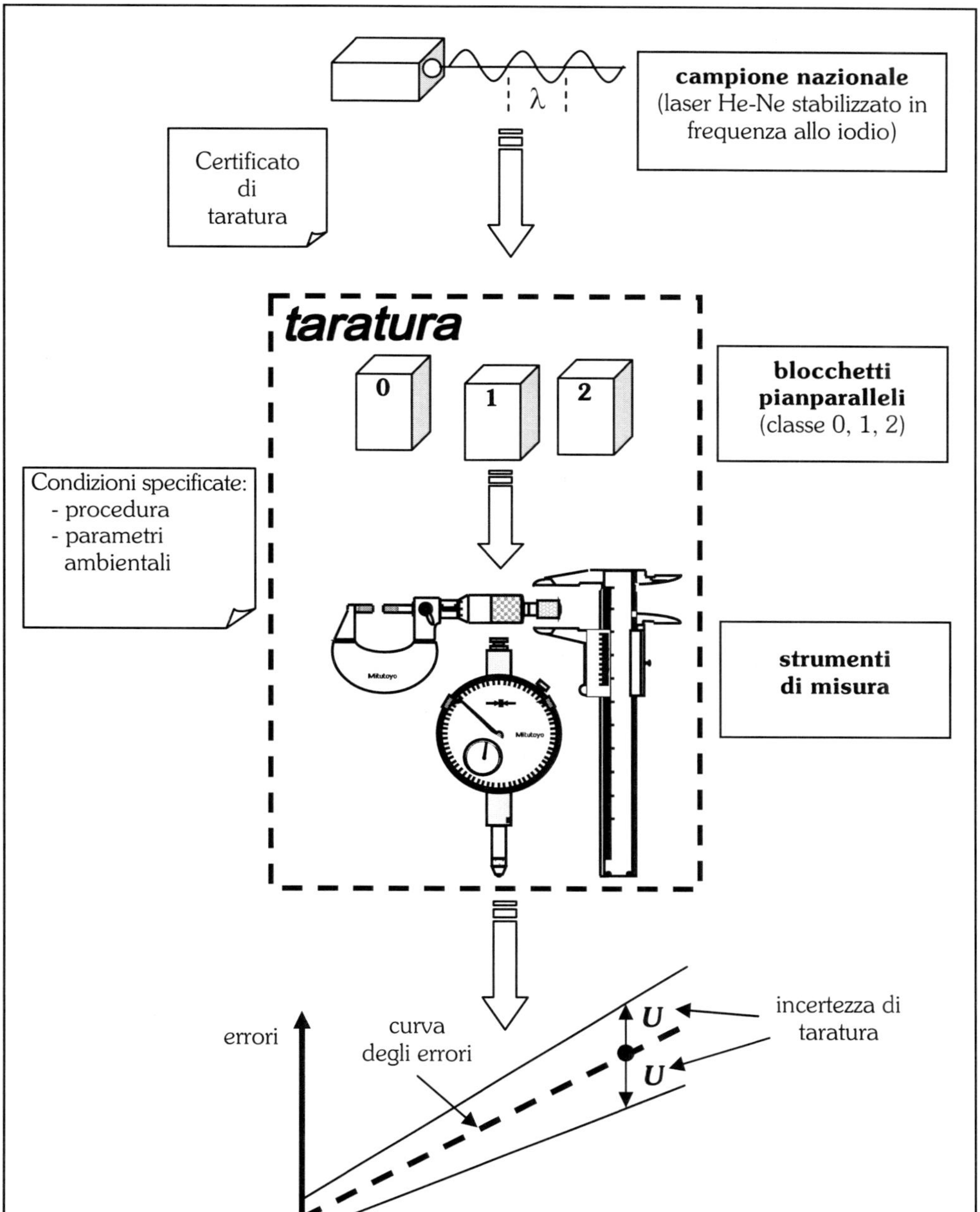

Figura 9.1: taratura di strumenti per misure dimensionali

Non poter dimostrare la riferibilità ai campioni riconosciuti e non conoscere il grado di incertezza significa non poter confrontare le proprie misure con quelle fatte da altri in altro luogo e in altro tempo, per esempio da clienti, concorrenti o autorità.

Questo porta alla impossibilità di garantire la conformità dei propri prodotti nei casi di contestazioni o peggio in presenza di contenziosi legali per responsabilità sul prodotto difettoso.

Collegandoci al concetto di risultato di una misurazione si può affermare che esso è riferibile in un certo contesto quando:

1) il valore stimato del misurando è ottenuto attraverso il confronto (ovvero la taratura) con campioni delle grandezze coinvolte (o idonei strumenti di misura) i cui valori (o le cui indicazioni) sono determinati mediante un ulteriore confronto (o una catena ininterrotta e documentata di confronti) con corrispondenti campioni la cui validità è riconosciuta nel contesto considerato; tale condizione è certamente soddisfatta quando si utilizzano campioni e strumenti corredati di un certificato di taratura valido ovvero emesso da un laboratorio accreditato;
2) la valutazione dell'incertezza di misura associata al valore stimato del misurando e del livello di fiducia che caratterizza l'incertezza fornita, è effettuata con metodi conformi alle indicazioni di una normativa la cui validità è riconosciuta nel contesto considerato (ovvero la riferibilità è una proprietà che esiste entro una incertezza definita).

Un'altra nota del VIM specifica che l'ILAC (International Laboratory Accreditation Cooperation) ritiene che gli elementi necessari per la conferma della riferibilità metrologica siano:

- un'ininterrotta catena di riferibilità metrologica a un campione di misura internazionale o a un campione di misura nazionale;
- un'incertezza di misura documentata;
- una procedura di misura documentata;
- una competenza tecnica accreditata;
- la riferibilità alle unità del SI;
- una dichiarazione degli intervalli di taratura.

9.2 Quali strumenti occorre tarare

Per meglio comprendere quali strumenti devono essere sottoposti al processo di taratura, nell'ambito del sistema di conferma metrologica, è utile far riferimento alla norma UNI EN ISO 9001:2008 che, nel paragrafo 7.6, tratta il problema della gestione delle apparecchiature per misurazione.

Il paragrafo fornisce una sequenza logica che consente di gestire in qualità il più generale processo di misurazione.

Il primo capoverso del paragrafo 7.6 recita così:*"L'organizzazione deve individuare le attività di monitoraggio e di misurazione da effettuare nonché le apparecchiature di monitoraggio e di misurazione necessarie a fornire evidenza della conformità del prodotto ai requisiti determinati"*.

Occorre quindi considerare tutte le misurazioni che servono alla verifica di conformità dei prodotti ai requisiti.

Risulta particolarmente innovativo il richiamo ai requisiti determinati dalla organizzazione relativi al prodotto; essi infatti sono:

- i requisiti specificati dal cliente tramite disegni e specifiche;
- i requisiti non precisati dal cliente, ma necessari per l'uso specificato o per quello atteso, dove conosciuto;
- i requisiti cogenti relativi ai prodotti;
- ogni altro requisito aggiuntivo stabilito dall'organizzazione stessa.

Quindi ogni qual volta, nelle varie fasi del processo di realizzazione di un prodotto, sia necessario effettuare controlli e collaudi per fornire evidenza della conformità dei prodotti ai requisiti determinati, l'azienda deve individuare le attività di monitoraggio e misurazione ed i relativi dispositivi in relazione ai requisiti assegnati (figura 9.2).

Occorre considerare non solo gli apparecchi richiamati dalle procedure di controllo e collaudo bensì tutti quelli utilizzati nelle varie fasi del ciclo di vita del prodotto, compresa la progettazione.

Oltre agli apparecchi per misurazione la norma si applica anche ai software di prova e misura che vengono quindi considerati come strumenti per misurazione.

Da questa analisi nasce quindi un elenco generale delle apparecchiature per misurazione; tale elenco può comprendere anche apparecchi per misurazione che, pur utilizzati nei processi di misurazione, non hanno la funzione di rilevare grandezze che influiscono direttamente sulla qualità dei prodotti, ad esempio strumenti che danno indicazioni di massima.

Questi apparecchi saranno comunque inseriti nell'elenco delle apparecchiature ma non entrano nel piano di conferma metrologica; occorre comunque prevedere per questi apparecchi almeno una verifica di funzionamento.

Per ciascun apparecchio presente nell'elenco generale occorre redigere una "scheda apparecchio" come illustrato nella figura 9.3.

Nella scheda apparecchio, oltre ai dati di identificazione dell'apparecchiatura stessa, è importante riportare gli errori massimi ammessi per ogni caratteristica metrologia che si intende verificare; questo si rileverà utile quando si dovrà effettuare la conferma metrologica (vedi paragrafo 8.3).

Per le apparecchiature inserite nel piano di conferma metrologica è opportuno stabilire una gerarchia partendo dai campioni di riferimento fino agli strumenti di lavoro. La gerarchia potrebbe essere così strutturata:

- **strumenti e campioni di prima linea**: sono quei dispositivi che realizzano la più alta capacità metrologica in azienda; essi vengono utilizzati per la taratura degli strumenti e campioni di seconda linea o per misure al più elevato livello di accuratezza possibile. La taratura dei campioni di prima linea viene eseguita presso gli Istituti Metrologici Primari o presso laboratori accreditati.
- **strumenti e campioni di seconda linea**: sono tarati presso il laboratorio aziendale per confronto con i campioni di prima linea e vengono normalmente utilizzati per la taratura di strumentazione interna o di terzi.
- **strumenti e campioni di lavoro**: sono gli strumenti ed i campioni utilizzati all'interno dell'azienda per le attività di verifica dei requisiti sui prodotti.

Il secondo capoverso del paragrafo 7.6 dice:"*L'organizzazione deve stabilire processi per assicurare che il monitoraggio e la misurazione possano essere, e siano, eseguiti in modo coerente con i requisiti di monitoraggio e di misurazione*".

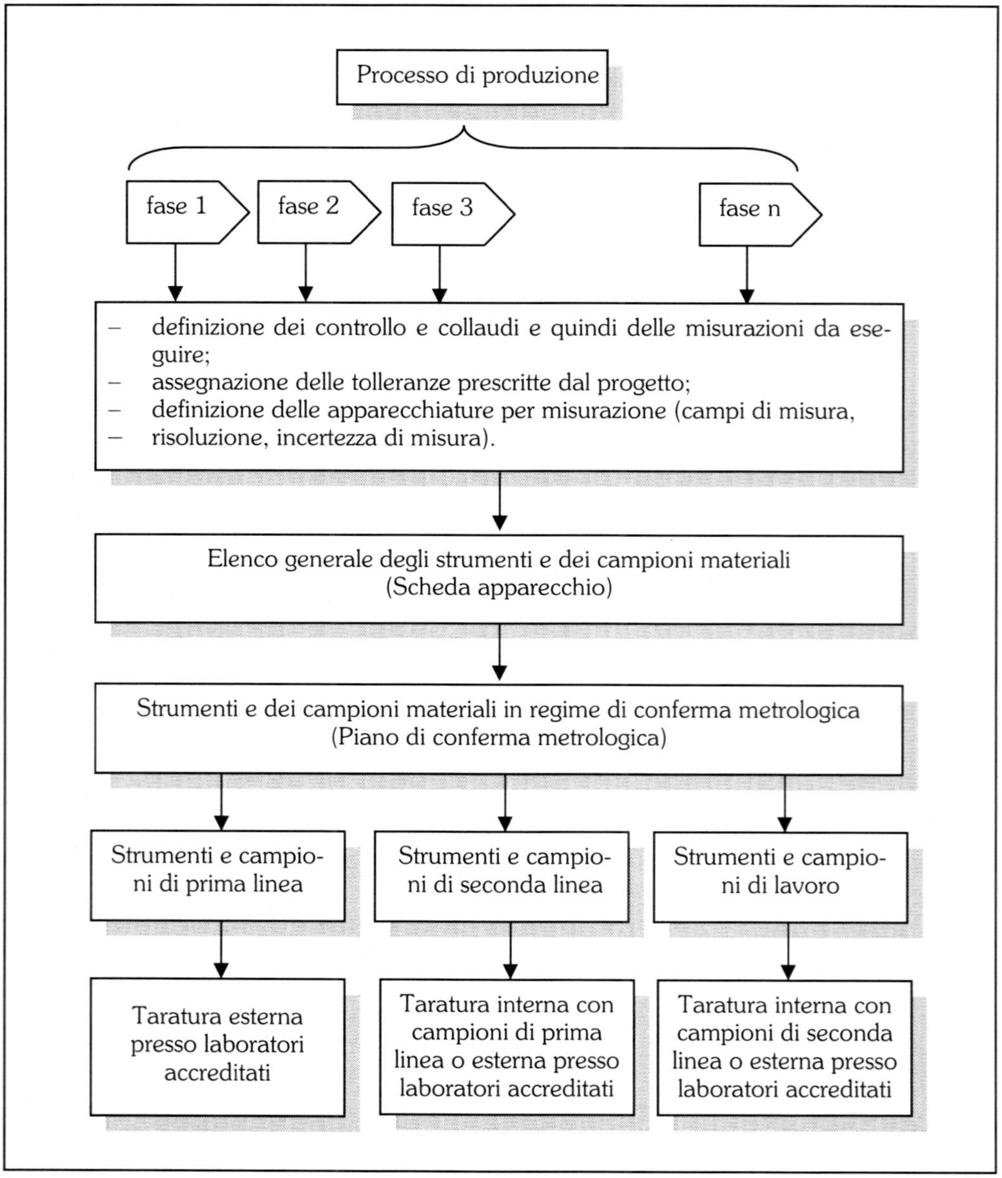

Figura 9.2: individuazione delle apparecchiature per misurazione

LOGO	**SCHEDA APPARECCHIO**	Codice ________

Descrizione ____________________

Modello ____________ Matricola ____________

Costruttore ____________ Fornitore ____________

Luogo d'uso ________ Data di acquisto ________ Data inizio utilizzo ________

Campo di misura ____________ Unità di formato ____________

Caratteristica metrologica ____________ Errore massimo ammesso (MPE) ____________

Procedura di taratura ____________ Incertezza di taratura max ____________

Ente di taratura ____________ Intervallo iniz. di taratura ____________

Limitazioni all'uso ____________________

Annotazioni ____________________

data	tipo di intervento	N. certificato o rapporto	Rilasciato da	Conferma metrologica esito	Conferma metrologica validità	Firma
	o taratura o controllo o manut.					
	o taratura o controllo o manut.					
	o taratura o controllo o manut.					
	o taratura o controllo o manut.					
	o taratura o controllo o manut.					

Figura 9.3: scheda apparecchio

La norma introduce come un processo specifico a se stante l'insieme di operazioni volte ad assicurare che monitoraggi e misurazioni possano essere e siano eseguite in modo coerente (compatibile, idoneo) con i requisiti previsti per queste attività.

È un chiaro riferimento al controllo del processo di misurazione e quindi alla applicazione della norme UNI EN ISO 10012 che è stato descritto nel capitolo 8 "La verifica di conformità dei prodotti e degli apparecchi per misurazione agli errori massimi ammessi".

Dopo questi due primi capoversi la norma entra nel merito delle attività tipiche della gestione delle apparecchiature per misurazione nei seguenti cinque sotto-requisiti e cioè: "*Ove necessario per assicurare risultati validi, le apparecchiature devono:*

a) *essere tarate e/o verificate, ad intervalli specificati, o prima della loro utilizzazione, a fronte di campioni di misura riferibili ai campioni internazionali o nazionali; qualora tali campioni non esistano, deve essere registrato il riferimento utilizzato per la taratura o per la verifica".*

Quindi tutte le apparecchiature che abbiamo individuato essere necessarie a verificare la conformità dei prodotti ai requisiti (ed inserite quindi nel piano di conferma metrologica), devono essere tarate ad intervalli specificati.

L'alternativa individuata dalla norma "tarate e/o verificate" ha creato qualche problema di interpretazione portando ad una separazione tra i concetti di taratura e di verifica. La UNI EN ISO 10012 ha chiarito questa interpretazione: la verifica metrologica viene intesa come un'attività del processo di conferma metrologica subito dopo l'attività di taratura (vedi figura 8.14 nel capitolo 8).

Per tarare un apparecchio è necessario avere una procedura di taratura e dei campioni di riferimento.

La tabella 9.1 riporta per diversi apparecchi per misurazione i campioni di riferimento più utilizzati per il loro processo di taratura.

Proseguendo nell'analisi del paragrafo 7.6 troviamo il seguente sotto-requisito:

b) *essere regolate o regolate di nuovo, per quanto necessario.*

Il termine "regolato" è la traduzione dell'inglese "adjusted" e può essere anche tradotto in italiano con "aggiustamento" o "messa in punto". Occorre ricordare che ove sia necessaria l'operazione di regolazione la sequenza delle attività deve essere:

- taratura iniziale;
- regolazione (o messa in punto);
- taratura finale.

Esempi di regolazione o messa in punto possono essere i seguenti:

- su una CMM, dopo l'attività di taratura iniziale, è possibile compensare tramite software alcuni errori della macchina per migliorare le prestazioni della CMM;
- su di un rugosimetro, dopo aver rilevato il valore di misura di un campione di rugosità, si effettua una regolazione manuale o tramite software per compensare eventuali errori di lettura.

Il terzo sotto-requisito riporta:

c) *avere un'identificazione al fine di determinarne lo stato di taratura.*

E' importante identificare tutte le apparecchiature con un codice o un numero di inventario che prescinda dal "serial number " o dal numero di matricola riportato dal costruttore.

Tabella 9.1: apparecchi per misurazione e taratura

Apparecchi per misurazione	Apparecchi per taratura
Blocchetti pianparalleli	– Apparecchio manuale per il controllo dei blocchetti-pianparalleli con comparatore – Set blocchetti pianparalleli (BPP campione)
Micrometri per esterni fino a 25 mm	– Blocchetti di riscontro con disco ottico – Dischi ottici per controllo planarità – Dischi ottici per controllo parallelismo – Supporti per micrometri per esterni
Micrometri per esterni da 25 a 100 mm	– Aste di riscontro da 25 mm fino a 75 mm – Blocchetti di riscontro con disco ottico – Dischi ottici per controllo planarità – Dischi ottici per controllo parallelismo – Supporti per micrometri per esterni
Micrometri per interni	– Apparecchio per taratura di micrometri per interni (blocchetti a gradini in ceramica) con campo da 25 mm fino a 300 mm o 600 mm con passo 25 mm
Micrometri di profondità	– Apparecchio per la taratura di micrometri di profondità
Micrometri di precisione per interni	– Anelli di riscontro in acciaio o ceramica
Calibri a corsoio fino a 600 mm	– Campione a passi con campo fino a 300 mm o 600 mm
Alesametri	– Apparecchio per la taratura di alesametri tramite blocchetti pianparalleli
Comparatori fino a 25 mm e oltre	– Apparecchio per la taratura dei comparatori (è possibile avere campi di misura superiori a 25 mm utilizzando blocchetti pianparalleli)
Truschini e misuratori di altezza	– Campione a passi con campo fino a 300 mm o 600 mm – Campione per altezze con passo 20 mm
Rugosimetri	– Campione di rugosità
Rotondimetri	– Campione di rotondità (semisfera di riferimento)
Profilometri	– Campione di profili e blocchetti pianparalleli
Proiettori di profili	– Riga di cristallo per tavola (campione) – Riga di cristallo per schermo (lettura)
Macchine di misura a coordinate (CMM)	– Campione a passi e supporto inclinabile per campione a passi – Blocchetti pianparalleli

Tale numero di identificazione deve consentire il legame con tutti i documenti inerenti quello strumento (costituisce cioè una chiave di identificazione primaria) e deve essere univocamente e direttamente correlabile allo strumento tramite un'etichetta o altro contrassegno permanente (figura 9.4).

Lo stato di taratura degli apparecchi per misurazione deve essere sempre chiaramente individuato in modo da permettere un immediato controllo che l'apparecchio utilizzato sia nel periodo di validità della taratura.

Ove ciò non fosse possibile è necessario un sistema che gestisca le scadenze e che queste possano essere segnalate agli utenti con adeguato anticipo.

È inoltre opportuno, ove possibile, che siano individuabili eventuali limitazioni d'uso (campo d'impiego, condizioni ambientali, ecc.).

È buona norma identificare come tali le apparecchiature *fuori uso* e quelle per le quali *non è previsto un piano di conferma* o manutenzione in modo da escludere l'utilizzo accidentale di tale strumentazione nel sistema di controllo dei requisiti specificati.

L'avvenuta accettazione dei risultati ottenuti nella taratura dovrebbe essere comprovata da una etichetta apposta sull'apparecchiatura; sull'etichetta deve essere riportata almeno la data prevista per la successiva taratura (e quindi conferma metrologica) o l'ultima data di taratura e il periodo di validità.

Può risultare utile riportare sulla stessa etichetta le seguenti informazioni:

- il codice dello strumento;
- il numero dell'ultimo certificato di taratura;
- la data dell'ultima taratura;
- la validità in mesi (o altra unità) della conferma metrologica (intervallo di taratura o conferma);
- la firma del responsabile della conferma.

LOGO	Codice: ___________
Certificato N. ___________________ Data di taratura ___________________	
Conferma metrologica Validità: ___ mesi Firma: ________	

Figura 9.4: etichetta dello stato di taratura

Il quarto sotto-requisito introduce il concetto di protezione delle apparecchiature e cioè:

d) *essere protette da regolazioni che potrebbero invalidare il risultato della misurazione.*

È un richiamo a quanto già previsto nelle attività di conferma metrologica. La UNI EN ISO 10012 afferma che l'accesso ai dispositivi di regolazione delle apparecchiature per misurazione, deve essere sigillato o protetto in altro modo, allo scopo di prevenire ogni indebito intervento da parte di personale non autorizzato ed ogni intervento involontario.

I sigilli devono essere progettati in modo tale che risulti ben riconoscibile una loro effrazione.

Il quinto sotto-requisito afferma che le apparecchiature devono:

e) *"essere protette dal danneggiamento e dal deterioramento durante la movimentazione, la manutenzione e l'immagazzinamento".*

Questo requisito implica che vengano fissate le responsabilità e stabilite le regole per tenere sotto controllo le modalità di immagazzinamento e movimentazione delle apparecchiature (conservazione, prelievo, trasporto, impiego, restituzione).

A questo scopo è necessario avere istituito un sistema di identificazione univoca delle apparecchiature ed è opportuno conservare gli strumenti nella confezione fornita dal costruttore che spesso può essere identificata con lo stesso numero di codice dello strumento.

Occorre inoltre fissare le responsabilità nella movimentazione e individuare il personale abilitato all'uso delle apparecchiature.

Qualora esista un magazzino strumenti (e non strumenti assegnati ai diversi reparti), tale magazzino deve essere gestito in modo da individuare chi e quando esegue il prelievo e la consegna.

La norma prosegue con il seguente capoverso: *"Inoltre, l'organizzazione deve valutare e registrare la validità dei risultati delle precedenti misurazioni qualora si riscontri che l'apparecchiatura non è conforme ai requisiti. L'organizzazione deve intraprendere azioni appropriate sull'apparecchiatura e su ogni prodotto coinvolto. Devono essere mantenute registrazioni (vedere 4.2.4)dei risultati della taratura e della verifica".*

Un apparecchio per misurazione risulta "fuori taratura" sia se la data prevista per la taratura periodica è stata superata senza eseguire la taratura sia se, in sede di conferma metrologica, lo strumento non risulta conforme ai requisiti assegnati alle sue caratteristiche metrologiche.

Nel primo caso deve essere immediatamente effettuata una conferma metrologica della strumento e, qualora questa venisse conclusa con esito positivo, il tutto potrebbe ridursi a prestare maggiore attenzione o adottare qualche provvedimento al fine di evitare che l'evento si verifichi nuovamente. Nel secondo caso invece, lo strumento non risponde ai requisiti attesi; quindi devono essere valutati i risultati delle misure effettuate in precedenza al fine di verificare se, ed in quale estensione, si renda necessario ripetere le misure oppure rilavorare o scartare i prodotti controllati con l'apparecchio fuori taratura.

In entrambi i casi lo strumento deve essere dichiarato "non conforme" e deve essere "segregato" fino alla risoluzione delle azioni correttive definite.

La possibilità di rintracciare i prodotti controllati con lo strumento fuori taratura, soprattutto nel caso di prodotti particolarmente critici, richiede l'istituzione ed il mantenimento di un sistema di correlazione (rintracciabilità) tra la singola apparecchiatura ed i prodotti o lotti di prodotti con essa controllati; normalmente le procedure di collaudo individuano lo strumento da utilizzare ed i documenti di registrazione del collaudo riportano la firma del collaudatore.

È importante inoltre, ricercare le cause di quanto accaduto ed adottare opportune azioni correttive e/o preventive allo scopo di impedirne la ripetizione. Tali provvedimenti possono essere:

- riesame del metodo e del processo di taratura;
- modifica del campione di riferimento;
- variazione dell'intervallo di taratura;
- messa in punto dell'apparecchiatura;
- manutenzione dell'apparecchiatura;
- sostituzione dell'apparecchiatura;
- variazione della incertezza assegnata a quello strumento;
- addestramento dell'operatore addetto alla taratura.

L'ultimo capoverso conclude così:*"Quando viene utilizzato un software per monitorare e misurare requisiti specificati, deve essere confermata la sua capacità di soddisfare l'applicazione prevista. Questa conferma deve precedere l'utilizzazione iniziale e, per quanto necessario, deve essere ripetuta"*.

La norma, riconoscendo il sempre maggiore utilizzo del software nell'ambito delle apparecchiature per misurazione, richiama la necessità della sua "validazione".

Infatti per validazione di un software si intende la conferma attraverso esame ed evidenze oggettive che i requisiti particolari per l'utilizzazione prevista siano soddisfatti; tale evidenza consiste, nella maggior parte dei casi, in una verifica (eseguita prima della messa in servizio del software) che i risultati ottenuti attraverso la procedura o l'elaborazione automatica siano uguali (o con scostamenti trascurabili) ai risultati ottenuti con il metodo manuale.

Questo requisito si applica particolarmente a software realizzati internamente per l'acquisizione dati ed il controllo della strumentazione.

Il software commerciale (per esempio per il trattamento di testi, per la gestione dei data base e programmi statistici) in utilizzi generali (funzioni non definite dall'utente) entro il loro campo di applicazione possono essere considerati sufficientemente validati.

9.3 Ogni quanto occorre tarare gli strumenti

Non è possibile stabilire una lista di intervalli di taratura di validità universale; è più utile dare raccomandazioni su come stabilire preventivamente gli intervalli iniziali di taratura e poi riesaminarli, dopo che il sistema di conferma metrologica sia stato regolarmente posto in esercizio.

La base per la scelta iniziale degli intervalli di taratura è legata alla esperienza di misura ed alla conoscenza degli strumenti che consentono di fare una prima stima del tempo durante il quale lo strumento rimane entro le capacità metrologiche assegnate; quindi, il dato più importante per stabilire tale intervallo è rappresentato dalle informazioni di tendenza ottenute dalle tarature interne e/o esterne precedenti.

Altri fattori da prendere in considerazione sono:

- le informazioni e raccomandazioni fornite dal costruttore;

- la frequenza d'impiego;
- la stabilità propria dello strumento (tipo di strumento, tendenza all'usura);
- le modalità d'uso e le condizioni ambientali (temperatura, umidità, vibrazioni ecc.);
- l'accuratezza della misura desiderata;
- eventuali norme tecniche applicabili;
- l'importanza delle conseguenze derivanti dal ritenere corretto un valore di misura errato, qualora lo strumento presentasse limiti d'incertezza superiori a quelli accettati;
- la frequenza dei confronti con altri strumenti o campioni.

La taratura deve essere però eseguita oltre che allo scadere dell'intervallo di taratura anche in una delle seguenti condizioni:

- lo strumento è stato sottoposto a sovraccarico, o ad un uso improprio, o conservato in condizioni più gravose di quelle previste per il corretto immagazzinamento;
- si utilizza l'apparecchio in condizioni del processo di misura diverse da quelle di taratura e si vuole eseguire la correzione del valore proposto dallo strumento in funzione dei risultati della taratura;
- lo strumento è stato sottoposto a manutenzione;
- sono intervenuti eventi (per esempio shock meccanici o elettrici) che possono aver alterato il comportamento del dispositivo.

La norma UNI 10127/2 riporta i valori indicativi per la scelta iniziale dell'intervallo di taratura di alcune tipologie di strumento.

L'intervallo di taratura deve in ogni caso essere il più lungo possibile, per minimizzare il costo di taratura, ed il più breve possibile per minimizzare il rischio che lo strumento esca dai limiti di incertezza definiti; in ogni caso è sconsigliato usare intervalli di taratura superiori ai 3 anni.

Nella tabella 9.2A e B, estratta dalla norma sopra citata, sono riportati i valori indicativi per la scelta dell'intervallo iniziale di taratura riferiti ad alcune categorie di strumenti in determinate condizioni di utilizzo e di differente accuratezza; è evidente che condizioni di utilizzo meno gravose o accuratezze richieste più basse consentono intervalli di taratura più lunghi.

9.4 Tarare all'interno o all'esterno

L'attività di taratura può essere effettuata internamente o esternamente (vedi figura 9.5); se, per motivi di autonomia operativa o di immagine o di costi, l'azienda decide di tarare internamente le apparecchiature per misurazione, essa deve:

- acquistare i campioni di riferimento e le attrezzature necessarie;
- far tarare i campioni di prima linea;
- allestire e garantire un idoneo ambiente di prova;
- addestrare il personale addetto all'esecuzione delle tarature;
- redigere le procedure di taratura in conformità ad eventuali norme tecniche;
- eseguire la taratura con personale qualificato;
- curare la manutenzione dei sistemi di misura utilizzati nelle tarature.

Se invece l'azienda decide di effettuare le tarature esternamente, essa deve valutare se utilizzare un laboratorio di taratura accreditato o un laboratorio di taratura non accreditato.

Nel primo caso l'azienda deve verificare:

- che le misure richieste ed il certificato di taratura emesso siano coperti dall'accreditamento del laboratorio (tabella degli accreditamenti del laboratorio);
- che l'accreditamento del laboratorio non sia stato sospeso;
- che i livelli di incertezza offerti siano compatibili con le richieste di taratura.

Nel secondo caso invece l'azienda deve qualificare il laboratorio utilizzando come base la norma ISO 17025 e deve registrare l'evidenza oggettiva di tale qualifica (è necessario un rapporto di visita ispettiva esterna, quindi di parte seconda, con la compilazione di adeguate check list strutturate secondo i requisiti della ISO 17025).

L'attività di valutazione deve essere svolta da personale esperto in grado di valutare sia il sistema di qualità del laboratorio sia le sue capacità tecniche. Anche in questo caso occorre verificare l'idoneità del laboratorio esterno in relazione ai seguenti aspetti:

- formazione del personale del laboratorio;
- procedure di taratura in riferimento alle norme tecniche;
- condizioni ambientali in relazione alla tipologia dello strumento;
- campioni ed attrezzature del laboratorio.

Occorre quindi verificare che i campioni e le apparecchiature utilizzate siano adeguate ad eseguire le tarature richieste dall'azienda sia come campi di misura sia come livello di incertezza; i campioni devono in ogni caso essere dotati di certificato di taratura.

Un processo di gestione completo delle apparecchiature, sia che le tarature vengano eseguite internamente secondo procedure formalizzate, sia che vengano demandate ad un laboratorio esterno, richiede anche di definire:

- il laboratorio che esegue la taratura (interno, esterno, accreditato o meno);
- i campi e/o i valori in cui deve essere eseguita la taratura e la relativa incertezza;
- l'intervallo di taratura e quindi di conferma metrologica;
- i criteri di conferma metrologica e da chi essi vengono verificati.

Se dai risultati della taratura risulta che i criteri di accettabilità non sono rispettati, l'apparecchiatura deve essere dichiarata non conforme e devono essere adottate opportune azioni correttive; in ogni caso, anche se l'azienda decide di far tarare all'esterno le proprie apparecchiature, la verifica del rispetto dei criteri di accettabilità ricade sotto la responsabilità dell'azienda.

Tabella 9.2A: intervalli iniziali di taratura di alcuni strumenti (estratta dalla norma UNI 10127/2)

Descrizione apparecchio per misurazione	**Utilizzazione**	**Intervallo iniziale di taratura (mesi)**
Blocchetti pianparalleli a) classe di precisione: K,0 b) classe di precisione: 1, 2	a) in sale metrologiche per tarature periodiche di altri strumenti con frequenza d'uso tra 20 e 60 volte l'anno; b) in officina per controllo strumenti con frequenza d'uso giornaliera	12 6
Micrometri di ogni tipo. a) risoluzione millesimale b) risoluzione centesimale	a) conservato ed usato in ambiente climatizzato per l'intero anno e con frequenza d'uso giornaliera; b) conservato ed usato in ambiente qualsiasi e con frequenza d'uso giornaliera	6 3
Calibri e riscontri fissi lisci a) classi da IT0 a IT5 b) classi da IT10 a IT16	a) utilizzati per controllare strumenti con frequenza d'uso settimanale b) utilizzati per controllare prodotti con frequenza d'uso giornaliera	6 1
Calibri a corsoio a) risoluzione centesimale b) risoluzione 0,1 mm o minore	a) utilizzati al collaudo con frequenza d'uso giornaliera b) utilizzati in produzione con frequenza d'uso giornaliera	6 3
Comparatori ad asta a) risoluzione millesimale b) risoluzione centesimale o minore	a) utilizzati per controllo in sala metrologica con frequenza d'uso settimanale b) utilizzati in produzione con frequenza d'uso giornaliera	12 3
Comparatori a leva a) risoluzione millesimale b) risoluzione centesimale o minore	a) utilizzati per controllo in sala metrologica con frequenza d'uso settimanale b) utilizzati in produzione con frequenza d'uso giornaliera	6 2

Tabella 9.2B: intervalli iniziali di taratura di alcuni strumenti (estratta dalla norma UNI 10127/2)

Descrizione apparecchio per misurazione	**Utilizzazione**	**Intervallo iniziale di taratura (mesi)**
Trasduttori lineari		
a) risoluzione di 0,1 μm	a) utilizzati in sala metrologica come installazioni fisse su strumenti per misurazione con frequenza d'uso giornaliera	12
b) risoluzione millesimale o minore	b) utilizzati per controlli non in installazioni fisse con frequenza d'uso giornaliera	3
Calibri e riscontri fissi filettati		
a) riscontri secondo relativa norma	a) utilizzati per controllare altri calibri fissi filettati con frequenza d'uso settimanale	6
b) calibri secondo relativa norma	b) utilizzati per controllare prodotti con frequenza d'uso giornaliera	1,5
Provini campione di rugosità		
a) campioni per rugosimetri	a) utilizzati in sala metrologica con frequenza d'uso settimanale	12
b) campioni per controlli visivi	b) utilizzati in controllo con frequenza d'uso giornaliera	6
Rugosimetri		
a) da laboratorio	a) utilizzati in sala metrologica con frequenza d'uso settimanale	6
b) portatili	b) utilizzati in controllo con frequenza d'uso giornaliera	3
Campioni di rotondità		
a) rotondità minore di 0,5 μm	a) utilizzati in sala metrologica con frequenza d'uso mensile o settimanale	24
b) rotondità maggiore o uguale 0,5 μm	b) utilizzati in controllo con frequenza d'uso settimanale	12
Rotondimetri		
a) rotondità minore di 0,5 μm	a) utilizzati in sala metrologica con frequenza d'uso giornaliera	6
b) rotondità maggiore o uguale 0,5 μm	b) utilizzati in controllo con frequenza d'uso giornaliera	3

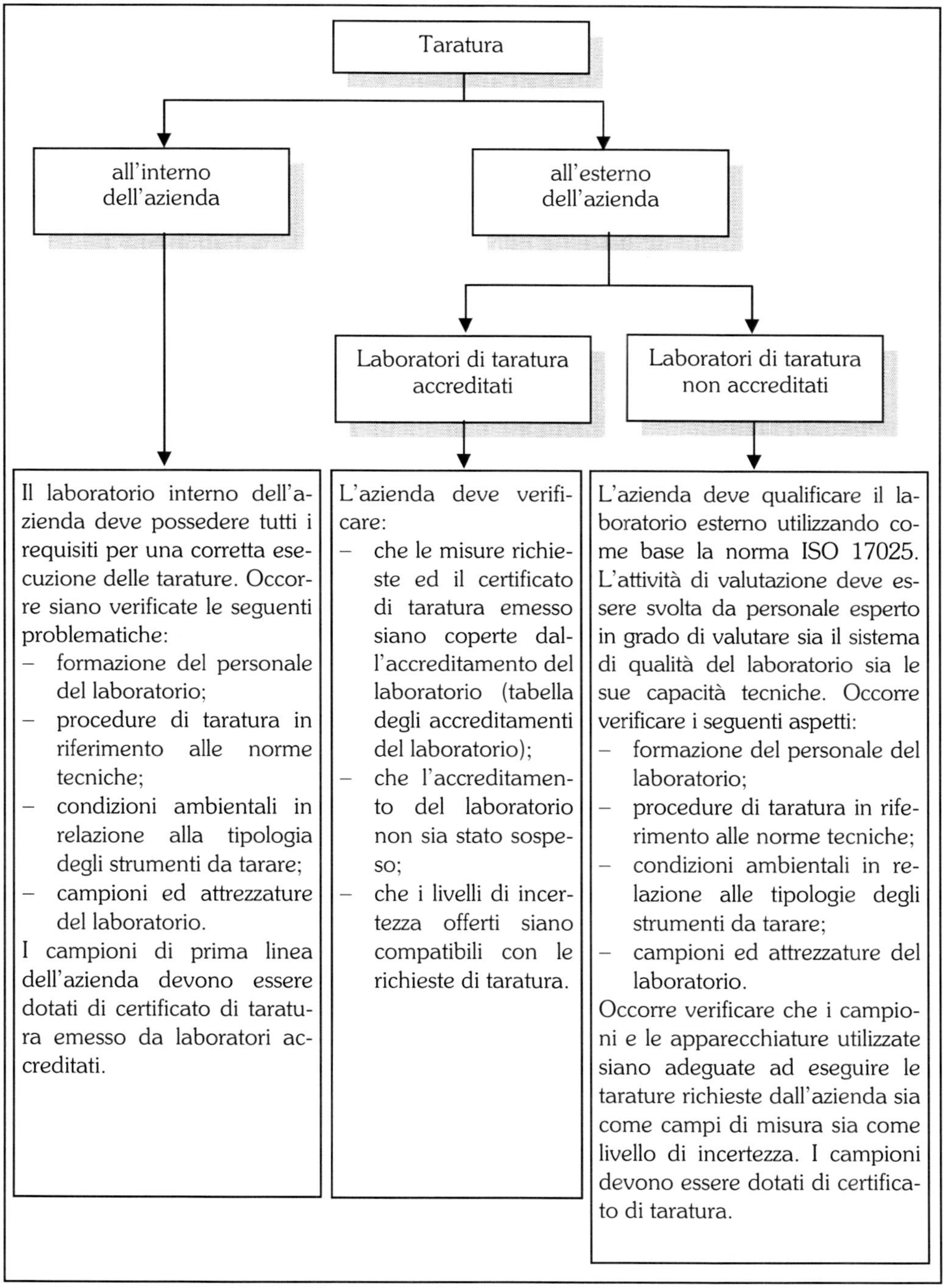

Figura 9.5: taratura interna o esterna delle apparecchiature per misurazione

BIBLIOGRAFIA

UNI 10127/2:1992, Guida per la definizione degli intervalli di taratura di strumenti per misurazioni. Intervalli consigliati per misurazioni di dimensioni lineari, angolari e geometriche.

M. Caporaloni, S. Caporaloni, R. Ambrosini, "La misura e la valutazione della sua incertezza nella fisica sperimentale", Bologna, 1987

R. S. Figliola, D. E. Beasley, "Theory and design for mechanical measurements", Wiley & Sons, USA, 1995

S. Sartori, "La stima dell'incertezza nelle misurazioni: un esempio ragionato", TUTTO_MISURE, 02/99

G. Barbato, "L'uso efficiente della UNI CEI ENV 13005 (ex UNI CEI 9) nella gestione di misure e prove in un sistema qualità", TUTTO_MISURE, 01/2001

10. LA PROCEDURA TIPO DI TARATURA

10.1 INTRODUZIONE

La procedura di taratura è un documento, con valenza prevalentemente tecnica ma con implicazioni anche gestionali, il cui scopo è quello di mettere in condizione un operatore qualificato di eseguire le operazioni di taratura in modo corretto e senza ambiguità, utilizzando sistemi di misura riproducibili e gestendo il processo secondo i requisiti imposti dal sistema qualità.

Nella stesura delle procedure di taratura occorre quindi fare riferimento ai dati gestionali necessari (scheda apparecchiatura, identificazione, ecc.), alle istruzioni fornite dai costruttori sui manuali ed alle normative esistenti sulla taratura degli apparecchi per misurazione.

La norma UNI 9052 "Criteri base per le procedure di taratura dimensionale" fornisce utili suggerimenti su come redigere le procedure di taratura ed è applicabile non solo per tarature nel settore dimensionale ma anche per altre grandezze.

Per i laboratori accreditati, ACCREDIA (ente accreditante in Italia) ha emesso il documento DT-03-DT (Guida per la stesura delle procedure tecniche dei Laboratori Accreditati di Taratura) per definire un elenco minimo degli argomenti da considerare in una procedura di taratura, in conformità alla UNI CEI EN ISO/IEC 17025.

La procedura di taratura deve essere un documento gestito in modo controllato e pertanto deve contenere almeno le seguenti informazioni:

- ***titolo***: descrive sinteticamente il contenuto del documento senza la pretesa di identificarlo univocamente;
- ***ente emittente***: indicazione dell'azienda il cui sistema di gestione ha emesso il documento;
- ***codice del documento***: identificativo univoco del documento secondo i criteri di codifica del sistema di gestione;
- ***data di emissione***: data di entrata in vigore del documento nella revisione attuale
- ***indice di revisione***: numero progressivo che indica il numero delle revisioni effettuate
- ***numerazione delle pagine***: indicazione del numero di pagina e delle pagine totali su ogni pagina del documento;
- ***responsabilità di preparazione, verifica ed approvazione***: riporta le firme di chi redige il documento (solitamente una funzione tecnica), di chi lo verifica anche relativamente alla coerenza con gli altri documenti del sistema di gestio-

ne (solitamente una funzione dell'area Qualità), di chi ne autorizza l'applicazione (solitamente una funzione direttiva che ha responsabilità o delega per modificare il sistema di gestione);
- ***lista di distribuzione***: indica l'elenco delle funzioni che devono ricevere copia del documento; tale elenco può essere definito in altri documenti del sistema di gestione;
- ***descrizione delle modifiche***: nel caso più semplice consiste in una tabella che riporta sinteticamente i paragrafi modificati ad ogni versione del documento; sono ovviamente validi altri sistemi di gestione delle revisioni compresi quelli previsti da molti programmi di scrittura.

Riportiamo di seguito (figura 10.1) il facsimile del frontespizio di una procedura di taratura dove sono immediatamente rintracciabili le informazioni necessarie alla gestione del documento in forma controllata.

Una procedura di taratura deve essere strutturata nei seguenti capitoli:
1. scopo;
2. campo di applicazione;
3. riferimenti;
4. apparecchiature impiegate;
5. condizioni ambientali;
6. esami e controlli preliminari;
7. esecuzione delle misure;
8. elaborazione dei dati;
9. calcolo dell'incertezza di misura;
10. verifica dei criteri di accettabilità;
11. documentazione dei risultati.

Analizziamo nel seguito il contenuto dei singoli capitoli di una procedura di taratura senza entrare nel dettaglio dello specifico apparecchio per misurazione. Esempi di procedure di taratura per specifici apparecchi per misurazione sono riportate nel capitolo 11.

10.2 Scopo

In questo capitolo occorre definire la funzione assolta dalla procedura nell'ambito della catena metrologica (per esempio se la procedura è utilizzata per la taratura di un campione di seconda linea o per uno strumento utilizzato per il controllo in produzione) con l'indicazione molto sintetica del metodo usato per eseguire la taratura.

Occorre inoltre precisare se la procedura contiene anche i criteri per la conferma metrologica o riguarda solo le attività di taratura.

Se la procedura è stata preparata in totale conformità ad una norma, il riferimento ad essa può essere riportato nel presente capitolo.

Logo o indicazione dell'ente emittente	**PROCEDURA DI TARATURA**	Codice documento: Data: rev. n.: Pag. 1 di tot

TITOLO DELLA PROCEDURA DI TARATURA

INDICE

1. scopo;
2. campo di applicazione;
3. riferimenti;
4. apparecchi impiegati
5. condizioni ambientali;
6. esami e controlli preliminari;
7. esecuzione delle misure e raccolta dati;
8. elaborazione dei dati;
9. valutazione dell'incertezza di misura;
10. verifica dei criteri di accettabilità (eventuale);
11. documentazione dei risultati.

00		Prima emissione
rev. n.	**data**	**descrizione delle modifiche**

Preparato da:	Verificato da:	Approvato da:

Figura 10.1: facsimile del frontespizio di una procedura di taratura

10.3 Campo di applicazione

Questo capitolo deve indicare, senza ambiguità, le apparecchiature di misura a cui la procedura si riferisce; si possono usare espressioni atte a definire le classi di apparecchi a cui la procedura si applica.

In ogni caso occorre specificare il campo di misura e le eventuali funzioni di misura (per strumenti che possono eseguire diversi tipi di misurazione) ed ogni altra caratteristica atta a definire i limiti di applicabilità della procedura comprese eventuali dichiarazioni che escludono dal campo di applicazione alcune tipologie o modelli di strumenti.

10.4 Riferimenti

L'importanza che si vuole dare a questo capitolo dipende molto dalla finalità del documento ovvero se si vuole attribuire alla procedura una valenza puramente operativa o se si vuole arricchirla con il "know-how" aziendale anche ai fini del futuro addestramento del personale.

In questo capitolo viene riportata non solo la normativa di riferimento ma anche eventuali documenti aziendali a cui si è fatto riferimento per la stesura della procedura; le norme da considerare sono norme di tipo orizzontale che riguardano argomenti inerenti lo scopo del documento o dati e regole convenzionali di tipo trasversale.

Sono inoltre da riportare eventuali norme sulla terminologia utilizzata e norme specifiche sulla taratura degli strumenti che fanno parte del campo di applicazione o comunque norme generiche sulla taratura alle quali si fa riferimento anche se la procedura non ne recepisce tutti i requisiti.

Occorre inoltre fare riferimento ad eventuali norme sulle caratteristiche costruttive e metrologiche degli strumenti utilizzati ed alle norme adottate per eseguire la valutazione delle incertezze di taratura o per stabilire i criteri di accettabilità delle misure.

10.5 Apparecchiature utilizzate

In questo capitolo occorre definire i campioni, i dispositivi di misura ed i dispositivi ausiliari necessari ad eseguire la taratura in oggetto compresi accessori per allestire il sistema di misura, cavi di collegamento e dispositivi per il monitoraggio delle condizioni ambientali.

È necessario individuare tali apparecchiature tramite il codice interno o comunque tramite la chiave di identificazione primaria adottata nella gestione della strumentazione onde individuare univocamente l'apparecchiatura da utilizzare.

È opportuno inoltre fare riferimento a documenti gestionali tipo la "scheda apparecchio" dove si rimanda per l'individuazione di altri dati tecnico-gestionali relativi alle apparecchiature utilizzate (per esempio l'intervallo di taratura).

Per quanto riguarda il campione di riferimento utilizzato, esso può essere rappresentato da un campione materiale o da un altro strumento per misurazione in base alla natura dell'oggetto in taratura.

In particolare nella taratura di campioni materiali si può utilizzare come riferimento uno strumento di misura molto accurato ed effettuare una misura diretta, oppure un campione simile a quello in taratura utilizzando uno strumento di comparazione per apprezzarne la differenza (misura per confronto).

Nella taratura di strumenti di misura si può invece utilizzare come riferimento un campione materiale ed effettuare una misura diretta, oppure utilizzare un altro strumento di misura ed effettuare con entrambi la misura (possibilmente contemporanea) di una sorgente stabile della grandezza misurata.

10.6 Condizioni ambientali

In questo capitolo si definiscono le condizioni ambientali di misura ovvero le condizioni fisiche dell'ambiente e del sistema di misura in cui viene effettuata la taratura e che hanno influenza sul risultato della misura; tra queste ricordiamo le più frequenti:

- temperatura del campione, del misurando e dell'ambiente;
- pressione atmosferica; } tipicamente solo per misure interferometriche
- umidità; } tipicamente solo per misure interferometriche
- composizione dell'aria; } tipicamente solo per misure interferometriche
- pulizia dell'aria;
- vibrazioni;
- disturbi elettromagnetici;
- stabilità della alimentazione elettrica e pneumatica.

La norma UNI 9052 (Criteri base per le procedure di taratura dimensionale) stabilisce alcuni requisiti minimi per le condizioni ambientali di una sala metrologica dimensionale, tuttavia tali limiti sono di fatto da determinare in base al livello di incertezza atteso dalle misure.

È importante ricordare che tutte le misure dimensionali devono essere riferite alla temperatura di 20 °C (in conformità alla norma UNI EN ISO 1) e che gli effetti sistematici dovuti alle dilatazioni termiche possono essere corretti.

I valori delle grandezze d'influenza che definiscono le condizioni ambientali sono generalmente espressi in termini di valore nominale della grandezza seguito da una indicazione dell'intervallo di variabilità ammesso (ad esempio: 20 °C ± 2 °C).

Nella definizione dei limiti delle condizioni ambientali di misura può essere utile eseguire preventivamente delle prove per verificare l'effetto della variazione di tali grandezze sul risultato della misura.

Occorre ovviamente disporre di un sistema di monitoraggio delle condizioni ambientali specificate e verificare il mantenimento delle grandezze d'influenza entro i limiti indicati; la misura delle condizioni ambientali può essere utilizzata per calcolare eventuali fattori di correzione con le relative incertezze o comunque per basare la valutazione dell'incertezza su valori limite, assunti in modo conservativo e quindi sempre validi, in modo da non dover ogni volta calcolare i contributi di incertezza dovuti alle condizioni ambientali ma verificando soltanto il rispetto dei limiti assegnati.

Deve essere specificato che qualora si riscontrassero, tramite la lettura del termoigrometro in dotazione al laboratorio, condizioni al di fuori di questi limiti, la procedura deve essere sospesa e deve essere attivata la procedura di gestione delle non conformità.

Nei rapporti di taratura, la registrazione delle condizioni ambientali (ovviamente all'interno dei limiti stabiliti), può essere espressa sia con i due valori estremi che individuano l'intervallo ammesso, sia con i valori misurati e la relativa incertezza associata.

In questo capitolo devono inoltre essere definite le azioni da intraprendere nel caso si riscontrassero condizioni ambientali al di fuori dei limiti specificati e devono essere indicati i tempi ed i metodi per la gestione delle apparecchiature allo scopo di raggiungere le condizioni di equilibrio termico con l'ambiente di prova.

10.7 Esami e controlli preliminari

In questo capitolo si definiscono tutte quelle operazioni che permettono di controllare il corretto funzionamento degli apparecchi utilizzati (compresi eventuali software di prova o sistemi di trasmissione dei dati) e degli strumenti da sottoporre a taratura per prepararli al loro successivo utilizzo compresa la pulizia, il corretto posizionamento ed eventuali test funzionali previsti dal costruttore dello strumento.

Occorre quindi stabilire in sequenza le operazioni di preparazione e controllo delle apparecchiature utilizzate fornendo, per ogni operazione, una descrizione con eventuale illustrazione, indicando i campioni e/o gli strumenti necessari e definendo i criteri di accettazione per stabilire l'esito del controllo.

Qualora uno dei criteri di accettazione non venga rispettato, la procedura deve essere sospesa e deve essere attivata la gestione delle non conformità.

La risoluzione di tale non conformità può prevedere anche il proseguimento delle operazioni di taratura purché la funzione metrologica (funzione aziendale che autorizza l'esecuzione della taratura) abbia verificato che la mancata rispondenza del controllo ai risultati attesi non pregiudichi il corretto funzionamento dello strumento; in ogni caso l'esito di tale controllo deve essere debitamente riportato nei documenti di registrazione della taratura.

I criteri di accettazioni possono essere desunti dalle norme di riferimento ma possono anche essere definiti dall'utente dello strumento in relazione al suo utilizzo.

È infatti l'utente che conosce il processo nel quale lo strumento è impiegato ed è quindi in grado di specificare l'entità degli errori ammissibili dallo strumento per mantenere la qualità del prodotto negli standard desiderati.

In questa fase pertanto, occorre verificare alcune caratteristiche metrologiche dello strumento senza effettuare nessuna operazione che possa cambiare la risposta dello strumento in corrispondenza di misurandi noti come piccoli interventi di manutenzione o regolazione; una tale operazione prima della taratura infatti non consentirebbe più di eseguire adeguatamente la conferma metrologica sulla base dei risultati della taratura.

Non è necessario infine includere nella procedura di taratura i controlli che mirano a verificare la rispondenza dello strumento a requisiti normativi di tipo costruttivo che non influenzino il risultato delle misure.

10.8 Esecuzione delle misure

Questo capitolo contiene la descrizione del metodo di prova e la successione delle operazioni che costituiscono l'attività di misurazione finalizzata a determinare l'errore di misura dello strumento.

Ad ogni operazione deve essere dedicato un "item" specifico; se l'esecuzione delle misure prevede l'utilizzo di un software, devono essere specificati l'elaboratore da utilizzare, il programma da eseguire ed istruzioni dettagliate per l'immissione dei dati (eventuali messaggi di errore del sistema informativo devono essere gestiti come non conformità).

Se si utilizza un software per l'elaborazione, l'acquisizione o la trasmissione dei dati di misura è necessario eseguire preventivamente la "validazione" di tale software.

Questa prova viene solitamente eseguita dopo l'installazione e dopo ogni revisione del software, confrontando i risultati ottenuti attraverso il processo automatico (che fa uso di tali programmi) con i dati ottenuti utilizzando il metodo manuale che esegue una ad una le stesse operazioni svolte dal software.

Tutti i risultati delle misure devono in ogni caso essere riportati in un apposito modulo per la raccolta dei dati che costituisce il supporto per la registrazione dei dati grezzi ovvero tutte le letture effettuate durante la prova (solitamente viene allegato un facsimile alla procedura stessa); tale modulo, che può consistere anche in un "report di stampa" (nel caso di registrazione software dei dati di misura), fornisce i dati da riportare, eventualmente elaborati, sul rapporto di taratura e può essere parte integrante del rapporto stesso.

Questo capitolo deve inoltre contenere la scelta dei punti di misura ovvero dei valori nominali della grandezza misurata; in questa scelta è importante tener presente che il campo di misura, individuato dal punto più piccolo e dal punto più grande dei punti di misura scelti per la taratura, deve contenere il campo di utilizzo dello strumento.

Infatti non è possibile utilizzare uno strumento fuori dal campo di misura in cui è stato tarato poiché, per tali valori, lo strumento non è stato sottoposto a conferma metrologica.

Poiché uno degli scopi della taratura è quello di verificare la linearità della scala di misura dello strumento, la scelta dei punti di misura deve consentire la stima di questa caratteristica metrologica e deve quindi prevedere almeno 5 punti di misura (in alcuni casi in cui sono state già verificate le caratteristiche di linearità dello strumento anche meno di 5) il più possibile uniformemente distribuiti che coprono il campo di utilizzo dello strumento.

Anche in questo caso la scelta dei punti può essere fatta in conformità alla normativa di riferimento ma rimane sempre a discrezione dell'utilizzatore in funzione dell'utilizzo previsto dello strumento.

10.9 Elaborazione dei dati

In questo capitolo vengono illustrate eventuali elaborazioni dei risultati delle misure o correzioni degli stessi per effetto della misura delle condizioni ambientali o in base ai certificati di taratura dei campioni utilizzati.

Se si eseguono misure ripetute, per ridurre l'errore dovuto alla ripetibilità della misura, si deve calcolare la media aritmetica per ogni gruppo di misure; in questo caso il valore di misura da utilizzare come risultato della taratura, per ogni punto di misura, è rappresentato dalla media aritmetica dei valori di lettura ottenuti nella serie di misure effettuate sullo stesso punto.

Nel caso più semplice l'elaborazione consiste nel calcolare l'errore di misura ovvero la differenza fra il valore indicato dallo strumento in taratura ed il corrispondente valore del campione di riferimento al fine di valutare il rispetto dei criteri di accettabilità.

10.10 Valutazione dell'incertezza di misura

In questo capitolo viene descritto il calcolo dell'incertezza di misura nella taratura dello strumento che, nel caso di un campione materiale, rappresenta l'incertezza associata al valore del campione dichiarato sul certificato e, nel caso di uno strumento di misura, rappresenta l'incertezza da associare agli errori rilevati nelle misurazioni.

Per convenzione con la lettera u (minuscola) si indica l'incertezza tipo (ovvero lo scarto tipo della distribuzione di probabilità associata ad un determinato errore di misura), mentre con la lettera U (maiuscola) si indica l'incertezza estesa assumendo un fattore di copertura tale da avere un livello di fiducia del 95% (per distribuzioni gaussiane il fattore di copertura k=2 garantisce un livello di fiducia del 95%).

Inoltre, in accordo alla norma UNI CEI ENV 13005 si classificano le incertezze nelle categorie A e B; vengono quindi indicati i contributi di incertezza di categoria A ovvero quelli stimati su base statistica ed i contributi di incertezza di categoria B ovvero quelli stimati con altri metodi.

Le incertezze di misura devono inoltre essere valutate per ogni punto di misura anche se il calcolo può essere effettuato con un'unica stima cautelativa che rappresenta ovviamente un limite superiore dell'incertezza stimata nei vari punti di misura.

Di seguito sono descritti i contributi tipici che intervengono nella valutazione dell'incertezza di taratura; ogni processo di misura ha però le sue particolarità, quindi può essere necessario aggiungere specifici contributi di incertezza come, ad esempio, quelli riportati nelle procedure di taratura descritte nel capitolo 11.

- **Campione materiale o strumento di riferimento**

Questo contributo solitamente è ricavato dal certificato di taratura del campione utilizzato; di solito viene riportata sul certificato l'incertezza estesa U associata alla stima del valore del campione con un intervallo di fiducia del 95%.

Dividendo questo valore per due si ottiene l'incertezza tipo da associare al campione.

Se si utilizzano blocchetti pianparalleli si hanno due possibilità per stimare questo contributo di incertezza ovvero:

1. si utilizza il valore di taratura di ogni blocchetto pianparallelo.
   In questo caso, per determinare il valore di taratura del blocchetto, occorre sommare al valore nominale lo scostamento misurato in sede di taratura; l'incertezza tipo da associare al campione è quella ricavabile dal certificato dividendo per un fattore due l'incertezza estesa U riportata sul certificato stesso.
   Allo scopo di non differenziare il calcolo dell'incertezza per ognuno dei blocchetti riportati nel certificato di taratura e per non dover ricalcolare l'incertezza quando si ha un nuovo certificato di taratura del campione, si può definire un limite superiore cautelativo per l'incertezza di taratura dei blocchetti campione e verificare, quando si utilizzano tali blocchetti per una taratura, che l'incertezza riportata sul certificato di taratura valido non sia superiore a tale limite predefinito.
   Se si utilizza pertanto il valore di taratura del blocchetto (di fatto si esegue una correzione del suo valore nominale) si possono anche acquistare blocchetti con una classe di precisione bassa poiché l'incertezza associata a tale campione dipende dal laboratorio che esegue taratura; se si utilizza invece il valore nominale del blocchetto campione (senza eseguire alcuna correzione), è opportuno che i limiti di incertezza definiti dalla classe di precisione consentano di eseguire la conferma metrologica dello strumento nei limiti di incertezza dichiarati.
2. si utilizza il valore nominale di ogni blocchetto pianparallelo.
   In questo caso l'incertezza da attribuire al campione è determinata dall'errore massimo ammesso per i blocchetti pianparalleli campione rispetto ai valori nominali (nell'ipotesi di distribuzione di probabilità rettangolare l'incertezza è uguale alla semiampiezza dell'intervallo di variabilità individuato dall'errore massimo ammesso, diviso per $\sqrt{3}$).
   L'errore massimo ammesso può essere definito sia in base alla classe di precisione del campione, sia direttamente dall'utilizzatore in funzione dell'accuratezza richiesta, ma deve essere, in ogni caso, verificato periodicamente attraverso un processo di conferma metrologica in funzione dei risultati riportati sul certificato di taratura tenendo conto della corrispondente incertezza di taratura.

In entrambi i casi tuttavia, non può ritenersi sempre trascurabile il contributo di incertezza dovuto alla deriva a lungo termine del campione (rapportato al tempo massimo che intercorre fra la taratura ed il suo utilizzo).

Nel caso dei blocchetti pianparalleli la norma UNI EN ISO 3650 definisce, per ogni classe di precisione, la possibile deriva nel tempo, che solitamente è trascurabile; ma per altri campioni o strumenti di riferimento l'effetto della deriva a lungo termine deve essere valutato con attenzione e verificato ad ogni taratura periodica del campione.

– **Ambiente**

Questo contributo di incertezza tiene conto dell'influenza delle condizioni ambientali sul risultato della misurazione, tipicamente delle dilatazioni termiche.

Anche in questo caso si possono avere due modi per procedere:

1. misurare le condizioni ambientali e correggere il risultato della misura in funzione dei valori misurati per le condizioni ambientali.
   In questo caso l'incertezza associata all'effetto delle condizioni ambientali è data dall'incertezza con cui viene calcolata la correzione da applicare al valore di lettura che a sua volta dipende dall'incertezza con cui si misurano le condizioni ambientali stesse e dall'incertezza con cui si conoscono i parametri utilizzati per calcolare la correzione (per esempio coefficiente di dilatazione termica o costanti o altro);
2. non si esegue alcuna correzione sui risultati delle misurazioni, non si esegue la misura puntuale delle condizioni ambientali ma si verifica soltanto che queste grandezze di influenza rimangano, durante la taratura, entro limiti stabiliti a priori.
   In questo caso l'incertezza associata all'effetto delle condizioni ambientali scaturisce dai limiti assegnati alle stesse in funzione dei quali si può calcolare l'entità delle dilatazioni e quindi, con opportune ipotesi sulla distribuzione di probabilità, l'incertezza tipo associata.
   Tale metodologia non prescinde ovviamente dal monitoraggio delle condizioni ambientali che deve tener conto dell'incertezza con cui vengono misurate per verificare il rispetto dei limiti assegnati.

– **Operatore**

Il contributo dell'operatore è evidenziato nella ripetibilità della misura oltre che nella risoluzione nel caso di strumenti di tipo analogico.

Il contributo di incertezza associato alla ripetibilità può essere stimato solo attraverso misure ripetute nelle stesse condizioni di misura e calcolando poi lo scarto tipo dei valori di lettura ottenuti.

È tuttavia possibile definire un limite superiore per tale scarto tipo (dettato dall'esperienza) e verificare che lo scarto tipo sperimentale, durante la taratura, risulti inferiore a tale scarto tipo; così facendo, non si evita di eseguire la prova di ripetibilità, ma si può attribuire a tale contributo di incertezza un valore che non cambia tutte le volte che si esegue il processo di taratura.

Il valore della risoluzione è determinato dalla cifra meno significativa del display per strumenti ad indicazione digitale e da un valore fra 1/2 a 1/5 dell'unità di formato (tacca o divisione della scala graduata) per gli strumenti ad indicazione analogica in relazione all'abilità dell'operatore.

Il contributo di incertezza associato alla risoluzione u_R si ottiene quindi, nell'ipotesi di una distribuzione rettangolare di probabilità di tale errore, dividendo il valore della risoluzione sopra indicato per $(2 \cdot \sqrt{3})$; si ha quindi: $u_R = R / (2 \cdot \sqrt{3})$.

Nella taratura di strumenti di misura di tipo analogico per confronto con altri misuratori ad indicazione digitale (o comunque con risoluzione più elevata) si preferisce, laddove possibile, regolare la grandezza di confronto in modo da portare lo strumento in taratura con l'indice in corrispondenza esatta con un tratto della scala graduata e poi eseguire la lettura sullo strumento di riferimento.

Così facendo, la risoluzione R sullo strumento in taratura può legittimamente considerarsi pari a 1/5 dell'unità di formato poiché l'occhio umano percepisce facilmente il disallineamento fra due tratti di linea adiacenti (indice e tacca).

Tipicamente dei due contributi di ripetibilità e risoluzione si considera soltanto il più grande poiché l'effetto del più piccolo (se non risultano comparabili) risulta incluso in quello più grande.

– **Metodo di misura**

Il metodo di misura esercita anch'esso un'influenza sull'incertezza di misura in quanto determina il modello matematico che lega il risultato della misurazione alle grandezze di influenza a cui sono associati i diversi contributi di incertezza e influisce quindi sul peso che hanno tali contributi sull'incertezza tipo composta.

Il metodo inoltre può migliorare l'incertezza prevedendo, per ogni punto di misura, la ripetizione della misura ed il calcolo della media aritmetica per determinare il risultato della taratura riducendo quindi il contributo di ripetibilità del processo di misura.

– **Strumento in taratura**

Il contributo dello strumento in taratura all'incertezza di taratura non deve essere confuso con l'incertezza associata allo strumento durante il suo utilizzo in campo.

La taratura infatti serve proprio a stimare tale errore e l'incertezza di misura nel processo di taratura rappresenta l'incertezza con cui è effettuata la stima di questo errore.

L'errore è però determinato come la differenza fra il valore indicato dallo strumento ed il valore "noto" del campione di riferimento; il contributo dello strumento all'incertezza di taratura è quindi limitato alla sua indicazione ovvero alla risoluzione (vedi il punto relativo all'operatore) ed alla sua stabilità a breve termine (tempo necessario ad eseguire la lettura) di solito inglobato nel contributo dovuto alla ripetibilità della misura.

Non devono quindi essere presi in considerazione i contributi di incertezza derivanti dalle specifiche dello strumento.

Per esempio, uno strumento con un ottima risoluzione, che dà un'indicazione molto ripetibile ma sensibilmente diversa dal valore del campione, aggiunge un piccolo contributo di incertezza all'incertezza nel processo di taratura ma presenta un elevato errore di misura.

Se quindi anche gli altri contributi di incertezza nel processo di taratura fossero di piccola entità, l'errore di misura rilevato (pur risultando di notevole entità) è determinato con buona approssimazione ovvero ad esso può essere associata una piccola incertezza.

Nella fase iniziale di valutazione dell'incertezza di taratura devono essere presi in considerazione tutti i contributi sopra descritti ma la valutazione cumulativa (calcolo dell'incertezza tipo composta) può essere fatta considerando solo quelli che non risultano trascurabili rispetto all'errore massimo ammesso dello strumento in taratura (sono per esempio trascurabili contributi pari a 1/10 di contributi già inclusi nella valutazione).

10.11 Verifica dei criteri di accettabilità

Questa verifica, che potrebbe anche far parte di una procedura diversa da quella di taratura, serve per effettuare la conferma metrologica e quindi per assicurare, sulla base dell'analisi dei risultati delle misurazioni effettuate durante la taratura, la conformità dello strumento alle specifiche assegnate dall'utilizzatore in funzione delle sue esigenze di misurazione sul prodotto.

I criteri di accettabilità possono essere assunti uguali a quelli stabiliti da una norma, o possono essere stabiliti dall'utilizzatore in base alle necessità di accuratezza nella misurazione.

Occorre ricordare che questa verifica può non coincidere con la verifica di accettazione dello strumento volta a verificare le caratteristiche metrologiche dichiarate dal costruttore o definite nei documenti contrattuali di acquisto; in questa sede infatti, i criteri di accettabilità sono definiti dalle specifiche contrattuali e l'azienda, che ha acquistato lo strumento, è tenuta a dimostrare la non conformità del prodotto se vuole contestare la fornitura (UNI EN ISO 14253-1).

Durante l'utilizzo invece, per effettuare la verifica di conformità dello strumento alle specifiche assegnate dall'utilizzatore in accordo ai principi dettati dalla norma UNI EN ISO 14253-1, occorre controllare che gli errori di misura riscontrati durante la taratura, risultino inferiori al limite di accettabilità ridotto di una quantità pari all'incertezza di taratura.

In questo capitolo della procedura di taratura si può riportare una tabella che individui gli scostamenti massimi ammessi per ogni punto di misura o un unico limite che in questo caso dovrà essere il più restrittivo fra quelli calcolati per i vari punti di misura previsti.

Tale tabella può essere differenziata anche in funzione delle diverse tipologie di strumenti che fanno parte del campo di applicazione della procedura o delle diverse funzioni di misura e deve consentire di emettere un giudizio di conformità dello strumento a partire dai risultati della taratura.

Le operazioni di conferma metrologica devono essere eseguite dall'utilizzatore dell'apparecchiatura ed anche se il laboratorio esterno fornisce indicazioni che comprovano, per esempio, la rispondenza dello strumento ad una classe di precisione, la verifica del rispetto dei criteri di accettazione e la relativa registrazione è in ogni caso sotto la responsabilità dell'utilizzatore.

10.12 Emissione dei documenti di registrazione

In questo capitolo si descrivono le modalità con cui le operazione di taratura devono essere registrate su appositi documenti chiamati rapporti di taratura (emessi dai laboratori aziendali) o certificati di taratura (emessi da laboratori di taratura accreditati o dagli istituti primari o dai corrispondenti laboratori in ambito EA); un facsimile del rapporto di taratura viene solitamente allegato alla procedura di taratura.

Il rapporto di taratura deve contenere almeno le seguenti informazioni:

- identificazione completa del rapporto e dello strumento in taratura;
- data di esecuzione della taratura;

- numero di pagine del rapporto;
- identificazione dello strumento/campione di riferimento;
- numero del certificato di taratura valido dello strumento/campione di riferimento;
- riferimento alla procedura di taratura utilizzata ed a eventuali norme di riferimento;
- descrizione completa delle condizioni di prova (condizioni ambientali e condizioni elettriche, ove applicabili);
- breve descrizione del metodo e del sistema di misura;
- descrizione delle impostazioni effettuate sia sullo strumento in taratura che su quello campione;
- risultati dei controlli preliminari effettuati;
- registrazione delle operazioni di regolazione e/o di taratura iniziale, se eseguite;
- risultati delle misure con l'indicazione dei punti di misura;
- incertezze di misura;
- firma dell'operatore o l'identificazione dell'operatore e la firma del responsabile.

Il rapporto di taratura, oltre a costituire il documento di registrazione delle operazioni di taratura, serve per poter riprodurre, in sede di utilizzo dello strumento, le stesse condizioni operative di taratura; il rapporto deve perciò riportare anche eventuali variazioni, aggiunte o esclusioni rispetto alla procedura di taratura.

Anche se nel rapporto di taratura può trovarsi l'evidenza della conformità ai requisiti metrologici attesi (a volte espressa semplicemente come appartenenza ad una classe di precisione definita da norme specifiche), questo documento non dovrebbe essere utilizzato per registrare il completamento del processo di conferma metrologica ovvero per registrare l'idoneità dello strumento ai requisiti stabiliti per l'utilizzazione prevista; tale registrazione trova infatti la sua collocazione più idonea nella scheda dell'apparecchiatura descritta più ampiamente nel capitolo 9 "Il processo di taratura".

Infatti il completamento del processo di conferma metrologica consiste nell'aggiornamento della scheda dell'apparecchiatura (nella sezione riguardante la registrazione storica delle tarature) e nella applicazione, sull'apparecchiatura, della nuova etichetta riguardante lo stato di taratura.

Esistono inoltre altri documenti di registrazione, chiamati solitamente "moduli di prova" o "fogli raccolta dati", che vengono utilizzati per registrare i valori di misura e tutti gli altri dati osservati durante l'esecuzione delle operazioni di taratura.

Questi dati "grezzi" (non elaborati ma registrati così come sono stati osservati durante la taratura) servono poi per emettere rapporto di taratura (che spesso contiene un estratto di questo documento) e per poter ricostruire, se necessario, l'andamento delle operazioni di misura a partire dai dati rilevati.

Alcune volte (tipicamente nei laboratori di taratura accreditati) viene compilato anche il registro di laboratorio che raccoglie in ordine cronologico i riferimenti alle registrazioni (modulo di prova, rapporto di taratura, procedura utilizzata, riferimenti temporali, condizioni ambientali ed eventuali informazioni aggiuntive scambiate con il committente) necessarie a rintracciare tutti i dati relativi ad ogni processo di taratura eseguito nel laboratorio al fine di poter effettuare una verifica di congruità dei dati stessi e del processo di misura e, se necessario, di poter ripetere la prova nelle condizioni più vicine possibili a quelle originali.

Bibliografia

UNI CEI EN ISO/IEC 17025:2005 Requisiti generali per la competenza dei laboratori di prova e taratura
UNI 9052:1987 Criteri base per le procedure di taratura dimensionale
ACCREDIA DT-03-DT:2012 Guida per la stesura delle procedure tecniche dei Laboratori Accreditati di Taratura

11. LE PROCEDURE DI TARATURA PER GLI STRUMENTI MECCANICI DI USO COMUNE

11.1 GENERALITÀ

Nel presente capitolo sono descritte le procedure di taratura per gli strumenti di misura di uso più comune nell'industria meccanica.

Ogni procedura di taratura di un determinato strumento è preceduta da una parte che descrive le diverse tipologie di strumenti esistenti per lo specifico strumento in esame e le loro modalità di utilizzo.

Inoltre ogni procedura di taratura è strutturata secondo lo schema descritto nel capitolo 10 e contiene un esempio dei documenti di registrazione (il modulo per la raccolta dei dati ed il rapporto di taratura).

È importante premettere che le procedure di taratura riportate nel seguito non sono da utilizzarsi come un manuale d'uso applicabile pedissequamente alla gran parte degli utilizzatori, ma sono dei documenti da adeguare alla singola realtà organizzativa.

Nella taratura di uno strumento infatti, i campioni di riferimento possono essere di diversa tipologia o classe di precisione, l'ambiente di misura non ha sempre gli stessi limiti di variabilità delle grandezze d'influenza, gli operatori sono diversi ed in ogni caso la ripetibilità della misura è sempre diversa; lo stesso oggetto in taratura in alcuni contesti ha campi di misura diversi o caratteristiche costruttive differenti.

Nelle procedure che seguono, quindi, sono state fatte delle specifiche scelte operative dalle quali dipendono le metodologie applicate e sicuramente il bilancio delle incertezze in termini quantitativi.

Per questi motivi le procedure riportano anche soluzioni alternative o commenti che hanno lo scopo di aiutare il lettore ad adeguare la procedura alla propria realtà tecnico-organizzativa ma che tipicamente non fanno parte della procedura di taratura di un'azienda. Per quanto attiene poi alla valutazione delle incertezze, la descrizione delle formule e dei parametri utilizzati consente di ricalcolare i risultati parziali e totali con i valori corrispondenti al proprio contesto.

La procedura di taratura quindi, stante anche l'evoluzione tecnica a volte molto celere in questo settore merceologico, rimane un documento con soluzioni molto aperte anche relativamente ai campioni ed ai metodi di misura; è questo, forse, uno dei motivi per cui neppure l'ente che accredita i laboratori di taratura, impone o richiede procedure preconfezionale ai laboratori che fanno domanda di accreditamento. Infine le norme tecniche esistenti sulle tarature, per quanto rappresentino lo stato dell'arte e forniscano spesso preziose soluzioni tecnico-operative, rimangono norme volontarie ovvero non sono prescrittive o cogenti ed inoltre esistono solo per alcuni degli strumenti normalmente utilizzati nell'azienda meccanica.

11.2 Calibro a corsoio

11.2.1 Generalità sui calibri a corsoio

Il calibro a corsoio può essere a lettura analogica (a nonio o a comparatore) o digitale; nel migliore dei casi si arriva ad un'unità di formato centesimale con campi di misura che vanno da 100 mm fino a 1500 mm, con masse fino a 2500 g.

Il calibro a corsoio è uno strumento idoneo per la misura di interni, esterni, profondità e spallamenti, mentre non è idoneo per le misure di piccoli diametri interni (minori di 4 mm) e per verificare tolleranze di pochi centesimi o addirittura millesimali. In ogni caso non è idoneo per misurare pezzi rotanti o eseguire qualunque altra misura in condizioni non statiche.

Esistono calibri a corsoio con vari tipi di becchi che permettono diverse tipologie di misura. Fra i più usati ricordiamo il calibro con becchi appuntiti e superfici di contatto in metallo duro utilizzato per tracciare, il calibro con becchi a capruggine conica che consente (posizionando le capruggini coniche all'interno di due fori) di misurare l'interasse fra i fori, il calibro con punte rivolte verso l'interno per accedere all'interno di gole, il calibro con punte rivolte verso l'esterno per la misurazione di gole interne.

Esistono poi calibri con indicatore della forza di misura, consigliati per la misurazione di materiali plastici o comunque facilmente deformabili, la cui dimensione può essere alterata dalla forza esercitata dai becchi di misura. Questi calibri presentano un indicatore della forza di misura che consente di eseguire le misurazioni riproducendo una forza costante.

L'incertezza di misura che tipicamente si ottiene in una misura con un calibro a corsoio può essere stimata approssimativamente tra 0,04 mm e 0,08 mm per un campo di misura fino a 200 mm.

11.2.2 Procedura di taratura del calibro a corsoio

11.2.2.1 Scopo

Questa procedura definisce le prescrizioni e le modalità operative per la taratura di calibri a corsoio con campo di misura da 0 a 200 mm per confronto diretto con blocchetti pianparalleli campione, certificati presso un laboratorio accreditato, al fine di verificare le caratteristiche metrologiche degli strumenti in taratura, permettere la conferma metrologica degli stessi e garantire la riferibilità delle misure effettuate con tali strumenti ai Campioni Nazionali.

11.2.2.2 Campo di applicazione

La presente procedura si applica a tutti i calibri a corsoio con campo di misura da 0 a 200 mm a lettura analogica, ad orologio o digitale per la misurazione di esterni, di interni e di profondità.

11.2.2.3 Riferimenti

La presente procedura fa riferimento alle seguenti norme :

- UNI CEI ENV13005: Guida all'espressione dell'incertezza di misura
- UNI EN ISO 10012: Sistemi di gestione della misurazione. Requisiti per i processi e le apparecchiature di misurazione
- UNI 4546: Misure e misurazioni. Termini e definizioni
- UNI EN ISO 80000-1: Grandezze ed unità di misura - Parte 1: Generalità
- UNI EN ISO 1: Specifiche geometriche dei prodotti (GPS) - Temperatura normale di riferimento per la specifica e verifica geometrica dei prodotti
- UNI 9313: Procedura per la taratura dei calibri a corsoio
- UNI 9052: Criteri base per le procedure di taratura dimensionale
- UNI 10699-8: Istruzioni per il controllo delle apparecchiature per misurazioni dimensionali. – Linee guida per calibri a corsoio
- UNI EN ISO 13385-1: Specifiche geometriche dei prodotti (GPS) - Apparecchiature di misura dimensionali - Parte 1: Calibri a corsoio; Caratteristiche di progettazione e caratteristiche metrologiche.

11.2.2.4 Apparecchiature impiegate

Per la taratura dei calibri a corsoio vengono utilizzati i seguenti campioni e strumenti:

- set di blocchetti pianparalleli in acciaio (o altro materiale) di classe 2 dotati di certificato di taratura;
- sistema di impacchettamento di blocchetti pianparalleli;
- terminali per l'impacchettamento di blocchetti pianparalleli;
- calibro fisso cilindrico diametro 5 mm;
- guanti diatermici;
- piano di riscontro;
- termoigrometro in dotazione al laboratorio.

Per ogni campione o strumento impiegato viene gestita una "scheda apparecchio" che riporta tutti i dati di identificazione nonché i dati tecnici necessari per eseguire la taratura oggetto della presente procedura (vedi paragrafo 9.2).

11.2.2.5 Condizioni ambientali

Le condizioni ambientali del laboratorio in cui viene eseguita la prova devono essere:

- temperatura ambiente : (20 ± 2) °C
- umidità relativa : (45 ± 10) %

Qualora si riscontrassero, tramite la lettura del termoigrometro in dotazione al laboratorio, condizioni al di fuori di questi limiti la procedura deve essere sospesa e deve essere attivata la gestione delle non conformità.

I campioni e lo strumento in taratura devono essere posti nel laboratorio almeno 8 ore prima di iniziare le operazioni di taratura allo scopo di raggiungere le condizioni di equilibrio termico con l'ambiente di prova.

11.2.2.6 Esami e controlli preliminari

Dopo aver predisposto tutte le apparecchiature previste dalla presente procedura, prima di procedere alle operazioni di taratura, occorre eseguire gli esami ed i controlli preliminari come di seguito descritto e verificare il soddisfacimento dei relativi criteri di accettazione; i risultati devono essere registrati sul modulo raccolta dati (figura 11.1).

Qualora uno dei criteri di accettazione non venga rispettato la procedura deve essere sospesa e deve essere attivata la gestione delle non conformità.

N.	Descrizione operazione	Campioni o Strumenti	Criteri di accettazione
01	**Esami preliminari e pulizia.** 1) Si verifica che il calibro non sia magnetizzato ovvero non attiri limatura di ferro. Qualora sia magnetizzato lo si lascia per qualche ora su un blocco di ferro. 2) Si effettua la pulizia del calibro a corsoio usando alcool denaturato od altro adeguato prodotto con l'ausilio di carta o panno che non rilascino filacci; dopo l'operazione attendere almeno un'ora prima di iniziare la taratura. 3) Si effettua un controllo visivo circa la presenza di: piccoli danni, spigoli vivi, bave, tracce di corrosione od altri difetti visivi. 4) Si verifica dalla documentazione tecnica dello strumento che il coefficiente di dilatazione termica dichiarato dal costruttore sia: $11{,}5 \pm 1 \cdot 10^{-6}$ °C^{-1}.	Alcool o altro detergente idoneo	Se lo strumento presenta danni non si procede alla taratura.

N.	Descrizione operazione	Campioni o Strumenti	Criteri di accettazione
	5) Si verifica la presenza sullo strumento del codice di identificazione. 6) Si effettua la pulizia dei blocchetti campione con un solvente adeguato (si consigliano solventi altamente volatili).		
02	**Controllo della leggibilità delle scale graduate e delle cifre.** 1) Per i calibri con scala graduata le graduazioni devono essere diritte e nitide. 2) Per i calibri ad orologio si verifica anche che l'indice sia integro e la sua distanza dal quadrante non vari sensibilmente durante la rotazione. 3) Per i calibri digitali occorre verificare che si visualizzi la cifra "8" per tutte le decadi del campo di misura; la leggibilità delle cifre deve essere buona e completa. Il valore di misura deve essere visualizzato con chiarezza in qualsiasi posizione del corsoio nel campo di misura.	Lente d'ingrandimento	Nel caso in cui la graduazione non presenta caratteristiche di perfetta leggibilità non si procede alla taratura
03	**Controllo preliminare del funzionamento.** 1) Si verifica la scorrevolezza del corsoio su tutto il campo di misura agendo eventualmente sulle apposite regolazioni. 2) Si verifica il gioco di accoppiamento tra il corsoio e l'asta fissa ed il funzionamento del sistema di bloccaggio: il dispositivo di bloccaggio deve funzionare correttamente.		Se il corsoio rimane bloccato non si procede alla taratura. Se l'azionamento del dispositivo di bloccaggio causa cambiamenti apprezzabili del valore di lettura non si procede alla taratura.
04	**Verifica della planarità delle facce per misurazioni di esterni.** Tramite il calibro fisso cilindrico si esegue la misura in posizioni diverse lungo i becchi in modo che il contatto si abbia a diverse distanze dall'asta graduata. ***Nota:*** *questa caratteristica interviene nelle misure per le quali il contatto con le superfici di misura è limitato ad una linea.*	Calibro fisso cilindrico con diametro pari a 5 mm	Se i diversi valori di lettura, ottenuti al variare della posizione del cilindro, differiscono tra di loro di un quantità maggiore della risoluzione del calibro, non si procede alla taratura.

N.	Descrizione operazione	Campioni o Strumenti	Criteri di accettazione
05	**Verifica del parallelismo delle facce di misura per esterni.** Tramite un blocchetto pianparallelo viene controllato il parallelismo delle facce di misura interponendo il blocchetto in diverse posizioni lungo i becchi (a diverse distanze dall'asta graduata). È opportuno verificare il parallelismo anche in prossimità di metà della scala e del fondo scala utilizzando i corrispondenti blocchetti pianparalleli. ***Nota:*** *anche questa caratteristica interviene nelle misure che non utilizzano l'intera superficie di misura dei becchi.* 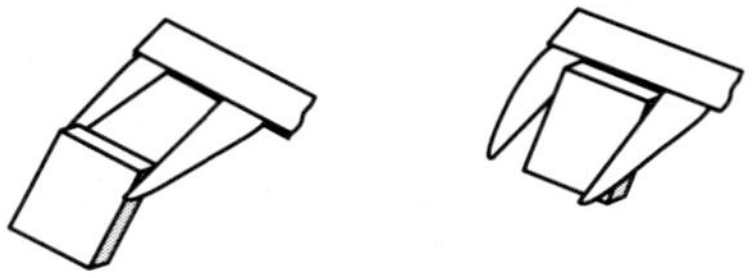	Blocchetti pianparalleli	Se i diversi valori di lettura ottenuti, al variare della posizione del blocchetto, differiscono tra di loro di un quantità maggiore della risoluzione del calibro, non si procede alla taratura.
06	**Verifica del parallelismo delle facce per misurazioni di interni.** Viene verificato il parallelismo delle facce di misura dei becchi per interni utilizzando i blocchetti pianparalleli, nella configurazione descritta per la misura di interni (vedi par. 11.2.2.7 operazione 2), su un qualsiasi punto di misura.	Blocchetti pianparalleli	Al variare della posizione lungo i becchi, se i diversi valori di lettura ottenuti differiscono tra di loro di una quantità maggiore della risoluzione del calibro, non si procede alla taratura.
07	**Verifica dell'azzeramento (da eseguire solo per i calibri a nonio).** Portando le facce di misura a contatto occorre verificare che il calibro indichi zero. Occorre inoltre verificare che si abbia la coincidenza dell'ultima tacca della scala del nonio con la corrispondente tacca della scala sull'asta graduata		Se il valore di lettura con le facce di misura a contatto è superiore all'unità di formato del nonio non si procede alla taratura. Se non si ha tale coincidenza non si procede alla taratura.

N.	Descrizione operazione	Campioni o Strumenti	Criteri di accettazione
08	**Prova di ripetibilità** Si eseguono 10 misure consecutive, ripetute nelle stesse condizioni di misura, con il blocchetto da 100 mm e si calcola lo scarto tipo: $$\sigma = \sqrt{\sum_{1}^{10} \frac{(x_i - \overline{x})^2}{9}}$$	Blocchetti pianparalleli	Se tale scarto tipo supera lo scarto tipo associato alla risoluzione dello strumento bisogna tener conto del valore di σ nella valutazione delle incertezze di taratura.

11.2.2.7 Esecuzione delle misure

Se lo strumento in taratura è un calibro dotato di dispositivo di azzeramento occorre, prima di eseguire le misure, portare le facce di misura dei becchi a contatto ed operare sui dispositivi di azzeramento fino ad avere un valore di lettura pari a zero.

Indossando gli appositi guanti in dotazione, eseguire le operazioni seguenti nella successione indicata e riportare i risultati sul modulo raccolta dati (figura 11.1).

N.	Descrizione operazione	Campioni o strumenti	Metodologia operativa
01	**Verifica dello scostamento del valore di lettura per misurazioni di esterni.** La verifica viene effettuata in 6 posizioni nel campo di misura sia del nonio che dell'asta graduata. Tramite composizioni di blocchetti si adottano i seguenti punti di misura: punto 0: 0 mm becchi in battuta; punto 1: 20 mm blocchetto da 20; (per i calibri a nonio tale punto ha valore nominale 21,3 mm: bpp da 20 + bpp da 1,3); punto 2: 50 mm blocchetto da 50; (per i calibri a nonio tale punto ha valore nominale 51,7 mm: bpp da 50 + bpp da 1,7); punto 3: 70 mm blocchetto da 70; punto 4: 100 mm blocchetto da 100; punto 5: 120 mm blocchetti da 100 e 20; punto 6: 150 mm blocchetti da 100 e 50. Per calibri con campo di misura di 200 mm si può eliminare il punto a 120 mm ed aggiungere il punto a 200 mm componendo i blocchetti da 100, 70 e 30.	Blocchetti pianparalleli e sistema di impacchettamento	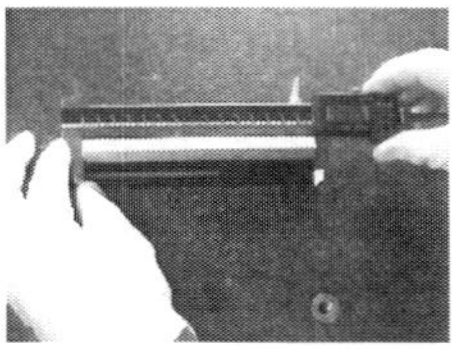

N.	Descrizione operazione	Campioni o strumenti	Metodologia operativa
02	**Verifica dello scostamento del valore di lettura per misurazioni di interni.** La verifica viene effettuata in una posizione in prossimità dell'inizio della scala ovvero punto 1: 10 mm blocchetto da 10. ***Nota***: *in caso di utilizzo del calibro per la misura di diametri interni minori di 10 mm è opportuno stimare l'errore nelle misurazioni di interni fra superfici curve utilizzando un anello di valore nominale pari all'estremo inferiore del campo di utilizzo del calibro.*	Blocchetti pianparalleli e sistema di impacchettamento	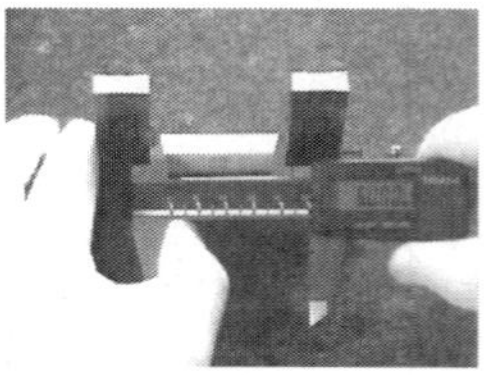
03	**Verifica dello scostamento del valore di lettura per misurazioni di profondità.** Nell'eseguire questa misura occorre porre molta attenzione ad allineare l'asse della scala (e quindi l'asta di profondità) con l'asse dei blocchetti ed evitare le flessioni dell'asta. Anche questa verifica viene eseguita su un punto come di seguito indicato: punto 1: 10 mm blocchetto da 10.	Blocchetti pianparalleli e sistema di impacchettamento	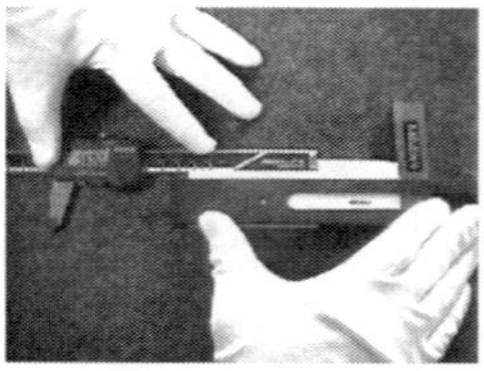 

11.2.2.8 Elaborazione dei dati

Tutti i dati rilevati durante la taratura devono essere registrati nel modulo raccolta dati (figura 11.1) calcolando l'errore di indicazione come differenza fra il valore di lettura dello strumento in taratura ed il valore noto del campione:

errore di indicazione = valore di lettura – valore del campione

Il valore del campione corrisponde al valore nominale e non tiene conto della correzione ricavabile dal valore misurato, riportato sul certificato di taratura.

La correzione (ΔL) che si dovrebbe apportare al valore di lettura per effetto della dilatazione termica è espressa dalla seguente formula:

$$\Delta L = L\ (\alpha_{cal}\, \Delta t - \Delta\alpha\ \theta)$$

dove:

L : lunghezza nominale a 20 °C;

$\Delta\alpha = \alpha_{cal} - \alpha_{bpp}$: differenza tra i coefficienti di dilatazione termica lineare dello strumento (α_{cal}) e del campione (α_{bpp});

$\Delta t = t_{cal} - t_{bpp}$: differenza tra la temperatura dello strumento (t_{cal}) e la temperatura del campione (t_{bpp});

$\theta = (t - 20\ °C)$: differenza fra la temperatura di misura (t) ed i 20 °C .

Calcolando la formula sopra descritta nelle condizioni previste da questa procedura si ottiene un ΔL inferiore a metà della risoluzione dello strumento. Non si applica pertanto nessuna correzione del valore di lettura per effetto della dilatazione termica e la mancata correzione viene valutata nel paragrafo del calcolo delle incertezze.

11.2.2.9 Calcolo dell'incertezza di misura

In questo paragrafo viene descritto il calcolo dell'incertezza di misura nella taratura dei calibri a corsoio ovvero l'incertezza da associare alla stima dell'errore di indicazione.

Per convenzione con la lettera *u* (minuscola) si indica l'incertezza tipo ovvero considerata con un fattore di copertura k=1, mentre con la lettera *U* (maiuscola) si indica l'incertezza estesa assumendo un fattore di copertura k=2.

Inoltre in accordo alla norma UNI CEI ENV 13005 si classificano le incertezze nelle categorie A e B e cioè sono di categoria A le incertezze stimate su base statistica e di categoria B quelle stimate con altri metodi.

I contributi *u* che vengono considerati nel calcolo dell'incertezza sono i seguenti:

1) contributo associato al campione materiale

N.	Contributo di incertezza	cat. A (formula)	cat. B (formula)	Incertezza tipo (µm)
1	**Contributo relativo all'incertezza associata al campione materiale (blocchetti pianparalleli).** Dalla norma ISO 3650 si ottiene il limite per lo scostamento rispetto alla lunghezza nominale: *MPE*.		$MPE / \sqrt{3}$ ipotesi di distribuzione rettangolare	$u_1 = 1\ \mu m$

Si considera il caso peggiore ai fini del contributo relativo al campione ovvero il caso di composizione di tre blocchetti pianparalleli (100 mm, 70 mm e 30 mm) a cui corrispondono, utilizzando i limiti degli scostamenti previsti dalla norma ISO 3650 per la classe 2 (MPE rispettivamente pari a 1,2 μm, 1,0 μm e 0,8 μm) le seguenti incertezze tipo:

- bpp da 100 mm $\Rightarrow u_1 = 1{,}2 / \sqrt{3} = 0{,}69\ \mu m$;
- bpp da 70 mm $\Rightarrow u_1 = 1 / \sqrt{3} = 0{,}58\ \mu m$;
- bpp da 30 mm $\Rightarrow u_1 = 0{,}8 / \sqrt{3} = 0{,}46\ \mu m$.

Sommando quadraticamente gli scarti tipo sopra calcolati si ottiene $u_1 = 1\ \mu m$.

È evidente che un processo di conferma metrologica periodica deve garantire il rispetto di tali errori massimi ammessi per i blocchetti campione esaminando i risultati del certificato di taratura e tenendo conto dell'incertezza di taratura come descritto nel paragrafo 8.3.

A questa incertezza andrebbero aggiunti i contributi dovuti alla composizione ed adesione dei blocchetti ma tale contributo può considerarsi trascurabile per tutte le composizioni di blocchetti previste dalla presente procedura.

2) contributo associato allo strumento di misura

N.	Contributo di incertezza	cat. A (formula)	cat. B (formula)	Incertezza tipo (μm)
2	**Contributo relativo alla incertezza di lettura.** Questo contributo tiene conto della risoluzione e della ripetibilità; se i suddetti contributi non sono comparabili si può considerare soltanto il maggiore dei due. L'incertezza dovuta alla risoluzione R(1) viene valutata considerando un errore max dovuto alla risoluzione dello strumento pari a ± R/2 e ipotizzando una distribuzione rettangolare di tale errore. L'incertezza dovuta alla ripetibilità viene calcolata come scarto tipo σ di 10 misure. (1) La risoluzione R è data dalla cifra meno significativa per strumenti ad indicazione digitale e dall'inverso del numero di tacche del nonio (per un nonio ventesimale R=1/20 mm).	ripetibilità $\sigma = \sqrt{\sum_{1}^{10} \frac{(x_i - \bar{x})^2}{9}}$	risoluzione $(R/2) / \sqrt{3}$	R=0,01 mm $u_2 = 2{,}9\ \mu m$ R=0,02 mm $u_2 = 5{,}8\ \mu m$ R=0,05 mm $u_2 = 14{,}5\ \mu m$

Considerando che la presente procedura si applica a calibri con risoluzione R pari a 0,01mm o 0,02 mm o 0,05 mm si ottengono rispettivamente le seguenti incertezze tipo:

$R = 0{,}01 \Rightarrow u_2 = 0{,}01 / (2 \cdot \sqrt{3}) = 2{,}9\ \mu m$;
$R = 0{,}02 \Rightarrow u_2 = 0{,}02 / (2 \cdot \sqrt{3}) = 5{,}8\ \mu m$;
$R = 0{,}05 \Rightarrow u_2 = 0{,}05 / (2 \cdot \sqrt{3}) = 14{,}5\ \mu m$.

Se il valore dello scarto tipo σ, associato alla ripetibilità, risulta significativamente maggiore del valore di u_2 sopra calcolato, allora si considera come valore di u_2 lo scarto tipo σ.

3) contributo associato alla dilatazione termica

Questo contributo di incertezza dovuto esclusivamente agli effetti della dilatazione termica, tiene conto del fatto che non è stata eseguita alcuna correzione dei valori di lettura.

Il contributo viene quindi calcolato in funzione dell'errore che si commette non considerando gli effetti della dilatazione termica ed include quindi anche l'incertezza nella determinazione del fattore di correzione.

N.	**Contributo di incertezza**	**cat. A** (formula)	**cat. B** (formula)	**Incertezza tipo (μm)**
3	**Contributo relativo alla differenza dei coefficienti di dilatazione termica.** Per il calcolo dell'incertezza tipo associata alla differenza dei coefficienti di dilatazione termica si adotta la formula indicata a fianco ove: L: lunghezza nominale del calibro in m; $\Delta\alpha$: massima differenza fra i coefficienti di dilatazione $(\alpha_{cal} - \alpha_{bpp})$; θ: differenza massima tra la temperatura di misura ed i 20 °C di riferimento. Si ipotizza una distribuzione di probabilità rettangolare dei valori assunti da θ. ***Nota:*** *quando la temperatura varia con andamento sinusoidale, risulta più cautelativa l'ipotesi della distribuzione ad U (par 3.2.4).*		$(L \cdot \Delta\alpha \cdot \lvert\theta\rvert)/\sqrt{3}$	$u_3 = 0{,}5\ \mu m$

Assumendo il coefficiente di dilatazione del calibro α_{cal} pari a $(11{,}5 \pm 1) \cdot 10^{-6}$ °C^{-1} ed il coefficiente di dilatazione dei blocchetti pianparalleli campione in acciaio α_{bpp} pari a $(11{,}5 \pm 1) \cdot 10^{-6}$ °C^{-1}, la massima differenza dei coefficienti di dilatazione ($\Delta\alpha$), considerando anche le relative incertezze, risulta pari a $\Delta\alpha = 2 \cdot 10^{-6}$ °C^{-1}. Essendo inoltre l'ambiente condizionato a (20 ± 2 °C), θ assume il valore massimo di 2 °C; L infine, che dipende dal punto di misura, assume il valore maggiore nel caso del punto a 200 mm. Applicando tali valori alla formula indicata si ottiene una incertezza tipo associata u_3 pari a $0{,}5\ \mu m$.

4) contributo associato alla differenza di temperatura

N.	Contributo di incertezza	cat. A (formula)	cat. B (formula)	Incertezza tipo (µm)
4	**Contributo associato alla differenza di temperatura tra calibro e campioni.** Per il calcolo dell'incertezza tipo associata alla differenza di temperatura fra calibro e campioni si adotta la formula indicata a fianco ove: L: lunghezza nominale del calibro in m; α_{cal}: valore nominale del coefficiente di dilatazione termica lineare del calibro; Δt: semiampiezza dell'intervallo massimo di variazione della differenza di temperatura tra calibro e campione. Si ipotizza una distribuzione di probabilità rettangolare dei valore assunti da Δt.		$(L \cdot \Delta t \cdot \alpha_{cal}) / \sqrt{3}$	$u_4 = 1{,}3\ \mu m$

Assumendo il coefficiente di dilatazione del calibro α_{cal} pari a $(11{,}5 \pm 1) \cdot 10^{-6}\ °C^{-1}$ e che lo strumento ed il campione sono stati sottoposti ad un periodo di climatizzazione per il raggiungimento dell'equilibrio termico, si può ipotizzare un Δt pari a 1 °C dovuto al riscaldamento del calibro con la mano; valutando quindi tale contributo nel punto di misura più critico cioè con L = 200 mm, si ottiene una incertezza tipo associata u_4 pari a 1,3 μm.

5) contributo associato alla planarità delle superfici dei becchi

N.	Contributo di incertezza	cat. A (formula)	cat. B (formula)	Incertezza tipo (µm)
5	**Contributo associato all'errore di planarità dei becchi.** Questo contributo di incertezza viene valutato considerando una variazione massima dovuta alla planarità pari a MPE_{plan} come definito nel criterio di accettazione relativo a tale verifica. Si considera quindi un errore di planarità distribuito nell'intervallo $\pm MPE_{plan} / 2$ con distribuzione rettangolare.		$(MPE_{plan}/2) / \sqrt{3}$	$u_5 = 2{,}9\ \mu m$

6) contributo associato al parallelismo dei becchi

N.	Contributo di incertezza	cat. A (formula)	cat. B (formula)	Incertezza tipo (µm)
6	**Contributo associato all'errore di parallelismo dei becchi.** Questo contributo di incertezza viene valutato considerando una variazione massima dovuta al parallelismo pari a MPE_{par} come definito nel criterio di accettazione relativo a tale verifica. Si considera quindi un errore di parallelismo distribuito nell'intervallo $\pm MPE_{par}/2$ con distribuzione rettangolare.		$(MPE_{par}/2)/\sqrt{3}$	$u_6 = 2{,}9\ \mu m$

Ipotizziamo ora un modello della misura semplificato che tiene conto di un utilizzo del calibro più generale possibile (includendo quindi i casi in cui il contatto non avviene su tutta la superficie di misura del becco come invece succede nella misura di pezzi con due facce piane parallele):

$$L_{cal} = L_{bpp} + \varepsilon_1 + \varepsilon_2 + \varepsilon_3 + \varepsilon_4 + \varepsilon_5 + \varepsilon_6$$

dove:
L_{cal}: lettura del calibro;
L_{bpp}: valore nominale della composizione di blocchetti campione;
ε_1, ε_2, ε_3, ε_4, ε_5 e ε_6: errori, ipotizzati a media nulla, a cui corrispondono i contributi di incertezza u_1, u_2, u_3, u_4, u_5 e u_6.

Supponendo di poter trascurare i contributi di incertezza dovuti alle correlazioni statistiche fra le variabili aleatorie associate alle diverse fonti di errore, l'incertezza tipo composta si ottiene sommando quadraticamente le incertezze tipo ottenute dai vari contributi come di seguito riportato:

$$u_c = \sqrt{u_1^2 + u_2^2 + u_3^2 + u_4^2 + u_5^2 + u_6^2}$$

L'incertezza estesa, adottando un fattore di copertura k=2 che corrisponde ad un livello di fiducia del 95%, vale:

$$U = 2 \cdot u_c$$

In funzione dei diversi valori della risoluzione dello strumento in taratura si ottengono i valori dell'incertezza composta u_c e dell'incertezza estesa U riportati nella tabella 11.1.

Tabella 11.1: incertezza composta ed incertezza estesa per i calibri a corsoio

Risoluzione dello strumento	**R = 0,01 mm**	**R = 0,02 mm**	**R = 0,05 mm**
Incertezza composta u_c	$u_c = 5{,}5\ \mu m$	$u_c = 8{,}5\ \mu m$	$u_c = 21\ \mu m$
Incertezza estesa U	$U = 11\ \mu m$	$U = 17\ \mu m$	$U = 42\ \mu m$

11.2.2.1 Documentazione dei risultati

Tutti i risultati delle verifiche preliminari e delle misure eseguite devono essere riportate sul rapporto di taratura (figura 11.2).

Il rapporto deve contenere almeno le seguenti informazioni:

- identificazione del rapporto;
- identificazione completa dello strumento in taratura (marca, modello, n. matricola);
- data di esecuzione della taratura;
- numero di pagine del rapporto;
- identificazione dello strumento/campione di riferimento;
- numero del certificato di taratura valido dello strumento/campione di riferimento;
- descrizione completa delle condizioni di prova;
- risultati delle verifiche effettuate;
- breve descrizione del metodo e del sistema di misura;
- riferimento alla procedura di taratura utilizzata ed ad eventuali norme applicabili;
- risultati delle misure con l'indicazione dei punti di misura (a volte copia del modulo di raccolta dati);
- incertezze assegnate alla misura;
- firma del responsabile.

LOGO	**MODULO RACCOLTA DATI PER CALIBRI A CORSOIO**	N° documento: ________

Codice apparecchio: __________ matricola:__________ Resp. utilizzo: __________

Tipo: ❑ analogico ❑ digitale	Campo di misura: ________mm	Risoluzione: ______ mm

Condizioni ambientali di misura: temperatura min: _____°C temperatura max: _____°C

Esami e controlli preliminari

N.	Operazione	Esito	Descrizione difetto
01	Esami preliminari e pulizia	❑OK ❑NK	
02	Controllo della leggibilità delle scale graduate e delle cifre	❑OK ❑NK	
03	Controllo preliminare del funzionamento	❑OK ❑NK	
04	Verifica della planarità delle facce per misura di esterni	❑OK ❑NK	
05	Verifica del parallelismo delle facce di misura per esterni	❑OK ❑NK	
06	Verifica del parallelismo delle facce di misura per interni	❑OK ❑NK	
07	Verifica dell'azzeramento	❑OK ❑NK	
08	Prova di ripetibilità	❑OK ❑NK	$\sigma =$

Risultati delle misure (mm)

Misurazioni di esterni			**Misurazioni di interni**		
Valore campione	**Valore di lettura**	**Errore di indicazione**	**Valore campione**	**Valore di lettura**	**Errore di indicazione**
0			10		
20			**Misurazioni di profondità**		
50			**Valore campione**	**Valore di misura**	**Errore di indicazione**
70					
100			10		
120			**Ripetibilità sul valore di 10 mm**		
150					
200					

Note:

Operatore: ________________ Data: ________ Ora inizio: ______ Ora fine: ______

Figura 11.1: modulo raccolta dati per la taratura dei calibri a corsoio

LOGO	**RAPPORTO DI TARATURA PER CALIBRI A CORSOIO**	N° documento: ________

Codice apparecchio: ________ matricola: ________ Resp. utilizzo: ________

Tipo apparecchio: ❑ analogico ❑ digitale | Risoluzione: ________ mm

Data delle misure: AA/MM/GG Ora inizio: _____ Ora fine: _____ Operatore: ________

Codice campione: ________ munito di certificato di taratura N. ________

Procedura di taratura: ________ Temp. ambiente: iniziale: _____ °C finale: _____ °C

Descrizione del sistema di misura: taratura per confronto con blocchetti pianparalleli.

Risultati delle misure

Ripetibilità (mm)	
N.	**Lettura**
01	
02	
03	
04	
05	
06	
07	
08	
09	
10	
σ	

Misurazioni di esterni (mm)			
Valore campione	**Valore di lettura**	**Errore di indicazione**	**Incertezza U**
0			
20			
50			
70			
100			
120			
150			
200			
Misurazioni di interni (mm)			
10			
Misurazioni di profondità (mm)			
10			

Verifica delle prestazioni

Errore massimo ammesso		Esito
Errore massimo rilevato		❑OK ❑NK

Firma del Responsabile: ________________ Data: ________________

Figura 11.2: rapporto di taratura dei calibri a corsoio

11.3 MICROMETRO

11.3.1 Generalità sui micrometri

Il micrometro è un dispositivo che misura lo spostamento di un'asta, mossa dalla rotazione di una vite, convertendo così il movimento rotatorio della vite in movimento lineare dell'asta; nei modelli digitali può avere una risoluzione millesimale (1 μm).

Lo spostamento dell'asta è determinato dal passo della vite (tipicamente 0,5 mm) e normalmente ha una corsa di 25 mm anche se il campo di misura del micrometro può arrivare a dimensioni maggiori. Oltre al più comune micrometro per esterni e per interni esistono diverse tipologie di micrometri di cui si riportano le principali:

a) ***il micrometro per interni tubolare*** in esecuzione fissa ed in esecuzione componibile. Si può trovare in molte dimensioni con campo di misura di 25 mm e fondo scala variabile da 50 mm a 1000 mm. La corsa dell'asta è normalmente di 25 mm;
b) ***il micrometro a tre punte per interni*** misura i diametri interni con tre punti di contatto ed è quindi più semplice da usare perché si allinea da solo con l'asse del foro tramite i tre punti di contatto (incudini). Tale micrometro usa una parte conica (cono o filetto conico) per convertire lo spostamento assiale dell'asta nello spostamento radiale delle incudini.
c) ***il micrometro di profondità*** usato per misurare le profondità di fori, cave e spallamenti. I micrometri di profondità possono essere ad asta singola, ad asta intercambiabile o ad asta sezionata ma quello ad asta intercambiabile è il più usato;
d) ***il micrometro per esterni*** per la misura del diametro medio della filettatura ovvero il diametro di un immaginario cilindro, coassiale con la vite, che si posiziona a metà tra il diametro di nocciolo e di cresta. Esistono due diverse tipologie di micrometri utilizzabili per la misura del diametro medio di una filettatura e cioè:
   - micrometri per esterni con capruggini;
   - micrometri per esterni tradizionali con blocchetti di riscontro a tre fili.

   Il micrometro per esterni, appositamente attrezzato, può essere utilizzato per la misura di qualunque tipo di profilo filettato (triangolare, trapezoidale, quadrato) purché si disponga dei necessari accessori;
e) ***il micrometro per ingranaggi*** consente di misurare il gioco sui fianchi e lo spessore del dente; con l'applicazione di capruggini a sfera è possibile misurare il diametro primitivo di una ruota dentata;
f) ***il micrometro munito di superfici di contatto piatte*** sia sull'incudine che sull'asta che permettono di accedere al fondo di gole esterne molto sottili.

L'incertezza di misura che tipicamente si ottiene in una misura con un micrometro millesimale può essere stimata approssimativamente in 0,005 mm per un campo di misura di 25 mm.

11.3.2 La procedura di taratura del micrometro per esterni

11.3.2.1 Scopo

Questa procedura definisce le prescrizioni e le modalità operative per la taratura di micrometri per esterni con campo di misura compreso nell'intervallo da 0 a 300 mm (con corsa di 25 mm) per confronto diretto con blocchetti pianparalleli campione, certificati presso un laboratorio accreditato, al fine di verificare le caratteristiche metrologiche degli strumenti in taratura, permettere la conferma metrologica degli stessi e garantire la riferibilità delle misure effettuate con tali strumenti ai Campioni Nazionali.

11.3.2.2 Campo di applicazione

La presente procedura si applica a tutti i micrometri con campo di misura compreso fra 0 e 300 mm, a lettura analogica o digitale, per la misurazione di esterni.

11.3.2.3 Riferimenti

La presente procedura fa riferimento alle seguenti norme:

- UNI EN ISO 80000-1: Grandezze ed unità di misura - Parte 1: Generalità
- UNI EN ISO 1: Specifiche geometriche dei prodotti (GPS) - Temperatura normale di riferimento per la specifica e verifica geometrica dei prodotti
- UNI CEI ENV 13005: Guida all'espressione dell'incertezza di misura
- UNI EN ISO 10012: Sistemi di gestione della misurazione. Requisiti per i processi e le apparecchiature di misurazione
- UNI 4546: Misure e misurazioni. Termini e definizioni
- UNI 9052: Criteri base per le procedure di taratura dimensionale
- UNI EN ISO 3611: Specifiche geometriche dei prodotti (GPS) - Apparecchiature di misura dimensionali: Micrometri per misurazioni esterne - Caratteristiche di progettazione e caratteristiche metrologiche
- UNI 9191: Taratura di micrometri per esterni
- UNI 10699-5: Istruzioni per il controllo delle apparecchiature per misurazioni dimensionali. – Linee guida per micrometri per esterni.

11.3.2.4 Apparecchiature impiegate

Per la taratura dei micrometri per esterni vengono utilizzati i seguenti campioni e strumenti:

- set di blocchetti pianparalleli in acciaio classe 2 aventi le seguenti lunghezze nominali (in accordo alla norma UNI EN ISO 3611): 2,5 mm, 5,1 mm, 7,7 mm, 10,3 mm, 12,9 mm, 15,0 mm, 17,6 mm, 20,2 mm, 22,8 mm e 25,0 mm; qualora si scelga di eseguire la taratura solo su 5 punti uniformemente distribuiti nel campo di misura si raccomanda di usare qualche blocchetto di valore nominale non multiplo del passo della vite;

- sfera di diametro 5 mm;
- supporto porta micrometro;
- guanti diatermici;
- piano di riscontro;
- termoigrometro in dotazione al laboratorio.

Per ogni campione o strumento impiegato viene gestita una "scheda apparecchio" che riporta tutti i dati di identificazione nonché i dati tecnici necessari per eseguire la taratura oggetto della presente procedura (vedi paragrafo 9.2).

11.3.2.5 Condizioni ambientali

Le condizioni ambientali del laboratorio in cui viene eseguita la prova devono essere:

- temperatura ambiente : (20 ± 2) °C
- umidità relativa : (45 ± 10) %

Qualora si riscontrassero, tramite la lettura del termoigrometro in dotazione al laboratorio, condizioni al di fuori di questi limiti la procedura deve essere sospesa e deve essere attivata la gestione delle non conformità.

I campioni e lo strumento in taratura devono essere posti nel laboratorio almeno 8 ore prima di iniziare le operazioni di taratura allo scopo di raggiungere le condizioni di equilibrio termico con l'ambiente di prova.

11.3.2.6 Esami e controlli preliminari

Dopo aver predisposto tutte le apparecchiature previste dalla presente procedura, prima di procedere alle operazioni di taratura, occorre esguire gli esami ed i controlli preliminari come di seguito descritto e verificare il soddisfacimento dei relativi criteri di accettazione; i risultati devono essere registrati sul modulo raccolta dati (figura 11.3).

Qualora uno dei criteri di accettazione non venga rispettato la procedura deve essere sospesa e deve essere attivata la gestione delle non conformità.

N.	Descrizione operazione	Campioni o Strumenti	Criteri di accettazione
01	**Esami preliminari e pulizia.** 1) Si verifica che il micrometro non sia magnetizzato ovvero non attiri limatura di ferro; qualora sia magnetizzato lo si lascia per qualche ora su un blocco di ferro. 2) Si effettua il controllo visivo per verificare le condizioni generali dello strumento al fine di individuare eventuali danni quali:	Alcool o altro detergente idoneo	Se lo strumento presenta danni non si procede alla taratura.

N.	Descrizione operazione	Campioni o Strumenti	Criteri di accettazione
	graffi o usura delle facce di misura, ruggine, ammaccature, ecc. 3) Si effettua la pulizia del tamburo, dell'incudine e dell'asta usando alcool denaturato od altro adeguato prodotto con l'aiuto di carta o panno che non rilascino filacci; dopo l'operazione attendere almeno un'ora prima di iniziare la taratura. 4) Si verifica la presenza sullo strumento del codice di identificazione. 5) Si effettua la pulizia dei blocchetti campione con un solvente adeguato (si consigliano solventi altamente volatili).		
02	**Controllo della leggibilità delle scale graduate e delle cifre.** 1) Controllo visivo della integrità delle tacche di graduazione (per i micrometri analogici) e della presenza di olio nel display (per i micrometri digitali). 2) Per i micrometri digitali occorre verificare che si visualizzi la cifra "8" per tutte le decadi del campo di misura. Si controlla inoltre la carica della batteria.	Lente d'ingrandimento	Nel caso in cui la graduazione o il display non presenta caratteristiche di perfetta leggibilità non si procede alla taratura
03	**Verifica dell'azzeramento (da eseguire solo per i micrometri a lettura analogica).** Portando le facce di misura a contatto fra loro (micrometri con campo 0 - 25 mm) o con un BPP avente valore nominale pari all'estremo inferiore del campo di misura, occorre verificare che il micrometro indichi zero.		Se il valore di lettura con le facce di misura a contatto è superiore a una volta l'unità di formato non si procede alla taratura.
04	**Controllo preliminare del funzionamento.** 1) Si verifica che la vite micrometrica presenti un avanzamento uniforme senza sforzi o giochi anomali. 2) Si verifica che il dispositivo di bloccaggio, se previsto, funzioni correttamente.		1) Se ruotando il tamburo per tutto il campo di misura scatta il dispositivo limitatore di coppia (frizione) senza che esista il contatto con il pezzo da misurare non si procede alla taratura. 2) L'azionamento del dispositivo di bloccaggio non de-

N.	Descrizione operazione	Campioni o Strumenti	Criteri di accettazione
			ve causare una variazione del valore di lettura > 1 μm e deve inoltre impedire lo spostamento dell'asta e quindi la variazione della lettura sotto il carico del limitatore di coppia; in caso contrario non si procede alla taratura
05	**Verifica della planarità di entrambe le facce di misura (solo se le facce hanno una superficie piana con diametro maggiore di 4 mm).** La verifica della planarità viene eseguita utilizzando una sfera ed un blocchetto piano parallelo: si esegue in sequenza la misura ripetuta (almeno 10) della sfera facendone variare il punto di contatto con la superficie di misura del micrometro. Si rileva il valore massimo (L_{max}) ed il minimo (L_{min}) delle letture effettuate. Si ripete la prova interponendo il blocchetto dal lato opposto rispetto alla sfera. 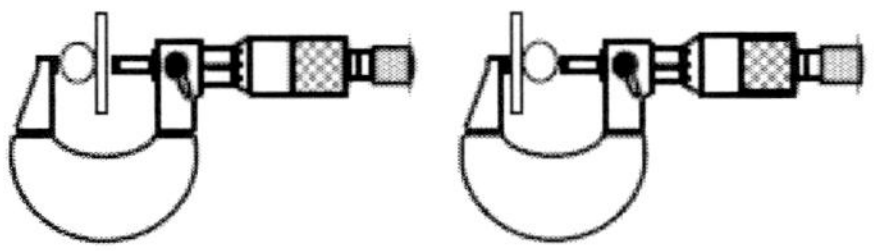	Sfera	$d_{plan} = (L_{max} - L_{min}) / 2$ ove : $d_{plan} \leq 1$ μm Se $d_{plan} > 1$μm non si procede alla taratura
06	**Verifica del parallelismo delle facce di misura.** La verifica del parallelismo viene eseguita utilizzando uno dei blocchetti di riscontro pianparallelo della serie utilizzata per le misurazioni: si divide idealmente in quattro settori le superfici di misura del micrometro e si esegue in successione, per ogni settore, la misura della lunghezza del blocchetto pianparallelo in prossimità di un vertice; è opportuno utilizzare per tutte e quattro le misurazioni la stessa posizione del blocchetto. L'errore di parallelismo	Blocchetti pianparalleli	$d_{par} = (L_{max} - L_{min}) / 2$ ove : $d_{par} \leq 2$ μm Se $d_{par} > 2$μm non si procede alla taratura

N.	Descrizione operazione	Campioni o Strumenti	Criteri di accettazione
	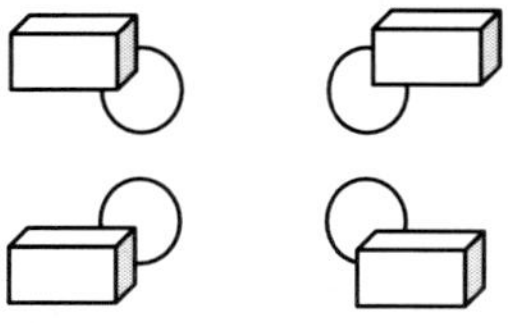 Sarebbe opportuno ripetere la verifica con un secondo blocchetto avente valore nominale che non sia multiplo del passo della vite (0,5 mm).		
07	**Prova di ripetibilità** Si eseguono 10 misure consecutive, ripetute nelle stesse condizioni di misura, con il blocchetto da 25 mm e si calcola lo scarto tipo: $\sigma = \sqrt{\sum_{1}^{10} \frac{(x_i - \overline{x})^2}{9}}$	Blocchetti pianparalleli	Se tale scarto tipo supera lo scarto tipo associato alla risoluzione dello strumento bisogna tener conto del valore di σ nella valutazione delle incertezze di taratura.

11.3.2.7 Esecuzione delle misure

Le misure devono essere eseguite al centro delle superfici di misura del blocchetto di riscontro ed hanno lo scopo di stimare l'errore di indicazione dello strumento.

Se il micrometro in taratura è dotato di sistema di azzeramento occorre, prima di eseguire le misure portare a diretto contatto le facce di misura (per i micrometri con campo di misura 0 - 25 mm) oppure interponendo un campione di valore pari all'estremo inferiore del campo di misura (per i micrometri con campo di misura diverso da 0 - 25 mm) ed operare sui dispositivi di azzeramento fino ad avere una valore di lettura pari a zero.

Il controllo del campo di misura viene eseguito interponendo campioni di lunghezza nota tra le facce di misura del micrometro e calcolando l'errore di indicazione ovvero la differenza algebrica tra il valore di lettura fornito dallo strumento ed il valore eventualmente corretto del blocchetto.

I campioni sono stati scelti in modo da poter controllare la vite in differenti posizioni angolari nell'ambito di un giro della vite micrometrica.

I punti di misura sono stati scelti in conformità alla norma UNI EN ISO 3611 e consistono nella seguente serie di valori (espressi in mm): 2,5 - 5,1 - 7,7 - 10,3 - 12,9 - 15 - 17,6 - 20,2 - 22,8 - 25.

Nel caso in cui l'estremo inferiore del campo di misura del micrometro in taratura sia diverso da zero, i BPP campione utilizzati per la taratura (sopra indicati) devono essere composti con quello utilizzato per l'azzeramento.

Per ogni composizione di blocchetti campione si esegue la misurazione al centro delle facce di misura facendo agire, se presente, il dispositivo limitatore di coppia; tutti i risultati ottenuti devono essere registrati sul modulo raccolta dati (figura 11.3).

Durante l'esecuzione delle misure si richiede l'uso di appositi guanti per prevenire la corrosione superficiale delle superfici di misura e limitare lo scambio termico ed è inoltre opportuno fissare il micrometro sull'apposito supporto porta micrometro in modo da rendere indipendente il movimento dello stelo.

11.3.2.8 Elaborazione dei dati

L'elaborazione consiste nel calcolare l'errore massimo E_{max} tra le ordinate della curva degli errori di indicazione calcolato con la seguente formula:

errore di indicazione = valore di lettura – valore del campione.

Per questo è necessario il modulo di raccolta dati (figura 11.3)

Il valore del campione corrisponde al valore nominale del BPP utilizzato.

La correzione (ΔL) che si dovrebbe apportare al valore di lettura per effetto della dilatazione termica è espressa dalla seguente formula:

$$\Delta L = L\ (\alpha_{mic}\,\Delta t - \Delta\alpha\ \theta)$$

dove:

L	:	lunghezza nominale a 20 °C;
$\Delta\alpha = \alpha_{mic} - \alpha_{bpp}$	:	differenza tra i coefficienti di dilatazione termica lineare dello strumento (α_{mic}) e del campione (α_{bpp});
$\Delta t = t_{mic} - t_{bpp}$	:	differenza tra la temperatura dello strumento (t_{mic}) e la temperatura del campione (t_{bpp});
$\theta = (t - 20\ °C)$	:	differenza fra la temperatura di misura (t) ed i 20 °C .

Non si applica nessuna correzione del valore di lettura per effetto della dilatazione termica pertanto la mancata correzione viene valutata nel paragrafo sul calcolo delle incertezze.

11.3.2.9 Calcolo dell'incertezza di misura

In questo paragrafo viene descritto il calcolo dell'incertezza di misura nella taratura dei micrometri per esterni e cioè l'incertezza da associare all'errore di indicazione. Per convenzione con la lettera u (minuscola) si indica l'incertezza tipo ovvero considerata con un fattore di copertura k=1, mentre con la lettera U (maiuscola) si indica l'incertezza estesa assumendo un fattore di copertura k=2. Inoltre in accordo con la norma UNI CEI ENV 13005 si classificano le incertezze nelle categorie A e B e cioè sono di categoria A le incertezze stimate su base statistica e di categoria B quelle stimate con altri metodi.

1) contributo associato al campione materiale

N.	Contributo di incertezza	cat. A (formula)	cat. B (formula)	Incertezza tipo (µm)
1	**Contributo relativo all'incertezza associata al campione materiale (blocchetti pianparalleli).** Dalla norma ISO 3650 si ottiene il limite per lo scostamento del BPP rispetto alla lunghezza nominale: MPE_{BPP}. Tale valore limite, o altro limite definito nella scheda apparecchio deve essere verificato periodicamente attraverso il processo di conferma metrologica dei blocchetti pianparalleli.		$MPE_{BPP} / \sqrt{3}$ ipotesi di distribuzione rettangolare	u_1=0,3 µm

Si considera il caso peggiore ai fini del contributo relativo al campione ovvero il BPP da 25 mm. Considerando un MPE_{BPP} di 0,5 µm ed ipotizzando una distribuzione rettangolare di tale errore si ottiene u_1 = 0,3 µm.

2) contributo associato allo strumento di misura

N.	Contributo di incertezza	cat. A (formula)	cat. B (formula)	Incertezza tipo (µm)
2	**Contributo relativo all'incertezza di lettura.** Questo contributo tiene conto della risoluzione e della ripetibilità; se i suddetti contributi non sono comparabili si può considerare soltanto il maggiore dei due. L'incertezza dovuta alla risoluzione R[(1)] viene valutata considerando un errore max dovuto alla risoluzione dello strumento pari a ± R/2 e ipotizzando una distribuzione rettangolare di tale errore. L'incertezza dovuta alla ripetibilità viene calcolata come scarto tipo σ di 10 misure. [(1)] La risoluzione R è data dalla cifra meno significativa per i micrometri ad indicazione digitale e da un valore pari a 1/2 della divisione (tacca) per i micrometri ad indicazione analogica. L'utilizzo di sistemi di ingrandimento ottico (lenti) o una dimostrata abilità operativa, possono consentire risoluzioni inferiori.	ripetibilità $\sigma=\sqrt{\sum_{1}^{10}\frac{(x_i-\bar{x})^2}{9}}$	risoluzione $(R/2) / \sqrt{3}$	R=0,01 mm u_2= 2,9 µm R=0,001 mm u_2= 0,29 µm

Considerando che la presente procedura si applica sia a micrometri centesimali che millesimali, si ottengono nei due casi citati le seguenti incertezze tipo (per micrometri digitali):

$R = 0,01 \Rightarrow u_2 = 0,01 / (2 \cdot \sqrt{3}) = 2,9$ μm;

$R = 0,001 \Rightarrow u_2 = 0,001 / (2 \cdot \sqrt{3}) = 0,29$ μm.

Se il valore dello scarto tipo σ, associato alla ripetibilità, risulta significativamente maggiore del valore di u_2 sopra calcolato, allora si considera come valore di u_2 lo scarto tipo σ.

3) contributo associato all'errore di planarità delle facce di misura

N.	Contributo di incertezza	cat. A (formula)	cat. B (formula)	Incertezza tipo (μm)
3	**Contributo relativo all'errore di planarità delle facce di misura.** Viene valutato considerando come errore massimo di planarità (MPE_{plan}) il limite definito nel criterio di accettazione relativo a tale verifica, nell'ipotesi cautelativa che l'errore di planarità abbia una distribuzione rettangolare.		$(MPE_{plan}/2)/\sqrt{3}$	$u_3 = 0,29$ μm

Essendo stato verificato nei criteri di accettazione dei controlli preliminari che MPE_{plan} è inferiore ad 1 μm si ottiene che l'incertezza associata a tale errore è data da:

$$u_3 = 0,5 / \sqrt{3} = 0,29\ \mu\text{m}$$

4) contributo associato all'errore di parallelismo delle facce di misura

N.	Contributo di incertezza	cat. A (formula)	cat. B (formula)	Incertezza tipo (μm)
4	**Contributo relativo all'errore di parallelismo delle facce di misura.** Viene valutato considerando come errore massimo di parallelismo (MPE_{par}) il limite definito nel criterio di accettazione relativo a tale verifica, nell'ipotesi cautelativa che l'errore di parallelismo abbia una distribuzione rettangolare.		$(MPE_{par}/2)/\sqrt{3}$	$u_4 = 0,58$ μm

Essendo stato verificato nei criteri di accettazione dei controlli preliminari che lo scostamento della condizione di parallelismo delle facce di misura deve essere inferiore ad 2 μm si ottiene che l'incertezza associata a tale errore è data da:

$$u_4 = 1 / \sqrt{3} = 0,58\ \mu\text{m}$$

5) contributo associato alla differenza dei coefficienti di dilatazione termica

Questo contributo di incertezza, dovuto esclusivamente agli effetti della dilatazione termica, tiene conto del fatto che non è stata eseguita alcuna correzione dei valori di lettura.

I contributi che seguono sono quindi calcolati in funzione dell'errore che si commette non considerando gli effetti della dilatazione termica e includono quindi anche l'incertezza nella determinazione del fattore di correzione.

N.	Contributo di incertezza	cat. A (formula)	cat. B (formula)	Incertezza tipo (μm)
5	**Contributo relativo alla differenza dei coefficienti di dilatazione termica.** Per il calcolo dell'incertezza tipo associata alla differenza dei coefficienti di dilatazione termica si adotta la formula indicata a fianco ove: L: lunghezza nominale del micrometro in m; $\Delta\alpha$: massima differenza fra i coefficienti di dilatazione (α_{mic} - α_{bpp}); θ: differenza massima tra la temperatura di misura ed i 20 °C di riferimento.		$(L \cdot \Delta\alpha \cdot \lvert\theta\rvert)/\sqrt{3}$	u_5= 0,06 μm

Considerando che il coefficiente di dilatazione termica del micrometro e del blocchetto sono nominalmente uguali (entrambi sono costruiti in acciaio) il parametro $\Delta\alpha$ dipende dall'incertezza con cui sono noti tali coefficienti. Essendo per l'acciaio il valore di α pari a $(11{,}5 \pm 1)\cdot 10^{-6}$ °C^{-1} si ha che la differenza massima fra il coefficiente di dilatazione del blocchetto e quello del micrometro è pari a $2\cdot 10^{-6}$ °C^{-1}; essendo inoltre l'ambiente condizionato a (20 ± 2) °C, $\lvert\theta\rvert$ assume il valore massimo di 2 °C; L infine, dipendendo dal punto di misura, assume il valore maggiore nel caso del punto a 25 mm (per un micrometro con campo di misura 0 - 25 mm).

Ipotizzando una distribuzione di probabilità rettangolare dei valore assunti da θ (quando la temperatura varia con andamento sinusoidale risulta più cautelativa l'ipotesi della distribuzione ad U descritta nel paragrafo 3.2.4.) ed applicando tali valori alla formula sopra indicata, si ottiene una incertezza tipo associata u_5 = 0,06 μm. Per i micrometri con differenti campi di misura calcolando il contributo di incertezza per il valore del fondo scala si ottengono i valori di incertezza riportati nella tabella 11.2.

Tabella 11.2: valori di incertezza per differenti campi di misura

campo di misura (mm)	**u_5 (μm)**
0 – 25	0,06
25 – 50	0,12
50 – 75	0,18
75 – 100	0,24
100 – 125	0,30
125 – 150	0,36
150 – 175	0,40
175 – 200	0,46
200 – 225	0,52
225 – 250	0,58
250 – 275	0,64
275 - 300	0,69

6) contributo associato alla differenza di temperatura

N.	**Contributo di incertezza**	**cat. A** (formula)	**cat. B** (formula)	**Incertezza tipo (μm)**
6	**Contributo relativo alla differenza di temperatura tra micrometro e campioni.** Per il calcolo dell'incertezza tipo associata alla differenza di temperatura fra il micrometro ed i campioni si adotta la formula indicata a fianco ove: L: lunghezza nominale del micrometro in m; α: valore nominale del coefficiente di dilatazione termica lineare del micrometro; Δt: semiampiezza dell'intervallo massimo di variazione della differenza di temperatura tra micrometro e campione. Si ipotizza una distribuzione di probabilità rettangolare dei valore assunti da Δt.		$(L \cdot \Delta t \cdot \alpha) / \sqrt{3}$	u_6= 0,083 μm

Considerando che il coefficiente di dilatazione termica lineare del micrometro è pari a $(11,5 \pm 1) \cdot 10^{-6}$ °C^{-1} e che lo strumento ed il campione sono stati sottoposti ad un periodo di climatizzazione per il raggiungimento dell'equilibrio termico, si può ipotizzare un Δt pari a 0,5 °C; valutando quindi tale contributo nel punto di misura più critico (L = 25 mm per un micrometro con campo di misura 0 - 25 mm), si ottiene una incertezza tipo associata u_6 pari a 0,083 µm. Per i micrometri con differenti campi di misura calcolando il contributo di incertezza per il valore del fondo scala si ottengono i valori di incertezza riportati nella tabella 11.3.

Tabella 11.3: valori di incertezza per differenti campi di misura

campo di misura (mm)	u_6 **(µm)**
0 – 25	0,09
25 – 50	0,17
50 – 75	0,25
75 – 100	0,34
100 – 125	0,42
125 – 150	0,50
150 – 175	0,59
175 – 200	0,67
200 – 225	0,75
225 – 250	0,83
250 – 275	0,92
275 - 300	1,00

Ipotizziamo ora un modello della misura semplificato del tipo:

$$L_{mic} = L_{bpp} + \varepsilon_1 + \varepsilon_2 + \varepsilon_3 + \varepsilon_4 + \varepsilon_5 + \varepsilon_6$$

dove:
L_{mic} : lettura del micrometro
L_{bpp}: valore di taratura del blocchetto campione
ε_1, ε_2, ε_3, ε_4, ε_5 e ε_6 : errori, ipotizzati a media nulla, a cui corrispondono i contributi di incertezza u_1, u_2, u_3, u_4, u_5 e u_6.

Supponendo di poter trascurare i contributi di incertezza dovuti alle correlazioni statistiche fra le variabili aleatorie associate alle diverse fonti di errore, l'incertezza tipo composta si ottiene sommando quadraticamente le incertezze tipo ottenute dai vari contributi come di seguito riportato:

$$u_c = \sqrt{u_1^2 + u_2^2 + u_3^2 + u_4^2 + u_5^2 + u_6^2}$$

L'incertezza estesa, adottando un fattore di copertura k=2 che corrisponde ad un livello di fiducia del 95%, vale:

$$U = 2 \cdot u_c$$

In funzione dei diversi valori della risoluzione dello strumento in taratura e del suo campo di misura, si ottengono i valori dell'incertezza estesa U riportati nella tabella 11.4.

Tabella 11.4: valori di incertezza estesa per differenti campi di misura

Campo di misura (mm)	***U* (μm) millesimali digitali**	***U* (μm) centesimali analogici**
0 – 25	1,6	3,3
25 – 50	1,6	3,3
50 – 75	1,7	3,3
75 – 100	1,8	3,4
100 – 125	1,9	3,4
125 – 150	2,0	3,5
150 – 175	2,1	3,6
175 – 200	2,3	3,6
200 – 225	2,4	3,7
225 – 250	2,6	3,8
250 – 275	2,8	4,0
275 - 300	2,9	4,0

11.3.2.10 Documentazione dei risultati

Tutti i risultati delle verifiche preliminari e delle misure eseguite devono essere riportate sul rapporto di taratura (figura 11.4).

Il rapporto deve contenere almeno le seguenti informazioni:

- identificazione del rapporto;
- identificazione completa dello strumento in taratura (marca, modello, n. matricola);
- data di esecuzione della taratura;
- numero di pagine del rapporto;
- identificazione dello strumento/campione di riferimento;
- numero del certificato di taratura valido dello strumento/campione di riferimento;
- descrizione completa delle condizioni di prova;
- risultati delle verifiche effettuate;
- breve descrizione del metodo e del sistema di misura;
- riferimento alla procedura di taratura utilizzata ed ad eventuali norme applicabili;
- risultati delle misure con l'indicazione dei punti di misura (a volte copia del modulo di raccolta dati);
- incertezze assegnate alla misura;
- firma del Responsabile.

LOGO	MODULO RACCOLTA DATI PER MICROMETRO PER ESTERNI	N° documento: ________

Codice apparecchio: __________ matricola:__________ Resp. utilizzo: ____________

Tipo: ❑ analogico ❑ digitale	Campo di misura: ________mm	Risoluzione: _____ mm

Condizioni ambientali di misura: temperatura: _____°C temperatura fine: _____°C

Esami e controlli preliminari

N.	Operazione	Esito	Descrizione difetto
01	Esami preliminari e pulizia	❑OK ❑NK	
02	Controllo della leggibilità delle scale graduate e delle cifre	❑OK ❑NK	
03	Verifica dell'azzeramento (da eseguire solo per micrometri analogici)	❑OK ❑NK	
04	Controllo preliminare del funzionamento	❑OK ❑NK	
05	Verifica della planarità di entrambe le facce di misura	❑OK ❑NK	
06	Verifica del parallelismo delle facce di misura	❑OK ❑NK	
07	Prova di ripetibilità	❑OK ❑NK	

Risultati delle misure (mm)

Misurazioni di esterni			Ripetibilità
Valore campione	**Valore di lettura**	**Errore di indicazione**	**a 25 mm**
2,5			
5,1			
7,7			
10,3			
12,9			
15,0			
17,6			
20,2			
22,8			
25,0			

Operatore: ______________ Data: ______ Ora inizio: _____ Ora fine: _____

Figura 11.3: modulo raccolta dati per la taratura dei micrometri per esterni

LOGO	RAPPORTO DI TARATURA PER MICROMETRI PER ESTERNI	N° documento: ________

Codice apparecchio: __________ matricola:__________ Resp. utilizzo: __________

Tipo: ❑ analogico ❑ digitale	Campo di misura: ________mm	Risoluzione: _____ mm

Data delle misure: AA/MM/GG Ora inizio: _____ Ora fine: _____ Operatore: __________

Codice campione: __________ munito di certificato di taratura N. __________

Procedura di taratura: __________ Temp. ambiente: iniziale: _____ °C finale: _____ °C

Descrizione del sistema di misura: taratura per confronto con blocchetti pianparalleli.

Risultati delle misure

Ripetibilità (mm)	
N.	**Lettura**
01	
02	
03	
04	
05	
06	
07	
08	
09	
10	
σ	

Misurazioni di esterni (mm)			
Valore campione	**Valore di lettura**	**Errore di indicazione**	**Incertezza *U***
2,5			
5,1			
7,7			
10,3			
12,9			
15,0			
17,6			
20,2			
22,8			
25,0			

Verifica delle prestazioni

Errore massimo ammesso (mm)		Esito
Errore massimo rilevato (mm)		❑OK ❑NK

Firma del Responsabile: ____________________ Data: ______________

Figura 11.4: rapporto di taratura dei micrometri per esterni

11.4 Comparatore

11.4.1 Generalità sui comparatori

Il comparatore è costituito da un'asta, vincolata per scorrere lungo la sola direzione di misura, la cui traslazione in tale direzione viene rilevata ed indicata su di un quadrante di tipo analogico o digitale. Sia per i comparatori analogici che per quelli digitali esistono diversi modelli che si distinguono principalmente per il campo di misura (normalmente fino a 50 mm) e l'unità di formato (fino a 1μm e per alcuni modelli fino a 0,5 μm). Esistono inoltre una serie di trasduttori ad asta scorrevole con uscita elettronica che, tramite un apposito sistema di visualizzazione, svolgono la stessa funzione dei comparatori; hanno il vantaggio di consentire l'acquisizione automatica dei risultati nonché la loro trasmissione ed elaborazione in tempo reale.

Il comparatore può avere diverse configurazioni in relazione agli specifici accessori ed all'idonea punta tastatrice che lo rendono idoneo a particolari misurazioni.

La scelta della punta tastatrice è ovviamente funzione della superficie di misura del pezzo, della durezza del materiale e della specifica applicazione, tenendo conto che il contatto ideale si ha fra una superficie piana ed una superficie curva in quanto due superfici piane o due superfici curve generano un maggiore errore di ripetibilità di posizionamento.

La figura 11.5 illustra le principali tipologie di punte tastatrici e cioè:

a) punta con simmetria sferica utilizzata per misurazioni su superfici piane che non presentano asperità rilevanti;

b) punta, simile al tipo a), che, presentando una sporgenza più accentuata dell'elemento di contatto rispetto all'asta scorrevole, consente il contatto sul fondo di gole o fessure più strette dell'asta scorrevole;

c) punta con profilo appuntito che consente di limitare molto la superficie di contatto e quindi permette di accedere in zone ancora più ristrette rispetto al tipo precedente; è idonea solo per materiali molto duri in quanto facilita la deformazione del pezzo di misura. Queste punte consentono inoltre di seguire l'andamento del profilo di una superficie che presenta caratteristiche di rugosità senza mediare le asperità come accadrebbe utilizzando una punta tastatrice a simmetria sferica che rileva solo le ondulazioni;

d) punta con profilo piatto idonea per il contatto su superfici cilindriche e sferiche o comunque convesse;

e) punta con profilo piatto come quella tipo d) ma, avendo una superficie ridotta, consente di accedere più facilmente in spazi ristretti;

f) punta con profilo sferico ma con un maggior raggio di curvatura rispetto ai tipi a) e b). Ciò consente di distribuire maggiormente la forza di misura sulla superficie del pezzo esercitando quindi una minore pressione; tale punta risulta pertanto idonea per la misura di materiali facilmente deformabili. D'altro canto l'utilizzo di questa punta su superfici rugose media maggiormente il profilo di rugosità;

g) questa punta enfatizza le caratteristiche descritte per il tipo c) ma di contro presenta maggiori problemi di penetrazione e quindi deformazione del pezzo da misurare per effetto del profilo della punta molto accentuato.

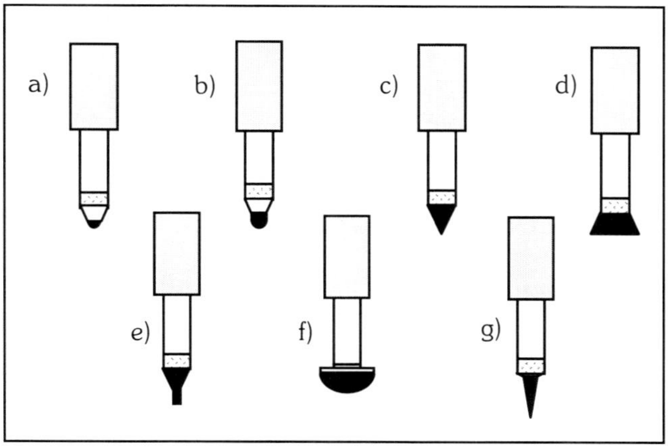

Figura 11.5: vari tipi di punte tastatrici

Lo strumento oltre ad essere usato per la misura di spessori trova svariate applicazioni anche in regime dinamico purché con variazioni lente; può quindi essere utilizzato per misurare il profilo di ondulazione di una superficie o per verificarne il parallelismo con una superficie di riferimento o infine per centrare o allineare pezzi prima di effettuare la misura.

Posizionando per esempio il comparatore in direzione perpendicolare all'asse di un cilindro e perpendicolarmente alla superficie esterna, si può misurare, facendo ruotare lentamente il cilindro, l'eccentricità dell'asse di rotazione, supposto trascurabile l'errore di forma del cilindro, oppure l'oscillazione circolare radiale (vedi paragrafo 7.8.9).

Un'altra applicazione dei comparatori, peraltro già descritta per i micrometri, è quella che si ottiene convertendo con uno specifico accessorio lo spostamento verticale dell'asta in uno spostamento orizzontale di due o tre incudini; questo principio di misura è realizzato negli alesametri.

Esistono poi i comparatori a leva con ridotto campo di misura (minore di 1 mm) ed unità di formato molto piccola (di solito inferiore a 1 μm) che sono utilizzati per controllare piccoli spostamenti rispetto ad una posizione di riferimento iniziale (punto di azzeramento).

Questi comparatori trovano larga applicazione nel centraggio degli utensili o dei pezzi nei centri di lavoro o su macchine utensili o ancora in tutte quelle applicazioni in cui non è possibile rilevare la misura con un comparatore classico.

L'incertezza di misura che tipicamente si ottiene in una misura con un comparatore millesimale può essere stimata approssimativamente in 0,005 mm per un campo di misura di 25 mm; può ovviamente essere minore se il comparatore viene utilizzato per misure di confronto.

11.4.2 Procedura di taratura del comparatore

11.4.2.1 Scopo

La presente procedura stabilisce la metodologia, le apparecchiature necessarie e le modalità operative per effettuare la taratura di comparatori ad asta scorrevole. Lo scopo della presente procedura è anche quello di descrivere la metodologia per effettuare la conferma metrologica rispetto ai requisiti definiti nella scheda apparecchio su alcune caratteristiche metrologiche.

11.4.2.2 Campo di applicazione

La presente procedura si applica ai comparatori ad asta scorrevole, analogici e digitali, centesimali e millesimali, con campo di misura minore o uguale a (0÷13) mm.

11.4.2.3 Riferimenti e definizioni

La presente procedura fa riferimento alle seguenti norme:

- UNI EN ISO 1: Specifiche geometriche dei prodotti (GPS) - Temperatura normale di riferimento per la specifica e verifica geometrica dei prodotti
- UNI 4546: Misure e misurazioni. Termini e definizioni
- UNI 9052: Criteri base per le procedure di taratura dimensionale
- UNI EN ISO 80000-1: Grandezze ed unità di misura - Parte 1: Generalità
- UNI EN ISO 9493 Specifiche geometriche dei prodotti (GPS) - Apparecchiature di misura dimensionali: Comparatori a quadrante (tipo a leva) - Caratteristiche di progettazione e caratteristiche metrologiche
- UNI EN ISO 13102 Specifiche geometriche dei prodotti (GPS) - Apparecchiature di misura dimensionali: comparatori elettronici digitali - Caratteristiche di progettazione e caratteristiche metrologiche
- UNI EN ISO 463 Specifiche geometriche dei prodotti (GPS) - Apparecchiature per misurazioni dimensionali - Caratteristiche di progettazione e caratteristiche metrologiche dei comparatori meccanici a quadrante
- UNI 4180: Comparatore a quadrante
- UNI 9954: Taratura di comparatori, misuratori e trasduttori di spostamento ad asta scorrevole
- UNI CEI ENV 13005: Guida all'espressione dell'incertezza di misura
- EA-4/02: Expression of the Uncertainty of Measurement in Calibration
- UNI EN ISO 10012: Sistemi di gestione della misurazione. Requisiti per i processi e le apparecchiature di misurazione.

Inoltre per la presente procedura sono necessarie le seguenti definizioni:

- E_a: differenza fra il massimo errore di indicazione ed il minimo errore di indicazione considerando sia i risultati delle misurazioni effettuate con asta entrante che quelle effettuate con asta uscente (figura 11.6);
- E_b: differenza fra il massimo errore di indicazione ed il minimo errore di indicazione considerando soltanto i risultati delle misurazioni effettuate con asta entrante (figura 11.6);
- E_c: massima differenza in valore assoluto calcolata nello stesso punto di misura tra gli errori di indicazione rilevati con asta entrante e quelli rilevati con asta uscente (figura 11.6);
- E_d (ripetibilità): scarto tipo di 10 misure ripetute sullo stesso punto di misura.

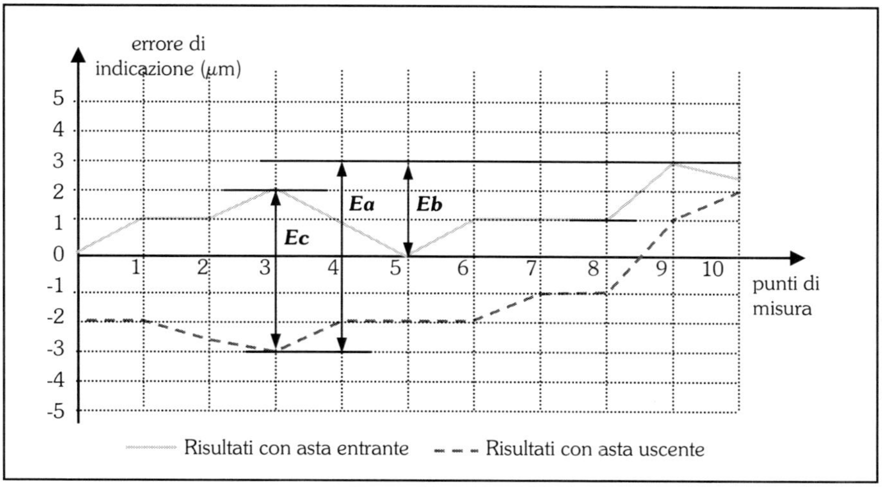

Figura 11.6: illustrazione grafica dei parametri di errore per i comparatori

11.4.2.4 Apparecchiature impiegate

Per la taratura dei comparatori ad asta vengono utilizzati i seguenti campioni e apparecchiature:

- sistema di misura lineare di spostamento avente risoluzione inferiore a quella del comparatore in taratura e campo di misura adeguato; esso può essere costituito da una macchina di misura monoassiale o semplicemente da un sistema di movimentazione lineare (guida di scorrimento) munito di un trasduttore tarato e sottoposto a conferma metrologica, per la misura degli spostamenti imposti,
- sistema di allineamento orizzontale e verticale;
- supporto verticale;
- lente di ingrandimento;
- bilancia;
- termoigrometro in dotazione al laboratorio.

Per ogni campione o strumento impiegato viene gestita una "scheda apparecchio" che riporta tutti i dati di identificazione nonché i dati tecnici necessari per eseguire la taratura oggetto della presente procedura (vedi paragrafo 9.2).

11.4.2.5 Condizioni ambientali

Le condizioni ambientali del laboratorio in cui viene eseguita la prova devono essere:

- temperatura ambiente : (20 ± 2) °C
- umidità relativa : (45 ± 10) %

I campioni e lo strumento in taratura devono essere posti nel laboratorio almeno 8 ore prima di iniziare le operazioni di taratura allo scopo di raggiungere le condizioni di equilibrio termico con l'ambiente di prova.

Qualora si riscontrassero, tramite la lettura del termoigrometro in dotazione al laboratorio, condizioni al di fuori di questi limiti la procedura deve essere sospesa e deve essere attivata la gestione delle non conformità; in tal caso, inoltre, è necessario un nuovo periodo di acclimatamento per il raggiungimento dell'equilibrio termico, e la ripresa dall'inizio della procedura di taratura.

11.4.2.6 Esami e controlli preliminari

Dopo aver predisposto tutte le apparecchiature previste dalla presente procedura, prima di iniziare l'attività di taratura, occorre verificare il corretto funzionamento dello strumento in taratura e delle apparecchiature utilizzate; qualora uno dei criteri di accettazione non venga rispettato la procedura deve essere sospesa e deve essere attivata la gestione delle non conformità; i risultati devono essere registrati sul modulo raccolta dati (figura 11.9).

N.	Descrizione operazione	Campioni o Strumenti	Criteri di accettazione
01	**Verifica della corretta identificazione dello strumento.** Controllare che lo strumento da tarare sia identificato con il n° di codice interno in modo da poter essere individuato in maniera univoca.		In caso contrario si procederà ad una sua identificazione secondo apposita procedura riportando in modo permanente il numero di codice interno
02	**Verifica dell'integrità dlo strumento e della leggibilità delle scale.** Controllare che lo strumento in taratura sia integro e non vi siano ammaccature o danni evidenti o segni di malfunzionamento e che la scala di misura sia leggibile (verificare anche l'integrità di eventuali apparecchiature o accessori in dotazione al comparatore che potrebbero compromettere la taratura). Per i comparatori digitali occorre verificare che si visualizzi la cifra "8" per tutte le decadi del campo di misura. Si controlla inoltre la carica della batteria.		Se lo strumento presenta danni non si procede alla taratura.

N.	Descrizione operazione	Campioni o Strumenti	Criteri di accettazione
03	**Verifica dello scorrimento e dei giochi.** Controllare lo scorrimento e l'assenza di evidenti giochi radiali dell'asta. Controllare che la superficie di tastatura (tastatore) sia in buone condizioni.		Se lo strumento presenta malfunzionamenti non si procede alla taratura.
04	**Verifica del funzionamento dell'azzeramento.** Controllare il corretto funzionamento del sistema di azzeramento del quadrante ruotando la ghiera di cui sono dotati i comparatori meccanici. Per gli strumenti elettronici controllare il corretto funzionamento dei tasti di azzeramento o di presettaggio. A tal scopo, si azzera il comparatore in una condizione riproducibile e si verifica che le successive indicazioni in quella condizione di misura abbiano indicazione pari a zero.		Se il comparatore non mantiene stabile la condizione di azzeramento non si procede alla taratura
05	**Verifica della forza di misura.** A tal scopo si monta il comparatore in taratura sul supporto di traslazione verticale, si posiziona la bilancia al di sotto del supporto comparatore e si abbassa il comparatore fino a quando si vede cambiare la sua indicazione; si prosegue poi fino ad arrivare al fondo scala e infine si solleva lentamente il comparatore fino ad arrivare ad un indicazione pari a 1/10 del fondo scala; si registra quindi la forza massima e quella minima dei valori letti sulla bilancia.		Se la forza di misura del comparatore non è compresa in un intervallo pari a ±10% rispetto al valore limite indicato dal costruttore, si sospende la taratura

11.4.2.7 Esecuzione delle misure

Fissare il gambo del comparatore in taratura tramite l'apposito supporto al sistema di traslazione (figura 11.7).

Eventuali disallineamenti dell'asse del cilindro esterno del gambo di attacco del comparatore in taratura con l'asse di misura del sistema di misura lineare sono valutati nel bilancio delle incertezze.

La taratura viene eseguita quindi utilizzando per l'allineamento l'asse del cilindro esterno del gambo di attacco in quanto il comparatore viene utilizzato solitamente con questo tipo di allineamento.

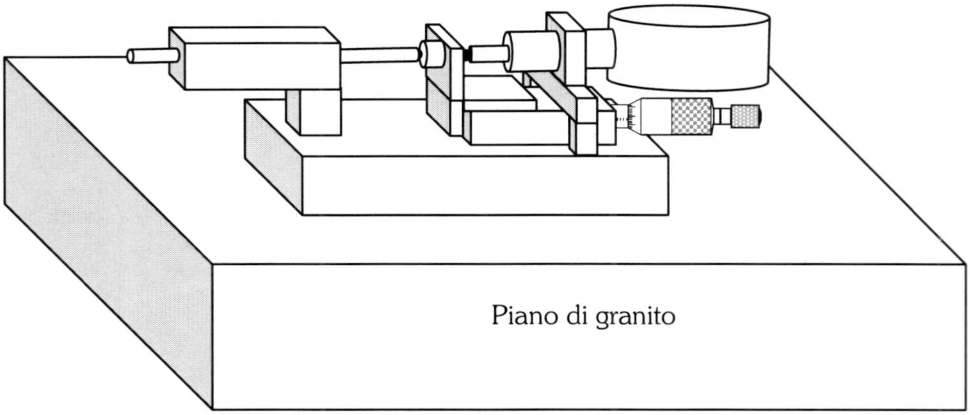

Figura 11.7: illustrazione del sistema di misura

Nota: *in realtà l'asse della scala di misura del comparatore, ovvero la direzione secondo la quale scorre l'asta mobile, potrebbe non coincidere con l'asse del gambo di attacco e quindi questo eventuale disallineamento (non coassialità) comporterebbe un errore sistematico proporzionale alla lunghezza misurata. Questo errore però, anche se non dipende dalla scala dello strumento, viene considerato un errore sistematico strumentale e quindi viene tenuto sotto controllo attraverso il processo di conferma metrologica.*

Agendo sulla movimentazione micrometrica nella direzione dell'asse di misura portare l'indicazione del comparatore in taratura in modo da indicare circa 0,1 mm; tale valore, indicato come precorsa, viene registrato sul modulo raccolta dati.

Movimentare l'asse di traslazione nella stessa direzione in modo da leggere sul comparatore in taratura il primo punto di taratura indicato nella tabella del modulo raccolta dati ma facendo attenzione a non superare tale punto, quindi senza invertire il senso di avanzamento della guida .

Se il comparatore in taratura è un comparatore analogico occorre portare l'indice allineato esattamente con la tacca del quadrante corrispondente al punto di misura considerato utilizzando, se necessario, una lente di ingrandimento.

Procedere nello stesso modo, per tutti i punti di taratura successivi, posizionando lo strumento in verifica sul punto di taratura, e registrando il valore letto dal trasduttore campione di riferimento.

Arrivati all'ultimo punto di misura occorre arrivare al fine corsa e poi, ripartendo dal fine corsa, ripetere all'indietro le misurazioni sugli stessi punti dell'andata, ma con l'asta uscente dal comparatore in taratura.

Per comparatori con scala positiva e negativa si può eseguire l'azzeramento sulla posizione negativa ed eseguire la taratura partendo dai valori negativi ed arrivando al valore massimo positivo, oppure eseguire l'azzeramento in corrispondenza della lettura pari a zero ed eseguire il ciclo di spostamenti positivi fino al valore massimo, poi per spostamenti decrescenti fino al minimo negativo e poi ancora per spostamenti crescenti fino allo zero. La scelta dei due metodi dovrebbe rispecchiare le condizioni di utilizzo.

I punti di misura sono scelti in modo da coprire tutta la corsa dello strumento in taratura. Il numero minimo di passi da effettuare è pari a 10.

I primi 5 punti possono essere distribuiti uniformemente in una corsa di 1 mm dal punto di azzeramento, se tale intervallo corrisponde al campo di più frequente utilizzo del comparatore; i successivi 5 punti sono distribuiti uniformemente sull'intero campo di misura.

I punti di misura selezionati sono indicati nel modulo di raccolta dati e poi sul rapporto di taratura.

Il controllo della ripetibilità viene effettuato riposizionando lo strumento in taratura su uno stesso valore a circa metà corsa e ripetendo per 10 volte la misura. Lo scarto tipo σ delle 10 misurazioni consecutive viene poi utilizzato per la valutazione dell'incertezza di taratura. Tutti i risultati ottenuti devono essere registrati sul modulo raccolta dati (figura 11.9).

11.4.2.8 Elaborazione dei dati

Si calcolano i valori dei parametri E_a, E_b, E_c, E_d, come descritto al paragrafo 11.4.2.3.

Si verifica che il valore di E_a, E_b, E_c, E_d, siano inferiori a MPE_a, MPE_b, MPE_c, MPE_d indicati nella scheda apparecchio; si verifica inoltre che E_a limitato al campo di misura 0 – 1 mm, sia inferiore al valore limite $MPE_{a:0-1}$ indicato nella scheda apparecchio. Qualora il valore di uno dei parametri calcolati dovesse superare il valore limite indicato nella scheda apparecchio, verrà attivata la procedura di gestione delle non conformità.

11.4.2.9 Calcolo dell'incertezza di taratura

Il modello matematico per la determinazione dell'errore di indicazione è il seguente:

$$E = L_{ind} - L_{std} + C_{all} + C_{def} + C_t + C_{par} \qquad [1]$$

con:

L_{ind} : lunghezza misurata dallo strumento;

L_{std} : lunghezza misurata dal campione di riferimento;

C_{all} : correzione da apportare per effetto dell'errore di allineamento;

C_{def} : correzione da apportare per effetto delle deformazioni elastiche delle superfici di contatto;

C_t : correzione da apportare per effetto della variazione di temperatura;

C_{par} : correzione da apportare per effetto dell'errore di parallasse.

Per ciascuna correzione individuata, anche se non viene applicata, è necessario calcolare il contributo di incertezza ad essa associato come di seguito riportato.

1) contributo associato alla lettura dello strumento in taratura

L'incertezza tipo associata al valore di lettura dello strumento in taratura $u_{(Lind)}$ è stimata cautelativamente pari alla somma quadratica dello scarto tipo rilevato nella prova di ripetibilità u_{rip} ed allo scarto tipo associato alla risoluzione u_{ris} dello strumento stesso. Per gli strumenti analogici, poiché la lettura viene fatta con l'indice in corrispondenza della tacca della scala graduata, la risoluzione (R) è stimata pari a 1/5 dell'unità di formato (UF) e quindi, ipotizzando una distribuzione di probabilità rettangolare per tale effetto nell'intervallo [-R/2; +R/2], lo scarto tipo u_{ris} è pari a:

$$u_{ris} = \frac{(UF / 5)}{2 \cdot \sqrt{3}}$$

Quindi per gli strumenti di tipo analogico si ottiene:
- per i comparatori centesimali u_{ris} = 0,6 μm;
- per i comparatori millesimali u_{ris} = 0,06 μm.

Per gli strumenti di tipo digitale invece la risoluzione (R) è pari alla cifra meno significativa del display e quindi, ipotizzando una distribuzione di probabilità rettangolare per tale effetto nell'intervallo [-R/2; +R/2], lo scarto tipo u_{ris} associato alla risoluzione è pari a:
- per i comparatori centesimali u_{ris} = 3 μm;
- per i comparatori millesimali u_{ris} = 0,3 μm.

2) contributo associato al campione di riferimento

Il contributo di incertezza associato al campione di riferimento dipende dall'errore massimo ammesso del sistema di misura lineare di spostamento (*MPE*) verificato in sede di conferma metrologica. Ipotizzando una distribuzione rettangolare di tale errore nell'intervallo ± 0,3 μm si ottiene:

$$u_{Lstd} = MPE / \sqrt{3} = 0{,}17 \ \mu m$$

3) contributo associato all'effetto della deformazione elastica

Per quanto riguarda il contributo legato alla deformazione elastica, supponendo il tastatore sferico di diametro *d* (in millimetri), esercitante una forza *F* (in newton) la deformazione (ε_1) è pari a:

$$\varepsilon_1 = 0{,}4 \cdot \sqrt[3]{\frac{F^2}{d}} \qquad [1]$$

avendo assunto un modulo di elasticità medio per i materiali pari a quello dell'acciaio ovvero $2 \cdot 10^5$ MPa.

In base alla formula [1], avendo un valore di *F* pari a 1 N ed un diametro della sfera del tastatore pari a 3 mm, si calcola la deformazione elastica ε_1 dovuta alla forza di contatto; si può stimare che l'errore massimo per la differenza delle deformazioni elastiche, nella condizione di azzeramento e nella condizione di misura, non superi il ±10 % del valore di ciascuna deformazione. Si ottiene quindi:

$$\varepsilon_1 = 0,4 \cdot \sqrt[3]{\frac{F^2}{d}} = 0,277\ \mu m$$

$$\varepsilon_{max} = 0,1 \cdot 0,277 = 0,028\ \mu\text{m}$$

Considerando che tale valore sia la semi-ampiezza di una distribuzione rettangolare, il contributo all'incertezza associato a tale effetto è dato da:

$$u_\varepsilon = \frac{\varepsilon_{\max}}{\sqrt{3}} = 0,016\ \mu m$$

che può considerarsi trascurabile.

4) contributo associato all'effetto del disallineamento

L'angolo di disallineamento (φ) tra l'asse di misura del comparatore in taratura e l'asse di misura del sistema di misura lineare di spostamento è stimato in modo conservativo inferiore a 3 mm/m (corrispondente a 0,01 mm di spostamento nella direzione trasversale a quella di misura per una distanza di 30 mm che viene garantito in fase di verifica periodica del sistema di misura lineare di spostamento); supponendo che tale valore sia la semi-ampiezza di una distribuzione rettangolare, si può scrivere che:

$$u_\phi = \frac{\phi_{\max}}{\sqrt{3}}\ rad = 0,0017\ rad$$

Considerando che la correzione dovuta all'errore di disallineamento è pari a:

$$L_{nom} \cdot \frac{\varphi^2}{2}$$

dove L_{nom} è il valore nominale della lunghezza misurata) e che la massima lunghezza misurata è pari a 13 mm, si ottiene che il contributo di incertezza associato al disallineamento è trascurabile.

5) contributo associato all'effetto della temperatura

Per il calcolo del contributo di incertezza associato agli effetti termici si considerano i seguenti parametri:

- temperatura dell'ambiente di misura compresa nell'intervallo (20 ± 2) °C;
- variazione termica dell'ambiente di misura durante la taratura rispetto alla temperatura nelle condizioni di azzeramento compresa nell'intervallo ± 0,5 °C;
- massima distanza fra la posizione di misura sulla scala di misura del comparatore e la posizione di misura sulla scala di misura del trasduttore campione è pari a 90 mm.

Di conseguenza la correzione dovuta all'effetto termico sulla scala di misura del comparatore in taratura (C_t) è inferiore a 0,5 μm.

Ipotizzando una distribuzione a U della temperatura nel suo intervallo di variazione si ha: u_t = 0,29 μm.

6) contributo associato all'errore di parallasse

L'errore di parallasse (figura 11.8), presente solo per i comparatori con indicazione analogica, è generato dall'apparente variazione dell'indicazione in funzione della posizione di misura e dipende dall'angolo con cui l'operatore guarda il piano del quadrante graduato.

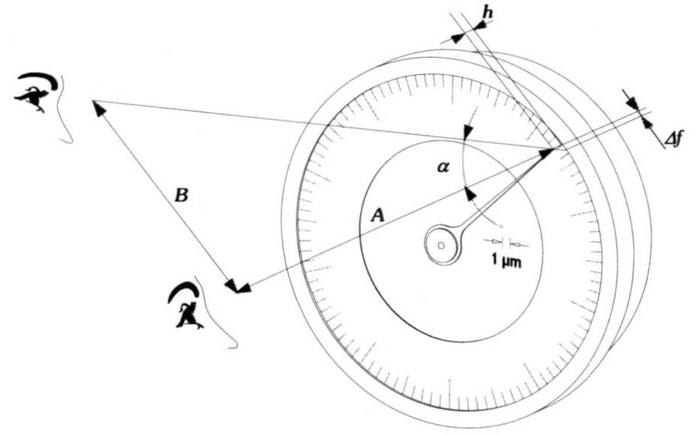

Figura 11.8: errore di parallasse

L'errore di parallasse è dato da:

$$\tan\alpha = \frac{B}{A} = \frac{\Delta f}{h} \quad \rightarrow \quad \Delta f = h \cdot \tan\alpha$$

dove:

α : angolo di disallineamento fra la direzione perpendicolare al piano del quadrante e la congiungente l'indice della scala con l'occhio dell'operatore;

Δf : errore di parallasse;

A : distanza dell'occhio dell'operatore dal piano del quadrante;

h : distanza dell'indice dal piano della scala graduata;

B : distanza fra l'indice e la proiezione dell'occhio dell'operatore sul piano del quadrante.

Ipotizzando una distanza dell'operatore non inferiore a 250 mm (A = 250 mm) ed una distanza B = 30 mm (corrispondente ad una distanza fra occhio destro e sinistro di 60 mm) si ha:

$$\tan\alpha = \frac{30}{250} \quad \rightarrow \quad \alpha = 6{,}8^\circ$$

Ipotizzando una distanza fra indice e scala graduata non superiore a 1 mm si ha uno spostamento della lettura sulla scala graduata di 0,12 mm; tale spostamento (ipotizzando una distanza fra due tacche non inferiore a 0,6 mm) è sempre inferiore a 1/5 dell'unità di formato e può quindi essere stimato pari a quello ottenuto per effetto della risoluzione.

Supponendo di poter trascurare i contributi di incertezza dovuti alle correlazioni statistiche fra le variabili aleatorie associate alle diverse fonti di errore, l'incertezza tipo composta si ottiene sommando quadraticamente le incertezze tipo ottenute dai vari contributi come di seguito riportato:

$$u_c = \sqrt{u_{ris}^2 + u_{Lstd}^2 + u_{\varepsilon}^2 + u_{\phi}^2 + u_t^2 + u_{par}^2}$$

L'incertezza estesa indicata nella tabella 11.5 è espressa come l'incertezza tipo moltiplicata per il fattore di copertura k=2 che, per una distribuzione normale, corrisponde ad una probabilità di copertura del 95% circa. L'incertezza tipo è stata determinata conformemente al documento EA-4/02.

Tabella 11.5: incertezze estese di taratura per comparatori analogici e digitali

comparatori analogici	
– per risoluzione strumento di 0,01 mm	$U = 1{,}9\ \mu m$
– per risoluzione strumento di 0,001 mm	$U = 0{,}7\ \mu m$
comparatori digitali	
– per risoluzione strumento di 0,01 mm	$U = 6\ \mu m$
– per risoluzione strumento di 0,001 mm	$U = 0{,}9\ \mu m$

11.4.2.10 Documentazione dei risultati

Nella figura 11.10 è riportato un facsimile del rapporto di taratura dove sono registrate oltre ai risultati delle verifiche preliminari e delle misure eseguite le seguenti informazioni:

- identificazione completa dello strumento in taratura;
- data di esecuzione della taratura;
- numero di pagine del certificato;
- identificazione dello strumento di riferimento;
- numero del certificato di taratura valido dello strumento di riferimento;
- riferimento alla procedura di taratura utilizzata;
- descrizione completa delle condizioni di prova (ambientali);
- descrizione delle impostazioni effettuate sia sullo strumento in taratura che su quello campione;
- breve descrizione del metodo e del sistema di misura;
- registrazione delle operazioni di messa in punto e/o di verifica preliminare della taratura qualora eseguite;
- risultati delle misure (con l'indicazione dei punti di misura);
- incertezze di taratura;
- firma del Responsabile.

Una ulteriore registrazione dell'attività di taratura consiste nell'aggiornamento della scheda dell'apparecchiatura nella sezione riguardante la registrazione storica delle tarature e nella applicazione sull'apparecchiatura della nuova etichetta riguardante lo stato di taratura.

LOGO	MODULO RACCOLTA DATI PER COMPARATORI AD ASTA	N° documento: ________

Codice apparecchio: __________ matricola:__________ Resp. utilizzo: ______________

Tipo: ❑ analogico ❑ digitale | Campo di misura: ________mm | Risoluzione: ______ mm

Condizioni ambientali di misura: temperatura: ______°C temperatura fine: ______°C

Forza min. ______ g Forza max. ______ g Forza limite: _______ g Precorsa: _____ mm

Esami e controlli preliminari

N.	Operazione	Esito	Descrizione difetto
01	Verifica della corretta identificazione dello strumento	❑OK ❑NK	
02	Verifica dell'integrità dello strumento (e delle altre apparecchiature) e della leggibilità delle scale	❑OK ❑NK	
03	Verifica dello scorrimento e dei giochi radiali dell'asta compresa la verifica della superficie di tastatura (tastatore)	❑OK ❑NK	
04	Verifica dell'azzeramento del quadrante (comparatori analogici) e del funzionamento dei tasti di azzeramento o presettaggio (comparatori digitali)	❑OK ❑NK	
05	Verifica della forza di misura	❑OK ❑NK	

Risultati delle misure (mm)

Punti di misura		Asta entrante		Asta uscente	
N.	valore nom.	Lettura campione	Lettura strumento	Lettura campione	Lettura strumento
01	2,5				
02	5,1				
03	7,7				
04	10,3				
05	12,9				
06	15,0				
07	17,6				
08	20,2				
09	22,8				
10	25,0				

Prova di ripetibilità (scaricare il comparatore e poi caricarlo al valore di 0,1mm)		
N.	Lettura campione	Lettura strumento
01		
02		
03		
04		
05		
06		
07		
08		
09		
10		

Note:

Operatore: ________________ Data: ______ Ora inizio: ______ Ora fine: ______

Figura 11.9: modulo di raccolta dati dei comparatori

LOGO	RAPPORTO DI TARATURA PER COMPARATORI AD ASTA	N° documento: ____

Codice apparecchio: ______ matricola:______ Resp. utilizzo: ______

Tipo: ❑ analogico ❑ digitale | Campo di misura: ______mm | Risoluzione: ______ mm

Data delle misure: AA/MM/GG Ora inizio: ____ Ora fine: ____ Operatore: ______

Codice campione: ______ munito di certificato di taratura N. ______

Procedura di taratura: ______ Temp. ambiente: iniziale: ____ °C finale: ____ °C

Descrizione del sistema di misura: taratura eseguita per confronto con sistema di misura lineare su traslazioni uguali ma di segno contrario.

Risultati delle misure (mm)

N.	**valore nom.**	**asta entrante**		**asta uscente**		**Errore IN**	**Errore OUT**	**U**
		campione	strumento	campione	strumento			
01								
02								
03								
04								
05								
06								
07								
08								
09								
10								

Forza di misura: min: ___ g max: ___ g limite: ___ g precorsa: ___ mm

Prova di ripetibilità

N.	campione	strumento	errore
01			
02			
03			
04			
05			
06			
07			
08			
09			
10			

Verifica delle prestazioni

Errore	Valore	Limite	Esito
			❑OK ❑NK
E_a			
E_b			
E_c			
E_d			

Firma del responsabile: ______________ Data: ______

Figura 11.10: rapporto di taratura dei comparatori

11.5 RUGOSIMETRO

11.5.1 Introduzione alle misure sui profili

Nel funzionamento degli organi meccanici accoppiati si riscontra spesso che, a parità di dimensioni, i componenti assemblati si comportano in maniera differente durante il loro funzionamento a causa di fenomeni imputabili al grado di finitura superficiale o ***rugosità della superficie***, con gravi conseguenze relative alla funzionalità, all'usura eccessiva, alla rumorosità ed alla vita media del prodotto. Oggi la misura di rugosità superficiale viene eseguita con appositi strumenti chiamati ***rugosimetri*** che, utilizzando trasduttori di posizione elettronici, consentono di rilevare in modo continuo le variazioni di altezza (in direzione verticale: asse Z) della superficie di un pezzo lungo una determinata direzione di scansione.

La normativa in vigore definisce, per la valutazione della rugosità superficiale, una serie di parametri quantitativi calcolabili tramite precise formule matematiche in base ai valori rilevati della coordinata Z, lungo la direzione di scansione.

NOTA STORICA SULLE MISURE DI RUGOSITÀ

La determinazione quantitativa del grado di rugosità o del grado di finitura di una superficie è sempre stato un problema non risolvibile con i normali apparecchi per misurazione di tipo tradizionale. Una prima misura del livello di finitura superficiale fu effettata con un semplice comparatore con punta a cuneo che, scorrendo con movimento orizzontale sulla superficie del pezzo in esame, quantificava attraverso l'ampiezza delle oscillazioni dell'indice, lo stato di finitura della superficie.

Questo problema era stato affrontato inizialmente dalla norma UNIM 36 (ormai superata) che distingueva i diversi livelli di finitura delle superfici in relazione al metodo di lavorazione o alla macchina utensile utilizzata, ma non si riferiva direttamente al grado di lavorazione ottenuto. Tale norma infatti con l'ausilio di simboli (triangolini riportati sui disegni tecnici) stabiliva il tipo di lavorazione che doveva essere eseguita per ottenere il livello di finitura richiesto per una determinata superficie.

Il triangolino singolo (∇) stava a significare che la superficie contrassegnata doveva essere semplicemente sgrossata o limata o sbavata. I due triangolini (∇∇) indicavano che la superficie doveva essere lavorata tramite fresa o tornio. I tre triangolini (∇∇∇) indicavano che la superficie doveva essere lavorata con una rettificatrice (o comunque mediante una mola). I quattro triangolini (∇∇∇∇) stavano ad indicare che la superficie doveva essere finita con paste o panni speciali (lucidatura o lappatura). È quindi evidente che questi simboli costituivano un'indicazione per chi doveva realizzare il pezzo meccanico ma non potevano aiutare il collaudatore nella valutazione del grado di finitura della superficie che è invece funzione non solo del tipo di lavorazione ma di altri parametri della macchina utensile quali velocità di lavoro, tipo di utensile, profondità di passata ed altri ancora.

Una superficie lavorata, in una qualunque direzione si osservi, presenta variazioni di livello di differente ampiezza (variazione in verticale) e differente spaziatura o passo (variazione in orizzontale).

Le variazioni di piccola ampiezza e passo breve, dovute tipicamente al comportamento del materiale sotto l'azione asportatrice dell'utensile in fase di lavorazione, sono chiamate ***errori microgeometrici*** di una superficie e sono valutate e misurate attraverso la teoria ed i parametri di misura della rugosità.

Sempre nell'ambito degli errori microgeometrici, esistono poi imperfezioni superficiali di proporzioni più ampie, chiamate fenomeni di ondulazione, valutati e misurati attraverso i parametri di ondulazione; essi sono causati da giochi, dalle flessioni del pezzo sotto l'azione dell'utensile, dalle vibrazioni periodiche della macchina utensile o ancora da una velocità di avanzamento troppo elevata rispetto alla potenza disponibile nella macchina.

Gli errori di forma invece, esprimono il grado di discordanza fra la superficie reale e quella ideale; questi coinvolgono l'intera estensione della superficie e sono chiamati ***errori macrogeometrici***. Queste variazioni superficiali sono chiamate in modo diverso e sono valutate con strumenti e metodologie diverse in funzione delle proporzioni di tali imperfezioni rispetto al profilo ideale.

La figura 11.11 illustra le sopraccitate imperfezioni superficiali che si possono avere su un pezzo. In particolare con una prima osservazione è possibile riscontrare gli errori di forma (figura 11.11a). Analizzando con maggiore dettaglio la finitura superficiale del profilo reale si può notare che, sovrapposte alle deformazioni geometriche che già lo differenziano dal profilo ideale, si possono quasi sempre trovare deformazioni con minore ampiezza ed anche minore spaziatura tipiche dei fenomeni di ondulazione (figura 11.11b).

Se si analizza con ancora maggior dettaglio il profilo di ondulazione si possono notare deformazioni con minore ampiezza e minore spaziatura tipiche dei fenomeni di rugosità (figura 11.11c).

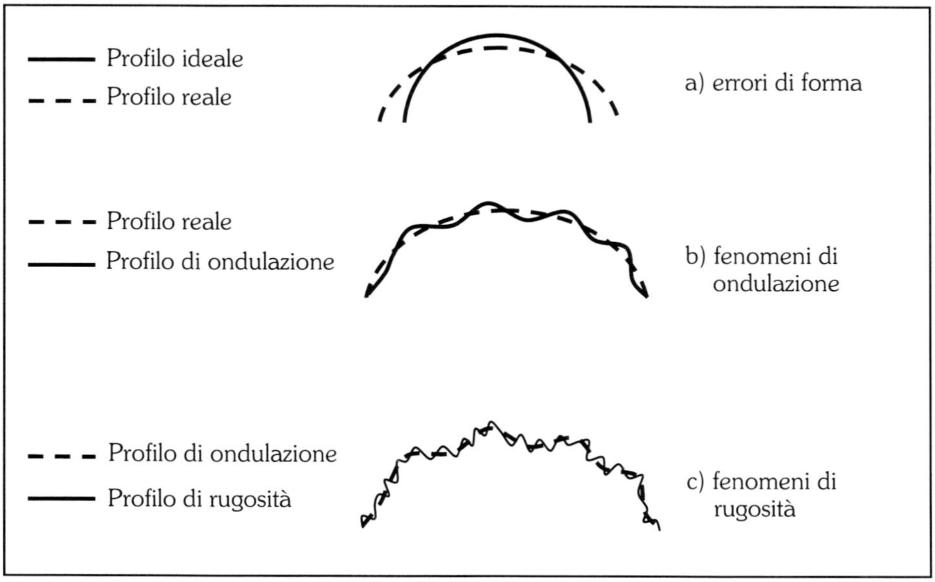

Figura 11.11: errori di forma, fenomeni di ondulazione e rugosità

I fenomeni di ondulazione perciò non devono essere inclusi nel calcolo dei parametri di rugosità; ciò è possibile con l'utilizzo di opportuni filtri che selezionano i fenomeni in base alle diverse spaziature (vedi paragrafo 11.4.3).

Il profilo dovuto al fenomeno di ondulazione costituisce quindi il profilo di riferimento per valutare la rugosità; mentre il profilo generato dalle variazioni geometriche che determinano l'errore di forma costituisce il profilo di riferimento per valutare i fenomeni di ondulazione; infine il profilo geometrico ideale costituisce il profilo di riferimento per valutare l'errore di forma.

11.5.2 Termini e definizioni

Prima di addentrarci nella teoria della rugosità e nelle metodologie di misura è opportuno fornire alcune definizioni particolarmente attinenti all'argomento trattato; esse sono:

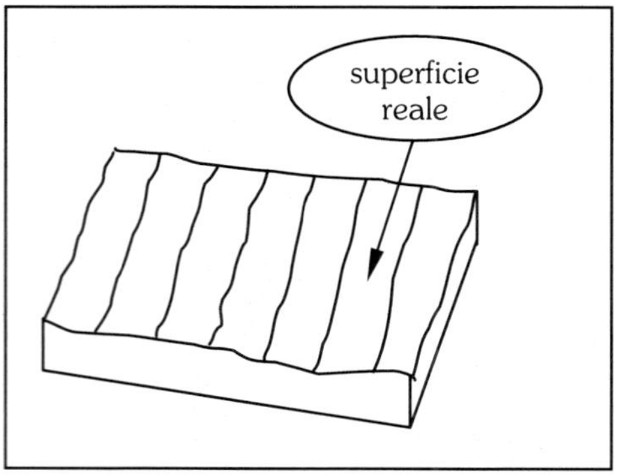

Figura 11.12: superficie reale

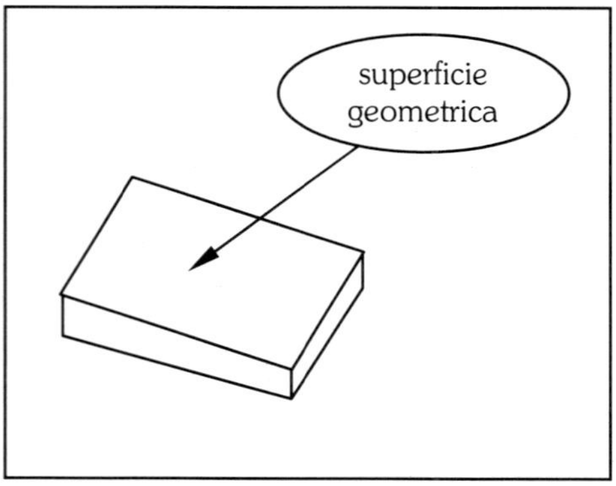

Figura 11.13: superficie geometrica

- ***superficie reale***: superficie che delimita un corpo e lo separa dall'ambiente circostante (figura 11.12);
- ***superficie geometrica o superficie nominale***: superficie ideale, la cui forma nominale è definita dal disegno e/o da ogni altro documento tecnico (figura 11.13).
  Nota: a volta si usa anche con lo stesso significato "superficie geometrica ideale" e "forma a disegno";
- ***superficie di riferimento***: superficie rispetto alla quale vengono determinati i parametri di rugosità (figura 11.14).
  Nota: la superficie di riferimento ha la forma della superficie geometrica e la sua posizione coincide con l'orientamento della superficie reale nello spazio; matematicamente può essere calcolata con il metodo dei minimi quadrati. Questo metodo matematico consiste nell'individuare la superficie, con la forma della superficie geometrica, per la quale risulta minima la somma dei quadrati degli scostamenti di tale superficie da quella rilevata. Nella figura 11.14 viene considerata come superficie geometrica un piano; la superficie individuata è tale da minimizzare la seguente somma: $a^2 + b^2 + c^2 + d^2 + e^2$;

- ***sezione normale***: sezione determinata da un piano perpendicolare alla superficie di riferimento (figura 11.15).
  Nota: in pratica, questa sezione è ottenuta dall'intersezione della superficie di riferimento con un piano perpendicolare al piano tangente ad un elemento geometrico della superficie del pezzo in esame senza tener conto della rugosità di questo elemento;
- ***profilo della superficie***: linea di intersezione della superficie con un piano;
- ***profilo reale***: profilo che risulta dall'intersezione della superficie reale con un piano;
- ***profilo geometrico***: profilo che risulta dall'intersezione della superficie geometrica con un piano;
- ***profilo trasversale***: profilo che risulta dall'intersezione di una superficie con un piano normale alla direzione delle irregolarità (figura 11.16).
  Nota: il profilo trasversale è il profilo tipicamente usato per la misura della rugosità superficiale.
- ***profilo longitudinale***: profilo che risulta dall'intersezione di una superficie con un piano parallelo alla direzione delle irregolarità (figura 11.17).
- ***linea di riferimento***: linea data rispetto alla quale sono determinati i parametri del profilo.
- Nota: non è necessario che questa linea si trovi sulla superficie di riferimento.
- ***lunghezza di base o lunghezza di campionatura l_r, l_w, l_p***: lunghezza, nella direzione dell'asse X, usata per identificare le irregolarità che caratterizzano il profilo da valutare.
  Nota: la lunghezza di base è misurata seguendo l'andamento generale del profilo. La lunghezza di base per la rugosità (l_r) e per il profilo di ondulazione (l_w) sono numericamente uguali rispetti-

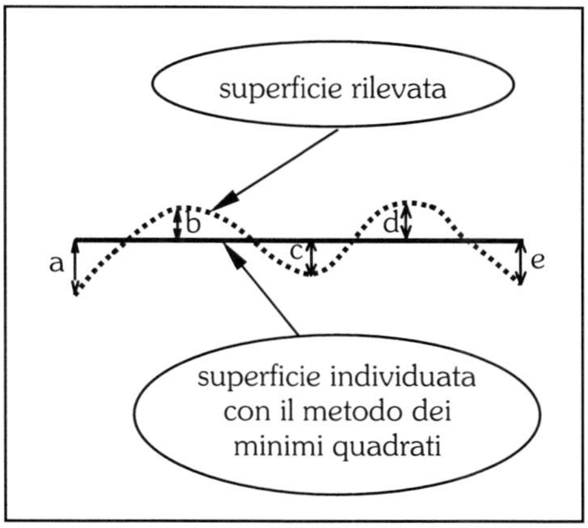

Figura 11.14: superficie di riferimento

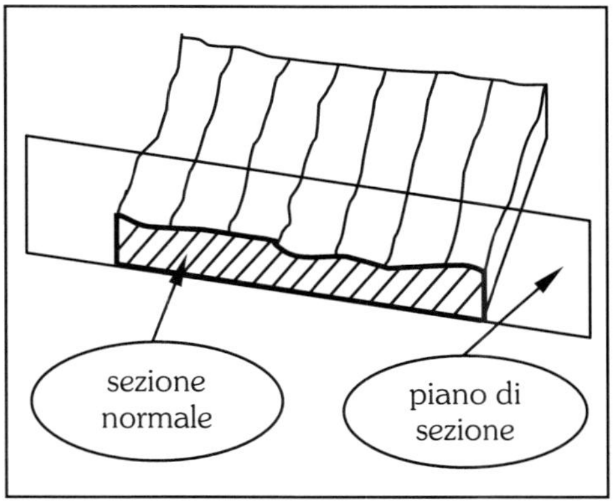

Figura 11.15: sezione normale

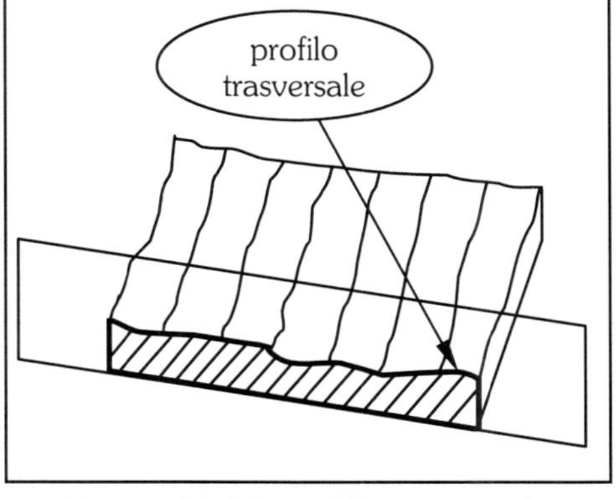

Figura 11.16: profilo trasversale

vamente alla lunghezza d'onda λ_c e λ_f dei filtri di profilo. La lunghezza di base per il profilo primario (l_p) è uguale alla lunghezza di valutazione;

- ***lunghezza di valutazione, l_n***: lunghezza, nella direzione dell'asse X, utilizzata per determinare i valori dei parametri di rugosità della superficie. Essa può comprendere una o più lunghezze di base (figura 11.18);
- ***scostamento del profilo, z***: distanza fra un punto del profilo e la linea di riferimento nella direzione della misurazione;
- ***linea media per il profilo primario***: linea di riferimento avente la forma del profilo geometrico e che divide il profilo primario in modo che, all'interno della lunghezza di base, la somma dei quadrati degli scostamenti da questa linea sia minima;
- ***linea media per il profilo di rugosità***: linea corrispondente al profilo di ondulazione soppresso con il filtro a lunghezza d'onda di taglio λ_c;
- ***linea media per il profilo di ondulazione***: linea corrispondente alle componenti del profilo ad alta lunghezza d'onda soppresse con il filtro a lunghezza d'onda di taglio λ_f.
- ***linea media aritmetica del profilo (detta anche linea centrale)***: linea di riferimento avente la forma del profilo geometrico, parallela alla direzione generale del profilo e che divide il profilo in modo che, all'interno della lunghezza di base, le aree comprese fra la linea centrale ed il profilo siano uguali da ambo i lati della linea stessa (figura 11.19).
- ***picco locale del profilo***: parte del profilo compresa fra due minimi adiacenti del profilo (figura 11.20).

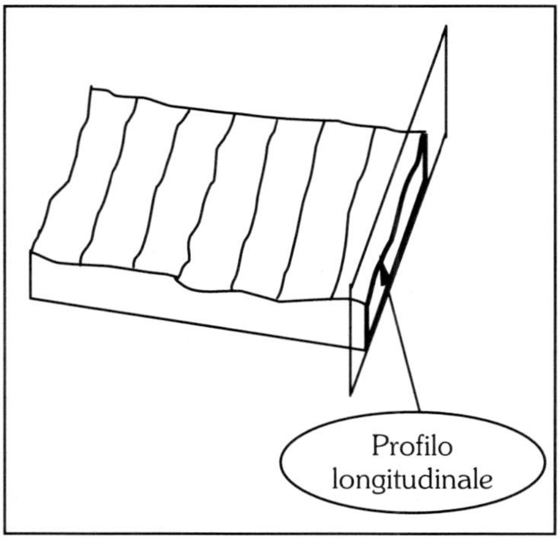

Figura 11.17: profilo longitudinale

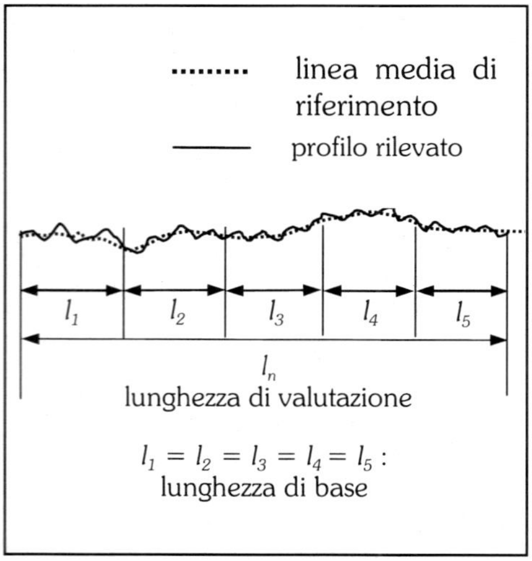

Figura 11.18: lunghezza di valutazione

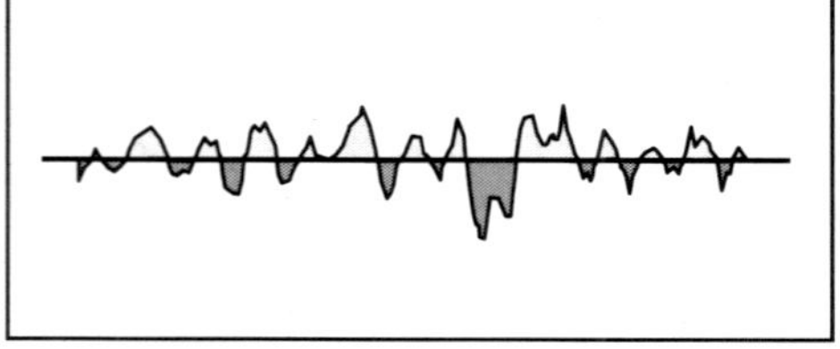

Figura 11.19: linea media aritmetica del profilo

- ***valle locale del profilo***: parte del profilo compresa fra due massimi adiacenti del profilo (figura 11.21);
- ***picco del profilo***: porzione del profilo, al di sopra della linea media, che unisce due punti consecutivi dell'intersezione del profilo con la linea media (figura 11.22).
  Nota: la porzione di profilo diretta verso l'esterno del pezzo, all'inizio o alla fine della lunghezza di base, deve essere sempre considerata come picco del profilo. Volendo determinare il numero di picchi su diverse lunghezze base successive, i picchi del profilo che costituiscono parte del profilo, all'inizio o alla fine di ciascuna lunghezza di base, sono presi in considerazione una sola volta all'inizio di ciascuna lunghezza di base;
- ***valle del profilo***: porzione del profilo, al disotto della linea media, che unisce due punti consecutivi dell'intersezione del profilo con la linea media (figura 11.23).
  Nota: la porzione di profilo diretta verso l'interno del pezzo, all'inizio o alla fine della lunghezza di base, deve essere sempre considerata come una valle. Volendo determinare il numero di valli su diverse lunghezze base successive, le valli del profilo che costituiscono parte del profilo, all'inizio o alla fine di ciascuna lunghezza di base, sono prese in considerazione una sola volta all'inizio di ciascuna lunghezza di base;
- ***elemento del profilo (irregolarità del profilo)***: un picco del profilo ed una valle adiacente;
- ***direzione delle irregolarità***: direzione prevalente dell'andamento delle irregolarità della superficie, determinata dal metodo di lavorazione utilizzato e da altri fattori influenti;
- ***valore dell'ordinata, Z(x)***: altezza del profilo in una determinata posizione *x*. Nota: Z(x) ha un valore positivo se il profilo sta sopra l'asse X, negativo nel caso contrario;

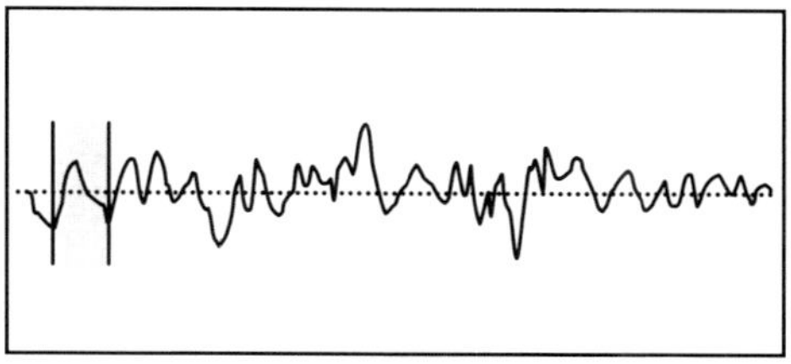

Figura 11.20: picco locale del profilo

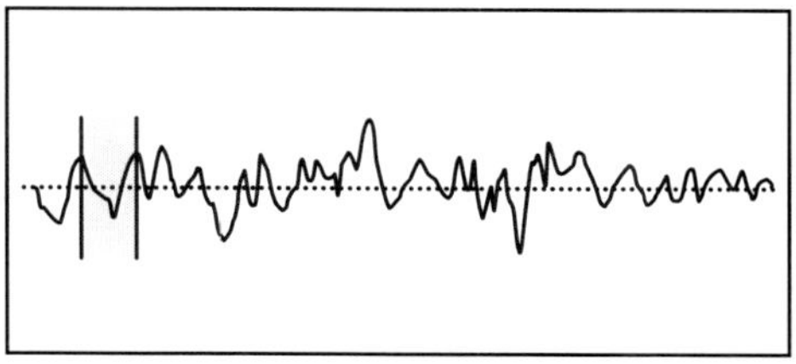

Figura 11.21: valle locale del profilo

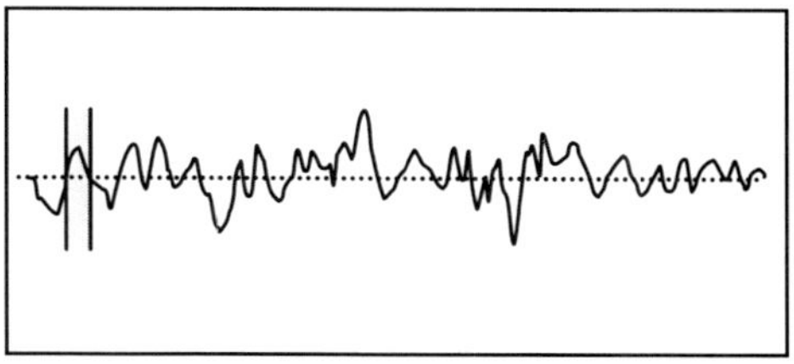

Figura 11.22: picco del profilo

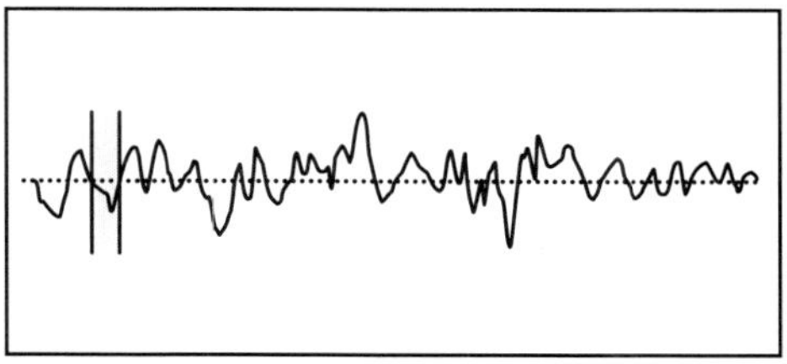

Figura 11.23: valle del profilo

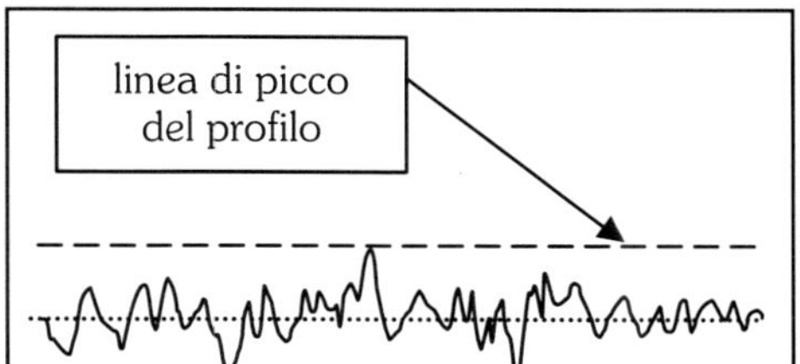

Figura 11.24: linea di picco del profilo

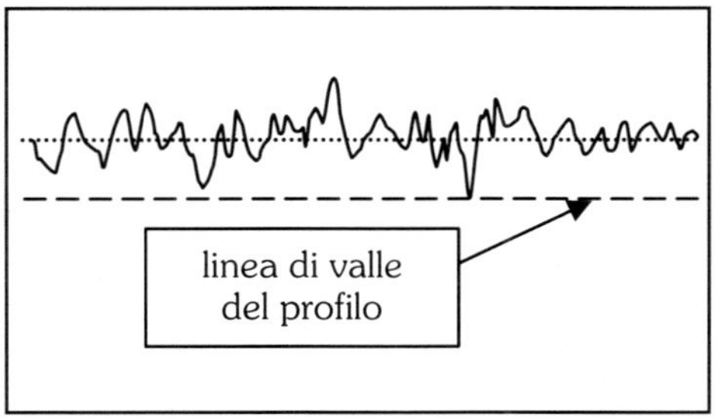

Figura 11.25: linea di valle del profilo

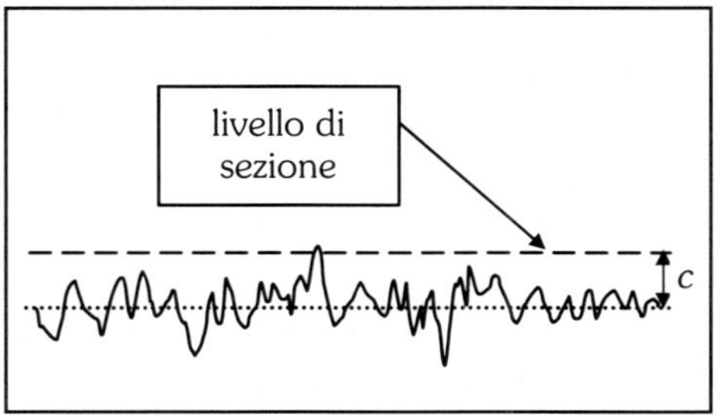

Figura 11.26: linea di sezione del profilo

– ***linea di picco del profilo***: linea parallela alla linea media e passante per il punto più alto del profilo entro la lunghezza di base (figura 11.24).
– ***linea di valle del profilo***: linea parallela alla linea media e passante per il punto più basso del profilo entro la lunghezza di base (figura 11.25).
– ***livello di sezione del profilo, c***: distanza fra la linea di picco del profilo ed una linea parallela intersecante il profilo (figura 11.26).
– Il livello di sezione del profilo può essere espresso in μm o in percentuale di *Rz*.
– ***discriminazione in altezza ed in intervallo delle irregolarità***: altezza minima e intervallo minimo dei picchi del profilo, valli del profilo, picchi locali e valli locali che devono essere presi in considerazione. L'altezza minima e l'intervallo minimo delle irregolarità sono specificati rispettivamente in percentuale di *Rz* ed in percentuale della lunghezza di base.

11.5.3 I filtri

Prima di affrontare l'argomento "filtri" è necessario chiarire il concetto di "***banda del segnale***" ed i principi della "***analisi armonica***" ovvero quella metodologia che si basa sulla scomposizione del segnale (profilo rilevato) in una somma di componenti sinusoidali a diversa ampiezza e diversa frequenza (e quindi diversa lunghezza d'onda). A tal scopo ricordiamo che la frequenza di un segnale sinusoidale rappresenta il numero di oscillazioni complete nell'unità di tempo (o nell'unità di misura dell'asse X); la lunghezza d'onda di un segnale sinusoidale è invece la distanza fra due picchi di un segnale sinusoidale e si misura in metri o suoi sottomultipli (figura 11.27).

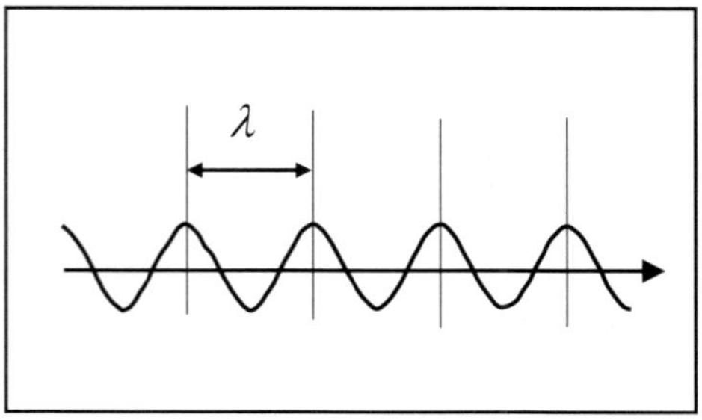

Figura 11.27: lunghezza d'onda del segnale

La frequenza e la lunghezza d'onda sono legate dalla seguente relazione:

$$f = v / \lambda$$

dove:

f : frequenza in Hz;

λ : lunghezza d'onda in m;
v : velocità di propagazione del segnale in m/s (nel caso di un profilo è la velocitàdi avanzamento nella scansione orizzontale).

Il matematico francese J. Fourier scoprì che un qualunque segnale periodico o finito (come può essere il profilo rilevato da un rugosimetro all'interno della lunghezza di valutazione) può essere scomposto in una serie infinita di profili sinusoidali a diversa ampiezza e diversa lunghezza d'onda.

Tale scomposizione, chiamata ***serie di Fourier***, rappresenta uno strumento matematico molto potente che consente di individuare le componenti sinusoidali del segnale (***armoniche***) e quindi di effettuare l'analisi armonica del segnale.

Dalla serie di Fourier si vede che le ampiezze delle varie armoniche decrescono all'aumentare della frequenza e quindi, dopo un certo numero di armoniche, la serie può considerarsi finita poiché le successive armoniche danno un contributo trascurabile alla somma totale.

La "banda di un segnale" è quindi individuata da quelle componenti sinusoidali in cui può considerarsi composto, con approssimazione accettabile, il segnale stesso e può essere espressa come intervallo di frequenza o come intervallo di lunghezza d'onda.

L'azione selettiva di un filtro è individuata dalla sua caratteristica ovvero un grafico che esprime l'attenuazione del filtro stesso (espressa come rapporto fra l'ampiezza del segnale in uscita e l'ampiezza del segnale in ingresso) su un profilo sinusoidale in funzione della lunghezza d'onda. Tale valore di attenuazione nei filtri passivi (filtri che non effettuano alcuna amplificazione del segnale in ingresso) varia da 1 (segnale completamente trasmesso) a zero (segnale completamente soppresso).

La ***lunghezza d'onda di taglio (o di "cut-off")*** λ_c di un filtro rappresenta quella lunghezza d'onda che separa le componenti trasmesse da quelle soppresse; tipicamente l'attenuazione alla lunghezza d'onda di taglio è pari al 50 %.

I filtri sono identificati principalmente dal loro valore di λ_c che delimita la banda di trasmissione del filtro ovvero l'intervallo di lunghezze d'onda per le quali l'ampiezza del segnale trasmesso (uscita) è maggiore del 50% rispetto al segnale in ingresso.

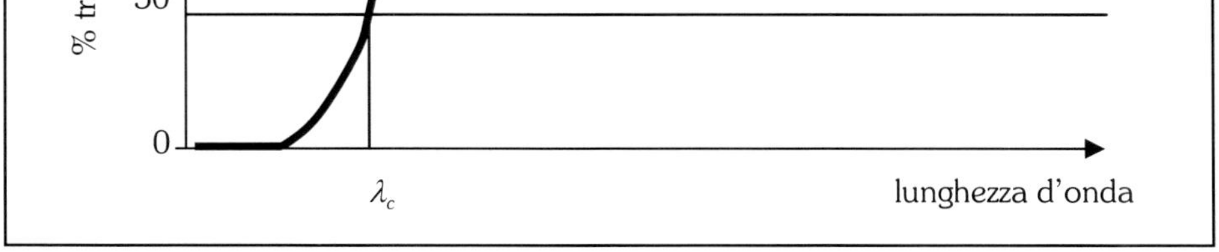

Figura 11.28: filtro che attenua le basse lunghezze d'onda

Esistono quindi dei filtri (figura 11.28) che trasmettono (cioè lasciano passare) solo le armoniche con lunghezza d'onda più grande (frequenza più bassa) rispetto alla lunghezza d'onda di taglio λ_c ed attenuano invece le armoniche con lunghezza d'onda più piccola.

Altri filtri (figura 11.29) trasmettono invece solo le armoniche con lunghezza d'onda più piccola della lunghezza d'onda di taglio ed attenuano invece le armoniche con lunghezza d'onda più grande (bassa frequenza).

Il processo di filtraggio del segnale rilevato dal trasduttore serve per selezionare, in base alla differente lunghezza d'onda, le diverse armoniche che compongono il profilo rilevato. Sul profilo rilevato si deve usare prima di tutto un filtro con una determinata lunghezza d'onda di "cut-off" λ_c in grado di fornire in uscita la "linea media" rispetto alla quale poi saranno calcolati gli scostamenti del profilo. La norma ISO 11562:1996 fornisce le caratteristiche dei filtri per ottenere tale linea media.

Nei rugosimetri vengono utilizzati prevalentemente tre filtri con diversa lunghezza d'onda di "cut-off" per la misura del ***profilo primario***, del ***profilo di rugosità*** e del ***profilo di ondulazione***. Nel paragrafo successivo esamineremo i diversi profili che si possono ottenere dal processo di filtraggio sui quali verranno poi calcolati i relativi parametri.

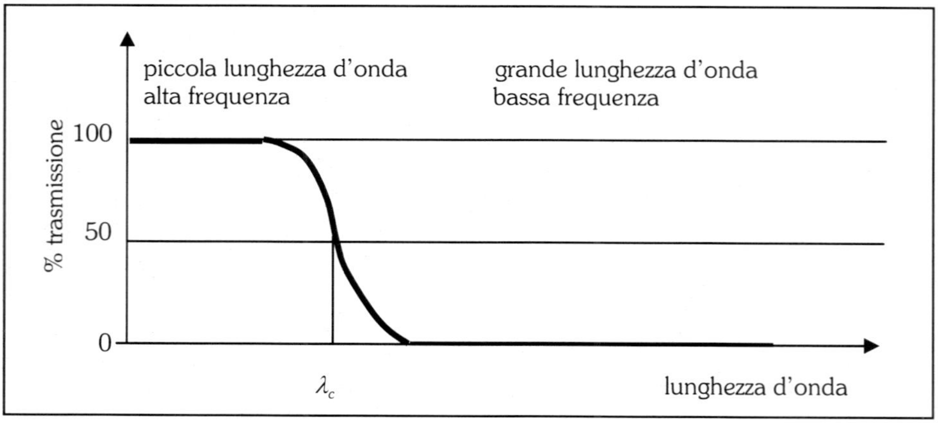

Figura 11.29: filtro che attenua le alte lunghezze d'onda

11.5.4 I vari tipi di profili

Nel seguito si forniscono le definizioni dei vari tipi di profili utilizzati. Essi sono:

- ***profilo di tastatura (traced profile)***: luogo dei centri di una punta tastatrice avente forma geometrica ideale (conica con punta sferica) e dimensioni nominali, con forza tastatrice nominale, mentre trasla su di una superficie definita da un piano di intersezione;
- ***profilo di riferimento***: traccia sulla quale la testina tastatrice (trasduttore) trasla lungo la guida che definisce il piano di intersezione.

- ***profilo totale***: forma digitale del profilo di tastatura relativo al profilo di riferimento con le relative coordinate orizzontali e verticali.
- ***profilo primario***: profilo che deriva dal profilo totale applicando un filtro che lascia passare le componenti a più grande lunghezza d'onda rispetto alla lunghezza d'onda di taglio λ_s (figura 11.30).
- Questo filtro consente di sopprimere dal profilo le bassissime lunghezze d'onda e quindi le alte frequenze che rappresentano la componente di rumore. La lunghezza d'onda λ_s rappresenta la lunghezza d'onda di separazione fra le componenti di rugosità e le componenti a più piccola lunghezza d'onda presenti sulla superficie.

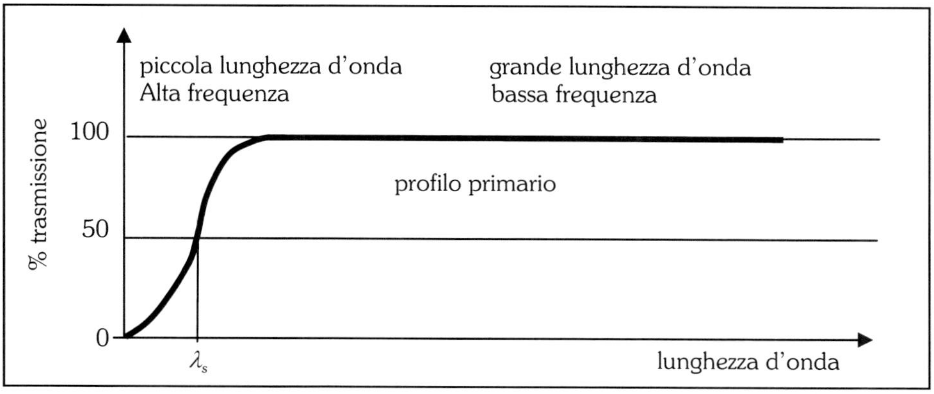

Figura 11.30: filtro per profilo primario

- **profilo di rugosità**: profilo che deriva dal profilo primario applicando un filtro che lascia passare le componenti a più bassa lunghezza d'onda rispetto alla lunghezza d'onda di taglio λ_c (figura 11.31).
In pratica questo filtro elimina le componenti a lunghezza d'onda più grande di λ_c (componenti di ondulazione). È come se si applicasse al profilo totale un filtro con banda passante limitata dalle lunghezze d'onda λ_s e λ_c; quest'ultima

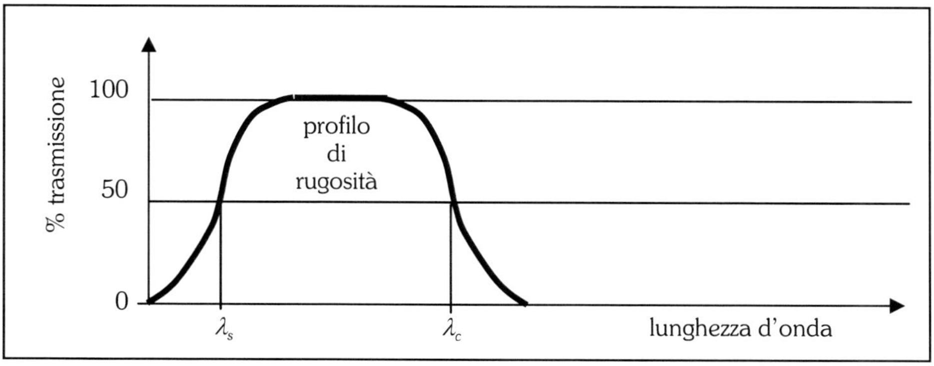

Figura 11.31: filtro per profilo di rugosità

rappresenta la lunghezza d'onda di separazione fra le componenti di rugosità e le componenti di ondulazione presenti sulla superficie.

- ***profilo di ondulazione***: profilo che deriva dal profilo primario applicando prima un filtro che lascia passare le componenti a più piccola lunghezza d'onda rispetto alla lunghezza d'onda di taglio λ_f e poi un filtro che lascia passare le componenti a più grande lunghezza d'onda rispetto alla lunghezza d'onda di taglio λ_c (figura 11.32). È come se al profilo totale fosse applicato un filtro con banda passante limitata dalle lunghezze d'onda λ_c e λ_f ove λ_f rappresenta la lunghezza d'onda di separazione fra le componenti di ondulazione e le componenti a maggiore lunghezza d'onda.

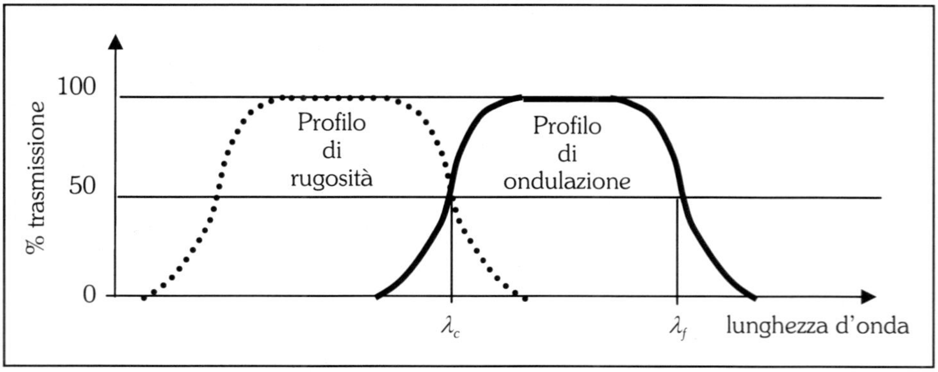

Figura 11.32: filtro per profilo di ondulazione

- ***profilo geometrico***: profilo che si ottiene applicando un ulteriore filtro che trasmette le componenti a più alta lunghezza d'onda rispetto alla lunghezza d'onda di taglio λ_f (in pratica questo filtro elimina sia le componenti di rugosità che quelle di ondulazione) come si può vedere dalla figura 11.33 che riporta tutte le componenti sopra descritte.

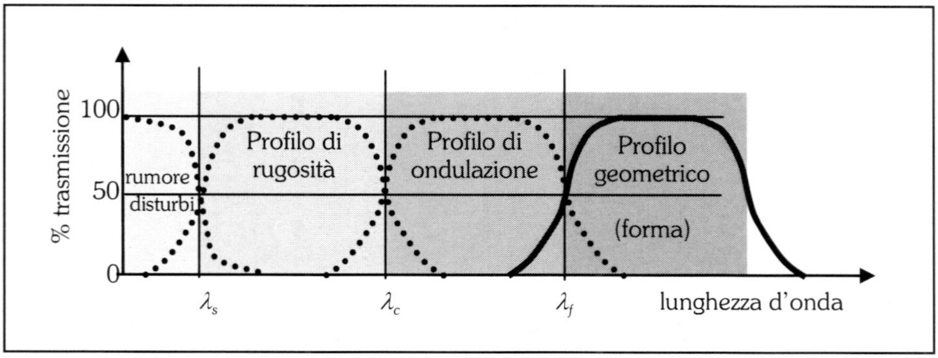

Figura 11.33: profilo geometrico (forma)

11.5.5 I parametri di misura

Una volta individuato il profilo di interesse, su questo possono essere calcolati diversi parametri quantitativi ciascuno dei quali mette in evidenza alcune caratteristiche peculiari del profilo esaminato.

I parametri di seguito descritti sono quelli definiti dalla norma ISO 4287:1997 attualmente in vigore anche se esistono ancora diverse norme che definiscono molti altri parametri per la misura della rugosità superficiale.

I parametri riportati vengono distinti in parametri *P*, parametri *R* e parametri *W* a seconda che siano riferiti rispettivamente al profilo primario, al profilo di rugosità o al profilo di ondulazione; la descrizione che segue fa riferimento ad un profilo di rugosità ma gli stessi parametri possono essere applicati anche agli altri profili.

- ***Pendenza locale*** $\frac{dZ(x)}{dX}$: pendenza del profilo alla posizione x (figura 11.34).
- ***Altezza del picco del profilo Zp***: distanza fra la linea media del profilo ed il punto più alto di un picco del profilo all'interno della lunghezza di base (figura 11.35).

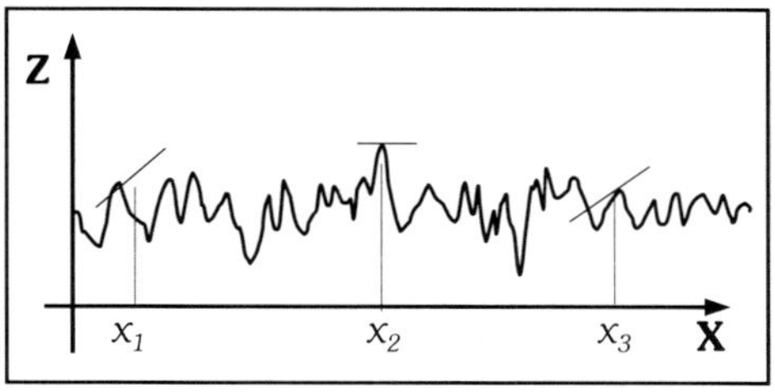

Figura 11.34: pendenza locale

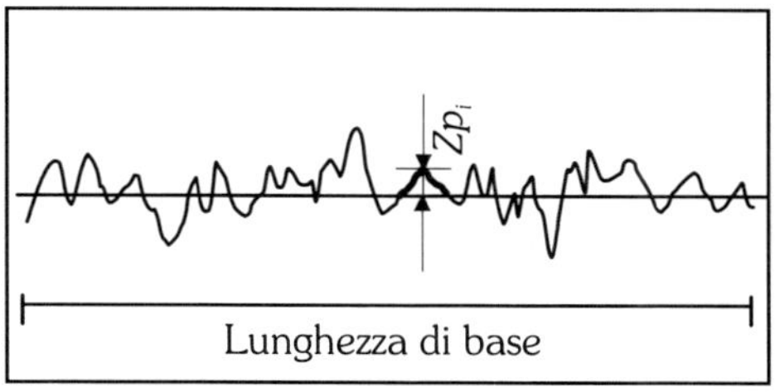

Figura 11.35: altezza del picco del profilo

- ***Profondità della valle del profilo Zv***: distanza fra la linea media del profilo ed il punto più basso di una valle del profilo all'interno della lunghezza di base (figura 11.36).
- ***Altezza di un elemento del profilo Zt***: somma dell'altezza di un picco e della profondità della valle adiacente (figura 11.37).

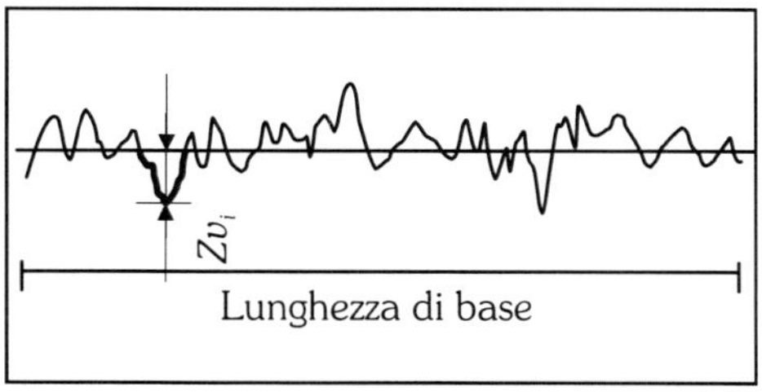

Figura 11.36: profondità della valle del profilo

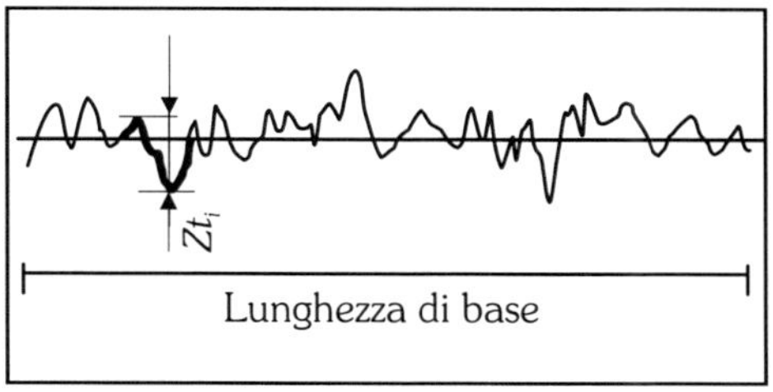

Figura 11.37: altezza di un elemento del profilo

- ***Larghezza di un elemento del profilo Xs***: lunghezza del segmento di intersezione di un elemento del profilo con l'asse X (figura 11.38).
- ***Lunghezza del materiale del profilo (lunghezza del profilo portante) Ml(c)***: somma delle lunghezza dei segmenti ottenuti sezionando i picchi del profilo con una linea parallela alla linea media (asse X) all'interno della lunghezza di base, ad un dato livello di sezione *c* (figura 11.39) e cioè:

$$Ml(c) = Ml_1 + Ml_2 + \ldots + Ml_n$$

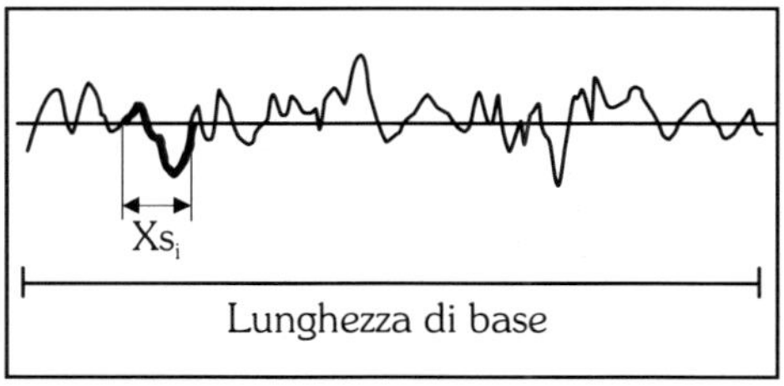

Figura 11.38: larghezza di un elemento del profilo

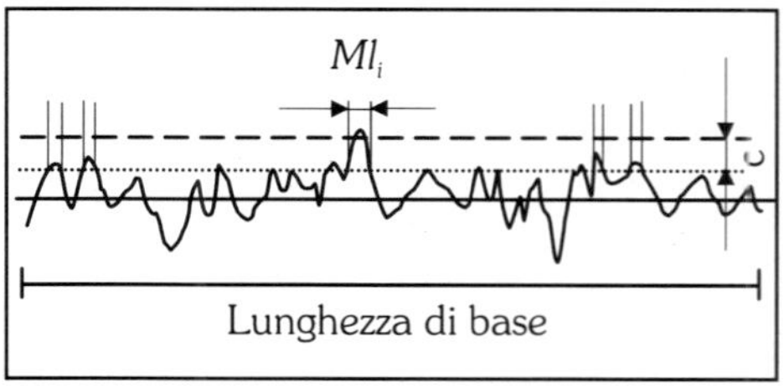

Figura 11.39: lunghezza del materiale del profilo

- ***Altezza di picco massima Rp***: altezza del picco del profilo più alto all'interno della lunghezza di base (figura 11.40).
- ***Profondità di valle massima Rv:*** profondità della valle del profilo più alta all'interno della lunghezza di base (figura 11.41).

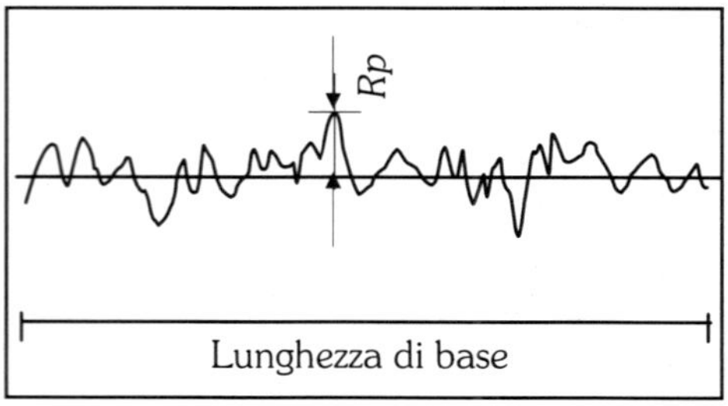

Figura 11.40: altezza di picco massima

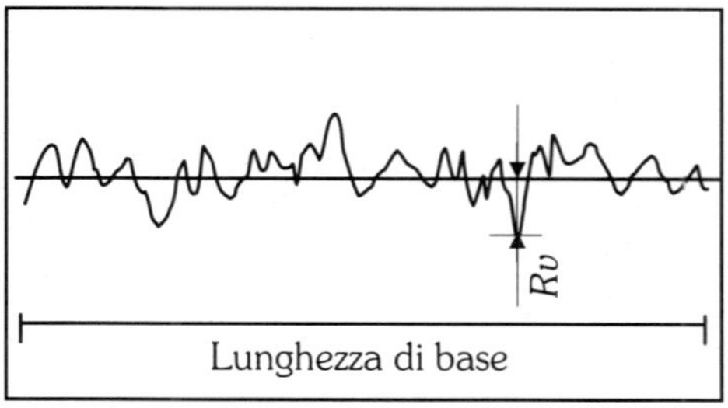

Figura 11.41: profondità di valle massima

- ***Altezza massima del profilo Rz:*** distanza fra la linea di picco del profilo e la linea di valle del profilo all'interno della lunghezza di base e cioè:

$$Rz = Rp + Rv$$

Nota 1: l'attuale definizione di *Rz* coincide con la vecchia definizione di *Ry*.
Nota 2: la vecchia definizione di *Rz* (ISO 4287-1:1984) invece era usata per indicare "l'altezza delle irregolarità su 10 punti" ovvero la media della somma dei valori assoluti

dei 5 picchi più alti del profilo e delle 5 valli più profonde del profilo, all'interno della lunghezza di base e cioè:

$$R_z = \frac{\sum_{i=1}^{5}\left|y_{pi}\right| + \sum_{i=1}^{5}\left|y_{vi}\right|}{5}$$

dove:
y_{pi} : altezze degli i-esimi picchi più alti del profilo;
y_{vi} : profondità delle i-esime valli più profonde del profilo.

- ***Altezza media degli elementi del profilo, Rc***: valore medio delle altezze degli elementi del profilo *Zt* all'interno della lunghezza di base e cioè:

$$Rc = \frac{1}{n}\sum_{i=1}^{n} Zt_i$$

dove *n* è il numero degli elementi del profilo sulla lunghezza base.
- ***Altezza totale (picco/valle) del profilo Rt***: distanza fra la linea di picco del profilo e la linea di valle del profilo, all'interno della lunghezza di valutazione (somma dell'altezza del picco più alto e dell'altezza della valle più profonda).
- ***Scostamento medio aritmetico del profilo, Ra***: media aritmetica dei valori assoluti degli scostamenti del profilo, all'interno della lunghezza di base *l* (l_r per il profilo di rugosità). *Ra* è data dalle seguenti formule:

$$Ra = \frac{1}{l_r}\int_{o}^{l_r}\left|Z(x)\right|dx \qquad \text{o in via approssimata:} \qquad Ra \approx \frac{1}{n}\sum_{i=1}^{n}\left|Z_i\right|$$

dove *n* è il numero degli scostamenti discreti del profilo.

Nota: i valori di *Ra* sono determinati in pratica entro una lunghezza di valutazione che comprende più lunghezze di base. La lunghezza di base è numericamente uguale alla lunghezza d'onda di taglio (cut-off) definita nella norma ISO 3274:1975.

- ***Scostamento medio quadratico del profilo, Rq***: valore medio quadratico degli scostamenti del profilo, all'interno della lunghezza di base *l*. *Rq* è dato da:

$$Rq = \sqrt{\frac{1}{l_r}\int_{o}^{l_r} Z^2(x)dx}$$

Nota: i valori di *Rq* sono determinati in pratica entro una lunghezza di valutazione che comprende più lunghezze di base. La lunghezza di base è numericamente uguale alla lunghezza d'onda di taglio (cut-off) definita nella norma ISO 3274:1975.

– ***Asimmetria del profilo, Rsk***: la misura dell'asimmetria della distribuzione degli scostamenti del profilo è data dalla seguente formula:

$$Rsk = \frac{1}{Rq^3}\left[\frac{1}{l_r}\int_o^{l_r} Z^3(x)dx\right]$$

– ***Curtosi del profilo, Rku:*** la misura della forma appuntita del profilo è data dalla seguente formula:

$$Rku = \frac{1}{Rq^4}\left[\frac{1}{l_r}\int_o^{l_r} Z^4(x)dx\right]$$

– ***Larghezza media degli elementi del profilo, RSm***: valore medio della larghezza degli elementi del profilo *Xs*, all'interno della lunghezza di base. *RSm* è dato da:

$$RSm = \frac{1}{n}\sum_{i=1}^{n} Xs_i$$

dove:
Xsi : larghezza dell'elemento i-esimo del profilo;
n : numero degli elementi del profilo nella lunghezza di base;

– ***Pendenza media quadratica del profilo, RΔq***: radice quadrata del valore medio del quadrato del gradiente degli scostamenti del profilo (pendenza), all'interno della lunghezza di base. *RΔq* è dato da:

$$R\Delta q = \sqrt{\frac{1}{l_r}\int_0^{l_r}\left(\frac{dz}{dx}\right)^2 dx}$$

dove *dz/dx* è la pendenza istantanea del profilo.
In via approssimata si può esprimere *RΔq* come segue:

$$R\Delta q = \sqrt{\frac{1}{n}\sum_{i=1}^{n}\left(\frac{dz_i}{dx_i}\right)^2}$$

– ***Rapporto di materiale del profilo (rapporto di lunghezza del profilo portante) Rmr(c)***: rapporto fra la lunghezza del materiale del profilo (lunghezza del profilo portante) *Ml(c)* e la lunghezza di valutazione. Quindi:

$$Rmr(c) = Ml(c) / l_n$$

- ***Curva del rapporto di materiale del profilo, (Abbott Firestone curve o BAC)***: rappresentazione grafica della relazione esistente tra i valori del rapporto di materiale del profilo ed il livello di sezione del profilo (figura 11.42).

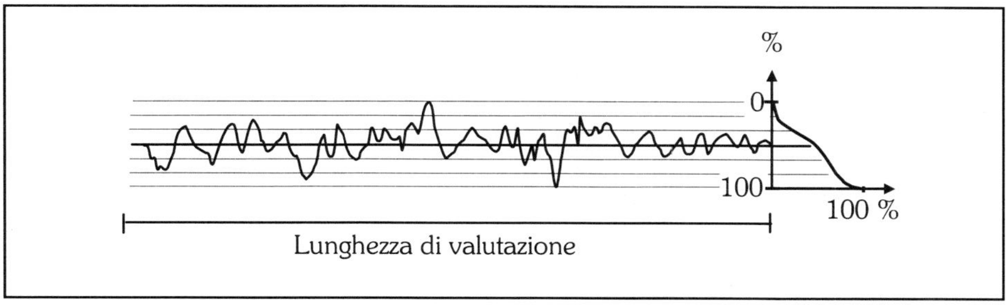

Figura 11.42: curva del rapporto di materiale del profilo

- ***Differenza di altezza della sezione del profilo Rδc***: distanza verticale fra due livelli di sezione con rapporto di materiale assegnato e cioè:

$$R\delta c = C(Rmr_1) - C(Rmr_2)$$

- ***Rapporto relativo di materiale Rmr***: rapporto di materiale ad un livello di sezione $R\delta c$ rispetto ad un livello di riferimento C_0 e cioè:

$$Rmr = Rmr\ (C_0 - R\delta c)$$

- ***Curva della distribuzione di ampiezza***: funzione densità di probabilità dell'ordinata Z(x) nella lunghezza di valutazione (figura 11.43).

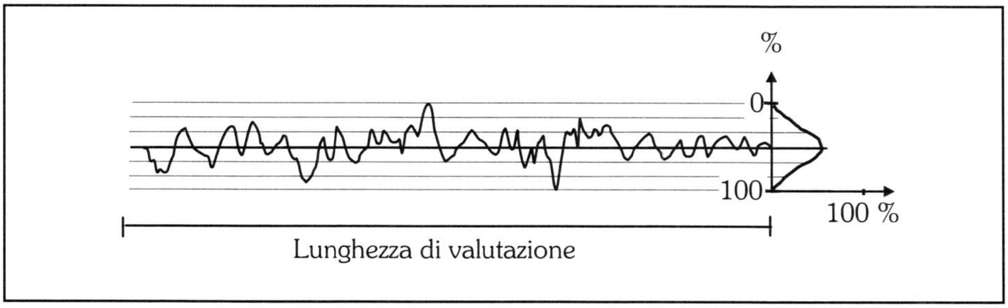

Figura 11.43: curva della distribuzione di ampiezza

11.5.6 Principio di funzionamento del rugosimetro e caratteristiche costruttive

Il rugosimetro consente di misurare gli spostamenti lungo l'asse verticale (asse Z) di una punta tastatrice a contatto con la superficie in esame; la punta tastatrice è movimentata, con velocità costante, da un'unità di traslazione orizzontale.

Nella maggior parte dei modelli esistenti, gli spostamenti lungo l'asse verticale della punta tastatrice sono rilevati da un trasduttore di posizione di tipo induttivo, il cui segnale viene condizionato ed amplificato da una unità di elaborazione e registrazione grafica, che consente di valutare lo stato di finitura superficiale (errori microgeometrici). Esistono inoltre modelli non a contatto con sistemi laser per il rilievo della posizione verticale.

La misura degli spostamenti lungo l'asse X, durante la scansione orizzontale, viene eseguita normalmente tramite una riga ottica.

Il rugosimetro è tipicamente composto dalle seguenti parti:

- la punta tastatrice solidale al trasduttore di spostamento;
- l'unità di avanzamento in grado eseguire una traslazione orizzontale della punta tastatrice a velocità costante;
- il registratore grafico in grado di rappresentare graficamente il profilo rilevato;
- l'indicatore numerico del parametro calcolato;
- l'unità di elaborazione che consente di applicare filtri diversi al profilo rilevato e permette di calcolare i parametri di rugosità.

La norma UNI EN ISO 3274:1996 definisce i valori nominali e le caratteristiche costruttive di alcune parti dello strumento.

La punta tastatrice, la cui forma e dimensione influisce sensibilmente sul profilo rilevato, deve essere di forma conica con punta sferica; il valore nominale del raggio di curvatura della punta può essere pari a 2 μm, 5 μm, 10 μm in funzione dei valori di rugosità attesi. Per superfici con $Ra > 0{,}5$ μm si può usare una punta con raggio pari a 5 μm senza ottenere variazioni significative del risultato della misurazione. I valori nominali degli angoli di apertura del cono sono 60° o 90° ma se non è diversamente specificato viene adottato un angolo di 60°.

La forza di contatto della punta tastatrice sul pezzo di misura in condizioni statiche deve essere pari a 0,00075 N e deve essere costante in tutte le posizioni, sia lungo l'asse X che lungo l'asse Z. La forza esercitata dal pattino (laddove previsto) sulla superficie di misura non deve superare il valore di 0,5 N.

Dal punto di vista funzionale possiamo distinguere due tipi di rugosimetri:

- **rugosimetro con pattino di appoggio** (tipo utilizzato nei rugosimetri portatili): può essere utilizzato per controlli in officina o quando si vuole escludere il fenomeno di ondulazione. Tale rugosimetro ha infatti come riferimento orizzontale la superficie del pattino stesso che appoggia sulla superficie del pezzo in esame e media quindi i fenomeni di ondulazione mentre la punta tastatrice rileva direttamente il profilo di rugosità. Questo sistema (figura 11.44) non consente un perfetto allineamento tra pezzo e movimento orizzontale della testina e spesso utilizza un supporto che serve per meglio allineare l'unità di avanzamento con la superficie del pezzo (specialmente per pezzi cilindrici).

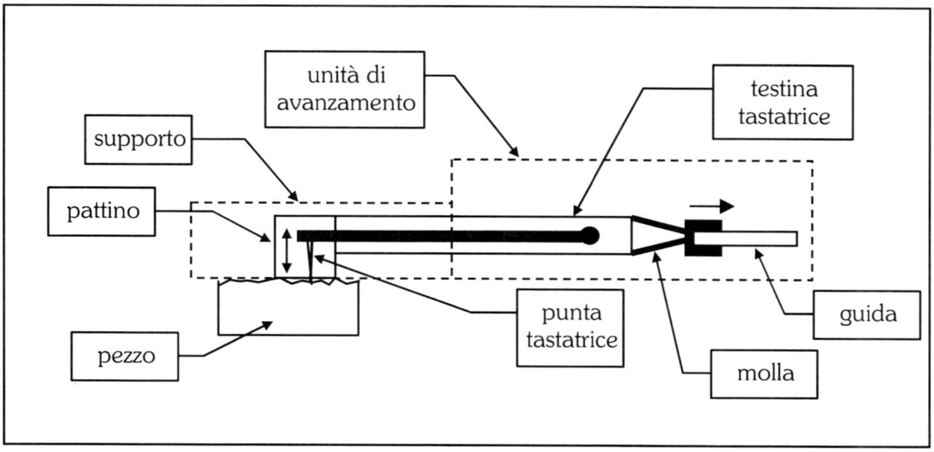

Figura 11.44: rugosimetro con testina tastatrice oscillante e pattino di appoggio

- **rugosimetro con testina tastatrice guidata senza pattino di appoggio**: sfrutta l'elevata rettilineità di una guida di riferimento interna all'unità di avanzamento per guidare il movimento della testina tastatrice; questo sistema consente di rilevare, con opportuno filtraggio, anche i parametri di ondulazione. Il rugosimetro ha quindi un piano di appoggio del pezzo, parallelo al piano della guida, e consente di rilevare tutte le deformazioni superficiali del pezzo in esame nella direzione di scansione purché comprese nel campo di misura dell'asse verticale (figura 11.45).

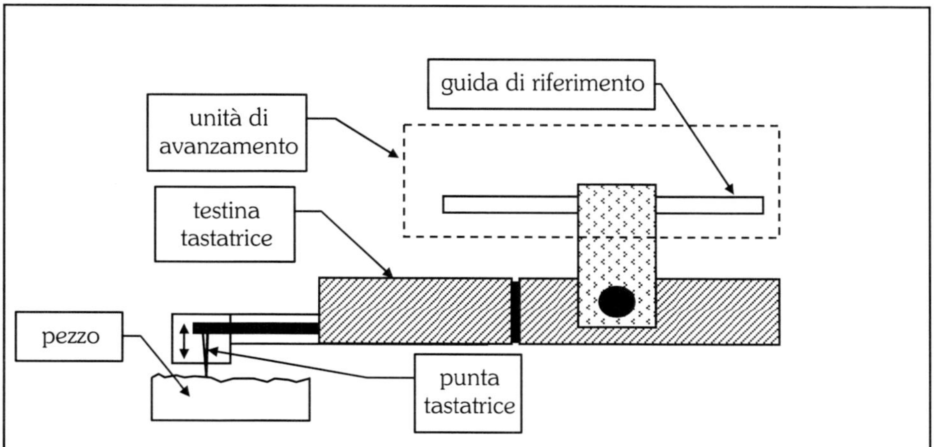

Figura 11.45: rugosimetro con testina tastatrice senza pattino di appoggio

Una ulteriore classificazione dei rugosimetri distingue fra i modelli portatili ed i modelli da laboratorio (o da banco) che richiedono l'installazione dello strumento.

I modelli portatili utilizzano sempre il pattino di appoggio e sono quindi idonei solo per misure di rugosità (non rilevano infatti la componente di ondulazione) e sono utilizzabili principalmente per superfici piane.

Questi modelli offrono normalmente prestazioni inferiori relativamente al campo di misura, numero di parametri misurabili ed accuratezza di misura.

I rugosimetri portatili, inoltre, non consentono di rilevare valori di *Ra* inferiori a 0,01 μm e non sono quindi indicati a rilevare la rugosità di superfici con un ottimo grado di finitura come quelle ottenute da una lavorazione di lappatura o lucidatura; l'accuratezza di misura inoltre risente anche della stabilità del contatto.

Molti rugosimetri da laboratorio consentono di misurare la rugosità di alberi nella direzione di taglio dell'utensile (perpendicolare all'asse del cilindro) in quanto consentono di compensare la forma circolare del profilo rilevato, anche se per un tratto di profilo molto piccolo, tale da non portare il trasduttore di spostamento verticale fuori dal campo di misura.

Alcuni rugosimetri da laboratorio, inoltre, sono dotati di cilindri rotanti gestiti dall'unità di controllo che fanno da supporto ai pezzi da misurare; tali cilindri mettono in rotazione il pezzo in esame sotto la punta tastatrice e consentono di verificare l'intera sezione circolare di alberi o sfere.

I rugosimetri con prestazioni elevate hanno il motore dell'unità di avanzamento posto fuori del piano di misura in modo da minimizzare la trasmissione delle vibrazioni e quindi dei possibili disturbi durante la misura.

11.5.7 Campo di applicazione del rugosimetro

Il rugosimetro è uno strumento ideato per la misura della microgeometria delle superfici. Il campo di applicazione dello strumento è limitato principalmente dal campo di misura lungo l'asse Z e lungo l'asse X nonché dal numero di parametri che vengono calcolati dal sistema di elaborazione.

Con un'adeguata scelta dei filtri ed una opportuna elaborazione del profilo rilevato si possono misurare, oltre ai fenomeni di rugosità ed ondulazione, anche alcuni errori di forma.

Il parametro *Rt*, per esempio, determinato dalla distanza nella direzione verticale fra il punto più alto ed il punto più basso del profilo, può essere utilizzato per misurare l'errore di rettilineità sulla lunghezza di valutazione.

11.5.8 Modalità di misura

Per una corretta misurazione con il rugosimetro è necessario seguire le seguenti operazioni:

- posizionare il pezzo nella direzione corretta (trasversale alla direzione di taglio dell'utensile usato per la lavorazione);
- scegliere il profilo da elaborare;

- selezionare i parametri di misura;
- eseguire le corrette impostazioni dei seguenti parametri:
  - lunghezza d'onda di cut-off λ_c;
  - lunghezza di valutazione l_n (multiplo della lunghezza di base);
  - filtro da utilizzare;
  - ingrandimento o campo di misura lungo l'asse Z;
  - grafici da visualizzare;
- impostazione di eventuali funzioni di automazione.

La lunghezza d'onda λ_c del filtro utilizzato è funzione della rugosità attesa; la norma ISO 4288:1996 fornisce i valori di λ_c, della lunghezza di base e della lunghezza di valutazione da utilizzare per ogni intervallo di rugosità. Questi valori sono riportati nella tabella 11.6.

In relazione a λ_c viene selezionata anche λ_s utilizzata per isolare il profilo di rugosità dalle componenti con più piccola lunghezza d'onda costituite dal rumore. Infatti la norma ISO 3274:1996 fornisce i valori di λ_s da utilizzare in funzione dei valori di λ_c come indicato nella tabella 11.6 (generalmente λ_s viene impostata automaticamente dall'unità di controllo del rugosimetro).

Tabella 11.6: valori delle lunghezze di base e di valutazione in funzione di *R*a

Valore del parametro Ra **(μm)**	λ_c	λ_s	**Lunghezza di base** l_r	**Lunghezza di valutazione** l_n
$0{,}006 < Ra \leq 0{,}02$	0,08 mm	2,5 μm	0,08 mm	0,4 mm
$0{,}02 < Ra \leq 0{,}1$	0,25 mm	2,5 μm	0,25 mm	1,25 mm
$0{,}1 < Ra \leq 2$	0,8 mm	2,5 μm	0,8 mm	4 mm
$2 < Ra \leq 10$	2,5 mm	8 μm	2,5 mm	12,5 mm
$10 < Ra \leq 80$	8 mm	25 μm	8 mm	40 mm

I rugosimetri che utilizzano filtri digitali devono esplorare il profilo per un tratto precedente (corsa iniziale) ed uno seguente (corsa finale) la lunghezza di valutazione.

La lunghezza della corsa iniziale e finale è ancora funzione della lunghezza di valutazione l_n ed è pari a 0,4 mm per $l_n < 0{,}8$ mm e pari a l_n per $l_n \geq 0{,}8$ mm.

I rugosimetri che utilizzano invece filtri analogici hanno solo una precorsa, da definire inizialmente, che rimane uguale per ogni lunghezza di base e che viene automaticamente attivata prima della lunghezza di valutazione ad ogni rilevazione dello strumento.

11.5.9 Problematiche nella misura di rugosità

Uno degli accorgimenti più importanti per una corretta misura della rugosità è una buona pulizia della superficie da esaminare, oltre ad un corretto posizionamento del pezzo.

La punta tastatrice conica deve essere perpendicolare alla superficie da esaminare e la testina deve essere posizionata (agendo sulle regolazioni previste) in modo da partire dalla posizione centrale del campo di misura verticale del trasduttore.

L'asse di simmetria del pezzo inoltre deve essere parallelo alla direzione di scansione (asse X); per pezzi torniti l'asse di scansione della testina deve coincidere con la linea di mezzeria del pezzo ovvero con la generatrice più alta del pezzo in esame poiché solo in questo caso la punta tastatrice effettua una scansione su una superficie piana, orizzontale ed in direzione perpendicolare alle direzione di taglio dell'utensile durante la lavorazione.

Nel caso in cui si utilizzino rugosimetri portatili è necessario assicurare un buon appoggio dello strumento prima di eseguire la scansione.

La forza di contatto fra punta tastatrice e superficie del pezzo, unitamente alla velocità di scansione (soprattutto per il parametro *Rz*), possono essere fattori determinanti per eseguire misure accurate. Basse velocità di scansione e forze di contatto elevate consentono di seguire meglio le variazioni superficiali senza procurare salti (perdita di contatto fra la punta tastatrice e la superficie di misura) durante la misura.

Nelle figure 11.46 e 11.47 si può osservare la differenza del profilo rilevato e dei valori per i parametri di rugosità *Ra*, *Rz*, *RSm* calcolati su uno stesso campione a tre solchi con due velocità di scansione diverse. Come si può osservare dai profili illustrati nelle figure, passando da una velocità di scansione di 2 mm/s ad una velocità di 5 mm/s si verificano delle perdite di contatto (andamento oscillante del profilo rilevato) fra punta tastatrice e superficie del campione. A causa di queste perdite di contatto si ha una variazione sensibile sul valore del parametro *Rz* e del parametro *RSm*, mentre sul valore del parametro *Ra*, tale effetto non risulta apprezzabile.

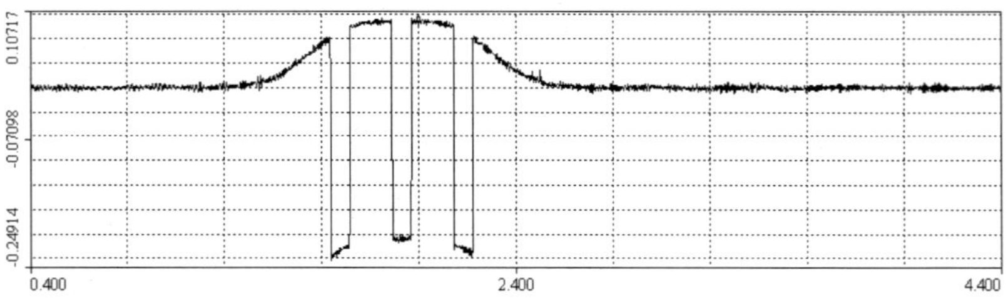

Velocità di scansione: 2 mm/s
Risultati ottenuti: *Ra* = 0,027 μm *Rz* = 0,144 μm *RSm* = 0,136 μm

Figura 11.46: andamento del profilo di rugosità con velocità di 2 mm/s

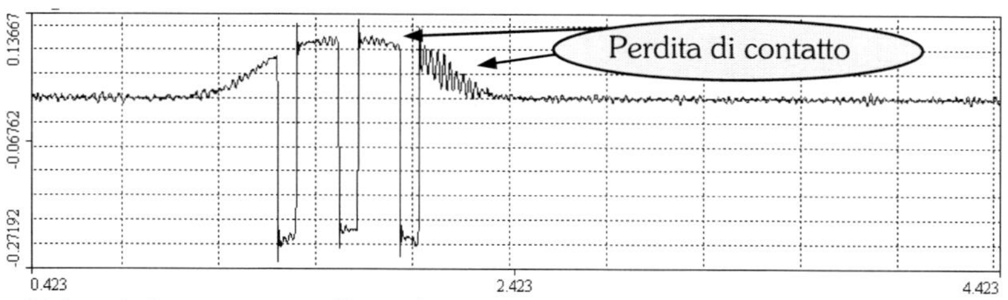

Velocità di scansione: 5 mm/s

Risultati ottenuti: Ra = 0,027 μm Rz = 0,157 μm RSm = 0,146 μm

Figura 11.47: andamento del profilo di rugosità con velocità di 5 mm/s

Nel caso in cui si misura una superficie con un buon grado di finitura ma che presenta solchi abbastanza profondi, si hanno notevoli distorsioni se si applica il filtraggio tradizionale.

La norma ISO 13565-1:1996 fornisce un metodo per il calcolo dei profili di rugosità che riduce le distorsioni nei casi sopra citati: questo metodo consiste nel rimuovere le porzioni del profilo che giacciono al di sotto della linea media (ottenuta tramite l'applicazione del filtro con lunghezza d'onda di taglio λ_c) sostituendo tali tratti del profilo con i tratti della linea media stessa (figura 11.48).

Applicando poi lo stesso filtro (lunghezza d'onda di cut-off λ_c) al profilo così ottenuto si ottiene un'altra linea media che rappresenta la "linea di riferimento" rispetto alla quale sono valutati i parametri di rugosità. Il profilo rappresentativo della rugosità superficiale si ottiene infatti sottraendo dal profilo iniziale la suddetta linea di riferimento.

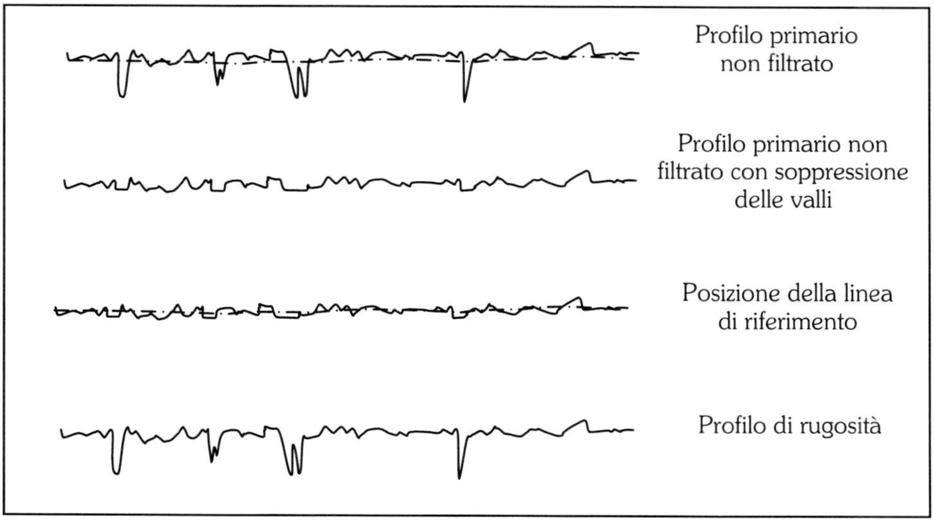

Figura 11.48: calcolo dei profili secondo ISO 13565-1

11.5.10 Grandezze di influenza nelle misure con il rugosimetro

In questo paragrafo sono analizzate le principali grandezze d'influenza nella misurazione con il rugosimetro, senza definirne il modello matematico che ne evidenzia la loro propagazione sul risultato della misura e senza stimarne i contributi di incertezza che scaturiscono dalla mancata modellizzazione e correzione di tali effetti. Le principali grandezze d'influenza sono le seguenti:

- ***Errore massimo di misura della coordinata X***: è dovuto essenzialmente all'efficienza del sistema di traslazione orizzontale (assenza di giochi meccanici e/o deformazioni della guida di scorrimento) ed alle prestazioni del trasduttore di spostamento lungo l'asse X.
- ***Errore massimo di misura della coordinata Z***: dipende dalla linearità del trasduttore di spostamento verticale e dalla elettronica di condizionamento del segnale di uscita del trasduttore. Questo errore può essere minimizzato eseguendo una frequente messa in punto dello strumento (laddove prevista dal costruttore) utilizzando campioni di rugosità di forma e dimensioni note (nell'ambito dell'incertezza di taratura).
- ***Non perfetto allineamento del pezzo***: l'operazione di allineamento del pezzo prima di eseguire la misurazione è molto importante; il disallineamento del pezzo causa infatti un errore proporzionale al quadrato dell'angolo di disallineamento per quanto riguarda la coordinata X (direzione di scansione) ed ha quindi l'effetto più evidente nella valutazione dei parametri di spaziatura come, ad esempio, *RSm*.
- ***Errore di forma della punta tastatrice***: una deformazione della punta tastatrice, a causa di eccessiva usura o danneggiamento, può causare una insensibilità nella rilevazione di irregolarità molto piccole e comunque l'errore sia nella coordinata X che nella coordinata Z non può superare l'errore di forma della punta stessa.
- ***Parametri del filtro errati***: dipendono dall'esperienza e dalla conoscenza del profilo da misurare e non sono ovviamente quantificabili o modellizzabili se non in casi specifici.

L'incertezza strumentale dei rugosimetri può essere definita attraverso le classi di precisione stabilite dalla norma DIN 4772 che prevede 5 diverse classi in funzione dell'errore massimo ammesso dello strumento nella misura dei parametri di rugosità come indicato nella tabella 11.7.

Tabella 11.7: classi di precisione secondo DIN 4772

Classe di precisione	**Errore massimo ammesso**
1	5 %
2	10 %
3	15 %
4	20 %
5	25 %

Nel capitolo successivo viene descritta una procedura di taratura di un rugosimetro che ha la finalità di verificare gli errori massimi ammessi dichiarati delle specifiche; la procedura segue lo schema riportato capitolo 10 e può essere presa come esempio per la stesura di altre procedure di taratura.

11.5.11 Procedura di taratura del rugosimetro

11.5.11.1 Scopo

La presente procedura ha lo scopo di illustrare la taratura del rugosimetro (a cui viene assegnato un ipotetico codice XYZ), utilizzato per la taratura dei campioni di rugosità. Lo scopo della procedura è quello di mettere l'apparecchiatura nelle condizioni ideali di misura, confrontando le indicazioni fornite dal rugosimetro con i valori dei campioni di rugosità di prima linea del laboratorio e di fornire i dati per eseguire la conferma metrologica dello strumento.

11.5.11.2 Campo di applicazione

La presente procedura si applica al rugosimetro codice XYZ che viene utilizzato per la taratura dei campioni di profondità a solco e di rugosità (campioni di parametri) definiti dalla norma ISO 5436-1.

La procedura viene applicata al rugosimetro posto nello stesso ambiente e nella stessa ubicazione in cui verrà utilizzato successivamente per la taratura dei campioni.

11.5.11.3 Riferimenti

La presente procedura fa riferimento ai seguenti documenti:

- CNR UNI 10003 Sistema internazionale di unità (SI)
- UNI 4546 Misure e misurazioni - Termini e definizioni fondamentali
- UNI 9052 Criteri base per le procedure di taratura dimensionali
- UNI EN ISO 10012:2003 Sistemi di gestione delle misurazioni. Requisiti dei processi di misurazione e delle apparecchiature per misurazione
- UNI EN ISO 3274 Specifiche geometriche dei prodotti (GPS). Stato della superficie: Metodo del profilo - Caratteristiche nominali degli strumenti a contatto (tastatore)
- ISO 4287 Geometrical product specification (GPS) – Surface texture: Profile method – Terms, definitions and surface texture parameters (1997)
- UNI EN ISO 4288:2000 Specifiche geometriche dei prodotti (GPS) Stato della superficie. Metodo del profilo – Regole e procedure per il rilevamento dello stato della superficie
- ISO 5436-1:2000 Geometrical product specification (GPS) – Surface texture: Profile method; Measurement standards – Part 1: Material measures

- ISO 12179:2000 Geometrical product specification (GPS) – Surface texture: Profile method – Calibration of contact (stylus) instruments
- UNI CEI EN 13005:2000 "Guida all'espressione dell'incertezza di misura"
- EA-4/02:2000 " Expression of the Uncertainty of Measurement in Calibration".

11.5.11.4 Apparecchiature impiegate

Per la taratura del rugosimetro codice XYZ vengono adottati i seguenti campioni e strumenti:
- campione di profondità a solco tipo A1 (o altro tipo in accordo con la ISO 5436-1) codice X000, utilizzato anche per la verifica e valutazione dei disturbi delle condizioni ambientali (vibrazioni) che possono intervenire sul risultato della misura;
- campione di rugosità tipo C1 (o altro tipo in accordo con la ISO 5436-1) codice X001;
- tavola inclinabile per allineamento codice X002;
- PC codice X003 nel quale è installato il programma di gestione del rugosimetro denominato "SW";
- bilancia elettronica codice X003;
- massa campione certificata codice X004;
- termoigrometro certificato per rilevamento della temperatura ambiente e dell'umidità relativa codice X005.

Commenti:
- *per ogni campione o strumento impiegato viene gestita una "scheda apparecchio" che riporta tutti i dati di identificazione nonché i dati tecnici necessari per eseguire la taratura oggetto della presente procedura.*

11.5.11.5 Condizioni ambientali

Le condizioni ambientali del laboratorio in cui viene eseguita la prova devono essere:
- temperatura ambiente: (20 ± 2) °C
- umidità relativa: (45 ± 10) %

Commenti:
- *qualora si riscontrassero, tramite la lettura del termoigrometro in dotazione al laboratorio codice X005, condizioni al di fuori di questi limiti la procedura deve essere sospesa e deve essere attivata la gestione delle non conformità.*

11.5.11.6 Esami e controlli preliminari

Dalla lettura dell'apposita etichetta si verifica che sia rispettato il periodo di validità dei certificati di taratura dei seguenti apparecchi:

- campione di profondità a solchi tipo A1 codice X000;
- campione di rugosità tipo C1 codice X001.

I campioni di profondità e di rugosità vengono tolti dai propri contenitori evitando di toccare con le mani la superficie di misura e posti sulla superficie del piano di lavoro del rugosimetro, pronti per essere impiegati, almeno un'ora prima della taratura.

Altri controlli e verifiche che riguardano il rugosimetro e le sue componenti, quali la testina, l'unità di avanzamento, le guide, devono essere eseguite in accordo con quanto riportato o indicato nel manuale operativo del costruttore.

Occorre inoltre verificare la forza di contatto applicata dalla punta tastatrice. Questo controllo viene eseguito tramite una bilancia elettronica codice X003 con risoluzione di 0,01 g e relativa massa certificata. Si verifica che la forza sia nell'intorno di 0,7 mN con variazione massima di ± 0,3 mN.

Commenti:

- *qualora un controllo preliminare non superi i criteri di accettazione, la procedura deve essere sospesa e deve essere attivata la gestione delle non conformità.*

11.5.11.7 Esecuzione delle misure ed elaborazione dei dati

Nel seguito è illustrata l'analisi delle caratteristiche metrologiche del rugosimetro. Questa caratterizzazione ha lo scopo di valutare separatamente ogni componente di errore esterna od interna al rugosimetro e poterne conoscere il relativo contributo all'incertezza di misura.

Nell'esecuzione della taratura tutti i valori rilevati vengono registrati nel "Modulo raccolta dati" riportato in figura 11.50; successivamente i valori elaborati per le varie caratteristiche vengono riportati sul Rapporto di Taratura riportato in figura 11.51.

Le caratteristiche metrologiche analizzate sono le seguenti:

- ***Profilo residuo***: rappresenta la fonte di disturbo e di errore risultante dall'ambiente e dai componenti del rugosimetro, quali vibrazioni esterne e interne allo strumento dovute ai sistemi di movimentazione (motori, servomeccanismi, ecc.). Esso viene determinato utilizzando il campione a solco codice X000 nella sua parte piana e rilevando essenzialmente i parametri *Pa, Pz e Pt*. Per questa analisi vengono rilevate 5 misure e per ogni parametro viene calcolato il relativo valore medio.

  Prima di avviare la misura occorre allineare il tratto piano nella direzione di traslazione della testina tramite l'apposita tavola regolabile per l'allineamento. L'allineamento orizzontale del campione a solco si può ritenere concluso quando, agli estremi della corsa di scansione, la massima variazione dell'asse Z risulta essere entro 0,5 μm.

  I risultati del calcolo del valore medio dei parametri *Pa, Pz e Pt*, costituenti il profilo residuo, sono riportati sul Rapporto di Taratura del rugosimetro.

  Commenti:

- *ai fini della conferma metrologica occorre assegnare un limite ai parametri Pa, Pz e Pt.*

- ***Componente verticale del profilo***: rappresenta la componente verticale dell'errore di indicazione del rugosimetro.
  Essa viene valutata utilizzando il campione di profondità a solco tipo A1 codice X000 che riproduce sostanzialmente un profilo con un solco di profondità nota. Dal profilo primario registrato viene calcolato il parametro "*d*" che rappresenta la distanza calcolata tra la retta costruita utilizzando i punti estremi rilevanti sul campione ed il punto di massima profondità del solco, identificato dalla retta calcolata come descritto nella ISO 5436-1 e riportato nella figura 11.49. Prima di iniziare le misure deve essere eseguito l'allineamento orizzontale del campione con le stesse modalità precedentemente descritte. Le condizioni di misura adottate sono quelle riportate sul Certificato di Taratura del campione a solco tipo A1.
  La rilevazione viene eseguita entro l'area limitata nella quale il campione è stato tarato. Per determinare la deviazione dalla profondità "Δd", vengono eseguite 5 misure del parametro "*d*" che danno origine ad un valore medio con il quale è possibile determinare la deviazione media della profondità intesa come la differenza tra il valore medio calcolato ed il valore misurato riportato sul Certificato di Taratura del campione.
  Il valore della deviazione media della profondità del solco, corrispondente al parametro "Δd", viene riportato sul Rapporto di Taratura del rugosimetro.

  Commenti:
- *ai fini della conferma metrologica occorre assegnare un limite al parametro "Δd".*

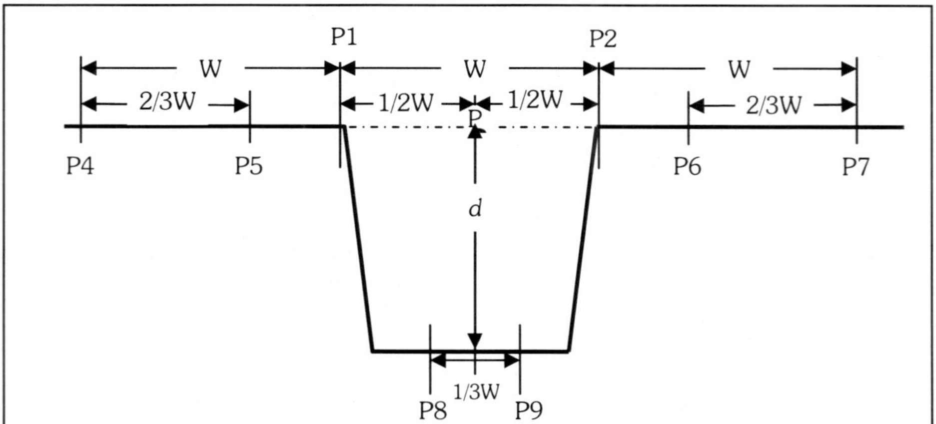

Figura 11.49: metodo per la valutazione della profondità del solco

- ***Componente orizzontale del profilo***: rappresenta la componente orizzontale dell'errore di indicazione del rugosimetro.
  Essa viene valutata utilizzando il campione di rugosità tipo C1 codice X001 che riproduce l'andamento di un profilo in cui sia noto il valore del parametro *RSm*. Per questa valutazione vengono eseguite 12 rilevazioni opportunamente

distribuite sul campione ma entro l'area limitata su cui è stata effettuata la taratura del campione; viene poi determinato il valore medio.
Prima di eseguire le rilevazioni è necessario allineare in senso orizzontale il campione con le stesse modalità precedentemente descritte senza tuttavia raggiungere gli stessi valori di allineamento. Le condizioni di misura adottate sono quelle riportate nel Certificato di Taratura del campione di rugosità tipo C1 utilizzato per la prova.
Per ogni rilevazione eseguita, dal profilo primario viene determinato il parametro *RSm*. Al termine delle 12 rilevazioni si avrà un valore medio del parametro *RSm* con il quale è possibile determinare la deviazione media ΔRSm intesa come differenza tra il valore medio calcolato ed il valore misurato riportato sul Certificato di Taratura del rugosimetro. Il valore così calcolato ΔRSm viene riportato sul Rapporto di Taratura del rugosimetro.

Commenti:
- *ai fini della conferma metrologica occorre assegnare un limite al parametro* ΔRSm.

- ***Componente totale dell'errore di indicazione del rugosimetro*:** rappresenta l'insieme delle componenti esaminate e che si trovano intrinsecamente nel calcolo e nella misura dei parametri di rugosità da parte del rugosimetro.
Questa componente viene valutata tramite la media aritmetica di 12 rilevazioni (distribuite in modo casuale sulla superficie del campione) dei parametri *Ra, Rz* e *RSm* sul campione di rugosità tipo C1.
Prima di eseguire le 12 rilevazioni è necessario allineare in senso orizzontale il campione con le stesse modalità operative precedentemente descritte. Le condizioni di misura adottate sono quelle riportate nel Certificato di Taratura del campione di rugosità tipo C1 utilizzato per la prova.
Vengono quindi calcolate le deviazioni ΔRa, ΔRz e ΔRSm tra le medie risultanti ed i valori misurati riportati sul Certificato di Taratura del campione di rugosità.
I valori così calcolati di ΔRa, ΔRz e ΔRSm vengono riportati sul Rapporto di Taratura del rugosimetro.

Commenti:
- *ai fini della conferma metrologica occorre assegnare un limite ai parametri* ΔRa, ΔRz *e* ΔRSm.

- ***Verifica della ripetibilità del rugosimetro***
Utilizzando il campione di rugosità dei parametri codice X001 e il campione di profondità a solco codice X000, vengono eseguite 25 rilevazioni consecutive sul primo e 10 sul secondo, ripetute nella stessa posizione, e calcolati i parametri *Ra, Rz, RSm* e "*d*". Al termine delle rilevazioni viene calcolato il valore dello scarto tipo per ogni parametro con la seguente formula:

$$\sigma = \sqrt{\frac{\sum_{i=1}^{n} \left(\overline{X} - X_i\right)^2}{n-1}}$$

I valori ottenuti dello scarto tipo per *Ra, Rz, RSM* e "*d*" vengono riportati sul Rapporto di Taratura del rugosimetro.

Commenti:

- *per ciascun valore di scarto tipo occorre fissare opportuni limiti al fine di effettuare la conferma metrologica dello strumento.*

11.5.11.8 Calcolo dell'incertezza di misura

In questo paragrafo viene descritto il calcolo dell'incertezza di misura in accordo con la norma ISO 12179: 2000 (Geometrical Product Specification (GPS) – Surface texture: Profile method – Calibration of contact (stylus) instruments), la UNI CEI EN 13005:2000 "Guida all'espressione dell'incertezza di misura" e con il documento EA-4/02.

In relazione a quanto stabilito dalla ISO 12179, l'incertezza tipo composta u_c, radice quadrata positiva della varianza composta u_c^2, è data dalla seguente formula:

$$u_c = \sqrt{u_{cal}^2 + u_R^2}$$

dove:

- $\boldsymbol{u_{cal}}$ incertezza tipo composta dichiarata nel Certificato di Taratura del campione. Si suppone che il Certificato di Taratura del campione riporti l'incertezza estesa *U(%)* usando un fattore di copertura k=2, espressa in percentuale del valore nominale *R* del parametro misurato; in questo caso u_{cal} diventa:

  $$u_{cal} = (U(\%) \cdot R) / 200$$

  Come esempio per il calcolo dell'incertezza, si assume un'incertezza estesa (k=2) di taratura del campione di rugosità del 4% per il parametro *Ra,* del 6% per *Rz* e del 1% per *RSm* come si rileva dal suo Certificato di Taratura. Per il campione di profondità a solco l'incertezza estesa di taratura è del 2% (k=2) per il parametro "*d*", anch'esso rilevato dal Certificato di Taratura.
- $\boldsymbol{u_R}$ scarto tipo calcolato su 25 misure consecutive, ripetute nelle stesse condizioni di misura e nella stessa posizione del campione, valutato per ogni parametro. Come esempio per il calcolo dell'incertezza, si assumono come valori limite di u_R per ogni parametro i seguenti valori:
  $u_R(Ra) = 0{,}005$ µm
  $u_R(Rz) = 0{,}03$ µm
  $u_R(RSm) = 0{,}2$ µm
  $u_R(d) = 0{,}001$ µm
  Questi limiti vengono verificati attraverso la prova di ripetibilità descritta nel paragrafo precedente.

L'incertezza tipo composta del rugosimetro può essere così calcolata assumendo come valore di ripetibilità i limiti fissati. Tenendo conto di tutti questi contributi, si calcola, come esercizio, l'incertezza tipo composta per il parametro *Ra* partendo dai seguenti valori:

u_{cal} = (4 · *Val. Ra*) / 200 μm
u_R = 0,005 μm;

dove *Val. Ra* = 3 μm (valore del parametro *Ra* del campione di rugosità); si ottiene quindi un'incertezza tipo composta per *Ra*:

$$u_c = \sqrt{0,06^2 + 0,005^2} = 0,0602 \ \mu m$$

L'incertezza da attribuire alle misure dei parametri di rugosità viene dichiarata in percentuale del valore del parametro stesso; quindi per il caso precedentemente calcolato di *Ra* si ha:

$$u_c(\%) = (0,0602 \cdot 100) / Val.\ Ra = (0,0602 \cdot 100) / 3 = 2,007 \ \%$$

che viene arrotondato a: $u_c(\%)$ = 2,5 %

L'incertezza estesa *U* è ottenuta moltiplicando l'incertezza composta $u_c(\%)$ per il fattore di copertura k=2 che, per una distribuzione normale, corrisponde ad una probabilità di copertura di circa il 95%. L'incertezza estesa per *Ra* vale quindi:

$$U(\%) = 2,5\% \cdot 2 = 5 \ \%$$

11.5.11.9 Documentazione dei risultati

Tutti i risultati delle tarature devono essere riportate sul "modulo raccolta dati" (figura 11.50) e quindi sul rapporto di taratura (figura 11.51). Al termine delle operazioni di taratura occorre effettuare la conferma metrologica e registrare tale attività sulla scheda apparecchio.

LOGO	MODULO RACCOLTA DATI	N° prova: _____

Dati dei campioni

Codice campione di parametri: ___________

Valori nom. (μm):*Ra*: ___ *Rz*: ___ *RSm*: ___ Valori misurati (μm):*Ra*: ___ *Rz*: ___ *RSm*: ___

Codice campione a solco: ___________

Valori nominali (μm): "d": _________ Valori misurati (μm): "d": _________

Valori di taratura rilevati

N.misura	Parametri calcolati in μm						
	Ra	*Rz*	*RSm*	*Pa*	*Pz*	*Pt*	"*d*"
01							
02							
03							
04							
05							
06							
07							
08							
09							
10							
11							
12							
Media							
Differenza							
Scarto tipo							
Scarto tipo%							
Δ parametri							

Ripetibilità

Ripetibilità *Ra*	Ripetibilità *Rz*	Ripetibilità *RSm*	Ripetibilità *d*
σ (μm):	σ (μm):	σ (μm):	σ (μm):

Impostazioni di misura

Banda passante 300/1: ☐ SI ☐ NO

Filtro: ☐ Gaussiano ☐ non filtrato

Lunghezza di base (cut-off): _________ mm

N° campionature : ___________

Lunghezza di valutazione : _________ mm

Lunghezza di traslazione : ____ mm

Tipo di riferimento: ☐ piano ☐ LS

Data: _______________ Firma operatore: _________________

Figura 11.50: modulo raccolta dati per la taratura del rugosimetro

LOGO	RAPPORTO DI TARATURA	N° rapporto: _____

Dati del rugosimetro

Costruttore: ________________ Modello: ________________ Matricola: ____________

Matricola testina: ____________ Raggio nominale:________ Forza di misura: ______

Condizioni di misura e risultati per il profilo residuo

Numero di rilevamenti:	
Filtro:	
Tipo di riferimento:	

Pa =	
Pt =	
Pz =	

Condizioni di misura e risultati per il profilo verticale

Numero di rilevamenti:	
Filtro:	
Tipo di riferimento:	

Δd =	

Condizioni di misura e risultati per il profilo orizzontale

Lunghezza di base:	
Numero di campionat.:	
N. di rilevamenti:	
Banda passante:	
Filtro:	
Tipo di riferimento:	

ΔRsm =	

Condizioni di misura e risultati di calcolo dei parametri

Lunghezza di base:	
Numero di campionat.:	
N. di rilevamenti:	
Banda passante:	
Filtro:	
Tipo di riferimento:	

ΔRa =	
ΔRz =	
ΔRSm =	

Calcolo di ripetibilità

per *Ra*: σ = ______ μm

per *Rz*: σ = ______ μm

per *RSm*: σ = ______ μm

Data: ________________ Firma del Responsabile: __________________

Figura 11.51: rapporto di taratura del rugosimetro

11.6 ROTONDIMETRO

11.6.1 Introduzione alle misure di rotondità

In linea di principio quando si ha un organo meccanico in movimento, vi è anche un albero che ruota in una sede circolare (alveo o bronzina) e l'accoppiamento albero-sede è tanto più efficiente quanto più la loro forma approssima quella circolare.

Se infatti l'albero o la bronzina presentano un forma leggermente ovale o comunque non perfettamente circolare, l'efficienza dell'accoppiamento albero-bronzina sarà inferiore a quella attesa dal progettista con effetti deteriori sulla vita dell'accoppiamento, sul funzionamento ad alte velocità e sotto carico.

Il progettista deve quindi conoscere e valutare la tolleranza sullo scostamento dalla condizione di perfetta circolarità (tolleranza di forma) al fine di garantirne il funzionamento, migliorarne le caratteristiche operative riducendo, per quanto possibile, i costi di fabbricazione.

Un pezzo cilindrico può definirsi perfettamente circolare (nel prosieguo si userà anche il termine "rotondo") secondo una data sezione trasversale, se esiste un punto (centro), all'interno della sezione, equidistante dai punti della sezione; lo scostamento da tale condizione (scostamento di circolarità o rotondità) è rappresentato dalla differenza delle distanze dal centro (centro del cerchio di riferimento) fra il punto più lontano ed il punto più vicino (figura 11.52).

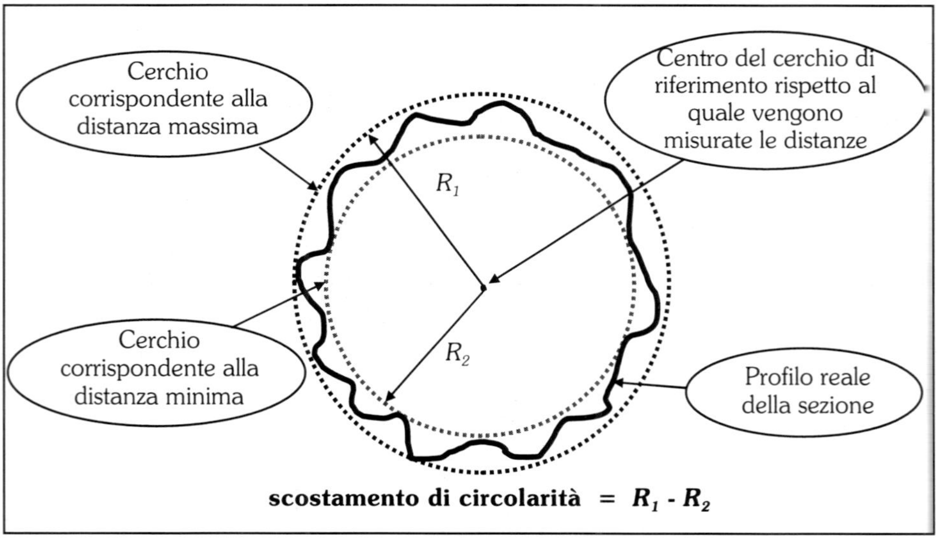

Figura 11.52: scostamento di circolarità

Lo scostamento di circolarità non va quindi confuso con la misurazione del diametro poiché, oltre ad essere due parametri distinti, richiedono anche strumenti e metodi di misura diversi; ciononostante lo scostamento di circolarità influisce direttamente sulla determinazione del diametro.

Se la sezione trasversale del pezzo cilindrico presenta un profilo irregolare non simmetrico, ***l'individuazione del centro del cerchio di riferimento risulta di non facile determinazione ed è però essenziale nella valutazione dello scostamento di circolarità in quanto centri diversi presi come riferimento comportano valutazioni diverse dello scostamento di circolarità*** (figura 11.53).

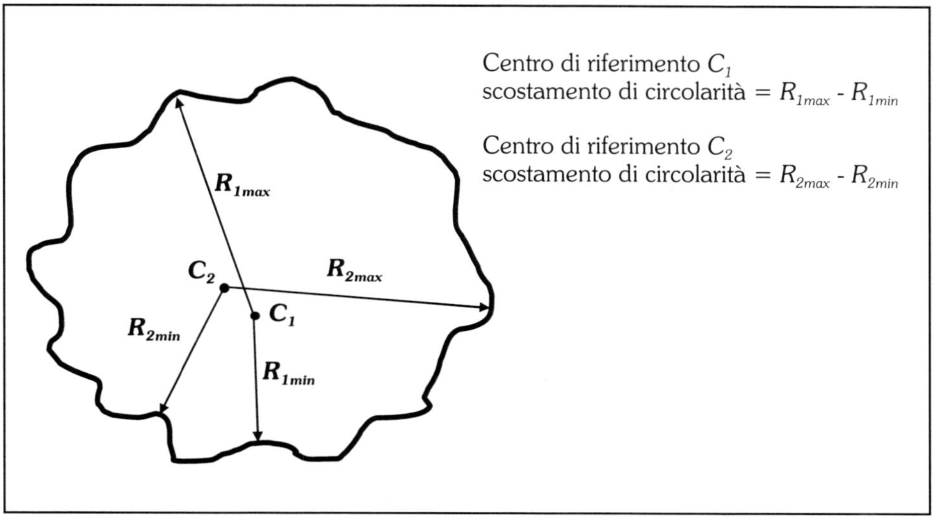

Figura 11.53: centro del cerchio di riferimento

I metodi per l'individuazione del centro del cerchio di riferimento, ampiamente descritti nel paragrafo 7.8, sono i seguenti:
- metodo dei minimi quadrati o metodo di Gauss (LSC);
- metodo del massimo cerchio iscritto (MIC);
- metodo del minimo cerchio circoscritto (MCC);
- metodo della zona minima (MZC).

La funzionalità e le caratteristiche prestazionali di un pezzo cilindrico tuttavia, non dipendono solo dalle sue caratteristiche di rotondità, ma anche da altre caratteristiche geometriche che è necessario controllare, fra le quali si ricorda:
- la coassialità fra assi appartenenti a elementi diversi (figura 11.54a);
- la concentricità fra una sezione interna ed una esterna (figura 11.54b);
- la rettilineità dell'asse del cilindro: foro o albero (figura 11.54c);
- l'ortogonalità della superficie piana rispetto all'asse (figura 11.54d);
- l'ortogonalità degli spallamenti delle cave rispetto all'asse ed il parallelismo delle due facce estreme (figura 11.54e).

Anche se oggi le moderne macchine utensili sono in grado di realizzare lavorazioni meccaniche di elevatissima precisione, si possono verificare condizioni operative avverse che generano scostamenti di circolarità e quindi irregolarità dei profili circolari.

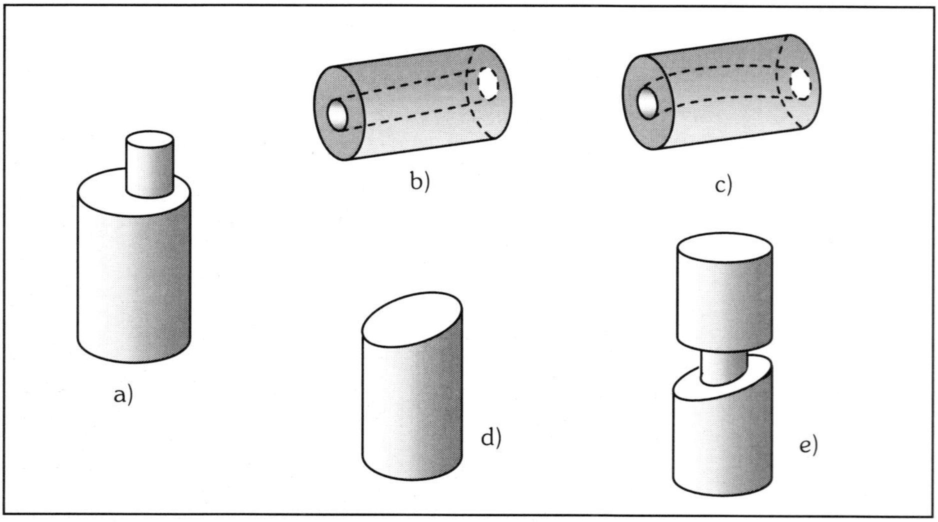

Figura 11.54: caratteristiche geometriche dei pezzi a simmetria cilindrica

Le irregolarità si presentano spesso sotto forma di ondulazioni rappresentate da lobi presenti generalmente in numero ridotto lungo l'intero profilo circolare (figura 11.55).

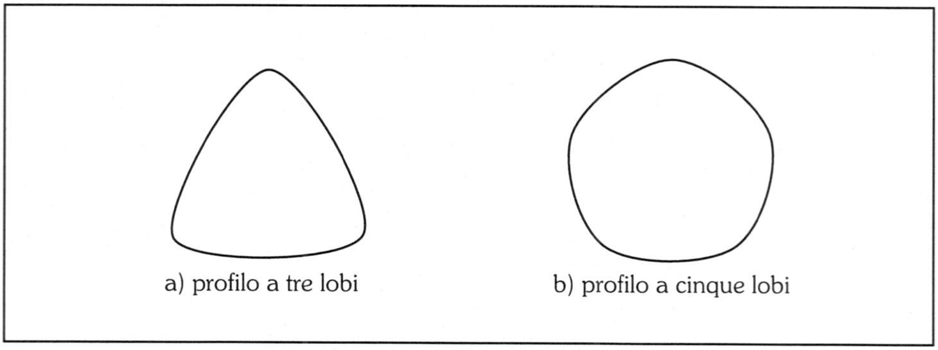

Figura 11.55: profili a lobi

Le cause più comuni degli scostamenti di circolarità del pezzo sono le seguenti:

- cuscinetti difettosi nelle tavole rotanti o nel mandrino;
- parti rotanti non correttamente equilibrate;
- sollecitazioni indesiderate dei sistemi di serraggio;
- flessioni dell'utensile da taglio o del pezzo in lavorazione;
- imperfezioni della mola operatrice;
- disallineamento fra le contropunte;
- scostamento di rettilineità delle guide di scorrimento della macchina.

È in ogni caso difficile evitare un profilo a lobi in molte lavorazioni meccaniche; un anello per esempio, fissato saldamente con una morsa a tre o cinque ganasce viene compresso nei punti di contatto generando così una deformazione elastica del materiale.

Dopo la lavorazione, quando il pezzo viene rimosso dal sistema di serraggio, il metallo sollecitato si rilascia provocando la comparsa dei lobi.

11.6.2 Metodi di misura della rotondità

Fra i vari metodi utilizzati per stimare lo scostamento di circolarità possiamo distinguere quelli che si basano sulla misura della corda ("***metodi della corda***") da quelli che si basano sulla misura del raggio ("***metodi del raggio***").

I "metodi della corda" consentono di determinare la variazione di lunghezza nella misurazione di più diametri (corde della sezione considerate diametri) senza alcun riferimento ad un centro comune.

Una delle applicazioni più comuni di questo metodo è quella che fa uso di un micrometro e consiste nel ripetere la misurazione del diametro del pezzo in diverse posizioni angolari.

Questo metodo permette di verificare l'ovalizzazione dei pezzi ma non consente la distinzione fra pezzi ovalizzati e pezzi a profilo ondulato ed inoltre non evidenzia l'errore di forma in presenza di particolari lobature; non è quindi un metodo attendibile per la misura dello scostamento di circolarità.

I metodi basati invece sulla misura del raggio valutano gli scostamenti di circolarità come variazione della distanza fra i punti del profilo della superficie e un asse prestabilito. Fra questi citiamo il metodo della rotazione fra contropunte che risulta però applicabile solo a quei pezzi che sono stati precedentemente lavorati fra le contropunte o comunque che sono muniti di centri di simmetria individuati con buona accuratezza; questo metodo presuppone che il centro della sezione rilevata appartenga all'asse di rotazione (figura 11.56), altrimenti la variazione radiale risente sia dello scostamento di circolarità della sezione sia dell'eccentricità che si viene a formare se il cento della sezione non giace sull'asse di rotazione.

Nel metodo della rotazione fra contropunte è molto importante, ai fini dell'accuratezza di misura, la rigidità del pezzo, la rettilineità dell'asse e principalmente l'allineamento delle contropunte.

Un'altra metodologia è quella su cui si basano i moderni rotondimetri e che consiste nella misura del raggio impiegando mandrini e tavole rotanti; con questo metodo l'elemento rotante (mandrino o tavola) genera un asse di riferimento indipendente dall'asse del pezzo in esame e rispetto a questo asse vengono misurati gli scostamenti radiali della superficie del pezzo tramite un sistema di rilevazione. Il metodo consente di indicare le variazioni del raggio su un grafico polare, da cui è facilmente ricavabile lo scostamento di circolarità, ed evidenzia inoltre la tipologia di tutte le irregolarità presenti sul profilo della sezione misurata.

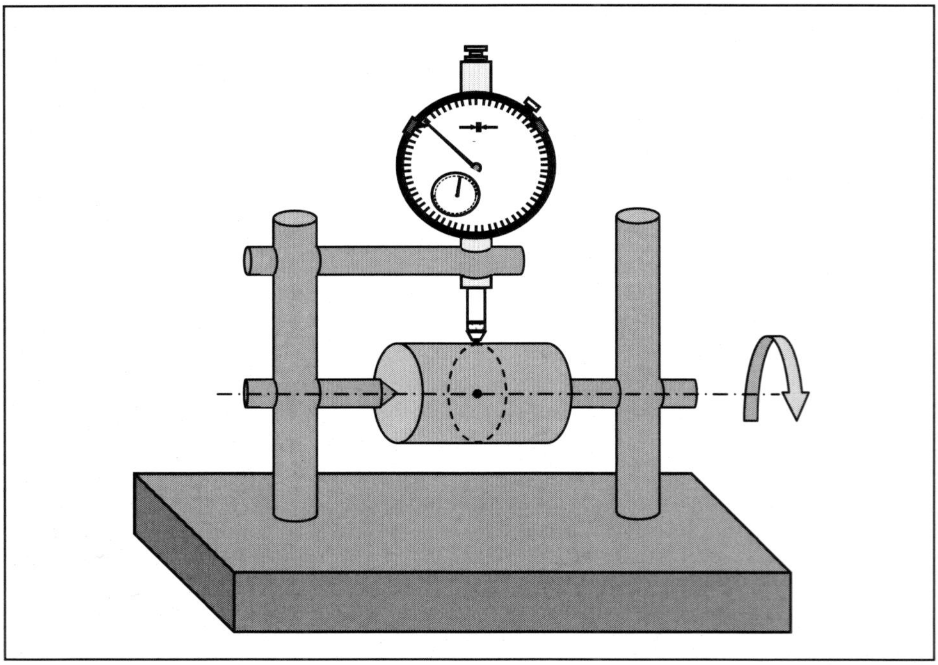

Figura 11.56: misura della distanza dei punti del profilo da un asse stabilito

11.6.3 Termini e definizioni

Prima di addentrarci nella teoria della rotondità e nelle metodologie di misura è opportuno fornire alcune definizioni particolarmente attinenti all'argomento trattato; esse sono:

- trasduttore (di posizione): elemento sensibile alla grandezza oggetto della misurazione (posizione), il cui ruolo è quello di trasformarla in un'altra grandezza fisica (segnale di misura), più idonea alle successive elaborazioni. Il termine "trasduttore" è sinonimo di "detector" o "sensore";
- lobi: ondulazioni del profilo che presentano circa la stessa altezza e la stessa distanza angolare;
- profilo effettivo: profilo che risulta dall'intersezione della superficie del pezzo con un piano perpendicolare all'asse di rotazione;
- profilo misurato: rappresentazione del profilo effettivo ricavato da uno strumento per la misura di rotondità;
- filtro: circuito elettronico che riduce o sopprime alcune delle componenti sinusoidali di cui è composto il profilo misurato;
- ingrandimento: rapporto fra il movimento della punta del trasduttore a contat-

to con la superficie da misurare e lo scostamento rappresentato da uno strumento per la misura di rotondità sul suo dispositivo indicatore;

- parametro: caratteristica geometrica di un pezzo o di un elemento del pezzo che si vuol misurare;
- picco del profilo: parte del profilo compresa fra due minimi adiacenti del profilo;
- valle del profilo: parte del profilo compresa fra due massimi adiacenti del profilo.

11.6.4 I grafici dei profili

Gli strumenti che forniscono l'andamento del profilo misurato (grafico) consentono non solo il controllo dei parametri di rotondità ma anche una più dettagliata interpretazione del risultato della scansione al fine di individuare le caratteristiche delle irregolarità superficiali rilevate.

Il grafico fornito dallo strumento riproduce il profilo della sezione trasversale esplorata dal trasduttore ma richiede alcuni accorgimenti per una corretta interpretazione.

Il profilo misurato dà informazioni su:

- la forma del pezzo in esame;
- la forma delle valli e quindi la possibilità di trattenere sporcizia ed impurità;
- la forma dei picchi e quindi la deformazione delle parti in accoppiamento;
- la distribuzione del lubrificante;
- l'efficacia delle regolazioni della macchina utensile che ha prodotto il pezzo.

Occorre però tenere presente che il grafico è sì una registrazione del risultato della scansione di misura, ma non costituisce la riproduzione ingrandita in scala della sezione misurata. Infatti, per apprezzare lo scostamento di circolarità su un grafico che evidenzia la forma geometrica del pezzo, è spesso necessario amplificare quest'ultime almeno di un fattore 1000. Lasciando tutto il grafico con un tale fattore di scala, per evidenziare scostamenti superficiali di pochi micrometri, si avrebbero dimensioni del grafico di diverse centinaia di metri.

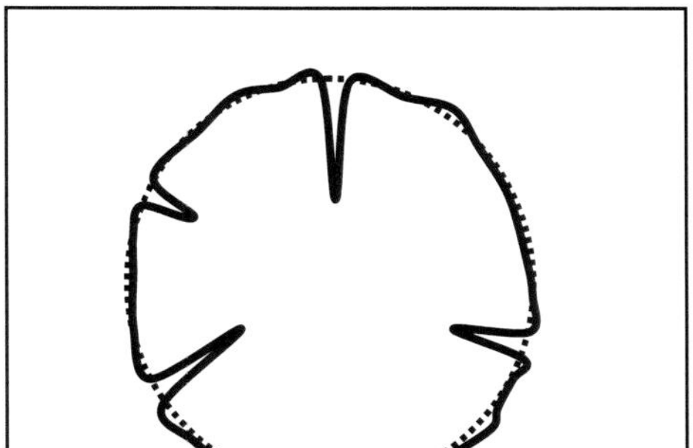

Figura 11.57: profilo distorto per l'ingrandimento delle deformazioni superficiali

Il profilo quindi appare distorto perché le distanze radiali dei picchi e degli avvallamenti sono fortemente ingrandite (figura 11.57) rispetto al fattore di scala utilizzato per il diametro del pezzo. Utilizzando viceversa lo stesso ingrandimento per il diametro e per le deformazioni superficiali, si otterrebbe un profilo che si discosterebbe pochissimo da un cerchio perfetto.

Ovviamente sia il fattore di scala utilizzato per rappresentare il diametro del pezzo (profilo geometrico), sia il fattore di scala utilizzato per rappresentare le irregolarità superficiali (scostamenti dalla rotondità), sono parametri che l'operatore è in grado di selezionare sullo strumento.

In ogni caso rimane una perfetta corrispondenza angolare fra pezzo e grafico; per esempio se un pezzo presenta tre lobi a 120° queste ondulazioni sono esattamente riprodotte sul grafico alle stesse posizioni angolari.

11.6.5 I filtri per la rotondità

Gli scostamenti dalla forma geometrica di riferimento di un pezzo possono essere classificati in errori di forma, ondulazione e rugosità. La differenza tra errore di forma, ondulazione e rugosità si basa sulla diversa spaziatura e sulla diversa ampiezza che questi fenomeni presentano sul profilo del pezzo.

Lo scopo principale dei filtri è proprio quello di separare l'errore di forma dalle irregolarità della superficie dovute alle ondulazioni o alle caratteristiche di rugosità del pezzo (figura 11.58).

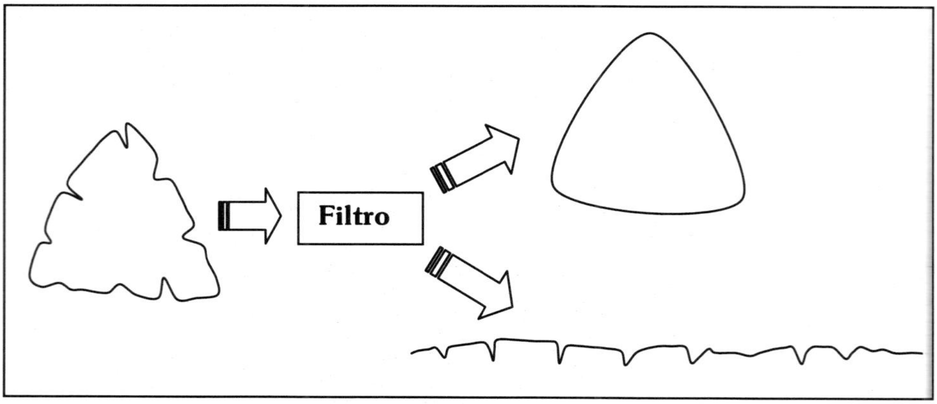

Figura 11.58: principio di funzionamento di un filtro

Se infatti si ha un profilo che presenta dei lobi e si vuole analizzare lo stato della superficie (rugosità), occorre prima eliminare con l'ausilio di un filtro la variazione radiale dovuta ai lobi; diversamente non si possono applicare forti ingrandimenti per evidenziare le irregolarità superficiali dovute alla rugosità. Se invece si vuole analizzare soltanto l'errore di forma, è opportuno eliminare con un apposito filtro, gli effetti dovuti alla finitura superficiale per una più chiara lettura del grafico e per ridurre l'incertezza nella valutazione dell'errore di forma.

La frequenza di taglio del filtro (frequenza di "cut-off" f_c) è la frequenza oltre la quale (o prima della quale) il filtro esercita la funzione selettiva. Nelle misure di rotondità quando si parla di frequenza si intende il numero di ondulazioni sinusoidali contenute nel profilo in una rotazione completa del pezzo (UPR: undulations per revolution).

Quindi si parla di filtri passa-alto per indicare quei filtri che fanno passare le ondulazioni aventi una frequenza superiore alla frequenza di taglio; si parla invece di filtri passa-basso per indicare quei filtri che fanno passare le ondulazioni aventi una frequenza inferiore alla frequenza di taglio.

La caratteristica di un filtro è rappresentata da un grafico che esprime l'attenuazione di ampiezza del filtro stesso (espressa come rapporto percentuale fra l'ampiezza del segnale in uscita e l'ampiezza del segnale in ingresso) su un profilo sinusoidale in funzione della frequenza. Tale valore di attenuazione (considerando solo filtri passivi e cioè filtri che non effettuano alcuna amplificazione del segnale in ingresso) varia da 100 (nessuna attenuazione: segnale completamente trasmesso) a zero (segnale completamente soppresso) al variare della frequenza. La figura 11.59 illustra le caratteristiche dei filtri più utilizzati nei rotondimetri (filtri passa-basso) e cioè:

- filtro 2CR50 (di tipo analogico rappresentato da due circuiti CR) con attenuazione di ampiezza pari al 50 % sulla frequenza di taglio;
- filtro 2CR75 (di tipo analogico rappresentato da due circuiti CR) con attenuazione di ampiezza pari al 75 % sulla frequenza di taglio;
- filtro Gaussiano (di tipo digitale) con attenuazione di ampiezza pari al 50 % sulla frequenza di taglio.

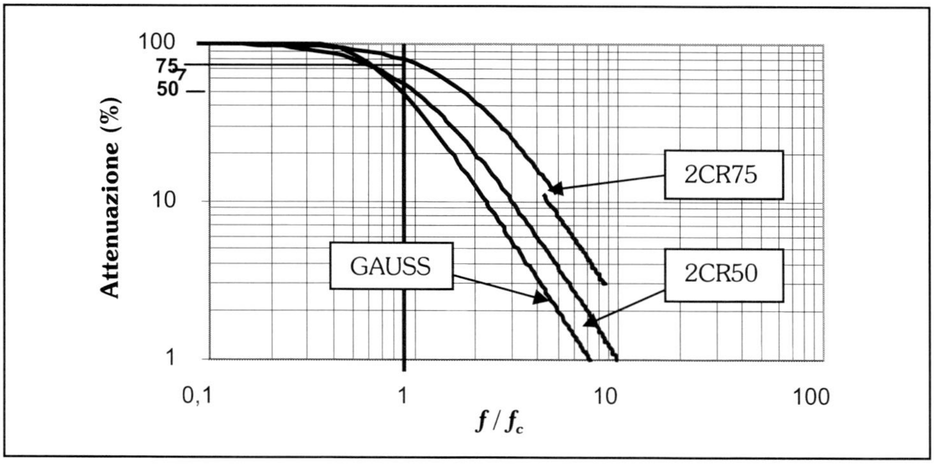

Figura 11.59: caratteristiche dei filtri per rotondimetri

È importante osservare che l'azione del filtro non è brusca nell'intorno della frequenza di taglio e quindi il passaggio dalle frequenze che vengono soppresse a quelle che passano inalterate, anche a parità della frequenza di taglio, avviene più o meno gradatamente in funzione della qualità del filtro; ciò rende la scelta del filtro un parametro non trascurabile ai fini del risultato della misura e spesso filtri diversi sono la causa di risultati di misura diversi anche sullo stesso misurando.

I filtri consentono inoltre di eseguire opportune elaborazioni sul segnale rilevato dal trasduttore per poter evidenziare alcune caratteristiche della forma del pezzo in esame. Innanzi tutto consentono di eliminare la componente continua, ovvero l'offset del trasduttore, utilizzando un filtro passa-alto a bassissima frequenza di taglio.

Se si vuole analizzare, per esempio, solo la rugosità della superficie, togliendo quindi l'errore di forma e l'effetto dell'eccentricità del pezzo, occorre usare un filtro passa-alto che elimini le ondulazioni sinusoidali di bassa frequenza. A tal proposito occorre tenere presente che una sezione di forma ellittica genera una componente di variazione del profilo (armonica) che presenta una frequenza doppia rispetto a quella di rotazione della tavola (figura 11.60); una sezione circolare invece, il cui centro non giace sull'asse di rotazione (eccentricità) genera una componente di variazione del profilo che presenta una frequenza pari a quella di rotazione della tavola (figura 11.61).

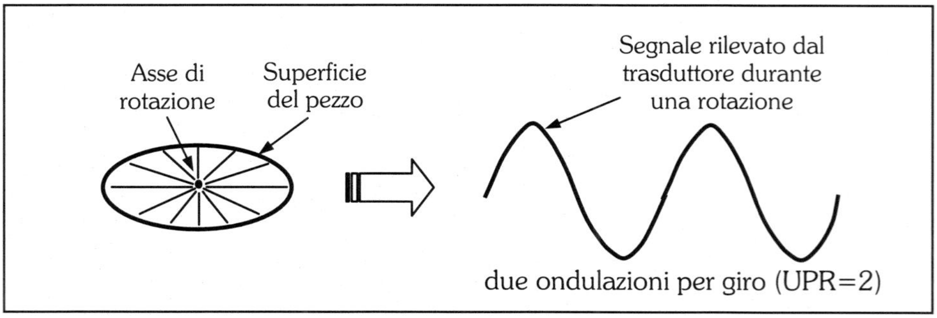

Figura 11.60: profilo di un pezzo di forma ellittica

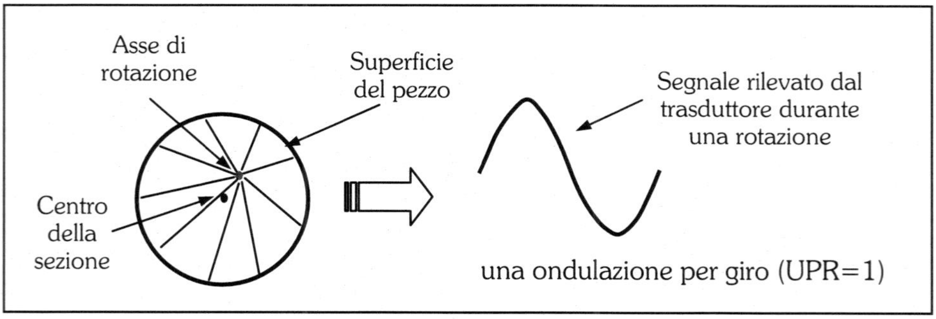

Figura 11.61: profilo di un pezzo di forma circolare eccentrico

Quindi riassumendo le ondulazioni con frequenza pari a 1 (una ondulazione per giro; prima armonica) sono tipiche della eccentricità che, in genere, è causata da una non coassialità tra l'asse del pezzo e l'asse della tavola rotante; ***vanno sempre eliminate*** mettendo un filtro passa-alto con frequenza di taglio maggiore di 1(inserito automaticamente in molti rotondimetri).

Le ondulazioni con frequenza pari a 2 (due ondulazioni per giro; seconda armonica) possono essere causate da una ovalizzazione del componente oppure da un errore di allineamento ovvero non parallelismo tra l'asse di rotazione del mandrino ed l'asse di rotazione del pezzo. Si eliminano mettendo un filtro passa-alto con frequenza di taglio maggiore di 2.

Le ondulazioni con frequenza pari a 3 (tre ondulazioni per giro; terza armonica) possono essere generate da una lobatura del pezzo causata dal sistema di fissaggio durante la lavorazione (mandrino a tre ganasce) e si eliminano mettendo un filtro passa-alto con frequenza di taglio maggiore di 3.

Se si vuole analizzare invece solo l'errore di forma del pezzo, prescindendo dallo stato di finitura superficiale, occorre eliminare, oltre alla prima armonica anche le variazioni con frequenza molto alta, ovvero quelle dovute alle imperfezioni della superficie; in questo caso si userà un filtro passa-banda che lascia passare le frequenze superiori alla prima armonica ed inferiori alle frequenze elevate, tipiche dello stato di finitura superficiale (esempio: 1-150 UPR).

11.6.6 Principio di funzionamento del rotondimetro e caratteristiche costruttive

Il principio di funzionamento del rotondimetro (nel modello più comune a tavola rotante) si basa sulla creazione di un asse di rotazione del pezzo in esame che viene considerato l'asse di riferimento. Rispetto a questo asse si rilevano le variazioni della distanza dei punti sulla superficie, appartenenti ad una determinata sezione trasversale, durante una rotazione completa (vedi figura 11.62).

Tali variazioni vengono rilevate tramite un apposito trasduttore di posizione fissato rigidamente allo strumento e quindi indipendente dal movimento di rotazione del pezzo. L'asse di misura del trasduttore è perpendicolare all'asse di rotazione ed è posto ad una altezza che definisce la sezione di misura.

L'asse di rotazione del pezzo è determinato da una tavola girevole sulla quale viene appoggiato il pezzo in esame.

La tavola girevole è dotata di sistemi di traslazione lungo due assi ortogonali (asse X ed asse Y) sul piano orizzontale, che consentono di eseguire il "***centraggio***" del pezzo ovvero la migliore sovrapposizione dell'asse di simmetria del pezzo con l'asse di rotazione della tavola girevole.

NOTA SUI ROTONDIMETRI

Esistono anche modelli di rotondimetro a mandrino rotante (detto anche a tavola fissa); in questi rotondimetri il pezzo in esame rimane fermo ed il mandrino fa ruotare il trasduttore attorno al pezzo su un adeguato supporto per rilevarne le variazioni lungo la direzione radiale (chiamati anche a "pick up rotante");

Il tipo a tavola rotante, non essendo il trasduttore in movimento, si presta bene ai controlli di concentricità in quanto lo spostamento della punta tastatrice non ha alcun effetto sull'asse di riferimento che rimane inalterato; tale modello ha inoltre molta libertà di posizionamento della punta tastatrice ed è in grado di raggiungere facilmente le facce inferiori di cave o spallamenti.

Il tipo a mandrino rotante è più adatto per pezzi di grandi dimensioni o di forma asimmetrica e specialmente di massa elevata in quanto in questo modello la tavola portapezzi, essendo statica e non facendo parte del sistema di misura, può essere di più robusta costruzione rispetto al modello a tavola rotante.

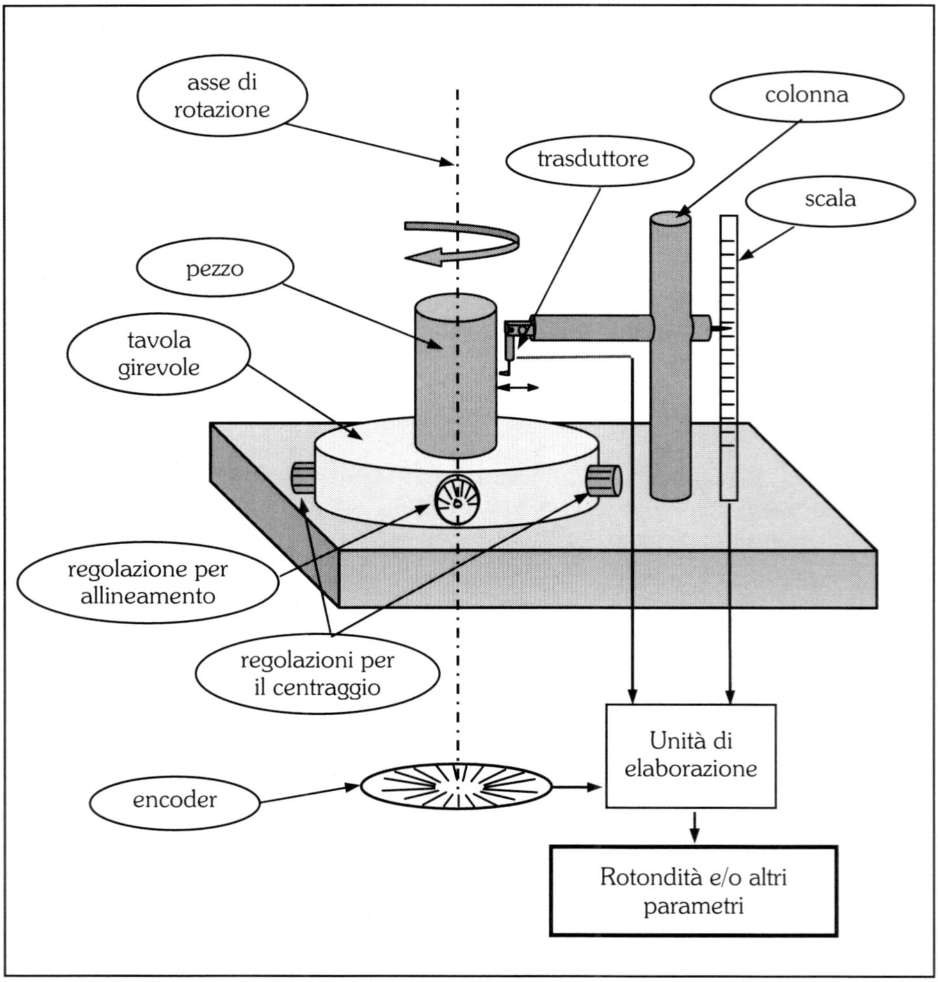

Figura 11.62: principio di funzionamento di un rotondimetro

Allo scopo di far coincidere l'asse di rotazione della tavola con l'asse di simmetria del pezzo in esame sono inoltre necessarie altre due regolazioni di inclinazione della tavola (rotazione lungo l'asse X e lungo l'asse Y); tali regolazioni consentono di eseguire "***l'allineamento***" dell'asse del pezzo con l'asse di rotazione.

La tavola girevole ha solitamente un sostentamento pneumatico che ne consente una rotazione dolce e scorrevole; è dotata di un encoder che ne misura la rotazione e ne consente il controllo. L'organo rotante della tavola costituisce sicuramente l'elemento più importante del rotondimetro; l'accuratezza di misura del rotondimetro è infatti strettamente legata alla stabilità e perpendicolarità dell'asse di rotazione rispetto all'asse di misura del trasduttore di posizione.

I cuscinetti dell'elemento rotante sono quindi un elemento fondamentale per la qualità dello strumento; le caratteristiche dei cuscinetti che hanno maggiore influenza sulle prestazioni del rotondimetro sono:
- la rigidità;
- la rotondità delle sfere;
- l'attrito interno del cuscinetto;
- la capacità di assorbire le vibrazioni.

Il trasduttore, solitamente di tipo induttivo, rileva le variazioni della distanza lungo la direzione radiale del pezzo; per assolvere a questa funzione esso è collegato, tramite uno stilo ed un eventuale leverismo, ad una punta tastatrice di forma sferica, che viene mantenuta a contatto con la superficie del pezzo durante la rotazione; la forza di contatto della punta tastatrice può essere regolata e rimane costante durante la rotazione del pezzo.

Il trasduttore è rigidamente collegato ad un braccio che ha una movimentazione verticale (lungo l'asse Z) ed una orizzontale (lungo l'asse X). La movimentazione verticale consente di rilevare le distanze dall'asse di rotazione per diverse sezioni del pezzo; la movimentazione orizzontale consente di eseguire la scansione a diverse distanze dall'asse di rotazione.

L'unità di elaborazione, che rileva il segnale di uscita del trasduttore nelle diverse posizioni angolari della tavola girevole, è costituita dal sistema di amplificazione, dal sistema di filtraggio e dal sistema di registrazione.

Questa unità permette di ottenere le diverse rappresentazioni del profilo della sezione (per esempio in coordinate polari), di regolare automaticamente lo zero del trasduttore e di variare l'amplificazione (ingrandimento) e quindi la risoluzione di lettura dei valori calcolati.

Esistono inoltre modelli senza contatto che utilizzano come trasduttore un dispositivo laser; essi risultano particolarmente utili per pezzi molto piccoli (con diametro inferiore a quello della sfera della punta tastatrice) o per pezzi facilmente deformabili.

Tale rotondimetro non è invece idoneo per rilevare la rotondità di fori interni in quanto non risultano visibili dalla sorgente laser del trasduttore ottico.

Esistono infine modelli che hanno una movimentazione orizzontale del braccio tastatore il cui spostamento è misurato tramite una riga o comunque da un trasduttore di posizione con campi di misura più estesi del trasduttore induttivo.

Questi modelli consentono anche altre tipologie di misure rispetto a quelli tradizionali quali per esempio le misure di conicità o di inclinazione ottenute mediante il movimento verticale motorizzato della punta tastatrice e la misura lungo l'asse X mentre il trasduttore induttivo viene mantenuto in condizioni di azzeramento.

11.6.7 Misure eseguibili con il rotondimetro

Il rotondimetro è uno strumento indicato per verificare le tolleranze geometriche dei pezzi; nel seguito sono riportate le metodologie di misura per eseguire le verifiche delle varie tolleranze geometriche per cui è idoneo il rotondimetro.

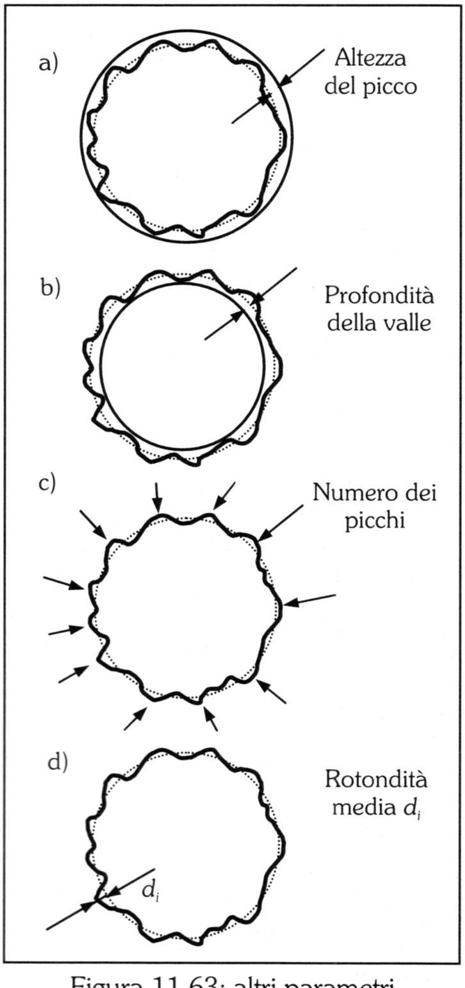

Figura 11.63: altri parametri

– **Verifica dello scostamento di circolarità**

Durante una rotazione completa del pezzo si registrano gli scostamenti radiali. Lo scostamento di circolarità è dato dalla differenza fra i raggi della circonferenza circoscritta e di quella inscritta al profilo rilevato (figura 11.52). Queste due circonferenze sono concentriche fra loro e concentriche anche al cerchio di riferimento che deve essere determinato dai punti rilevati con un algoritmo condiviso dagli utilizzatori del risultato della misura (vedi paragrafo 7.8).

Dal profilo rilevato si possono calcolare anche alcuni parametri utili per l'analisi delle caratteristiche del pezzo quali:

– ***altezza del picco***: altezza determinata dalla differenza dei raggi tra il cerchio concentrico circoscritto ed il cerchio di riferimento (figura 11.63a);
– ***profondità della valle***: profondità determinata dalla differenza dei raggi tra il cerchio di riferimento e quello concentrico inscritto (figura 11.63b);
– ***numero di picchi***: numero dei picchi più alti dal cerchio di riferimento (figura 11.63c);
– ***rotondità media***: media dei valori assunti dalle deviazioni (d_i) dei punti del profilo dal cerchio di riferimento (figura 11.63d).

– ***Verifica dello scostamento di cilindricità***

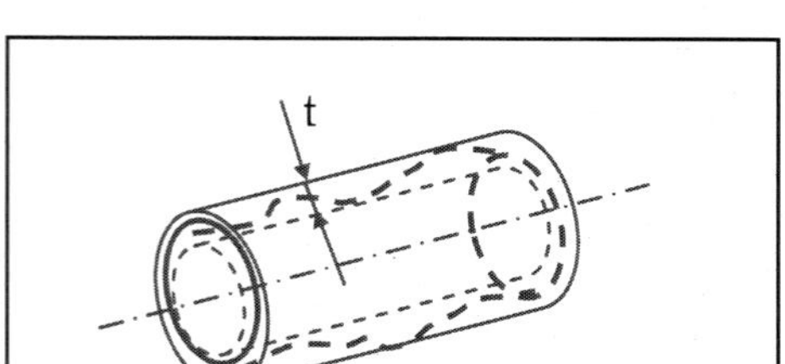

Figura 11.64: scostamento di cilindricità

Occorre determinare l'asse di riferimento del cilindro in esame rispetto al quale calcolare poi gli scostamenti radiali in diverse sezioni (figura 11.64).

Esistono diversi metodi per la determinazione dell'asse di riferimento con i quali si possono ottenere diversi scostamenti di cilindricità; il metodo più comune consiste nel rilevare (con un metodo accettato per il calcolo dello scostamento di circolarità) i centri dei profili di due sezioni poste alle estremità del cilindro in esame e costruire quindi l'asse di riferimento come la retta passante per i due punti individuati. Viene poi rilevato lo scostamento radiale nel corso di una rotazione completa, ripetendo le misurazioni su di un numero preimpostato di sezioni senza azzerare il trasduttore. Lo scostamento di cilindricità è quindi rappresentato dalla differenza fra la distanza radiale massima e la distanza radiale minima calcolate rispetto all'asse di riferimento su tutte le sezioni misurate.

– ***Verifica dello scostamento di planarità***

Per effettuare la misura dello scostamento di planarità (figura 11.65) occorre prima di tutto posizionare l'asse di misura del trasduttore in direzione verticale (perpendicolare alla superficie di misura). Si esegue una o più scansioni iniziali della superficie di misura per individuarne l'inclinazione rispetto al piano perpendicolare all'asse di rotazione.

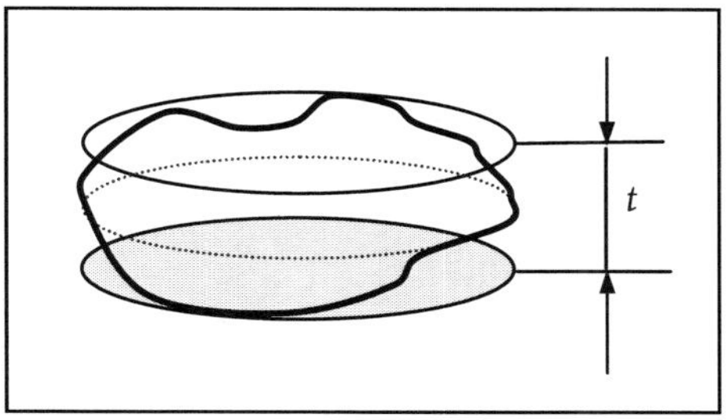

Figura 11.65: scostamento di planarità

In funzione del valore ottenuto si agisce sulle regolazioni d'inclinazione della tavola porta-pezzo in modo da portare la superficie di misura in posizione perpendicolare all'asse di rotazione. Infine, si esegue una scansione circolare della superficie di misura rilevando la variazione dei punti del profilo misurato lungo l'asse verticale del trasduttore. Lo scostamento di planarità, individuato dalla distanza fra due piani, paralleli ad un piano di riferimento, fra i quali risulta contenuto il profilo rilevato, è dato dalla differenza fra il valore massimo ed il valore minimo rilevato dal trasduttore durante la scansione finale.

– ***Verifica dello scostamento di parallelismo***

Anche per effettuare la misura dello scostamento di parallelismo (figura 11.66) fra due superfici occorre prima posizionare l'asse di misura del trasduttore in direzione verticale (perpendicolare alla superficie di misura) come nel caso dello scostamento di planarità.

Si esegue quindi una prima scansione circolare della superficie di riferimento (rispetto alla quale calcolare lo scostamento di parallelismo di un'altra superficie), per effettuarne come già visto, le regolazioni di inclinazione in modo da portare tale superficie in posizione perpendicolare all'asse di rotazione. Se questa superficie coincide con una superficie di appoggio del pezzo in esame, l'oggetto viene posto sul piano della tavola porta-pezzo appoggiando l'intera superficie di riferimento; in ogni caso tale piano deve essere orientato perpendicolarmente all'asse di rotazione. Dopo aver

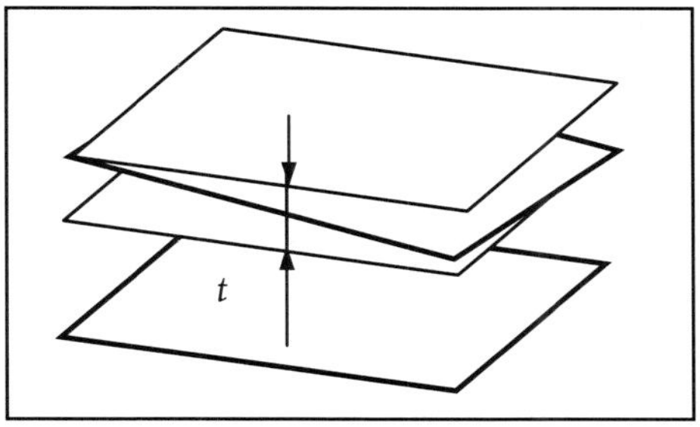

Figura 11.66: scostamento di parallelismo

azzerato il trasduttore si esegue una ulteriore scansione circolare sulla seconda superficie nominalmente parallela a quella di riferimento.

Lo scostamento di parallelismo è dato dalla differenza fra il valore massimo ed il valore minimo rilevato dal trasduttore ed è quindi la distanza fra due piani paralleli al piano di riferimento che contengono tutti i punti del profilo rilevato. Nelle misure di parallelismo e di planarità è importante ricordare che la distanza fra l'asse di rotazione ed il punto di contatto del trasduttore con la superficie del pezzo, ovvero il raggio del profilo ottenuto, determina l'ampiezza della superficie analizzata con la scansione; l'errore di forma calcolato è quindi relativo all'ampiezza della superficie che ovviamente influenza sensibilmente la stima di tale errore.

– ***Verifica dello scostamento di perpendicolarità***

Per la verifica dello scostamento di perpendicolarità di un asse rispetto ad un piano di riferimento (figura 11.67) è necessario eseguire una prima scansione circolare, con l'asse di misura del trasduttore in direzione verticale, per definire l'orientamento del piano di riferimento ed allineare l'asse di tale piano (asse di riferimento) in direzione parallela all'asse di rotazione della tavola.

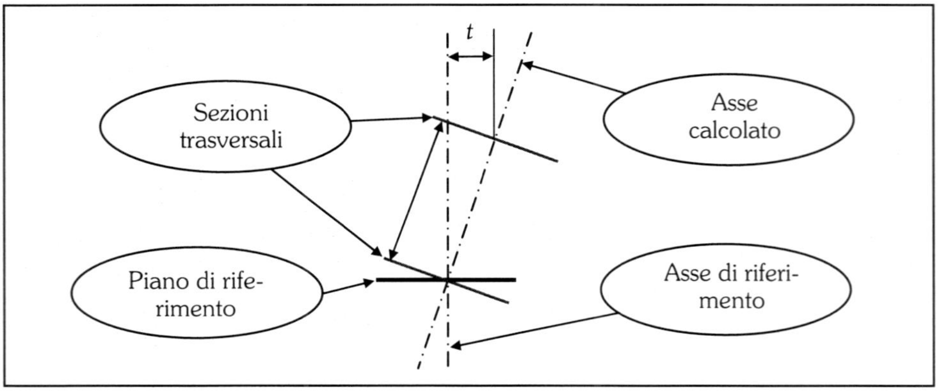

Figura 11.67: perpendicolarità fra un asse ed un piano di riferimento

Occorre poi rilevare i profili di due sezioni vicine alle estremità del cilindro in esame, con l'asse di misura del trasduttore in direzione radiale per determinare l'orientamento dell'asse di cui si vuole misurare l'inclinazione rispetto al piano di riferimento. Lo scostamento di perpendicolarità è quindi dato dal massimo scostamento (misurato in direzione perpendicolare all'asse di riferimento) fra l'asse di riferimento, perpendicolare al piano di riferimento, e l'asse del cilindro calcolato tramite due sezioni trasversali ad una distanza *L*.

Per verificare invece gli scostamenti di perpendicolarità di un piano rispetto ad un asse di riferimento (figura 11.68) occorre prima individuare l'asse di riferimento ed allineare l'asse di rotazione rispetto a tale asse. Successivamente attraverso una scansione circolare sul piano in esame, con l'asse di misura del trasduttore in direzione verticale, si calcola l'asse del piano di cui si vuol verificare la tolleranza di perpendicolarità. Lo scostamento di perpendicolarità è quindi dato dalla distanza di due piani perpendicolari all'asse di riferimento fra i quali è compreso il profilo rilevato e corrisponde quindi alla escursione della lettura del tastatore durante l'ultima scansione.

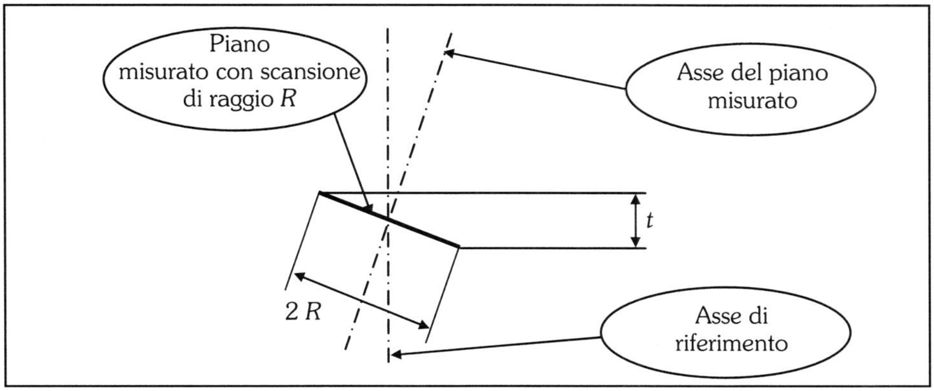

Figura 11.68: perpendicolarità fra un piano ed un asse di riferimento

– ***Verifica dello scostamento di concentricità***

La concentricità di un elemento di forma circolare di un pezzo meccanico, rispetto ad un altro elemento di forma circolare del pezzo preso come riferimento, può essere verificata solo se i due elementi giacciono sullo stesso piano (diversamente non può parlare di concentricità).

Per verificare lo scostamento di concentricità (figura 11.69), occorre quindi eseguire due scansioni circolari sia sull'elemento di riferimento sia sull'elemento di cui si vuol verificare la concentricità. La prima scansione serve per determinare il centro dell'elemento di riferimento (con uno dei metodi descritti nel paragrafo 7.8) e quindi per centrare il pezzo in esame in modo che il centro dell'elemento di riferimento stia sull'asse di rotazione. La seconda scansione serve per determinare il centro dell'elemento di cui si vuol verificare la concentricità. Lo scostamento di concentricità è dato da due volte la distanza rilevata tra il centro della sezione di riferimento ed il centro della sezione misurata.

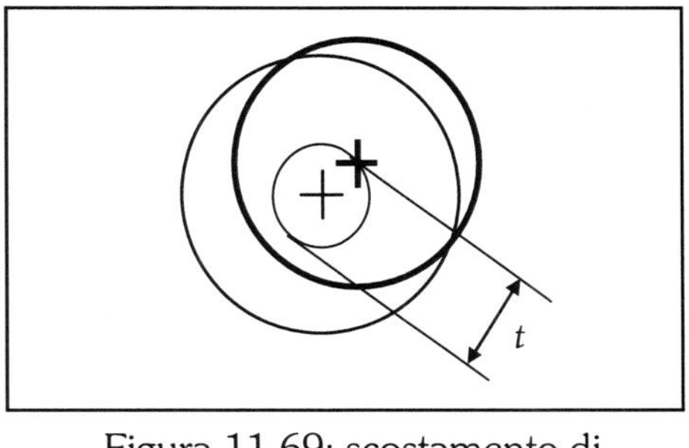

Figura 11.69: scostamento di concentricità

– ***Verifica dello scostamento di coassialità***

Per la verifica dello scostamento di coassialità (figura 11.70) dell'asse di un elemento geometrico del pezzo in esame rispetto ad un altro asse preso come riferimento, è necessario prima di tutto determinare l'asse di riferimento con uno dei metodi applicabili, solitamente eseguendo la scansione di due sezioni alle estremità del cilin-

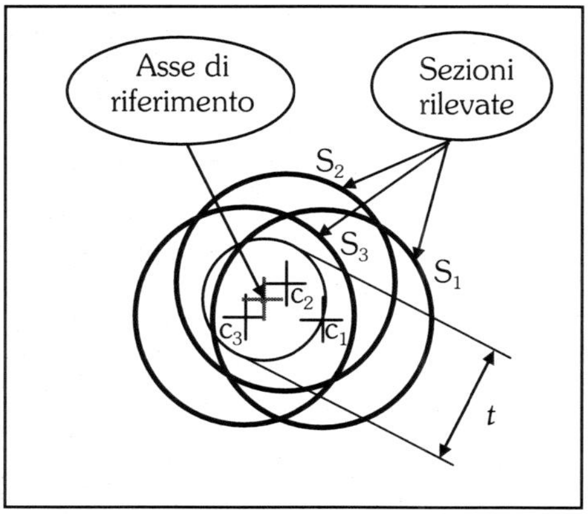

Figura 11.70: scostamento di coassialità

dro in esame. Successivamente occorre allineare, tramite le regolazioni della tavola porta-pezzo, l'asse di riferimento individuato con l'asse di rotazione.

Infine, si esegue la scansione di due o più sezioni sull'elemento di cui si vuol verificare lo scostamento di coassialità rispetto all'asse di riferimento. Lo scostamento di coassialità è dato da due volte la distanza massima fra il centro di ogni sezione rilevata e l'asse di riferimento.

– ***Verifica dell'oscillazione circolare o "runout"***

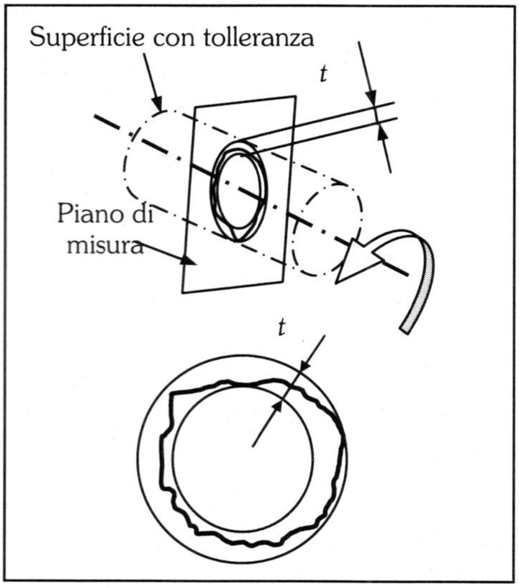

Figura 11.71: oscillazione o "runout"

La verifica dell'oscillazione circolare radiale (figura 11.71) consiste nel rilievo delle variazioni di distanza dei punti del profilo di una sezione rispetto ad un asse di riferimento nel corso di una rotazione completa; tale parametro include quindi sia l'effetto delle variazioni superficiali sia l'effetto della eccentricità ovvero della eventuale distanza fra il centro della sezione misurata e l'asse di rotazione. Lo scostamento di oscillazione circolare radiale è dato dalla differenza fra la distanza massima e la distanza minima dei punti del profilo rilevato rispetto all'asse di riferimento (***runout radiale***) ovvero dalla differenza fra il valore massimo ed il valore minimo rilevato dal trasduttore durante la scansione.

Nel caso in cui si voglia verificare l'oscillazione totale radiale ovvero lungo un tratto dell'asse del pezzo in esame, occorre rilevare più sezioni a diversa altezza lungo l'asse del pezzo e valutare lo scostamento di oscillazione come differenza fra la distanza massima e la distanza minima rispetto all'asse di riferimento dei punti di tutte le sezioni su cui viene eseguita la scansione.

11.6.8 Misure non eseguibili con il rotondimetro

Le tolleranze geometriche sopra descritte possono essere anche verificate attraverso la metrologia a coordinate ovvero utilizzando le CMM (vedi paragrafo 7.8).

Queste ultime, infatti, sono in grado di determinare la posizione di qualunque elemento nello spazio e quindi di verificarne le tolleranze geometriche.

Le CMM tuttavia, valutano l'errore di forma attraverso la rilevazione di un numero più limitato di punti appartenenti alla superficie in esame e non attraverso una scansione continua (tranne nel caso in cui si usino tastatori a scansione) come invece avviene con il rotondimetro. La valutazione dell'errore di forma è quindi senza dubbio più accurata con il rotondimetro sia per la maggiore accuratezza di misura del trasduttore di posizione, sia perché la rilevazione è continua (in realtà è un campionamento molto fitto della distanza radiale lungo la sezione esaminata) e non discreta.

Il rotondimetro non è invece indicato per misure dimensionali in genere in quanto non fornisce un valore di misura assoluto ma rileva le deviazioni (durante una rotazione) rispetto ad una condizione di partenza. Qualche eccezione è tuttavia possibile per i rotondimetri che hanno una movimentazione orizzontale del braccio tastatore controllata tramite una riga ottica. Per questi rotondimetri, infatti, sono possibili anche funzioni di misura di tipo dimensionale e non solo geometrico fra le quali citiamo le più significative:

- ***misura del diametro:*** viene valutato come distanza media dei punti del profilo di una sezione rispetto ad un asse di riferimento nel corso di una rotazione completa dopo aver azzerato i trasduttore su un cilindro campione di diametro noto;
- ***deviazione di raggio (conicità):*** viene valutata come metà della differenza dei valori del diametro su due differenti sezioni in rapporto alla distanza (lungo l'asse Z) fra le sezioni misurate;
- ***deviazione di spessore*** (figura 11.72): viene valutata come la differenza fra il valore massimo ed il valore minimo della distanza radiale fra due profili concentrici della stessa sezione nel corso di una rotazione completa.

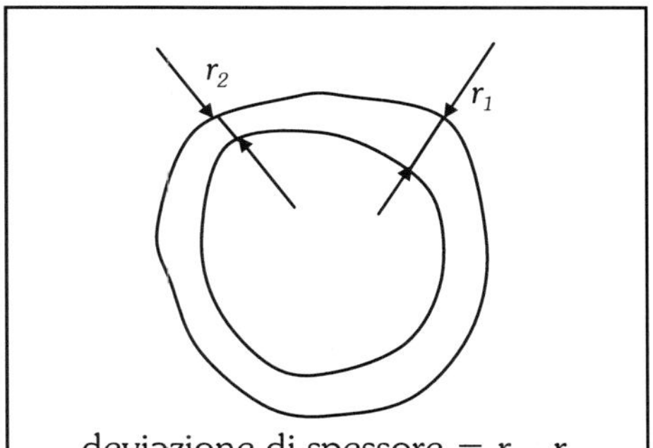

Figura 11.72: deviazione di spessore

Il rotondimetro non è inoltre indicato per la verifica di alcune tolleranze di posizione come la tolleranza di localizzazione (spostamento consentito ad un elemento geometrico come un foro, un solco o altro, rispetto ad una posizione teoricamente esatta come indicato in figura 11.73 ove occorre valutare lo scostamento del centro di un foro rispetto al centro geometrico di una sezione quadrata) e la tolleranza di simmetria (spostamento di un elemento geometrico rispetto alla condizione di simmetria come indicato in figura 11.74 ove occorre valutare lo scostamento della gola rispetto all'asse di simmetria del pezzo).

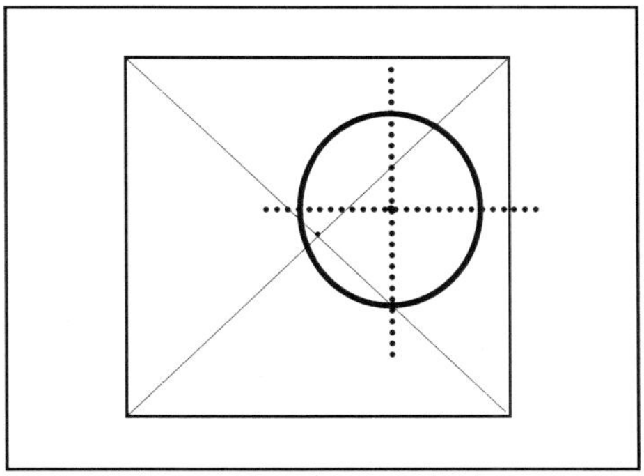

Figura 11.73: tolleranza di localizzazione

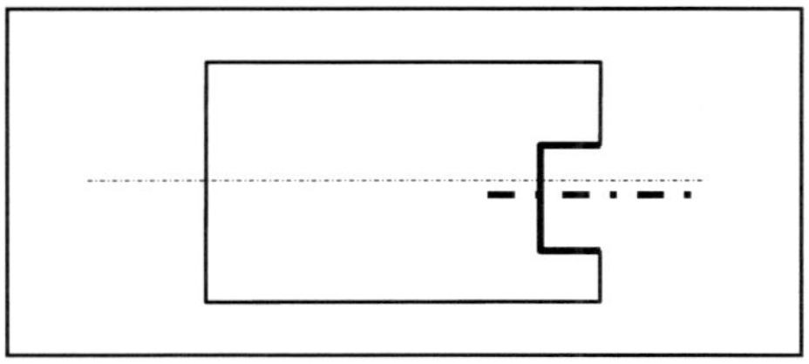

Figura 11.74: tolleranza di simmetria

Non è inoltre possibile effettuare la verifica della tolleranza di inclinazione, che viene classificata come tolleranza di orientamento, e rappresenta lo scostamento rispetto ad una angolo fissato (diverso da 90°) dell'angolo formato da una superficie o un asse rispetto ad un riferimento. La tolleranza di inclinazione fra due rette, fra due piani o fra retta e piano non sono verificabili con il rotondimetro anche se gli elementi geometrici in esame (rette o piani) sono ricavati dalla geometria di solidi di rotazione (cono, cilindro, ecc.).

Infine non è possibile verificare con il rotondimetro le tolleranze sui profili ovvero eseguire la verifica della forma di un profilo quando quest'ultimo non è riconducibile al profilo della sezione di un solido di rotazione.

11.6.9 Modalità di misura

Per effettuare correttamente le misure con il rotondimetro occorre eseguire la seguente sequenza di operazioni:

- posizionamento del pezzo da misurare sulla tavole girevole;
- centraggio dell'asse del pezzo su una prima sezione agendo sui dispositivi di regolazione;
- allineamento verticale dell'asse del pezzo agendo sui dispositivi di regolazione;
- posizionamento del trasduttore sulla sezione interessata;
- prima scansione per la verifica del campo (anche manuale);
- regolazione dell'ingrandimento (risoluzione);
- scelta del filtro da utilizzare;
- scansione di misura;
- selezione dei parametri ed elaborazione;
- presentazione dei risultati (con eventuale rappresentazione grafica tramite diagramma polare).

Per eseguire una misura corretta è importante che il pezzo in esame sia posizionato in modo che la distanza fra l'asse di simmetria del pezzo e l'asse di rotazione della tavola sia la minima possibile (operazione di centraggio) e che il suo asse di simmetria sia parallelo all'asse di rotazione (regolazione di inclinazione).

A questo scopo occorre agire sulle regolazioni di centraggio e di inclinazione della tavola porta-pezzo in modo da ottenere le due condizioni sopra citate.

La prima operazione da eseguire è l'operazione di centraggio poiché ogni rotazione del pezzo intorno ad un asse troppo distante dall'asse di simmetria (eccentricità) può portare il trasduttore fuori dal campo di misura.

Dopo la regolazione di centraggio è necessario eseguire la regolazione di inclinazione per portare l'asse di simmetria del pezzo a coincidere con l'asse di rotazione della tavola. Tale operazione però sposta quasi sempre la regolazione di centraggio; è quindi necessario che le operazioni di centraggio e di inclinazione vengano rieseguite alternativamente fino a verificare il rispetto di entrambe le condizioni.

L'asse di riferimento del pezzo in esame può essere individuato con uno dei seguenti due modi:

- determinando il centro di due sezioni alle estremità del pezzo (una superiore ed una inferiore) e costruendo l'asse di riferimento come la retta passante per i due punti individuati (metodo idoneo per pezzi alti);
- attraverso una scansione circolare su un piano perpendicolare all'asse di riferimento (metodo idoneo per pezzi bassi).

Un altro accorgimento da adottare per evitare errori di misura consiste in una accurata pulizia del pezzo; il grasso infatti o ogni altro genere di sporco depositato sulla superficie del pezzo viene rilevato dal trasduttore e non sempre è possibile, analizzando il profilo rilevato, distinguere tale effetto dalle variazioni del profilo dovute alle imperfezioni della superficie del pezzo.

11.6.10 Grandezze di influenza nelle misure con il rotondimetro

In questo paragrafo sono analizzate le principali grandezze d'influenza nella misurazione con il rotondimetro; esse sono:

- ***errore di forma della punta tastatrice***: tale errore (molto grande se la punta risulta danneggiata) può anche causare la perdita del contatto fra punta tastatrice e la superficie del pezzo durante la scansione circolare e causa comunque un errore nella misura della coordinata radiale di ogni punto campionato. L'errore di misura dovuto a tale effetto su ogni punto del profilo è sempre inferiore all'errore di forma della punta tastatrice;
- ***centraggio ed allineamento non eseguiti correttamente***: queste operazioni devono essere eseguite accuratamente prima di effettuare la misurazione. Le ondulazioni sul profilo rilevato generate dagli errori di centraggio e di allineamento sono ovviamente sovrapposte a quelle generate dall'errore di forma del campione misurato. L'effetto di una rotazione attorno ad un asse che non è l'asse di simmetria del pezzo in esame, provoca un eccentricità del profilo che è facilmente eliminabile attraverso un filtro che taglia la prima armonica.
  L'effetto dovuto invece allo sbandieramento della tavola girevole durante la rotazione, cioè lo spostamento dell'asse di rotazione stesso, può essere eliminato solo attraverso misure ripetute con un campione di rotondità fissato in diverse posizioni angolari rispetto alla tavola girevole, facendo però iniziare la scansione circolare nella stessa posizione della tavola (tramite la lettura dell'encoder di misura della rotazione). Con queste prove ripetute si ha sempre la sovrapposizione dei due effetti, ma le ondulazioni dovute all'errore di forma del campione si presentano ruotate di un determinato angolo per ogni misurazione effettuata, mentre le ondulazioni dovute allo sbandieramento della tavola si ripetono con la stessa fase; attraverso una attenta elaborazione dei profili rilevati sullo stesso campione è possibile separare i due contributi di errore e quindi fare una stima dell'errore di allineamento;
- ***amplificazione e misura del segnale del trasduttore***: il condizionamento, l'amplificazione e la misura del segnale in uscita del trasduttore presentano fenomeni di deriva nel tempo, di non linearità, e di non immunità ai disturbi elet-

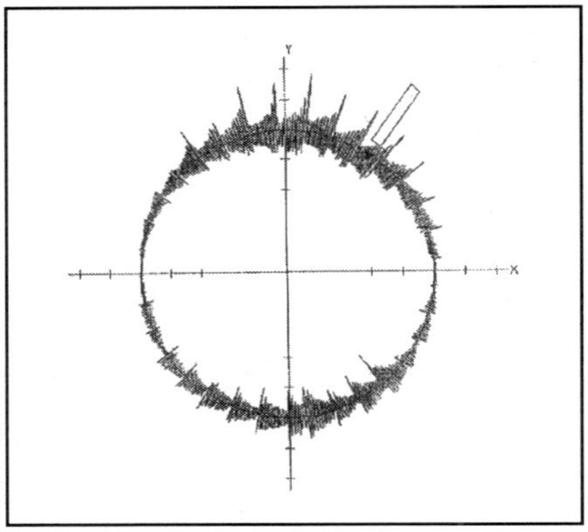

Figura 11.75: effetto delle vibrazioni

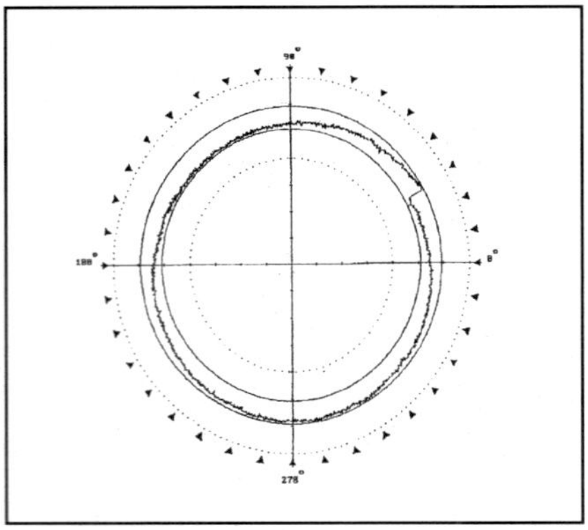

Figura 11.76: errore di chiusura

tromagnetici. La deriva nel tempo e la non linearità comportano errori che possono essere ridotti con una corretta e periodica messa a punto dello strumento; il rapporto segnale/rumore dell'amplificatore è una caratteristica costruttiva sulla quale è difficile intervenire. La ripetibilità del trasduttore risente anche della stabilità delle condizioni elettriche di alimentazione e della stabilità della forza di contatto con il pezzo in esame;

- ***vibrazioni***: costituiscono una fonte di incertezza poiché generano un segnale di rumore che si sovrappone a quello generato dal misurando ovvero dal profilo della sezione rilevata (figura 11.75). Oltre ai mezzi e sistemi utilizzabili per isolare il rotondimetro dalla sorgente di vibrazioni (quali tavoli antivibranti, basamenti o altro), l'effetto delle vibrazioni può essere eliminato con l'uso di opportuni filtri sul segnale, laddove la frequenza di tali vibrazioni non è all'interno della banda del segnale;
- ***polvere***: comporta il rilievo di profili con strane irregolarità che falsano il risultato della misura e non possono essere corrette a posteriori (fig. 11.76). Gli accorgimenti da adottare sono quindi quelli di lavorare, ove possibile, in ambienti con buoni sistemi di filtraggio dell'aria o comunque di pulire accuratamente il pezzo o il campione prima della misurazione;
- ***rettilineità della traslazione orizzontale e verticale***: tale errore è dovuto essenzialmente allo stato d'usura ed alla qualità costruttiva delle guide di scorrimento e dipende dall'accuratezza con cui vengono allineati tali elementi durante l'installazione;
- ***effetti termici***: la misura di rotondità è influenzata non tanto dalla differenza di temperatura ambiente rispetto ai 20 °C quanto dalle variazione di temperatura che avvengono durante la scansione; queste variazioni modificano la geometria dello strumento ed hanno effetti sul risultato della misurazione. L'effetto più evidente è il cosiddetto "errore di chiusura" che si manifesta come un gradino sul diagramma della rotondità in coincidenza con il punto di inizio e fine del ciclo (figura 11.76).
- ***errori di elaborazione:*** danno un contributo di incertezza sicuramente trascurabile rispetto alle altre incertezze in gioco.

11.6.11 Considerazioni sulla taratura del rotondimetro

11.6.11.1 Generalità

Per effettuare una corretta valutazione dell'incertezza di misura di un rotondimetro è necessario stimare le sue caratteristiche metrologiche; le principali sono:

- la linearità del tastatore;
- l'errore massimo del sistema tavola girevole-tastatore;
- l'errore di chiusura del ciclo di misura;
- la forza del tastatore.

Per ciascuna caratteristica occorre attribuire un errore massimo ammesso e quindi verificare, in sede di taratura del rotondimetro, il rispetto dei limiti stabiliti. Attribuendo poi agli *MPE* delle singole caratteristiche una opportuna distribuzione di probabilità è possibile valutare l'incertezza di misura del rotondimetro con le ormai note formule per la propagazione delle incertezze di misura. Nel seguito verranno trattate le varie caratteristiche metrologiche del rotondimetro al fine di fornire i metodi per la loro valutazione.

11.6.11.2 Linearità del tastatore

Generalmente il contributo maggiore all'incertezza di misura viene dato dalla linearità del tastatore; pertanto nel seguito approfondiremo le metodologie per la valutazione di tale effetto sia in modo statico che dinamico.

Per la valutazione in modo statico si utilizza una serie di blocchetti pianparalleli, dotati di certificato di taratura, tali da coprire il campo di misura del tastatore. Operativamente si azzera il tastatore sul primo blocchetto e quindi si fanno leggere al tastatore una serie di blocchetti aventi valori nominali crescenti; al termine si ritorna al blocchetto di partenza e si verifica la posizione dello zero. L'errore di linearità viene valutato come massima differenza tra i valori letti per ogni singolo blocchetto ed il suo valore noto.

Questo metodo è molto accurato ma non verifica le caratteristiche dinamiche del tastatore. Un metodo per caratterizzare il tastatore in modo dinamico è quello di utilizzare un campione a guizzo (flick standard) che consente di valutare gli errori della catena di misura, in termini di ampiezza e frequenza, e quindi di tarare la risposta del tastatore nelle condizioni operative.

Un campione a guizzo (figura 11.77) è costituito da un cilindro con una zona nominalmente piana. Esso viene posto in rotazione sulla tavola del rotondimetro con il tastatore a contatto: quando il tastatore incontra la zona piana, rileva la

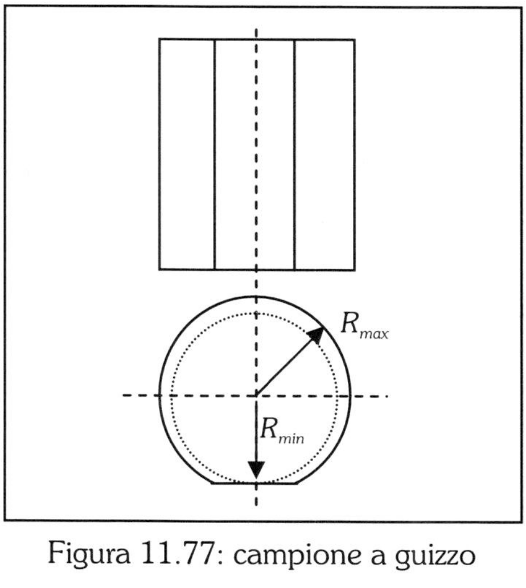

Figura 11.77: campione a guizzo

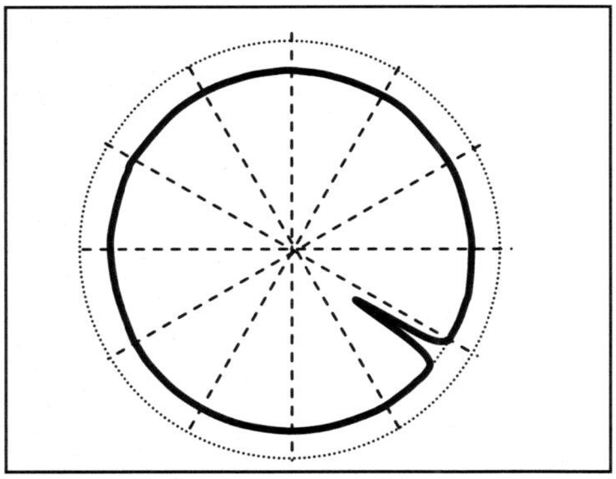

Figura 11.78: andamento del raggio di un campione a guizzo

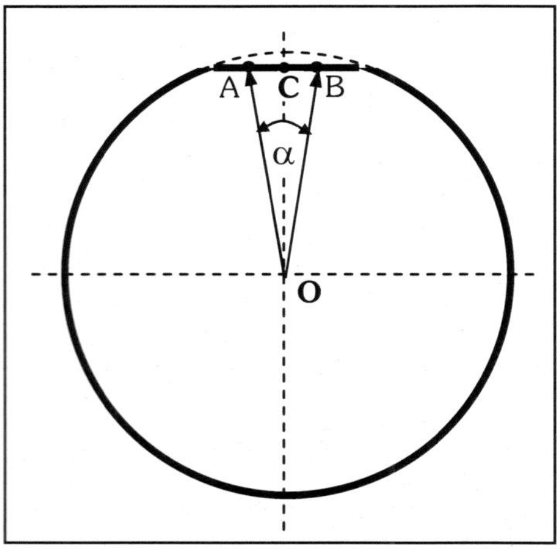

Figura 11.79: effetto del campionamento

rapida variazione del raggio e la trasforma in un segnale elettrico che viene elaborato dal sistema di misura (fig. 11.78).

Per utilizzare il campione a guizzo nelle attività di taratura di un rotondimetro, è necessario che il campione sia dotato di un certificato di taratura che riporta il valore del guizzo, generalmente inteso come scostamento dalla circolarità ovvero come differenza tra il raggio massimo ed il raggio minimo; dopo la taratura è quindi è possibile effettuare una correzione sul sistema di misura del rotondimetro nel caso in cui il valore rilevato si discostasse dal valore dichiarato nel certificato.

Esistono tuttavia una serie di problematiche in questa operazione che è opportuno analizzare al fine di evitare correzioni errate del rotondimetro; infatti non è detto che il rotondimetro in sede di sua taratura valuti il valore del guizzo nello stesso modo in cui tale valore è stato valutato in sede di taratura del campione stesso. Per questo motivo è opportuno valutare quali parametri influenzano la determinazione del valore del guizzo in sede di taratura.

Nella taratura di un campione a guizzo è opportuno tenere in considerazione almeno i seguenti parametri:

– ***intervallo di campionamento*** ovvero il numero di punti di misura che lo strumento rileva sulla circonferenza del campione.

La scelta dell'intervallo di campionamento ovvero del numero di punti di misura è importante per valutare l'errore che si può commettere nella determinazione del guizzo. Infatti, essendo il valore del guizzo valutato come differenza tra il raggio massimo ed il raggio minimo, è importante che un punto di misura cada il più vicino possibile al punto C che determina il valore minimo del raggio (segmento OC della fig. 11.79).

L'errore introdotto dall'intervallo di campionamento è valutabile ipotizzando che il punto C cada a metà tra i due punti di campionamento A e B; indicando con R_{min} il valore minimo del raggio corrispondente al segmento OC e con α l'angolo al centro corrispondente all'intervallo di campionamento adottato, l'errore ΔR che si commette considerando il segmento OA vale:

$$\Delta R = OA - R_{\min} = \frac{R_{\min}}{\cos(\alpha / 2)} - R_{\min} = R_{\min} \cdot \left(\frac{1 - \cos(\alpha / 2)}{\cos(\alpha / 2)} \right)$$

Supponendo di utilizzare 1800 punti per campionare tutta la circonferenza di un campione a guizzo, avente un raggio di 15 mm ed un guizzo di 0,02 mm, l'angolo α al centro tra un campionamento ed il successivo è pari 0,2° e l'errore ΔR che si commette nel determinare il raggio minimo è pari a 0,023 μm; tale errore è pari a 0,006 μm se si utilizzano 3600 punti e 0,001 μm per 7200 punti. Quindi si può affermare che se si misura il campione guizzo a partire da 3600 punti l'errore dovuto al campionamento è trascurabile;

- ***filtri applicati al segnale***, sia in termini di caratteristica del filtro sia in termini di frequenza di taglio. Il profilo del campione a guizzo ha un contenuto armonico più alto di un campione di rotondità: dall'analisi in frequenza del profilo di un campione a guizzo, avente diametro di 30 mm e valore del guizzo di 26 μm, ottenuta tramite FFT (Fast Fourier Tranformate) si osserva che oltre i 150 UPR (ondulazioni per giro) l'ampiezza delle componenti del segnale sono generalmente piccole e contribuiscono poco alla valutazione del guizzo.
  La misura del valore del campione a guizzo dovrebbe essere eseguita adottando la più alta frequenza di taglio possibile (da 500 UPR in su) al fine di valutare correttamente il raggio minimo. Più si filtra ovvero si adotta un valore di UPR basso e più si taglia il valore minimo.
- ***raggio del tastatore*** utilizzato per il rilevamento dei punti. La punta del tastatore si comporta come un filtro con una funzione di attenuazione per le frequenze alte; in altre parole la punta del tastatore si comporta come un filtro passa-basso tagliando le componenti del profilo a maggiore frequenza (UPR elevati). Nella misura del campione a guizzo, in relazione al basso contenuto armonico ed alla geometria del profilo, l'effetto del raggio del tastatore sul valore del guizzo è molto piccolo se si adottano valori non superiori a 2-3 mm.
- ***metodo di calcolo*** utilizzato per determinare il valore da assegnare al guizzo. Il valore del guizzo viene sempre valutato come differenza tra il raggio minimo ed il raggio massimo di due cerchi concentrici. Il problema è stabilire che metodo si adotta per determinare il centro del cerchio con cui si calcolano i due raggi. I metodi generalmente adottati sono quelli descritti nel paragrafo 7.8.

In base a risultati sperimentali si possono fare le seguenti considerazioni:

- il metodo di calcolo influenza in maniera minima il valore del guizzo: infatti misurando il campione a guizzo con $f_c \geq 500$ UPR, al variare dei metodi di calcolo si ottengono variazioni minori del 1%; in particolare si ottengono valori minori con il metodo MZC e valori maggiori con il metodo MCC;
- variando il numero di punti di campionamento da 1800, 3600, 7200, la variazione sul valore del campione a guizzo è trascurabile confermando quanto descritto precedentemente;
- adottando diversi raggi del tastatore con valori inferiori a circa 3 mm per la misura del campione a guizzo con $f_c \geq 500$ UPR, non si ha nessun effetto sul valore del guizzo;

- misurando il campione a guizzo utilizzando un filtro, l'effetto della frequenza di taglio f_c sul valore del guizzo è determinante fino a frequenze di circa 150 UPR in relazione al contenuto armonico del guizzo; il valore del guizzo, a pari frequenza di taglio, dipende anche dalla caratteristica del filtro utilizzato.

Quindi lo scostamento di circolarità del campione a guizzo, valutato in sede di taratura, dipende principalmente dal filtro utilizzato nella misura (in termini di caratteristica e frequenza di taglio), dal metodo di calcolo, dal raggio della punta tastatrice e dal numero di punti di misura.

Perciò è necessario che la taratura dinamica del rotondimetro con un campione a guizzo venga eseguita utilizzando gli stessi parametri che sono stati utilizzati per la taratura del campione stesso.

Pertanto, quando si ha la necessità di far tarare un campione a guizzo da un Centro di Taratura è indispensabile richiedere condizioni di taratura (filtro, metodo di calcolo, raggio, numero di punti) che siano compatibili con le condizioni impostate sul proprio rotondimetro per effettuare la taratura dinamica.

11.6.11.3 Errore massimo del sistema tavola girevole-tastatore

Questo effetto tiene conto sia della instabilità dell'asse di rotazione della tavola girevole sia della ripetibilità del tastatore. Per valutarlo occorre utilizzare una emisfera campione dotata di certificato di taratura ove sono riportate tutte le condizioni di prova che hanno portato alla dichiarazione del suo scostamento di circolarità.

Operativamente si posiziona l'emisfera campione sulla tavola girevole in modo che il contrassegno di riferimento sia in corrispondenza del valore 0° della tavola; si procede quindi ad uno staffaggio morbido che consenta il centraggio manuale dell'emisfera.

Il tastatore deve essere posizionato in modo da tastare la superficie della sfera ad un'altezza pari a quella dichiarata sul certificato di taratura.

Si procede quindi al centraggio della emisfera partendo da bassi ingrandimenti fino ad arrivare all'ingrandimento stabilito; dopo ogni ingrandimento si aumenta la forza di staffaggio fino a garantire una buona stabilità del campione.

Si assegnano i parametri della misura, ponendoli uguali a quelli riportati sul certificato di taratura; essi sono: l'ingrandimento, la velocità di rotazione della tavola, il metodo di calcolo per il cerchio di riferimento, la caratteristica del filtro, la frequenza di taglio ed il numero dei punti di misura.

Si eseguono quindi 25 misure di rotondità in modo indipendente ovvero togliendo l'emisfera e riposizionandola; si calcolano i 25 scostamenti di circolarità.

L'errore del sistema "tavola girevole - tastatore" viene valutato effettuando la differenza tra la media dei 25 scostamenti di circolarità e il valore riportato sul certificato di taratura dell'emisfera campione.

Assumendo, in relazione alle caratteristiche tecniche del rotondimetro, un errore massimo ammesso per l'errore del sistema tavola-tastatore pari a MPE_{tt}, occorre verificare che l'errore rilevato sul sistema" tavola girevole–tastatore" sia inferiore o uguale a MPE_{tt}.

Il valore di ripetibilità si calcola determinando lo scarto tipo sperimentale delle 25 misurazioni dello scostamento di circolarità. Stabilito un valore massimo dello scarto tipo pari a σ_{maxt}, occorre verificare che il valore rilevato sia inferiore o uguale a σ_{maxt}. Al fine di verificare gli effetti dovuti a problemi di geometria del rotondimetro, è opportuno effettuare le 25 misure di rotondità a diverse altezze dal piano tavola.

L'effetto della instabilità dell'asse di rotazione del rotondimetro rappresenta un parametro discriminante per la qualità dello strumento e dipende dalle caratteristiche costruttive del rotondimetro.

L'errore dovuto a tale effetto può essere però stimato ed eliminato attraverso misure ripetute su un campione di rotondità fissato in diverse posizioni angolari rispetto alla tavola girevole, facendo iniziare la scansione nella stessa posizione della tavola.

L'errore di forma del campione risulterà quindi sovrapposto a quello dell'asse di rotazione del rotondimetro ma le ondulazioni dovute all'errore di forma del campione si ripetono ruotate di un angolo noto ad ogni misurazione effettuata, mentre le ondulazioni dovute all'asse di rotazione del rotondimetro si ripetono sempre con la stessa fase. Attraverso l'elaborazione dei profili rilevati sullo stesso campione è quindi possibile separare i due effetti.

11.6.11.4 Errore di chiusura del ciclo di misura

Per poter stimare sperimentalmente gli effetti termici dovuti al campione ed al braccio del rotondimetro, si osserva l'errore di chiusura del ciclo di misura della rotondità ovvero la differenza tra il valore di partenza del ciclo (lettura del tastatore in posizione angolare di 0° della tavola) ed il valore di fine ciclo (lettura del tastatore in posizione angolare di 360°) durante le prove per la determinazione dell'errore del sistema tavola girevole-tastatore; si valuta infatti che tali prove abbiano una durata sufficientemente lunga per poter stimare gli effetti termici. Per ciascuna delle 25 misure indipendenti di rotondità previste nel paragrafo precedente, si determina l'errore di chiusura del ciclo. Stabilendo un errore massimo ammesso per l'errore di chiusura del ciclo pari a MPE_{cc}, si verifica che il valore massimo dei 25 errori di chiusura rilevati sia inferiore o uguale a MPE_{cc}.

11.6.11.5 Forza esercitata dal tastatore

Generalmente nei rotondimetri è possibile una regolazione della forza di misura del tastatore tramite una apposita ghiera. La ghiera viene utilizzata anche per impostare se la misura deve essere effettuata su di un diametro interno o su un diametro esterno. Il tastatore, nelle misure di rotondità, può essere utilizzato in modalità verticale, con direzione di misura normale all'asse del mandrino, o in modalità orizzontale con direzione di misura normale al piano della tavola. Al fine di determinare il valore della forza e la sua costanza durante la misura, è opportuno misurarla sia nella modalità orizzontale sia in quella verticale con almeno due inclinazioni diverse.

La forza di misura del tastatore si determina utilizzando una cella di carico dotata di certificato di taratura o altro sistema equivalente. Le misure si eseguono in 5 punti del campo di misura del tastatore con stilo avente almeno due inclinazioni diverse; nel punto a 0 μm del campo di misura del tastatore e con stilo inclinato a 0°, si ripete la misura per 10 volte allontanando il tastatore manualmente. Il valore medio delle 10 ripetizioni sulla posizione a 0 μm viene assunto come miglior stima della forza di misura; il valore massimo dello scarto tipo delle 20 misure deve essere inferiore o uguale a 1 mN.

BIBLIOGRAFIA

R. Bertozzi, A. Moroni "Un confronto sperimentale sulla caratterizzazione di calibri per filettature", TUTTO_MISURE 3/2002

R. Bertozzi, G. Malagola, W. Pasin, A. Ponterio, "Taratura di campioni a guizzo: risultati di un confronto interlaboratorio utilizzando diverse tecniche di misura", Congresso Metrologia & Qualità – Torino, 02/2003

12. I RIFERIMENTI NORMATIVI

12.1 LE NORME SUI PROCESSI DI MISURAZIONE

Le norme sono documenti che definiscono le caratteristiche (dimensionali, prestazionali, ambientali, di sicurezza, di organizzazione, ecc.) di un prodotto, processo o servizio secondo lo stato dell'arte; specificano "come fare bene le cose" garantendo sicurezza, rispetto per l'ambiente e prestazioni certe.

Sono documenti elaborati consensualmente dai rappresentanti di tutte le parti interessate (costruttori, utilizzatori, enti di ricerca, laboratori, ecc.) mediante un processo di autoregolamentazione trasparente e democratico e, pur essendo di applicazione volontaria, forniscono agli operatori riferimenti certi, e possono avere rilevanza contrattuale se richiamate negli accordi contrattuali e addirittura avere cogenza legislativa se richiamate negli articoli di legge.

L'ambito delle misurazioni è un settore estremamente importante; infatti le prove, le misurazioni e le successive analisi dei risultati servono per verificare la conformità dei prodotti alle specifiche ovvero per garantire che i requisiti sul prodotto, siano stati realmente raggiunti.

Esse sono svolte da apposite strutture (i laboratori) e da personale (addetti alle prove e misurazioni) che rappresentano sempre di più l'ossatura portante del Sistema per la Qualità delle imprese.

Le norme ISO 9000 sui sistemi di gestione della qualità, ormai ampiamente conosciute nel mondo industriale, hanno lo scopo di definire i requisiti di un sistema di gestione per la qualità di una organizzazione che vuole dimostrare la sua capacità di fornire, con regolarità, prodotti che rispondano ai requisiti dei clienti (specificati, attesi o cogenti).

Queste norme, pur ponendo enfasi sui processi di misurazione, monitoraggio, analisi e miglioramento non sono norme specifiche sui processi di misura; a comprova di ciò, è interessante notare che nella ISO 9001 non è richiamato il concetto di incertezza di misura, anche se esso è insito nel concetto di verifica di conformità (normato dalla ISO 14253-1).

La verifica di conformità dell'apparecchiatura ai requisiti assegnati (peraltro presente nella ISO 9001) è invece più ampiamente descritta nella norma UNI EN ISO 10012 riguardante il sistema di conferma metrologica che è volto ad assicurare che le misurazioni, effettuate con apparecchi per misurazione in stato di conferma metrologica, siano sufficientemente accurate per gli scopi previsti (questo concetto è trattato nel capitolo 8).

Tuttavia, sebbene un sistema di conferma metrologica che gestisca correttamente gli intervalli di conferma, garantisca con un rischio accettabile che le apparecchiature per misurazione funzionino ancora correttamente alla fine dell'intervallo di conferma, esso non può fornire garanzia alcuna sulla presenza o insorgenza di guasti occasionali, malfunzionamenti o anomalie di difficile osservazione durante l'intervallo di conferma.

Inoltre il sistema di conferma metrologica non fornisce alcuna garanzia sul corretto utilizzo dell'apparecchiatura per misurazione; infatti anche il migliore strumento di misura può fornire risultati errati se usato impropriamente.

Procedure di misurazione correttamente formulate e documentate sono quindi sicuramente un valido aiuto ma non sempre è possibile garantire che essere siano state correttamente applicate.

La UNI EN ISO 10012 evidenzia perciò la necessità di predisporre metodi e procedure per sorvegliare e mantenere in stato di controllo statistico l'intero processo di misura (non solo l'apparecchiatura) al fine di ridurre la probabilità che si verifichino problemi derivanti da guasti occasionali, danni o cattivo uso; anche questa parte è ampiamente trattata nel capitolo 8.

Si può inoltre affermare che la conformità ai requisiti della ISO 9001 del sistema di gestione per la qualità adottato da un laboratorio di taratura (anche se certificato), non costituisce da sé dimostrazione che il laboratorio ha la competenza necessaria a produrre dati e risultati di misura tecnicamente validi.

Per questo motivo è stata emessa nel 2005 la norma ISO/IEC 17025, recepita in ambito europeo come EN ISO/IEC 17025 e nello stesso anno in Italia come UNI CEI EN ISO/IEC 17025 "Requisiti generali per la competenza dei laboratori di prova e taratura"; essa rappresenta la norma di riferimento per l'accreditamento dei laboratori di prova e taratura.

La norma contiene tutti i requisiti che devono essere soddisfatti dai laboratori di prova e taratura che intendono dimostrare la loro competenza tecnica e la capacità di produrre risultati tecnicamente validi.

Non è però possibile dimostrare tale competenza tecnica attraverso un processo di certificazione del sistema di gestione in conformità alla ISO/IEC 17025; a tal proposito, la risoluzione n° 7 IAF-ILAC-JGA 2007 fa divieto agli enti di certificazione di emettere certificazioni a fronte di norme utilizzate per l'accreditamento come la ISO/IEC 17025.

Questa norma contiene due capitoli principali che trattano:

- ***requisiti gestionali*** (in termini di organizzazione, sistema qualità, controllo della documentazione, riesame del contratto, subappalto, approvvigionamento, servizi al cliente, reclami, controllo delle attività, azioni correttive e preventive, controllo delle prestazioni, verifiche ispettive interne e riesame da parte della direzione);
- ***requisiti tecnici*** (in termini di personale, luogo di lavoro e condizioni ambientali, metodi di prova e loro validazione, apparecchiature, riferibilità delle misure, campionamento, manipolazione degli oggetti, assicurazione della qualità dei risultati e loro presentazione).

Nella parte inerente i requisiti gestionali sono stati incorporati tutti quei requisiti della ISO 9001 che sono significativi per lo scopo ed il campo di applicazione dei servizi di prova e taratura. Se un laboratorio di prova e/o di taratura è conforme ai requisiti della ISO/IEC 17025, esso opera secondo un sistema qualità che, per le attività di prova e taratura, soddisferà anche i requisiti della ISO 9001 anche se la conformità alla ISO/IEC 17025 non implica la conformità di tutto il sistema di gestione per la qualità attuato dal laboratorio a tutti i requisiti della ISO 9001.

È inoltre importante tener presente che il processo di accreditamento non è limitato alla verifica della pura rispondenza del sistema di gestione ai requisiti di un modello normativo, ma comporta diverse fasi fra cui le più significative sono:

1. un'analisi della documentazione tecnica e gestionale da parte dell'ispettore tecnico dell'ente accreditante dove viene verificata la rispondenza sia ai requisiti tecnici (compresa la validità della stima dell'incertezza di misura) sia ai requisiti gestionali e viene restituita una serie di rilievi con una richiesta di azioni di adeguamento;
2. una confronto metrologico ovvero una misura di un misurando sufficientemente stabile eseguita dal laboratorio e dall'INRIM per verificare il reale raggiungimento dell'incertezza dichiarata;
3. un primo audit esterno ("valutazione su campo") dove viene verificata la reale applicazione dei requisiti di sistema;
4. un secondo audit esterno ("valutazione su campo") dove viene verificata la reale applicazione dei requisiti tecnici con particolare attenzione alla verifica delle capacità tecnico-operative del personale coinvolto (spesso per ragioni logistiche tali audit sono sequenziali nel tempo e molto spesso effettuati da ispettori diversi: un ispettore di sistema ed un ispettore tecnico).

La norma ISO/IEC 17025 si applica a tutte le organizzazioni che eseguono prove e/o tarature; tali organizzazioni sono, ad esempio, i laboratori di parte prima (fornitori), i laboratori di parte seconda (clienti), i laboratori di parte terza (indipendenti) ed i laboratori dove le prove e/o le tarature fanno parte delle attività di ispezione e certificazione del prodotto.

L'accettazione dei risultati di prova e taratura fra paesi risulta inoltre facilitata se:

- i laboratori sono conformi alla ISO/IEC 17025;
- i laboratori sono accreditati da organismi accreditanti riconosciuti;
- gli organismi accreditanti riconosciuti sono firmatari di accordi di mutuo riconoscimento con organismi equivalenti in altri paesi che utilizzano la stessa norma internazionale.

Per concludere, si elencano nella tabella 12.1 le norme ritenute fondamentali per la corretta gestione dei processi di misurazione.

Tabella 12.1: norme fondamentali per la corretta gestione dei processi di misurazione

Norma	Titolo
UNI EN ISO 9000: 2005	Sistemi di gestione per la qualità. Fondamenti e vocabolario
UNI EN ISO 9001: 2008	Sistemi di gestione per la qualità. Requisiti
UNI EN ISO 9004: 2009	Gestire un'organizzazione per il successo durevole - L'approccio della gestione per la qualità
UNI EN ISO 10012:2004	Sistemi di gestione della misurazione - Requisiti per i processi e le apparecchiature di misurazione
UNI EN ISO 14253-1:2001	Specifiche geometriche dei prodotti (GPS) - Verifica mediante misurazione dei pezzi e delle apparecchiature per misurazioni - Regole decisionali per provare la conformità o non conformità rispetto alle specifiche
UNI EN ISO 14253-2:2011	Specifiche geometriche dei prodotti (GPS) - Verifica mediante misurazione dei pezzi lavorati e delle apparecchiature di misura - Parte 2: Guida per la stima dell'incertezza nelle misurazioni GPS, nella taratura delle apparecchiature di misura e nella verifica dei prodotti
UNI EN ISO 14978 :2006	Specifiche geometriche dei prodotti (GPS) - Concetti e requisiti generali per apparecchiature di misurazione in ambito GPS
UNI CEI EN ISO/IEC 17025: 2005	Requisiti generali per la competenza dei laboratori di prova e di taratura
UNI ISO/TS 16949:2009	Sistemi di gestione per la qualità - Requisiti particolari per l'applicazione della ISO 9001:2008 per la produzione di serie e delle parti di ricambio nell'industria automobilistica
UNI 10127-1:1992	Guida per la definizione degli intervalli di taratura di strumenti per misurazione. Criteri generali
UNI 10127-2:1992	Guida per la definizione degli intervalli di taratura di strumenti per misurazione. Intervalli consigliati di strumenti per misurazioni di dimensioni lineari, angolari e geometriche

Norma	Titolo
UNI 9052:1987	Criteri base per le procedure di taratura dimensionale
UNI 4546:1984	Misure e misurazioni. Termini e definizioni fondamentali
UNI CEI 70099:2008	Vocabolario Internazionale di Metrologia. Concetti fondamentali e generali e termini correlati (VIM)
UNI CEI ISO 80000-1:2010	Grandezze ed unità di misura - Parte 1: Generalità
UNI CEI ENV 13005:2000	Guida all'espressione dell'incertezza di misura
UNI 9052:1987	Criteri base per le procedure di taratura dimensionale
UNI EN ISO 1:2003	Specifiche geometriche dei prodotti (GPS) - Temperatura normale di riferimento per la specifica e verifica geometrica dei prodotti
ISO/TR 16015:2003 recepita in Italia in lingua inglese dalla UNI ISO/TR 16015:2006	Geometrical product specifications (GPS) - Systematic errors and contributions to measurement uncertainty of length measurement due to thermal influences

12.2 Evoluzione delle norme tecniche relative agli apparecchi per misurazione

Il settore della metrologia dimensionale ha vissuto in questi ultimi anni una vera e propria rivoluzione dovuta all'introduzione in ambito ISO del Sistema GPS (Geometrical Product Specification), un sistema di norme ben strutturato e coordinato che, per ciascuna caratteristica geometrica di prodotto che può essere sottoposta ad una specifica tecnica, fornisce indicazioni dettagliate circa la definizione della caratteristica stessa, il metodo di misura, le caratteristiche degli strumenti e dei campioni da utilizzare nel processo di misurazione. Il Sistema GPS sta portando ad una continua revisione delle norme tecniche in genere ed in particolare di quelle applicabili alla metrologia.

Al fine di facilitare la comprensione di questo processo di revisione si propone nella tabella 12.2 un prospetto delle norme tecniche organizzato in funzione degli apparecchi per misurazione a cui si applicano; in questo modo l'utilizzatore può facilmente muoversi nell'intricato mondo delle norme tecniche.

Tabella 12.2: prospetto delle norme tecniche organizzato per apparecchi

Apparecchio per misurazione	**Norme applicabili**	
	Norma	**Titolo**
Blocchetti piano paralleli	UNI EN ISO 3650:2002	Specifiche geometriche dei prodotti (GPS) – Campioni di lunghezza – Blocchetti pianparalleli
	UNI 8928:1987	Procedura di taratura dei blocchetti di riscontro pianparalleli. Metodo del confronto meccanico
Calibri a corsoio	UNI 9313:1988	Procedura per la taratura dei calibri a corsoio
	UNI 10699-8:1999	Istruzioni per il controllo delle apparecchiature per misurazioni dimensionali – Linee guida per calibri a corsoio
	UNI EN ISO 13385-1: 2011	Specifiche geometriche dei prodotti (GPS) - Apparecchiature di misura dimensionali - Parte 1: Calibri a corsoio; Caratteristiche di progettazione e caratteristiche metrologiche
Micrometri	UNI 5708:1984	Micrometri per esterni
	UNI EN ISO 3611:2010	Specifiche geometriche dei prodotti (GPS) - Apparecchiature di misura dimensionali: Micrometri per misurazioni esterne - Caratteristiche di progettazione e caratteristiche metrologiche

Apparecchio per misurazione	Norme applicabili	
	Norma	**Titolo**
	DIN 863-1:1999	Verification of geometrical parameters - Micrometers - Part 1: Standard design micrometer callipers for external measurement; concepts, requirements, testing
	DIN 863-2:1999	Verification of geometrical parameters - Micrometers - Part 2: Micrometer callipers heads, Depth micrometer; concepts, requirements, testing
	DIN 863-3:1999	Verification of geometrical parameters - Micrometers - Part 3: Special design micrometer callipers for external measurement; characteristics, requirements, testing
	DIN 863-4:1999	Verification of geometrical parameters - Micrometers - Part 4: Internal micrometers; concepts, requirements, testing
	UNI 9191:1988	Taratura di micrometri per esterni
	UNI 10699-5:1998	Istruzioni per il controllo delle apparecchiature per misurazioni dimensionali – Linee guida per micrometri per esterni
Comparatori	UNI 4180:1970	Strumenti di misura – Comparatori centesimali a quadrante
	DIN 878:2006	Geometrical product specifications (GPS) - Mechanical dial gauges - Limits for metrological characteristics
	UNI EN ISO 463:2006	Specifiche geometriche dei prodotti (GPS) - Apparecchiature per misurazioni dimensionali - Caratteristiche di progettazione e caratteristiche metrologiche dei comparatori meccanici a quadrante
	UNI 9954:1992	Taratura di comparatori, misuratori e trasduttori di spostamento ad asta scorrevole
	UNI 10699-11:1998	Istruzioni per il controllo delle apparecchiature per misurazioni dimensionali – Linee guida per comparatori ad asta
	UNI 10699-20:1999	Istruzioni per il controllo delle apparecchiature per misurazioni dimensionali – Linee guida per comparatori a leva

Apparecchio per misurazione	Norme applicabili	
	Norma	**Titolo**
	UNI 10699-21:1998	Istruzioni per il controllo delle apparecchiature per misurazioni dimensionali – Linee guida per comparatori di precisione ad asta con zero centrale
Strumenti per la misura di errori di forma come ad esempio: – rugosimetri; – profilometri; – rotondimetri; – ecc.	UNI EN ISO 3274 :1998 (sostituisce la ISO 1880:1979 e la ISO 3274:1975)	Specifiche geometriche dei prodotti (GPS) –Stato della superficie: Metodo del profilo – Caratteristiche nominali degli strumenti a contatto (tastatore)
	UNI EN ISO 4288 :2000	Specifiche geometriche dei prodotti (GPS) Stato della superficie: Metodo del profilo – Regole e procedure per il rilevamento dello stato della superficie
	UNI EN ISO 4287:2009	Specifiche geometriche dei prodotti (GPS) - Stato della superficie: Metodo del profilo - Termini, definizioni e parametri dello stato della superficie
	UNI EN ISO 5436-1:2001	Specifiche geometriche dei prodotti (GPS) - Stato della superficie: Metodo del profilo; Campioni di riferimento - Misure materializzate.
	UNI EN ISO 5436-2:2012	Specifiche geometriche dei prodotti (GPS) - Tessitura/stato della superficie: metodo del profilo; campioni di misura - Parte 2: Campioni software
	UNI EN ISO 8785:2001	Specifiche geometriche dei prodotti (GPS) - Imperfezioni delle superfici - Termini, definizioni e parametri
	UNI EN ISO 12085:1998	Specifiche geometriche dei prodotti (GPS) - Stato della superficie: Metodo del profilo - Parametri del motivo
	UNI EN ISO 12179:2001	Specifiche geometriche dei prodotti (GPS) - Stato della superficie: Metodo del profilo - Taratura di strumenti a contatto (stilo)
	UNI EN ISO 13565-1: 1998	Specifiche geometriche dei prodotti (GPS) - Stato della superficie: Metodo del profilo; superfici aventi caratteristiche funzionali dipendenti dai livelli - Filtraggio e condizioni generali di misurazione

Apparecchio per misurazione	Norme applicabili	
	Norma	Titolo
	UNI EN ISO 13565-2: 1998	Specifiche geometriche dei prodotti (GPS) - Stato della superficie: Metodo del profilo; superfici aventi caratteristiche funzionali dipendenti dai livelli - Caratterizzazione delle altezze utilizzando la curva del tasso di lunghezza portante
	UNI EN ISO 13565-3: 2001	Specifiche geometriche dei prodotti (GPS) - Stato della superficie: Metodo del profilo - Superfici aventi caratteristiche funzionali dipendenti dai livelli - Caratterizzazione delle altezze utilizzando la curva di probabilità del materiale.
	UNI EN ISO 12180-1: 2011	Specifiche geometriche dei prodotti (GPS) - Cilindricità - Parte 1: Vocabolario e parametri di cilindricità
	UNI EN ISO 12180-2: 2011	Specifiche geometriche dei prodotti (GPS) - Cilindricità - Parte 2: Operatori di specifica
	UNI EN ISO 12181-1: 2011	Specifiche geometriche dei prodotti (GPS) - Rotondità - Parte 1: Vocabolario e parametri di rotondità
	UNI EN ISO 12181-2: 2011	Specifiche geometriche dei prodotti (GPS) - Rotondità - Parte 2: Operatori di specifica
	UNI EN ISO 12780-1: 2011	Specifiche geometriche dei prodotti (GPS) - Rettilineità - Parte 1: Vocabolario e parametri di rettilineità
	UNI EN ISO 12780-2: 2011	Specifiche geometriche dei prodotti (GPS) - Rettilineità - Parte 2: Operatori di specifica
	UNI EN ISO 12781-1: 2011	Specifiche geometriche dei prodotti (GPS) - Planarità - Parte 1: Vocabolario e parametri di planarità
	UNI EN ISO 12781-2: 2011	Specifiche geometriche dei prodotti (GPS) - Planarità - Parte 2: Operatori di specifica

Apparecchio per misurazione	Norme applicabili	
	Norma	Titolo
Macchine di misura a coordinate (CMM)	UNI EN ISO 10360-1: 2005	Specifiche geometriche dei prodotti (GPS) - Prove di accettazione e prove di riverifica per macchine per misurazione a coordinate (CMM) - Parte 1: Vocabolario
	UNI EN ISO 10360-2: 2010	Specifiche geometriche dei prodotti (GPS) - Prove di accettazione e prove di verifica periodica per macchine di misura a coordinate (CMM) - Parte 2: CMM utilizzate per misurazioni dimensionali lineari
	UNI EN ISO 10360-3: 2005	Specifiche geometriche dei prodotti (GPS) - Prove di accettazione e prove di verifica periodica per macchine di misura a coordinate (CMM) - Parte 3: CMM dotate di tavola rotante come quarto asse
	UNI EN ISO 10360-4: 2005	Specifiche geometriche dei prodotti (GPS) - Prove di accettazione e prove di verifica periodica per macchine di misura a coordinate (CMM) - Parte 4: CMM utilizzate in modalità di misurazione a scansione
	UNI EN ISO 10360-5: 2010	Specifiche geometriche dei prodotti (GPS) - Prove di accettazione e prove di verifica periodica per macchine di misura a coordinate (CMM) - Parte 5: CMM dotate di sistemi tastatori a contatto a stilo singolo e multiplo
	UNI EN ISO 10360-6: 2005	Specifiche geometriche dei prodotti (GPS) - Prove di accettazione e prove di verifica periodica per macchine di misura a coordinate (CMM) - Parte 6: Stima degli errori nel calcolo degli elementi associati in modo Gaussiano
Altri apparecchi per misurazione	UNI EN ISO 1119:2012	Specifiche geometriche dei prodotti (GPS) - Serie di conicità e di angoli di cono
	UNI EN ISO 2538:2005	Specifiche geometriche dei prodotti (GPS) - Serie di angoli e prismaticità dei prismi

Apparecchio per misurazione	Norme applicabili	
	Norma	Titolo
	UNI 10699-2:1999	Istruzioni per il controllo delle apparecchiature per misurazioni dimensionali – Linee guida per calibri a tampone
	UNI 10699-3:1999	Istruzioni per il controllo delle apparecchiature per misurazioni dimensionali – Linee guida per calibri a forchetta
	UNI 10699-4:1999	Istruzioni per il controllo delle apparecchiature per misurazioni dimensionali – Linee guida per calibri e riscontri ad anello
	UNI 10699-6:1999	Istruzioni per il controllo delle apparecchiature per misurazioni dimensionali – Linee guida per micrometri per misurazioni di profondità
	UNI 10699-7:1999	Istruzioni per il controllo delle apparecchiature per misurazioni dimensionali – Linee guida per micrometri per misurazioni di spessori di pareti (curve)
	UNI 10699-10:1998	Istruzioni per il controllo delle apparecchiature per misurazioni dimensionali – Linee guida per calibri a corsoio per altezze (truschini per misurazioni)
	UNI 10699-19:1998	Istruzioni per il controllo delle apparecchiature per misurazioni dimensionali – Linee guida per righe a coltello
	UNI 10699-23:1999	Istruzioni per il controllo delle apparecchiature per misurazioni dimensionali – Linee guida per calibri a tampone filettati
	UNI 10699-24:1999	Istruzioni per il controllo delle apparecchiature per misurazioni dimensionali – Linee guida per calibri ad anello filettati
	UNI 10699-28:1999	Istruzioni per il controllo delle apparecchiature per misurazioni dimensionali – Linee guida per alesametri

Bibliografia

G. Miglio, Processi di misurazione e gestione delle misure, Collana TUTTO_MISURE, Augusta Edizioni Mortarino

R. Bertozzi, "La ISO 9001:2000 e le apparecchiature di misura", TUTTO_MISURE, 02/2001

UNI CEI EN ISO/IEC 17025: 2005 "Requisiti generali per la competenza dei laboratori di prova e taratura"

APPENDICE 1: REGOLE DI SCRITTURA NELLA METROLOGIA

Nel seguito si riportano le regole di scrittura dei numeri, dei simboli delle operazioni matematiche, dei simboli letterari e delle unità di misura al fine di contribuire alla sensibilizzazione della corretta ortografia nella documentazione dei risultati di misura.

	Le regole	Scrittura corretta	Scrittura sbagliata
1.	**Scrittura dei numeri**		
1.1.	Cifre arabe e numerazione decimale in carattere tondo (diritto, normale)	18,3	*18,3*
1.2.	Separazione fra interi e decimali con una virgola	82,37	82.37 (ammesso ***solo*** in un contesto anglosassone)
1.3.	Caratteri identici per la parte intera e per quella decimale	0,721	0,721
1.4.	Sia a sinistra della virgola (parte intera), sia a destra della virgola, i numeri possono essere raggruppati in gruppi di tre cifre, separati tra loro da uno spazio leggermente superiore allo spazio tra le cifre. Non mettere punti fra i gruppi. Nessun spazio dopo la virgola.	480 124,63 0,000 713 42	480·134,63 0,000.713.42
2.	**Simboli delle operazioni matematiche elementari**		
2.1.	*Il segno di moltiplicazione:*		
2.1.1	tra simboli letterari un puntino a mezza altezza o nessun segno ed uno spazio;	$a \cdot b$ $a\ b$	*a* x *b* *ab*
2.1.2	tra un numero e una potenza del 10 un puntino a mezza altezza;	$4{,}32 \cdot 10^{-7}$	$4{,}32 \times 10^{-7}$ $4{,}32\ 10^{-7}$
2.1.3	tra due numeri una x a piena altezza;	8,24 x 0,818	8,24 · 0,818
2.1.4	tra un numero ed un simbolo letterario nessun segno ed uno spazio.	5,37 m 12 *b*	5,37 · m 12 x *b*
2.2.	*Il simbolo di divisione:*		
2.2.1	nei dattiloscritti usare di preferenza : e /;	8 : 13 3/8	$\frac{3}{8}$ 3/8°

	Le regole	Scrittura corretta	Scrittura sbagliata
2.2.2	non scrivere un numero intero seguito da una frazione;	64,5	64,1/2
2.2.3	ove possibile dare la preferenza alla forma decimale.	0,9	9/10
2.3	*Le parentesi:*		
2.3.1	le parentesi vanno impiegate, tra numeri e simboli, quando consentono di evitare forme ambigue.	$12\ \mathrm{W/(m^2 \cdot K)}$ $12 \frac{\mathrm{W}}{\mathrm{m^2 \cdot K}}$ $(3{,}2 \pm 0{,}2)\ \mathrm{m}$	$12\ \mathrm{W/m^2 \cdot K}$ $3{,}2 \pm 0{,}2\ \mathrm{m}$
3.	**Simboli letterali**		
3.1	I simboli che rappresentano grandezze, esprimenti funzioni o variabili, maiuscole o minuscole, sono di preferenza in corsivo	$s = v\ t$ $P = V\ I$	s = v t P = V I
3.2	I simboli delle unità, i simboli chimici, i simboli delle funzioni trigonometriche, i simboli delle funzioni (derivata, ecc.), devono essere a caratteri diritti.	168 mm $\mathrm{H_2O}$ $\frac{\mathrm{d}v}{\mathrm{d}t}$	168 *mm* H_2O $\frac{dv}{dt}$
4.	**Le unità di misura**		
4.1.	L'unità di misura, quando non è accompagnata dal valore numerico, si scrive per esteso.	alcuni metri pochi kilowattora	alcuni m pochi kWh
4.2.	I nomi delle unità sono nomi comuni; pertanto la loro iniziale è minuscola.	ampere kelvin megajoule grado Celsius (eccezione)	Ampere Kelvin Mega Joule Grado Centigrado
4.3.	I nomi delle unità SI sono invarianti al plurale; nella lingua italiana fanno eccezione i nomi delle seguenti unità e dei loro multipli e sottomultipli: metro (plurale metri), secondo (secondi), grammo (grammi), mole (moli), candela (candele), radiante (radianti), steradiante (steradianti), grado Celsius (gradi Celsius), minuto (minuti), ora (ore), giorno (giorni), grado (gradi), litro (litri), tonnellata (tonnellate), miglio marino (miglia marine), nodo (nodi), ara (are), ettaro (ettari).	molti volt	molti volts
4.4.	Il simbolo dell'unità segue il valore numerico a cui si riferisce. Non essendo	13,7 kg $28\ \mathrm{m \cdot s^{-1}}$	13,7 kg. kg 13,7

	Le regole	Scrittura corretta	Scrittura sbagliata
	un'abbreviazione, il simbolo non va seguito dal puntino. Non prende alcuna forma di plurale.	15 W	28 m al secondo m 28 al secondo 15 Ws 15 watts 15 watt
4.5.	Il simbolo del prefisso di multiplo o di sottomultiplo precede il simbolo dell'unità, senza spazi o puntini fra i due, usando lo stesso tipo di carattere impiegato per il simbolo dell'unità.	6 μm 2 kWh 8 nA 3 mm	6 $\mu \cdot$ m 2 *k*Wh 8 n A 3 mm
4.6.	Il simbolo di unità derivate, prodotto di due o più unità, si scrive interponendo fra i simboli un puntino a mezza altezza, o lasciando fra essi uno spazio e tralasciando il puntino.	3 m·K 3 m K (è preferibile la precedente versione)	3 mK (che significa millikelvin e non metri per kelvin)
4.7.	Il simbolo di unità derivata, quoziente di altre, si scrive nei modi indicati a fianco. Si veda anche il punto 2.3 sull'uso delle parentesi.	6 m/s 6 m·s^{-1} 8 kg/(m·s)	m 6/s m/s 6 8 kg/m · s
4.8.	I simboli di ora, minuto, secondo sono rispettivamente h, min, s.	8 h 9 min 3 s	8 hr. 9' 3''
4.9.	Gli apici ' e " designano i minuti ed i secondi d'arco; sono simboli di unità d'angolo piano.	6° 3' 4,7"	6 gr 3' 4",7
4.10.	*Alcuni casi ove più frequenti sono gli errori di scrittura:*		
	– il prefisso kilo inizia con k (minuscolo) non ch; il suo simbolo è k (minuscolo). Ma attenzione: contachilometri, non contakilometri!	pochi kilogrammi 6 km	pochi chilogrammi 6 Km (come, ahimè, scrivono sui cartelli stradali)
	– l'unità di temperatura è: il kelvin, simbolo K; il grado Celsius, simbolo °C.	pochi kelvin; 6 K molti gradi Celsius; 38,5 °C	pochi K; 6 °K pochi gradi kelvin molti gradi 38,5 C; 38,8 ° molti gradi centigradi
	– simbolo di ampere	8 A	8 Amp
	– simbolo di kilogrammo	3 kg	3 kgr 3 Kg
5.	**Elementi chimici**		
5.1.	I nomi degli elementi chimici si scrivono con l'iniziale minuscola (ad eccezione di inizio frase).	elio azoto	Elio Azoto

	Le regole	Scrittura corretta	Scrittura sbagliata
5.2.	I simboli degli elementi chimici si scrivono con l'iniziale maiuscola	N Hg	Az. HG
5.3.	I coefficienti (numero di atomi nella molecola) nei simboli dei composti chimici si scrivono in basso a destra del simbolo dell'elemento al quale si riferiscono.	H_2 O H_2 SO_4	H^2 O H^2 SO^4
6.	**Simboli monetari**		
6.1.	I simboli monetari precedono il numero al quale si riferiscono	€ 16 $ 4	16 € 4 $
7.	**La data**		
7.1.	Gli elementi che costituiscono una data in forma esclusivamente numerica devono essere scritti nell'ordine seguente: anno – mese – giorno 4 cifre – 2 cifre – 2 cifre	1971-05-27	27/05/1971
7.2.	Si impieghino cifre arabe, utilizzando i numeri decimali. Per i primi nove giorni del mese e per i primi nove mesi la prima cifra è 0.	1938-11-03	3/XI/38

Bibliografia

S. Sartori, "La grammatica del linguaggio delle misure", TUTTO_MISURE, 3/00.

APPENDICE 2: COEFFICIENTI DI DILATAZIONE TERMICA (CDT) DEI MATERIALI PIÙ UTILIZZATI

Materiale	**Composizione chimica**	***CDT*** **10^{-6} K^{-1}**
Acciai **Steel**		
Ferro Armco *Armco iron*	- -	11,70
Acciaio a basso tenore di carbonio S10C *Low carbon steel S10C*	C 8 ÷ C 12 *0,08C-0,12C*	11,45
Acciaio a medio tenore di carbonio S45C *Midium carbon steel S45C*	C 40 ÷ C 50 *0,40C-0,50C*	10,70
Acciaio ad alto tenore di carbonio *High carbon steel*	C 80 ÷ C 160 *0,8C-1,6C*	12,25
Acciaio ad alta resistenza (HT80) *High tensile steel (HT80)*	*0,12C-0,8Mn-1,0Ni-0,5Cr-0,4Mo*	12,70
Acciaio al cromo (ScR430) *Chromium steel (ScR430)*	G 30 Mn 7 Cr 105 *0,3C-0,7Mn-1,05Cr*	12,60
Acciaia al cromo molibdeno (SCM44) *Chromium molybdenum steel (SCM44)*	G 40 Mn 7 Cr 105 Mo 25 *0,4C-0,7Mn-1,05Cr-0,25Mo*	12,30
Acciaio al nickel cromo (SNC) *Nickel chromium steel (SNC)*	*(0,25-0,55)C-(1,0-5,0)Ni-(0,3-2,0)Cr*	13,30
Acciaio inossidabile martensitico (SUS410) *Martenstic stainless steel (SUS410)*	X 15 Cr 12 *0,15C-12,5Cr*	9,90
Acciaio inossidabile ferritico (SUS405) *Ferrite stainless steel (SUS405)*	X 8 Cr 13 *0,08C-13Cr*	10,80
Acciaio inossidabile austenitico (SUS304) *Austenitic stainless steel (SUS304)*	Cr 19 Ni 9 *19Cr-9Ni*	17,30
Acciaio al manganese tipo "Hadfields" *Hadfiels manganese steel*	- *(0,8-1,4)C-(10-15)Mn*	13,90
Acciaio Inconel (lega 600) *Inconel (Alloy 600)*	- *76Ni-15,5Cr-8Fe*	13,30
Acciaio Inconel 800 *Incoloy 800*	- *46Fe-21Cr-32Ni-0,4al-0,4Ti*	14,20
Acciaio Hastelloy X *Hastelloy X*	- *47Ni-22Cr-9Mo-0,6W-18,5Fe*	13,90
Stellite 6B *Stellite 6B*	- *52,8Co-30Cr-4,5w-3,0Ni-12C*	13,90
Acciao per utensili (SKD6) *Tool steel (SKD6)*	X 40 Si 1 Cr 5 Mo 1,2 V 0,4 *0,4C-1,0Si-5Cr-1,2Mo-0,4V*	10,80

Materiale	Composizione chimica	***CDT*** **10^{-6} K^{-1}**
Ghisa grigia (FC) *Gray Iron (FC)*	G 280÷380 Si 1,5÷2,5 Mn 0,2÷0,8 *(2,8-3,8)C-(1,5-2,5)Si-(0,2-0,8)Mn*	10,50
Ghisa a grafite sferoidale (FCD) *Spheroidal graphite cast iron (FCD)*	- *(3,2-4,0)C-(1,5-2,5)Si MgTrtm*	10,00
Acciaio al silicio *Silicon steel*	C 7 Mn 6÷15 Si 50÷400 *0,07C-(0,06-0,15)Mn-(0,5-4,0)Si*	13,50
Permalloy *Permalloy*	- *78Ni-4Mo-(04)Cu-Fe (Bal)*	12,00
Metalli sinterizzati ***Sintered metal***		
Metallo duro *Cemented carbide*	- *94WC-6Co*	5,00
Metallo duro *Cemented carbide*	- *88WC-5TiC-7Co*	5,00
Metallo duro *Cemented carbide*	- *34Wc-60Tic-6Co*	7,50
Leghe di rame ***Copper based***		
Ottone 7/3 *7/3 brass*	Cu 70 Zn 30 *70Cu-30Zn*	19,90
Ottone 6/4 *6/4 brass (C2801)*	Cu 60 Zn 40 *60Cu-40Zn*	20,80
Bronzo fosfatato (C5212) *Phosphate bronze (C5212)*	- *8Sn-0,2P-Cu (BAL)*	18,20
Rame bianco (C7060) *White copper (C7060)*	- *10Ni-1,4Fe-0,6Mn-Cu (BAL)*	17,10
Rame al berilio (C1720) *Berylium copper (C1720)*	- *1,9Be-0,2Ni-Cu (BAL)*	17,10
Getto di Ottone (YBsC2) *Brass casting (YBsC2)*	- *68Cu-2Pb-Zn (BAL)*	20,20
Leghe di nichel ***Nickel based***		
Nichrome *Nichrome*	- *80Ni-20Cr*	17,30
Leghe di alluminio ***Aluminum based***		
Duralluminio (A2017-T4) *Duralumin (A2017-T4)*	- *Al-4Cu-0,6Mg-0,5si-0,6Mn*	23,40
Alluminio resistente alla corrosione (A5083-H32) *Corrosion resistant aluminum (A5083-H32)*	- *Al-4,5Mg-0,5Mn*	23,40
Allumina (Al2O3) *Aluminia (Al2O3)*	- -	5,40

Materiale	Composizione chimica	***CDT*** **10^{-6} K^{-1}**
Elementi fondamentali ***Main Element***		
Alluminio *Aluminum*	Al	23,10
Antimonio *Anthimony*	Sb	11,00
Bario *Barium*	Ba	20,60
Berilio *Berylium*	Be	11,30
Bismuto *Bismuth*	Bi	13,40
Cadmio *Cadmium*	Cd	30,80
Calcio *Calcium*	Ca	22,30
Carbonio (amorfo) *Carbon (amorphous)*	C	3,10
Carbonio (diamante) *Carbon (diamond)*	C	1,00
Carbonio (grafite) *Carbon (graphite)*	C	2,55
Cerio *Cerium*	Ce	5,20
Cromo *Chromium*	Cr	4,90
Cobalto *Cobalt*	Co	13,00
Rame *Copper*	Cu	16,50
Germanio *Germanium*	Ge	5,70
Oro *Gold*	Au	14,20
Indio *Indium*	In	32,10
Iridio *Iridium*	Ir	6,40
Ferro *Iron*	Fe	11,80
Piombo *Lead*	Pb	28,90
Litio *Lithium*	Li	46,00
Magnesio *Magnecium*	Mg	24,80

Materiale	**Composizione chimica**	***CDT*** **10^{-6} K^{-1}**
Manganese *Manganese*	Mn	21,70
Molibdeno Molydbdenum	Mo	4,80
Nichel *Nickel*	Ni	13,40
Niobio *Niobium*	Nb	7,30
Osmio *Osmium*	Os	5,10
Palladio *Palladium*	Pd	11,80
Platino *Platinum*	Pt	8,80
Rhenium	Re	6,20
Rodio *Rhodium*	Rh	8,20
Silicio *Silicon*	Si	2,60
Argento *Silver*	Ag	18,90
Stagno *Tin*	Sn	22,00
Titanio *Titanium*	Ti	8,60
Tungsteno *Tungsten*	W	4,50
Uranio *Uranium*	U	13,90
Vanadio *Vandium*	V	8,40
Zinco *Zinc*	Zn	30,20
Zirconio *Zirconium*	Zr	5,70
Altri materiali ***Other materials***		
Granito nero *Black granite*	SiO_2 (74%); Al_2O_3 (15%); Na_2O (3%); K_2O (3%); Fe_2O_3 (2%)	6,5

Tutti i CDT riportati nella tabella sono stimati con una tolleranza di circa $\pm 1 \cdot 10^{-6}$ K^{-1}

INDICE ANALITICO

F

G

H

I

K

L

M

N

O

P

Q

R

S

Made in United States
North Haven, CT
05 November 2026

21772755R00217